AF563853

TRAITÉ
ÉLÉMENTAIRE
DE MINÉRALOGIE.
TOME II.

AVIS AU RELIEUR.

Les additions que l'on a faites à ce second volume l'ayant augmenté beaucoup au-delà de ce qu'on l'avait cru d'abord, il est impossible d'y réunir les tableaux comme on l'avait annoncé à la tête du premier volume; ils doivent être reliés séparément.

TRAITÉ
ÉLÉMENTAIRE
DE MINÉRALOGIE,

SUIVANT

LES PRINCIPES DU PROFESSEUR WERNER, CONSEILLER DES MINES DE SAXE,

RÉDIGÉ d'après plusieurs ouvrages allemands, augmenté des découvertes les plus modernes, et accompagné de notes pour accorder sa nomenclature avec celle des autres minéralogistes français et étrangers;

PAR A. J. M. BROCHANT,

PROFESSEUR DE MINÉRALOGIE A L'ÉCOLE PRATIQUE DES MINES.

TOME SECOND.

A PARIS,

Chez VILLIER, Libraire, rue des Mathurins, n°. 396.

AN XI.

AVERTISSEMENT.

En annonçant, lors de la publication du premier volume de cet ouvrage, que je différais celle du second, j'avais pour but de faire venir d'Allemagne quelques livres qui m'étaient nécessaires, et surtout de me procurer des renseignemens plus certains sur la théorie géognostique de M. Werner. J'étais loin de prévoir que cette interruption se prolongerait malgré moi au-delà d'une année.

Je ne crois pas avoir besoin d'excuser ces retards involontaires auprès de ceux qui ont eu connaissance des circonstances malheureuses qui en ont été la cause. D'ailleurs, les ressources que j'ai réunies dans cet intervalle, et surtout la publication du *Traité de Minéralogie* du citoyen Haüy, m'ont mis à portée de rendre mon ouvrage plus complet qu'il ne l'eût été auparavant.

Je suis aussi infiniment redevable au citoyen Daubuisson, minéralogiste français, qui a séjourné long-tems à Freyberg. On verra au commencement de l'Appendice et du Traité des Roches, que c'est de lui que j'ai reçu tous les renseignemens dont j'avais besoin. Il a même eu la générosité de m'envoyer un extrait d'un *Traité de Géognosie* qu'il va bientôt publier. Le hasard seul me mit en correspondance avec lui; mais je n'aurais pu m'adresser à quelqu'un qui réunît comme lui des connaissances profondes à une complaisance infatigable. Aussi je me fais un devoir de lui en témoigner ici ma reconnaissance.

Malgré tous ces perfectionnemens, ce second volume réclame encore plus que le premier l'indulgence du public. Les interruptions successives qu'il a éprouvées, ont dû produire beaucoup d'inégalités dans le travail. Il y a des articles que j'ai été obligé de reprendre dans l'Appendice, en raison des découvertes postérieures. Enfin je dois ajouter que, malgré les longs délais qui ont suspendu l'impression de ce volume, j'ai été obligé de le terminer à la hâte, et qu'il en est peut-être résulté beaucoup d'incorrections; mais il était impossible de différer davantage, à moins de renoncer entiérement à sa publication.

SUITE DE L'ORYCTOGNOSIE.

MINÉRAUX SIMPLES.

SECONDE CLASSE.

SELS.

Nota. On a vu dans l'Introduction (§. 24) comment le mot *sels* devait être entendu ici. Il est bon d'avertir aussi que les espèces que M. Werner range dans cette classe, ne sont pas les sels dans leur état de pureté, mais tels qu'ils nous sont offerts par la nature, c'est-à-dire, beaucoup mélangés, et qu'ils n'ont pas conséquemment les caractères de cristallisation et autres qu'ils nous présentent lorsqu'ils ont été purifiés et séparés de toutes les substances étrangères.

La classe des sels est partagée en genres, suivant la nature de l'acide qui se trouve combiné dans chaque espèce; ainsi l'on a le *genre des sulfates*, qui comprend des sels composés d'acide sulfurique uni à une base terreuse ou alkaline, et ainsi de suite, les genres des *nitrates*, des *muriates* et des *carbonates*.

PREMIER GENRE.

GENRE DES SULFATES.

PREMIÈRE ESPÈCE.

NATURLICHER VITRIOL. — LE VITRIOL NATIF.

VITRIOLUM METALLIFERUM NATIVUM.

Id. Emm. T. 2, p. 5. — Wid. p. 583, 585, 587. — Lenz, T. 1, p. 481. — W. P. T. 1, p. 361. — M. L. p. 317. — Estn. T. 3, p. 23. — *Vitriolum mixtum*, Wall. T. 2, p. 25. — *Mixed vitriol*, Kirw. T. 2, p. 24. — *Vitriol mixte*, R. D. L. T. 1, p. 326.

Caractères extérieurs.

SA couleur varie beaucoup : c'est tantôt le *blanc grisâtre* ou *jaunâtre*; tantôt le *verd-pomme* ou le *verd-de-gris pâle*; tantôt le *bleu-de-ciel* plus ou moins foncé (*); très-souvent il s'altère par l'exposition à l'air, et sa surface jaunit et devient pulvérulente (ce qui a lieu surtout lorsque le fer y est plus abondant).

On le trouve *en masse*, *disséminé*, et en pièces *stalactiformes*, *cilindriques*, *capillaires*.

A l'intérieur il est tantôt *éclatant*, tantôt *peu*

(*) Suivant que le zinc, le fer ou le cuivre domine.

VITRIOL NATIF.

éclatant; c'est un éclat *soyeux*, souvent aussi *vitreux*.

Sa surface extérieure est le plus souvent *rude* et *inégale*.

Sa cassure est ordinairement *fibreuse*, à *fibres minces*, *droites* et *parallèles*; quelquefois aussi elle est *lamelleuse* ou *conchoïde*.

Ses fragmens sont *indéterminés*, à *bords peu aigus*.

Il se présente quelquefois en *pièces séparées grenues*, à *gros* ou à *petits grains*.

Il est *tendre*, passant quelquefois au *demi-dur aigre*; — *demi-diaphane* ou *translucide*; — assez *froid au toucher*; — il a une saveur *acerbe* et *astringente* assez désagréable; — il est médiocrement *pesant*.

Parties constituantes.

Cette substance est un sel mixte, composé des trois sulfates ou vitriols de cuivre, de fer et de zinc mélangés ensemble dans des proportions très-variables.

Caractères chimiques.

Le vitriol natif, chauffé au chalumeau sur un charbon, dégage une odeur de gaz hydrogène sulfuré; propriété qu'il partage avec tous les sulfates. Les caractères chimiques qui lui sont particuliers,

VITRIOL NATIF. varient suivant les proportions de ses parties constituantes : si on en fait une dissolution dans l'eau, on peut y reconnaître, 1°. le fer, par la couleur noire qu'elle prend lorsqu'on y mêle un peu de noix de galle, ou par la poussière rouge qu'elle dépose lorsqu'on l'expose à l'air ; 2°. le cuivre, en le faisant précipiter à l'état métallique sur une lame de fer ; quant au sulfate de zinc, on reconnaît que le vitriol natif en contient, lorsqu'exposé à l'air, il se couvre d'une efflorescence blanche.

Gissement et localités.

Le vitriol natif se rencontre assez communément dans les montagnes de thonschiefer, qui renferment des mines métalliques, et surtout des pyrites et de la blende. On en trouve en Bohême, en Saxe, en Hongrie, en Transylvanie, au Hartz, etc.....

Usages.

Le vitriol natif, soit en masse, soit lorsqu'il est disséminé au milieu des thonschiefer, est exploité par lel essivage, et traité ensuite dans des raffineries pour en obtenir à part chacun des trois sulfates métalliques qu'il contient, dont les usages particuliers sont très-multipliés dans les arts, surtout dans la teinture et dans la médecine.

Remarques.

M. Werner pense que les trois *sulfates de cuivre, de fer et de zinc* sont toujours mélangés ensemble dans la nature, et il les a compris tous trois sous l'espèce dont il s'agit ici.

Plusieurs minéralogistes néanmoins pensent que l'on doit distinguer ces trois espèces. Wallerius, Widenmann, Lenz, Romé Delisle et le citoyen Haüy en ont agi ainsi dans leur Minéralogie. M. Karsten lui-même, qui, dans son Muséum de Leske, avait suivi l'opinion de M. Werner, vient d'annoncer dans ses *Tableaux minéralogiques*, note 67, qu'il embrassait l'opinion contraire, M. Freiesleben ayant observé au Hartz les trois sulfates bien distincts. J'ai vu d'ailleurs à Paris, des échantillons de sulfate de cuivre bien caractérisé ; il en existe dans la collection envoyée au conseil des mines par M. le baron de Moll. J'ignore s'il n'y existe aucun mélange de sulfates de fer ou de zinc ; mais je pense qu'on ne doit les regarder dans ce cas, que comme accidentels.

La forme cristalline du *sulfate de cuivre* artificiel est un prisme rhomboïdal très-oblique sur sa base, et toujours tronqué sur ses bords latéraux ; en sorte que l'on a un prisme à 8 faces, dont deux opposées sont beaucoup plus larges : il y a aussi souvent une troncature sur un des bords terminaux alongés et sur les deux angles terminaux aigus opposés.

La forme du *sulfate de fer* artificiel est un rhomboïde aigu, dont l'angle au sommet est, suivant le citoyen Haüy, de 79° 50′ : les faces forment entr'elles des angles de 98° 37 et 81° 23′ (*J. d. M.* n°. 31, p. 542) ; elle est souvent modifiée par des troncatures sur les

QUATRIÈME ESPÈCE.

BERGBUTTER. — LE BEURRE DE MONTAGNE *ou* LE BERGBUTTER.

VITRIOLUM ALUMEN BUTYRACEUM.

Id. Emm. T. 2, p. 13. — Lenz, T. 1, p. 487. — Wid. p. 589. — M. L. p. 318.

Caractères extérieurs.

SA couleur est un *jaune isabelle foncé*, quelquefois le *jaune de soufre* ou le *brun jaunâtre.*

On le trouve en *masse.*

A l'intérieur il est *très-brillant* et d'un *éclat de cire.*

Sa cassure est *lamelleuse*, *à lames droites.*

Ses fragmens sont *indéterminés*, *à bords obtus.*

Il se présente en *pièces séparées grenues*, *à grains fins.*

Il est *translucide sur les bords*; — il n'est point *froid*, mais *un peu gras au toucher*; — il a une *saveur astringente*; — il est médiocrement *pesant.*

REMARQUES.

Ce sel, qui n'a encore été trouvé qu'à Muskau dans la haute Lusace, et en Sibérie, n'est autre chose qu'un alun impur mélangé de terre ferrugineuse.

Pallas, qui l'a trouvé en Sibérie, dit qu'on le voit

suinter dans les crevasses d'une espèce d'ardoise alumineuse (alaunschiefer), et qu'il se durcit en séchant. Il ajoute qu'il se dissout parfaitement dans l'eau, qu'il rougit les teintures bleues, et qu'il a la saveur et toutes les autres propriétés de l'alun (*Voyage en Russie*, édit. in-4°. T. 2, p. 120, trad. franç.). Aussi M. Estner et beaucoup d'autres minéralogistes le regardent comme n'étant qu'une variété de l'alun natif. LE BERGBUTTER.

CINQUIÈME ESPÈCE.

NATURLICHES BITTERSALZ. — LE SEL AMER NATIF *ou* SEL D'EPSOM NATIF.

VITRIOLUM EPSOMENSE NATIVUM.

Id. Emm. T. 2, p. 14. — Lenz, T. 1, p. 489. — Wid. p. 595. — Estn. T. 3, p. 44. — *Sal neutrum acidulare*, Wall. T. 2, p. 71. — *Sel d'Epsom*, *sel de Sedlitz*, *sel d'Angleterre*, *vitriol de magnésie*, R. D. L. T. 1, p. 306. — *Epsom salt*, Kirw. T. 2, p. 12. — *Magnésie sulfatée*, Haüy. T.

Caractères extérieurs.

Sa couleur ordinaire est un *blanc grisâtre*, qui passe au *gris de fumée clair*.

On le trouve tantôt à l'état *terreux*, tantôt en *masse*, et en *cristaux capillaires* qui tendent à la forme prismatique (*).

(*) La forme de ses cristaux, tels qu'on les obtient artificiellement, est un *prisme à 4 faces*, *terminé à chaque extré-*

LE SEL D'EPSOM NATIF.

Le sel d'Epsom terreux est *mat*; les cristaux sont un peu *éclatans*, d'un éclat *vitreux*.

Sa cassure en longueur (lorsqu'il est en masse) est *fibreuse* et quelquefois *rayonnée*; mais en travers, elle est *conchoïde*.

Ses fragmens sont *indéterminés*, *à bords peu aigus*.

Il est *demi-diaphane* ou *translucide*; — *très-facile à casser* lorsqu'il est en masse; — le plus souvent *friable*; — il a une *saveur salée très-amère*; — il est médiocrement *pesant*.

Parties constituantes.

Le sel dont il est ici question, est le sulfate de magnésie des chimistes. Lorsqu'il est pur, il contient 19 parties de magnésie, 33 d'acide sulfurique et 48 d'eau.

Caractères chimiques.

Traité au chalumeau, ce sel se fond très-promptement à l'aide de son eau de cristallisation; mais ensuite il se dessèche sans se boursouffler, comme l'alun, et ce n'est qu'avec beaucoup de peine qu'on parvient à le fondre en un verre opaque. Sa dissolution donne un précipité avec l'eau de chaux.

---

mité, tantôt *par un biseau dont les faces sont placées sur deux faces latérales* (*les deux biseaux alternant ensemble*), tantôt *par un pointement obtus à 4 faces placées sur les faces latérales.*

Usage.

Le sel d'Epsom est fort employé en médecine comme purgatif; il est aussi fort utile aux chimistes et aux pharmaciens, qui en retirent la magnésie pure.

Gissement et localités.

Ce sel, tel qu'il vient d'être décrit, se trouve en efflorescence à la surface de certaines roches, telles que des pierres calcaires, des gneiss, des porphyres, et même sur des grès; les eaux pluviales entraînent ensuite ce sel, et le déposent alors à l'état solide dans des cavités. Les principaux pays où on l'a trouvé, sont la Suisse, l'Angleterre, la Bohême (Bilin), l'Italie, l'Autriche, la Hongrie, etc.

Un grand nombre d'eaux minérales tiennent ce sel en dissolution, et principalement celles d'Epsom en Angleterre, de Sedlitz, de Saidchutz, qui lui ont donné leur nom : c'est de ces eaux qu'on l'extrait par évaporation.

SIXIÈME ESPÈCE.

NATURLICHES GLAUBERSALZ. — LE SEL DE GLAUBER NATIF.

Id. Reuss, p. 19. — Emm. T. 3, p. 401. — Estn. T. 3, p. 50. — *Naturliches Wundersalz*, Wid. p. 597. — *Glaubers salt*, Kirw. T. 2, p. 9. — *Sulfate de natron*, Lam. T. 1, p. 466. — *Sal mirabile*, Wall. T. 2, p. 70. — *Sel de Glauber*, R. D. L. T. 1, p. 301. — *Id.* D. B. T. 2, p. 26.

Caractères extérieurs.

SA couleur est le *blanc jaunâtre* ou *grisâtre;* le plus souvent il se trouve à l'état *terreux*, quelquefois en *masse*, rarement en *stalactite* ou *cristallisé.* Ses formes, quoique peu déterminées, paraissent être des *prismes à 6 faces, un peu irréguliers, terminés par un pointement à 3 faces placées sur les bords latéraux, ou quelquefois sur les faces latérales* (*).

(*) M. Estner décrit cette cristallisation d'après un échantillon existant dans le cabinet d'histoire naturelle de Vienne, où il est conservé dans un verre bien fermé, pour prévenir son efflorescence : il a été trouvé dans quelques salines abandonnées de l'Autriche. Cependant les formes connues du sel de Glauber artificiel ne paraissent pas s'accorder avec celle-ci, du moins pour le pointement. Ces formes sont ou un octaèdre cunéiforme, c'est-à-dire, *une pyramide à 4 faces doubles, dont le sommet est une ligne*, ou (le bord du sommet étant fortement tronqué) *un prisme à 6*

Ils sont *éclatans*, d'un *éclat vitreux* lorsqu'ils n'ont pas été exposés à l'air ; car alors ils deviennent *mats* par *efflorescence*. LE SEL DE GLAUBER NATIF.

La cassure de ce sel en masse est *inégale, à grains fins* ; celle des cristaux est *conchoïde*.

Ses fragmens sont *indéterminés, à bords obtus*.

Ils se présentent en *pièces séparées, grenues, à grains fins*.

Il varie du *diaphane* à l'*opaque*, suivant qu'il est intact ou effleuri ; — il est *tendre* ; — *aigre* ; — *facile à casser* ; — médiocrement *pesant* ; — il a une saveur *salée amère* désagréable.

Caractères chimiques.

Ce sel se comporte au chalumeau à peu près comme le sel d'Epsom ; mais sa dissolution ne donne pas de précipité par l'eau de chaux.

Parties constituantes.

Acide sulfurique..........	27	D'après BERGMAN.
Soude....................	15	
Eau......................	58	

faces, dont deux plus larges, terminé par un biseau dont les faces sont placées sur ces faces latérales larges. Quelquefois les angles du biseau sont tronqués ou remplacés par un biseau, ce qui peut donner *un pointement à 4 ou à 6 faces*, ... *mais jamais à 3 faces*, comme l'annonce M. Estner.

LE SEL DE GLAUBER NATIF.

Cette analyse se rapporte au *sulfate de soude* purifié; mais le sel de Glauber natif est toujours plus ou moins mélangé de terre calcaire.

Usage.

La médecine fait un grand usage de ce sel, comme purgatif.

Gissement et localités.

Ce sel a été trouvé en Autriche, en Hongrie, en Styrie, en Suisse, en Sibérie. C'est toujours dans le voisinage de quelques eaux minérales qui tiennent en dissolution du muriate de soude ou sel marin, et il n'y a aucun doute qu'il n'y ait été déposé par elles, puisqu'on en voit se former journellement de nouveau (*).

(*) Ce n'est pas que ces eaux contiennent toujours du sulfate de soude dans leur état naturel, c'est souvent le sulfate de magnésie qui y est dissous. Mais l'on a vu, par les expériences et les observations de M. Gren, que le muriate de soude et le sulfate de magnésie se décomposaient réciproquement, mais à la température de la glace seulement; ce qui donnait lieu à cette production considérable de sulfate de soude que l'on obtient des eaux mères des salines, en les exposant au froid, quoique l'analyse n'en ait pas trouvé d'abord dans les eaux de sources.

Or, on conçoit qu'une décomposition semblable doit avoir lieu naturellement pendant l'hiver, dans les réservoirs où s'amassent les sources salées.

SECOND

SECOND GENRE.

GENRE DES NITRATES.

PREMIÈRE ESPÈCE.

NATURLICHER SALPETER. — LE NITRE NATIF.

NITRUM NATIVUM.

Id. Emm. T. 2, p. 16. — Lenz, T. 1, p. 490. — Wid. p. 602. — *Nitrum terra mineralisatum*, Wall. T. 2, p. 45. — *Nitrate de potasse*, D. B. T. 2, p. 57. — Lam. T. 1, p. 468. — *Nitre*, Kirw. T. 2, p. 25. — *Potasse nitratée*, Haüy.

Caractères extérieurs.

SA couleur est le *blanc de neige*, ou le *blanc grisâtre* ou *jaunâtre*.

On le trouve communément *superficiel*, en *petits cristaux en forme d'aiguille* (souvent si fins, qu'ils ressemblent à une moisissure), rarement en *masse*, et plus rarement *cristallisé*, en *prismes à 6 faces*, *peu déterminés*.

Il est *assez éclatant*, d'un *éclat vitreux*, tant à l'intérieur qu'à l'extérieur.

Sa cassure (lorsqu'il est en masse) est *conchoïde*, et ses fragmens *indéterminés*, à *bords assez aigus*.

Il est plus ou moins *translucide* ; — un peu *tendre* ; — passant au *très-tendre* ; — toujours *facile à casser*; — souvent même *friable*; — il a une *saveur salée fraîche*; — il est médiocrement *pesant*.

Parties constituantes.

Le nitre natif est un nitrate de potasse, mélangé de terre et d'autres sels. Klaproth a analysé celui de Molfetta; il y a trouvé 42,55 de nitrate de potasse, 0,20 de muriate de potasse, 25,45 de sulfate de chaux, et 30,40 de carbonate de chaux.

Caractères chimiques.

Quoique le nitre natif soit toujours plus ou moins mélangé, néanmoins il conserve les propriétés du nitrate de potasse pur : celle d'allumer les corps combustibles lorsqu'il est chauffé avec eux, ou, comme on dit communément, *de fuser sur les charbons*, est la plus caractéristique.

Gissement et localités.

On a trouvé du nitre natif en Italie, près de Molfetta, dans le pays de Naples; en Allemagne, en Hongrie, en Espagne, en France, au Pérou, aux Indes orientales, etc.

Celui de Molfetta se rencontre par petites couches, ou plus rarement en filons, au milieu d'une pierre calcaire, quelquefois aussi en efflorescence à sa surface (*).

(*) *Journ. de Ph.* T. 36, p. 109.

Celui trouvé sur la montagne de Homburg en Allemagne, formait une croûte à la surface d'une espèce de tuf dans des grottes non exposées à l'air libre. LE NITRE NATIF.

Au Pérou et aux Indes orientales, il s'effleurit à la surface de la terre dans certaines saisons de l'année.

Usages.

Le nitre natif est exploité en quelques endroits, en Hongrie, à Molfetta, au Pérou, aux Indes orientales ; mais la nature nous en fournit continuellement une assez grande quantité dans les lieux bas et humides voisins des habitations des hommes et des animaux, et c'est de cette mine abondante qui se reproduit sans cesse, que l'on extrait, par le lessivage, presque tout le nitre du commerce.

Tout le monde connaît l'emploi que l'on fait du nitre dans la fabrication de la poudre à canon. Il est aussi très-utile en médecine et dans beaucoup d'arts chimiques.

TROISIÈME GENRE.

GENRE DES MURIATES.

PREMIÈRE ESPÈCE.

NATURLICHES KOCHSALZ. — LE SEL DE CUISINE *ou* LE MURIATE DE SOUDE NATIF.

Id. Emm. T. 3, p. 402. — Reuss, p. 19. — Wid. p. 608. — *Muria fossilis pura; sal gemmæ*, Wall. T. 2, p. 53. — *Common salt; sal gem*, Kirw. T. 2, p. 31. — *Sel marin et sel gemme*, R. D. L. T. 1, p. 374. — *Id.* Lam. T. 1, p. 472. — *Soude muriatée*, Haüy.

M. Werner partage cette espèce en deux sous-espèces, dont l'une est le muriate de soude que l'on trouve dans les mines, ou le sel gemme, et l'autre est un muriate de soude déposé naturellement sur le bord de la mer et provenant de ses eaux.

Ire. SOUS-ESPÈCE.

STEINSALZ. — LE SEL DE PIERRE *ou* LE SEL GEMME.

Muria sal fossile.

Werner fait encore deux divisions dans cette sous-espèce, sous les noms de *sel gemme lamelleux* et *sel gemme fibreux*. Voici leur description :

LE MURIATE DE SOUDE.

(a)

BLÆTTRIGES STEINSALZ. — LE SEL GEMME LAMELLEUX.

Muria sal fossile lamellosum.

Id. Emm. T. 2, p. 19. — Lenz, p. 492. — W. P. T. 1, p. 361. — M. L. p. 320. — *Lamellar sal gem*, Kirw. T. 2, p. 32. — *Soude muriatée cristallisée* et *soude muriatée amorphe*, Haüy.

Caractères extérieurs.

SA couleur la plus ordinaire est un *blanc grisâtre*, *jaunâtre* ou *rougeâtre*, quelquefois aussi le *gris de perle*, le *gris de fumée*, le *rouge hyacinthe*, le *rouge de sang*, le *rouge de chair* et le *rouge brunâtre*.

On le trouve le plus ordinairement en *masse*, en couches très-considérables et très-puissantes, quelquefois aussi *disséminé en très-grosses parties*, ou en masses *réniformes* ou *stalactiformes*, ou enfin *cristallisé* en *cubes parfaits* de différentes grosseurs, accumulés les uns sur les autres; quelquefois ils sont réunis par leurs bords latéraux comme les degrés d'un escalier, et forment des groupes semblables à une pyramide à 4 faces, renversée : c'est ce qu'on appelle des *trémies*.

La surface des cristaux est *lisse*; à l'intérieur il est *éclatant*, d'un *éclat vitreux*.

Sa cassure est *lamelleuse*, *à lames droites*, et

LE MURIATE DE SOUDE.

présente un *clivage triple rectangulaire* ; quelquefois aussi sa cassure devient *conchoïde* ou un peu *esquilleuse.*

Ses fragmens sont *cubiques.*

Il se présente souvent en *pièces séparées grenues, à gros et petits grains*, quelquefois aussi *scapiformes minces.*

Il varie du *diaphane* au *translucide* ; — il est *tendre* ; — il donne une *raclure d'un blanc grisâtre* ; — il a une saveur *salée douce.*

Caractères chimiques.

Le sel gemme décrépite très-vivement lorsqu'on le chauffe au chalumeau ou qu'on le jette sur des charbons allumés.

Parties constituantes.

Le sel gemme est le muriate de soude des chimistes ; mais il est souvent mélangé dans l'état où on le rencontre dans la nature. Lorsqu'il est pur, il est composé, d'après Bergmann, de 0,42 de soude, 0,52 d'acide muriatique et 0,6 d'eau.

Gissement et localités.

Le sel gemme lamelleux forme quelquefois une espèce particulière de montagnes stratiformes, dans lesquelles ses couches alternent le plus ordinairement avec des couches d'argile, toujours plus ou moins pénétrées de sel ; très-souvent aussi il est mélangé avec du gypse, de la pierre puante, de la poix minérale, du grès, etc. (*). Le gypse surtout a des rapports géologiques très-marqués avec le sel gemme, et il est très-rare qu'il ne se trouve pas dans son voisinage.

Le plus souvent néanmoins il ne se trouve qu'en petites couches subordonnées ou en masses isolées, dans des montagnes dont la masse principale est le gypse, la pierre calcaire ou l'argile.

On en a trouvé aussi en filons, mais on en cite peu d'exemples.

(*) Dans ces mélanges, le sel gemme est quelquefois la partie la moins abondante ; néanmoins il ne perd pas toujours pour cela ses caractères distinctifs : on en a un exemple dans la pierre trouvée à Hall en Tirol, et qu'on a nommée *muriacite.* Klaproth, qui l'a analysée, n'y a reconnu que 0,15 de muriate de soude mêlé à 0,27 de gypse, et 0,58 de sable et de pierre calcaire. Cependant sa cassure est lamelleuse, et son clivage est triple et rectangulaire ; ce qui indique parfaitement la forme cubique du sel gemme. Aussi après l'avoir regardé successivement comme un gypse ou un muriate calcaire, on la considère maintenant comme une variété de sel gemme.

Cependant on a trouvé aussi du véritable gypse ne renfermant pas, d'après Vauquelin, un atome de muriate de soude, et qui néanmoins présente un clivage triple parfaitement cubique. Le citoyen Haüy, dans sa *Minéralogie*, a cherché à donner l'explication de ce fait singulier, qui semble contrarier l'uniformité dont la nature s'est fait une loi générale dans la cristallisation d'une même substance

LE MURIATE DE SOUDE.

On trouve le sel gemme dans beaucoup de pays. Les mines les plus fameuses sont celles de Wieliczka en Gallicie : il y en a aussi dans le Salzbourg, en Pologne, en Silésie, en Bavière, en Sibérie, à Cordoua en Espagne, où ce minéral constitue à lui seul une montagne entière; en Italie, etc.

Usage.

Le sel gemme est quelquefois employé, comme le muriate de soude ou sel marin ordinaire, sans aucune espèce de purification; mais comme le plus souvent il est mélangé de substances terreuses, on le fait dissoudre dans l'eau, d'où on le retire ensuite par l'évaporation. Quelquefois, pour éviter le transport des masses de sel hors de la mine, on y introduit l'eau; en y séjournant elle se sature de sel, et on la retire ensuite par des pompes.

Il serait trop long de détailler tous les usages du muriate de soude. Outre l'emploi journalier qu'on en fait pour la préparation de nos alimens, ce qui l'a rendu d'une nécessité absolue, il est d'une grande utilité dans beaucoup d'arts, soit par lui-même, soit à cause de la soude qui forme sa base. C'est de ce sel que l'on retire l'acide muriatique. On a aussi, depuis peu de tems, trouvé des procédés économiques pour en obtenir la soude en grand.

La plus grande partie du muriate de soude du commerce provient de l'évaporation des eaux de la mer, qui en fournissent bien plus abondamment que toutes les mines de sel gemme, quoiqu'elles n'en contiennent que 2 à 3 centièmes. Il y a aussi en quelques endroits des sources salées qui tiennent en dissolution du muriate de soude, quelquefois jusqu'à 18 et 20 centièmes. LE MURIATE DE SOUDE.

(b)

FASRIGES STEINSALZ. — LE SEL GEMME FIBREUX.

Muria sal fossile fibrosum.

Id. Emm. T. 2, p. 23. — Lenz, p. 494. — W. P. T. 2, p. 363. — M. L. p. 322. — *Fibrous sal gem*, Kirw. T. 2, p. 32. — *Soude muriatée fibreuse*, Haüy.

Caractères extérieurs.

SES couleurs sont le *blanc grisâtre*, le *gris jaunâtre*, le *gris de perle*, le *bleu de lavande*, le *bleu violet* ou le *rouge de chair*.

On ne le trouve qu'en *masses*, en petites vénules cunéiformes.

A l'intérieur il est *brillant*, rarement *un peu éclatant*.

Sa cassure est *fibreuse*, le plus souvent à *fibres fines courbes parallèles*, rarement à grosses *fibres divergentes*.

LE MURIATE DE SOUDE.

Ses fragmens sont tantôt *cunéiformes*, tantôt *indéterminés*, à *bords peu aigus*.

Il se trouve quelquefois en *pièces séparées scapiformes minces*.

Il varie du *translucide* au *demi-diaphane*; — il est *tendre*.

Du reste, tous ses autres caractères sont les mêmes que ceux du sel gemme lamelleux : il se trouve toujours dans son voisinage.

IIe. SOUS-ESPÈCE.

SÉE-SALZ. — LE SEL DE MER.

Id. Emm. T. 3, p. 402. — Reuss, p. 19.

Cette sous-espèce de muriate de soude se trouve indiquée dans le *Vocabulaire* de Reuss. Il paraît que Werner désigne par-là le sel qui se dépose quelquefois sur le rivage de la mer et sur les bords de certains lacs (*sal marinum in fundis lacuum concretum*, Wall.). Emmerling, dans le tableau qui se trouve dans son Supplément, indique aussi cette sous-espèce, comme introduite par Werner dans la Minéralogie, mais il n'en donne point la description.

SECONDE ESPÈCE.

NATURLICHER SALMIACK. — LE SEL AMMONIAC NATIF.

MURIA AMMONIACA NATIVA.

Id. Emm. T. 2, p. 24. — Lenz, p. 495. — Wid. p. 610. — M. L. p. 322. — *Sal ammoniacum*, Wall. T. 2, p. 77. — *Sel ammoniac*, R. D. L. T. 1, p. 382. — D. B. T. 2, p. 54. — *Muriate d'ammoniaque*, Lam. T. 1, p. 473. — *Sal ammoniac*, Kirw. T. 2, p. 33. — *Ammoniaque muriatée*, Haüy.

Caractères extérieurs.

SA couleur est un *blanc* qui passe au *gris* ou au *jaune*, quelquefois le *verd-pomme* ou le *noir brunâtre.*

On le trouve le plus souvent en *couches superficielles*, *farineuses* au milieu des laves, quelquefois aussi en *masse* ou en *stalactites*, et rarement en cristaux *très-petits et mal déterminés* (*).

(*) M. Estner décrit des cristallisations de ce sel en *cubes*, en *rhomboïdes*, en pyramide à *6 faces aiguës*, en *dodécaèdre*..... Je ne sais s'il n'y a pas ici quelqu'erreur. La seule forme que le sel ammoniac artificiel paraît affecter, est l'octaèdre et le prisme à 4 faces, terminé à chaque extrémité par un pointement à 4 faces placées sur les faces latérales.

LE SEL AMMONIAC NATIF.

A l'intérieur il est *éclatant* et *peu éclatant*, souvent aussi *brillant* ou *mat*; c'est un éclat *vitreux*.

Sa cassure est tantôt *unie*, tantôt *inégale*, *à grains fins*. — Ses fragmens sont *indéterminés*, à *bords assez aigus*.

Il est *tendre* ou *très-tendre*, souvent aussi *friable*; — il a une saveur *salée fraîche*, *piquante* et *amère*; — il est médiocrement *pesant*.

Caractères chimiques.

Jeté sur les charbons allumés, ce sel se volatilise entiérement, et se sublime sous la forme d'une fumée blanche en dégageant une odeur qui lui est particulière. Il est très-dissoluble dans l'eau et y produit du froid. Si on le broye avec de la chaux ou un alkali, il dégage l'odeur piquante de l'ammoniaque pur.

Parties constituantes.

Le sel ammoniac, lorsqu'il est pur, est composé, suivant Kirwan, de 52 parties d'acide muriatique, 40 d'alkali volatil ou d'ammoniaque et 8 d'eau; mais dans la nature il est toujours mélangé de substances terreuses et d'autres sels, souvent de soufre et d'arsenic.

Usage.

Le sel ammoniac purifié est employé beaucoup en médecine; il sert aussi dans l'étamage du fer et du cuivre, et il est d'une grande utilité pour faciliter les soudures. LE SEL AMMONIAC NATIF.

Gissement et localités.

Le sel ammoniac natif est un produit de volcans; il se sublime au milieu des laves et tapisse leurs cavités. C'est ainsi qu'il se trouve à la Solfatare, au Vésuve, à l'Etna, aux îles Ponces. On l'a aussi trouvé en Angleterre dans le voisinage des mines de charbon enflammées. Il paraît qu'on en a aussi trouvé en Perse.

Cependant le sel ammoniac qui se vend dans le commerce, ne provient pas de la purification du sel ammoniac natif; il vient d'Égypte, où on le retire de la combustion des fientes de chameaux, mélangées avec du sel marin. Depuis peu on en a fait aussi en France, en distillant des matières animales avec les eaux mères des salines, qui contiennent beaucoup de sels muriatiques.

QUATRIÈME GENRE.

CARBONATES.

NATURLICHES MINERAL ALKALI. — L'ALCALI MINÉRAL *ou* LE CARBONATE DE SOUDE NATIF.

ALKALI MINERALE NATIVUM.

Id. Emm. T. 2, p. 31. — Lenz, p. 499. — Wid. p. 579. — W. P. T. 1, p. 364. — M. L. p. 325. — *Natron*, Estn. T. 3, p. 18. — *Alkali minerale natron*, Wall. T. 2, p. 61. — *Alkali fixe minéral*, R. D. L. T. 1, p. 146. — *Alkali minéral aéré*, D. B. T. 2, p. 69. — *Natron*, Kirw. T. 2, p. 6. — *Carbonate de natron*, Lam. T. 1, p. 462. — *Soude carbonatée*, Haüy.

Caractères extérieurs.

SA couleur est un *blanc grisâtre* ou un *gris jaunâtre* passant au *jaune isabelle.*

On le trouve en *petites parties fines pulvérulentes* (*).

(*) Estner ajoute qu'on l'a aussi trouvé en masses *capillaires* et même cristallisé, sous la forme de *pyramides à 4 faces aiguës doubles* ou d'*octaèdres irréguliers.* C'est en effet la forme qui est propre à ce sel et que l'on obtient artificiellement. La base commune des deux pyramides est un rhombe, les angles obtus sont très-souvent tronqués. Mais la propriété qu'a ce sel de s'effleurir à l'air, doit rendre ses cristaux très-rares dans la nature ; c'est à cette propriété qu'est dû l'état pulvérulent sous lequel il se rencontre ordinairement.

Il est *mat* et *maigre* au toucher ; — il donne une saveur *alkaline brûlante ;* — il est médiocrement *pesant*. CARBONATE DE SOUDE NATIF.

Caractères chimiques.

Ce sel fait effervescence avec l'acide nitrique. Il est très-dissoluble dans l'eau, et sa dissolution verdit fortement les teintures bleues végétales. Il est très-fusible au chalumeau.

Gissement et localités.

Ce sel se trouve en Égypte à la surface de la terre, sur les bords de certains lacs qui s'évaporent pendant l'été. Il y est exploité depuis long-tems, et il y est connu sous son nom de *natron*.

Aux environs de Debreczin en Hongrie, il se rencontre en efflorescence sur un terrain de bruyères, où il fait aussi un objet d'exploitation.

M. Reuss en a trouvé près de Bilin en Bohême, sur un gneiss en décomposition, où on en recueille chaque année au printems, une quantité considérable.

On en a trouvé aussi dans les volcans éteints de Monte-Nuovo près de Naples, en Perse, au Bengale, en Chine, etc.

Il existe aussi en dissolution dans beaucoup d'eaux minérales.

Usages.

Le carbonate de soude purifié est un des sels

CARBONATE DE SOUDE NATIF.

les plus utiles aux arts. On l'emploie principalement dans la fabrication du verre, dans la composition du savon et le blanchiment des toiles. On s'en sert comme d'un fondant dans les essais chimiques.

REMARQUES.

Le carbonate de soude des chimistes est composé, suivant Bergman, de 16 parties d'acide carbonique, 20 de soude et de 64 d'eau.

Mais le sel dont il est ici question, est toujours mélangé de terre et souvent de muriate de soude.

La plus grande partie du carbonate de soude du commerce provient des cendres de certaines plantes, surtout de celles du genre des *salsola* ou d'autres végétaux qui croissent aux bords de la mer.

APPENDICE.

APPENDICE.

TINKAL. — LE TINKAL *ou* BORAX NATIF (*).

Id. Emm. T. 2, p. 27. — M. L. p. 324. — Lenz, T. 1, p. 497. — Wid. p. 613. — Kirw. T. 2, p. 37. — *Borax*, Lam. T. 1, p. 474. — R. D. L. T. 1, p. 241. — D. B. T. 2, p. 63. — *Soude boratée*, Haüy.

Caractères extérieurs.

Sa couleur est un *blanc grisâtre*, *jaunâtre* ou *verdâtre*, quelquefois un *verd de montagne* passant au *blanc grisâtre*; la surface est d'un *jaune d'ochre* sale qui passe au *brun*.

On le trouve en *masse* et *disséminé*, mais le plus souvent *cristallisé*; ses formes sont :

a. Un prisme à 6 faces, dont deux plus larges opposées, sur lesquelles la face terminale est inclinée de 106 degrés d'une part, et 74 de l'autre.

b. Le même prisme ayant ses bords latéraux entre les deux faces étroites, tronqués.

c. Le même prisme ayant ses deux bords terminaux étroits, aigus, tronqués.

(*) Ce sel n'est point compris par M. Werner, parmi ses espèces oryctognostiques; il le regarde comme un produit de l'art : et en effet, on ne sait trop encore ce que l'on doit croire sur son origne. Néanmoins on a cru devoir en donner la description, comme l'ont fait plusieurs minéralogistes.

BORAX NATIF. Les cristaux sont *petits* ou de *moyenne grosseur*, toujours *isolés*, et faiblement empâtés dans une masse terreuse; leur surface est un peu *rude*, quelquefois *lisse*, ordinairement recouverte d'une croûte terreuse blanchâtre (*).

A l'intérieur le borax est *éclatant*, d'un *éclat de cire*.

Sa cassure est tantôt *lamelleuse*, tantôt *conchoïde*; ses fragmens sont indéterminés, à *bords un peu aigus*.

Il est *demi-diaphane* ou seulement *translucide* (**); — *tendre*; — *aigre*; — *facile à casser*; — un peu *onctueux* au toucher; — il a une saveur qui d'abord paraît *douce*, et ensuite devient un peu *brûlante*; — il est *léger*.

D'après KIRWAN, sa pesanteur spécifique est 1740.

Caractères chimiques.

Traité au chalumeau, le borax se boursouffle considérablement, et se fond en un verre blanc transparent.

(*) Cette croûte est, dit-on, produite par une préparation artificielle que reçoit le borax, pour empêcher qu'il ne tombe en déliquescence. On le frotte de beurre et de terre; ce qui occasione l'odeur rance qu'il a lorsqu'on nous l'apporte.

(**) Le citoyen Haüy a observé que le borax donnait le phénomène de *la double image*.

Parties constituantes.

BORAX NATIF.

Lorsqu'il est purifié, le borax est un sel composé de soude et d'un acide particulier qui a pris le nom d'*acide boracique ;* mais dans l'état natif, il est toujours mélangé de terre.

Gissement et localités.

Le borax se trouve en Perse et au Thibet. Les voyageurs ne sont pas d'accord sur la manière dont la nature nous l'offre ; les uns disent qu'il se trouve dans les eaux d'un lac, d'où on le retire par une évaporation, dans des bassins, à l'air libre ; les autres assurent qu'il se trouve tout formé et disséminé dans la terre des bords de ce lac, où l'on recueille aussi du sel marin ; d'autres enfin, que le sel que l'on retire de ce lac n'est point du borax, mais un mélange salin avec lequel on a produit le borax artificiellement.....

Usage.

Le borax nous est apporté des Indes orientales, dans l'état où il vient d'être décrit : on le purifie en Europe, pour le rendre plus susceptible d'être employé dans les arts. Il est d'une grande utilité en chimie et dans beaucoup d'opérations métallurgiques ; ce qui tient à la propriété qu'il a de favoriser beaucoup la fusion : il est souvent employé dans les essais au chalumeau.

BORAX NATIF.

REMARQUES.

L'acide du borax a été trouvé pur dans les eaux et sur les bords de quelques lacs en Toscane : c'est à M. Hœfer que l'on doit cette découverte ; celui qui est solide, est sous la forme de petites écailles ou de petits grains cristallins d'un blanc grisâtre ou jaunâtre.

Il y a encore plusieurs autres sels que des minéralogistes ont décrit dans leurs ouvrages, tels que le sulfate de potasse, le sulfate d'ammoniaque, les nitrates, les muriates calcaires, etc. ; mais M. Werner ne les a pas admis dans son *Oryctognosie*, parce que leur existence à l'état solide dans la nature ne lui a pas paru assez constatée, et que toutes les substances dissoutes dans les eaux, perdant par la dissolution même tous les caractères qui peuvent servir à leur distinction, n'ont plus d'existence propre, et ne doivent trouver place que dans la description des eaux dont elles modifient la nature.

TROISIÈME CLASSE.

COMBUSTIBLES.

Nota. La division des combustibles en genres est fondée, comme dans les autres classes, sur les résultats de leur analyse chimique : ces genres sont au nombre de trois; le genre *soufre*, dont le *soufre* est la seule espèce; le genre des *bitumes*, dont les espèces renferment toutes du *bitume* (c'est-à-dire, de l'huile et du carbone) plus ou moins modifié ou mélangé d'autres substances; et enfin le genre *graphite*, qui contient deux espèces, dont l'une lui donne son nom : ces espèces ont pour base principale le carbone.

PREMIER GENRE.

LE GENRE SOUFRE.

ESPÈCE UNIQUE.

NATURLICHER SCHWEFEL. — **LE SOUFRE NATIF.**

SULPHUR NATIVUM.

Id. Emm. T. 2, p. 89. — Wid. p. 646. — Lenz, T. 1, p. 522. — W. P. T. 1, p. 368. — M. L. p. 336. — *Sulphur nativum purum flavum*, Wall. T. 2, p. 123. — *Native sulphur*, Kirw. T. 2, p. 69. — *Soufre*, R. D. L. T. 1, p. 289. — D. B. T. 2, p. 91. — Lam. T. 1, p. 68. — *Id.* Haüy.

Werner partage l'espèce *soufre* en deux sous-espèces, dont l'une est le soufre natif non volcanique, et l'autre est celui des volcans.

LE SOUFRE NATIF.

Ire. SOUS-ESPÈCE.

GEMEINER NATURLICHER SCHWEFEL. — LE SOUFRE NATIF COMMUN.

Sulphur nativum vulgare.

Caractères extérieurs.

SA couleur est un *jaune* particulier auquel il donne son nom ; quelquefois il passe au *jaune verdâtre* ou au *gris*.

On le trouve, ou en *masse*, ou *disséminé*, ou en *couche superficielle*, ou enfin *cristallisé* (*).

Ses formes sont :

a. Une pyramide double composée de deux pyramides à 4 faces obliquangles, aiguës, opposées base à base, ou l'octaèdre aigu : c'est sa forme primitive ; la base commune est un rhombe,

(*) Les catalogues de Pabst et de Leske contiennent à peine une indication de soufre cristallisé ; ce sont des tables ou prismes à 4 faces obliquangles. Dans les Traités de Minéralogie allemands, on retrouve les mêmes formes, et de plus le prisme à 6 faces, la double pyramide à 4 faces et la pyramide à trois faces, aiguë. J'avoue que parmi ces formes, il y en a qui m'ont paru peu faciles à rapporter aux cristaux de soufre, que nous connaissons ; aussi ai-je substitué d'autres descriptions dans lesquelles les cristaux de soufre sont présentés tels que je les ai vus dans toutes les collections de Paris, et tels qu'ils ont été décrits dans le n°. 29 du *Journal des Mines de France.* D'ailleurs, les cristaux de 4 à 5 pouces

dont les deux diagonales sont dans le rapport de 5 à 4, et la hauteur d'une des pyramides est triple de la perpendiculaire abaissée dans le rhombe du centre sur un des côtés.

LE SOUFRE NATIF.

b. La même forme ayant ses sommets tronqués.

c. La forme *a* ayant chaque sommet remplacé par un pointement obtus à 4 faces placées sur les faces latérales (le sommet de ces pointemens est aussi quelquefois tronqué).

d. La forme *a* ayant les bords de la base commune tronqués.

e. La forme *a* ayant ses bords latéraux obtus tronqués.

f. La forme *a* ayant les angles obtus de la base commune tronqués.

Les cristaux varient beaucoup en grandeur; le plus souvent ils sont *petits*, rarement de *moyenne*

---

de diamètre, rapportés de Sicile par Dolomieu, ont servi de base à cette description; et l'on verra qu'une partie des formes citées par les auteurs allemands, s'y rapporte très-bien, et qu'il en sera de même des autres si l'on veut supposer, ce qui arrive souvent, que l'on n'a observé que des cristaux mal prononcés, à demi engagés dans leur gangue; ce qui leur donne souvent des apparences trompeuses.

J'ai eu soin, dans cette description, de me conformer entiérement à la méthode descriptive de Werner.

J'observerai qu'Emmerling ajoute avec raison, dans une note, que l'octaèdre aigu est la forme la plus ordinaire du soufre.

LE SOUFRE NATIF. *grandeur*, et plus rarement encore *grands* (ceux de Sicile) ; ils sont le plus souvent *groupés*.

La surface des cristaux est *lisse*.

A l'extérieur, les cristaux sont *très-éclatans* ; mais à l'intérieur le soufre natif commun n'est qu'*éclatant* ou même *peu éclatant* ; c'est un *éclat gras*, qui souvent passe à l'*éclat du diamant*.

Sa cassure est tantôt *inégale*, à petits grains, tantôt *conchoïde* ; elle se rapproche aussi plus ou moins de la cassure *esquilleuse*.

Ses fragmens sont *indéterminés*, à *bords assez aigus*.

Il est communément *translucide*, quelquefois *demi-diaphane*, surtout dans les cristaux ; — il est *tendre* ; — *aigre* ; — *très-facile à casser* ; — *peu froid* et *un peu gras* au toucher ; — il donne par le frottement, une odeur sulfureuse ; — il est *léger*.

Pes. spéc. 1,990 à 2,033.

Caractères chimiques (*).

Le soufre mis sur des charbons, brûle avec une flamme bleuâtre particulière, et donne une odeur piquante que tout le monde connaît (celle du gaz acide sulfureux).

(*) Le soufre est trop facile à reconnaître par ses caractères extérieurs, pour qu'on soit obligé d'avoir recours à des épreuves chimiques ou physiques ; j'ai cru néanmoins devoir en indiquer quelques-unes.

Parties constituantes.

LE SOUFRE NATIF.

Le soufre natif n'est pas toujours pur; il est souvent mélangé de terre; mais le soufre pur est un des minéraux reconnus jusqu'ici comme simples par les chimistes.

Caractères physiques.

Le soufre est électrique par frottement. D'après les essais de M. Storr, la vapeur même du soufre fondu est électrique (*).

Usage.

Le soufre est une des substances les plus utiles dans les arts : on l'emploie dans le blanchiment des toiles, dans la préparation des soies; il entre dans la fabrication de la poudre à canon; l'acide (dit *sulfurique*) qu'il fournit par sa combustion, est fréquemment employé dans les manufactures, comme les tanneries, les chapelleries; dans les teintures, etc. : on peut ajouter que c'est par son moyen que l'on extrait les acides nitrique et muriatique des substances qui les contiennent : le soufre d'ailleurs et l'acide sulfurique sont, pour la chimie, d'un usage continuel; ils sont aussi souvent employés en pharmacie.

(*) Le soufre est une des substances dans lesquelles le citoyen Haüy a nouvellement reconnu le phénomène de la *double image*.

LE SOUFRE NATIF.

Le soufre qui se vend dans le commerce, ne provient pas seulement de l'exploitation du soufre natif, mais aussi de la distillation des pyrites ou mines métalliques sulfureuses.

Gissement et localités.

Le soufre natif commun se rencontre presque toujours dans des montagnes stratiformes, principalement avec le gypse, où il se trouve en forme de rognons. La marne et la pierre calcaire compacte en contiennent aussi quelquefois.

On a aussi trouvé du soufre disséminé dans des filons de montagnes primitives ; mais il y est très-rare, et toujours en petite quantité.

Les principaux pays où l'on a trouvé du soufre, sont, la Gallicie (Wieliczka), la Pologne, la Suisse (Bex), la Lorraine, le pays d'Hanovre, la Sibérie, l'Espagne (Conilla près Cadix), la Thuringe, la Hongrie, l'Italie, et enfin la Sicile, d'où proviennent les plus gros cristaux connus. (*Voyez* les *caractères extérieurs*).

IIe. SOUS-ESPÈCE.

VULCANISCHER NATURLICHER SCHWEFEL. — LE SOUFRE NATIF VOLCANIQUE.

Sulphur nativum vulcanium.

Caractères extérieurs.

SA couleur est la même que celle du soufre

natif commun, si ce n'est qu'il tire un peu plus vers le gris. LE SOUFRE NATIF.

On le trouve en *masse*, en pièces *arrondies*, *stalactiformes*, *cellulaires* ou *criblées*, ou en couches *superficielles pulvérulentes*, ou enfin *cristallisé*; mais les cristaux sont en général petits et confusément groupés : ils ont d'ailleurs les mêmes formes que la sous-espèce précédente.

A l'intérieur il est *peu éclatant* ou *éclatant :* c'est un *éclat gras* qui s'approche de celui du *diamant.*

Sa cassure est *inégale*, *à petits grains.*

Ses fragmens sont indéterminés, *à bords obtus.*

Il est un peu *translucide.*

Il est du reste entiérement semblable au soufre natif commun pour tous ses autres caractères extérieurs physiques et chimiques : l'usage que l'on en fait est aussi absolument le même.

Gissement et localités.

Ce soufre a une origine volcanique, comme son nom l'indique : on en trouve beaucoup dans les environs des volcans, où il se sublime au milieu des laves. La Solfatare, aux environs du Vésuve, est une des soufrières les plus fameuses : on l'exploite même avantageusement pour le commerce. On en trouve aussi auprès de l'Etna, en Islande, à la Guadeloupe, au Pic de Ténérif, etc.

SECOND GENRE.

LE GENRE DES BITUMES.

PREMIÈRE ESPÈCE.

BITUMINOSES HOLZ. — LE BOIS BITUMINEUX.

BITUMEN SPISSAXYLON.

Id. Emm. T. 2, p. 54. — Wid. p. 631. — Lenz, T. 1, p. 514. — W. P. T. 1, p. 365. — M. L. p. 332. — *Vegetabile fossile bituminosum*, Wall. T. 2, p. 415. — *Carbonated wood*, Kirw. T. 2, p. 60.

Werner partage cette espèce en deux sous-espèces, dont l'une est le bois bitumineux qui a conservé sa contexture ligneuse; l'autre est le bois bitumineux réduit à l'état terreux.

Ire. SOUS-ESPÈCE.

GEMEINES OU *VOLLKOMMENES.* — *BITUMINOSES-HOLZ.*

LE BOIS BITUMINEUX. — COMMUN *ou* PARFAIT.

Bitumen spissaxylon vulgare.

Caractères extérieurs.

SA couleur ordinaire est le *brun noirâtre clair*, quelquefois le *brun de gérofle.*

Il a tout-à-fait la forme ligneuse : on y remarque des indices de branches et de racines.

Il est *brillant* dans sa cassure principale, souvent *éclatant* dans sa cassure en travers. LE BOIS BITUMINEUX.

La cassure principale est *fibreuse*, *à fibres parallèles droites* ou *courbes*, rarement *entrelacées :* elle présente tellement l'apparence du bois, qu'on y reconnaît souvent les couches annuelles. Dans la cassure en travers, le bois bitumineux est un peu *conchoïde*, et d'autant plus, qu'il se rapproche davantage du charbon de terre.

Ses fragmens sont *esquilleux*, ou en forme de *plaques*, ou *indéterminés*, suivant qu'il est plus bituminisé.

Il est *opaque ; il prend de l'éclat par la raclure.*

Il est *tendre*, passant au *très-tendre ;* — *facile à casser*, à moins qu'il ne soit très-peu pénétré de bitume ; — *peu froid* au toucher ; — *léger.*

(Pour tout le reste, *voyez* à la fin de la seconde sous-espèce.)

IIe. SOUS-ESPÈCE.

BITUMINOSE HOLZERDE. — BOIS BITUMINEUX TERREUX.

Bitumen spissaxylon friabile.

Caractères extérieurs.

SA couleur est communément d'un *brun noirâtre* ou d'un *brun de foie.*

Sa consistance tient le milieu entre le *solide* et le *friable.*

LE BOIS BITUMINEUX.

Il est *mat*, rarement *un peu brillant.*

Sa cassure est *terreuse.*

Ses fragmens sont *indéterminés*, à *bords obtus.*

Il prend de l'*éclat* par la raclure.

Il est *un peu tachant.*

Il est *tendre*, passant au *très-tendre* et même au *friable.*

Il est *très-facile à casser*; — *peu froid* au toucher; — *léger* et presque *surnageant.*

REMARQUES.

Ces deux sous-espèces de bois bitumineux sont liées l'une à l'autre par des passages insensibles; en sorte que la seconde n'est autre chose que la première réduite à l'état terreux par une décomposition particulière. En effet, le bois bitumineux terreux que l'on trouve auprès de Cologne, où il est connu sous le nom de *terre d'ombre* ou de *terre de Cologne*, renferme une grande quantité de troncs d'arbres, et même des fruits presqu'entiérement intacts. (*Voyez* le Mémoire de Faujas à ce sujet, *Journal des Mines*, n°. 36.)

Le bois bitumineux brûle très-bien en dégageant une odeur de bitume désagréable; aussi on l'emploie comme combustible, surtout lorsqu'on desire avoir une chaleur égale et peu active. Le bois bitumineux terreux de Cologne est employé dans la fabrication des couleurs: certaines variétés qui sont beaucoup mélangées de terre et de pyrites, sont exploitées pour en extraire de l'alun.

Le bois bitumineux se rencontre ordinairement dans les montagnes stratiformes, dans le voisinage des mines de charbon: on en trouve aussi dans des terrains d'alluvion.

Les principaux lieux où il se trouve, sont les environs de Cologne, la Hesse, l'Islande, la Bohême, la Saxe, la France, etc. etc. LE BOIS BITUMINEUX.

SECONDE ESPÈCE.

STEINKOHLE — CHARBON DE TERRE ou LA HOUILLE.

BITUMEN LITHANTRAX.

Id. Emm. T. 2, p. 60. — Wid. p. 626. — Lenz, p. 517 et suiv. — W. P. p. 366. — M. L. p. 329. — *Lithantrax*, Wall. T. 2, p. 98. — *Charbon de terre*, R. D. L. T. 2, p. 590. — Lam. T. 2, p. 529. — *Mineral carbon impregnated with bitumen*, Kirw. T. 2, p. 49. — *Houille*, Haüy.

M. Werner partage cette espèce en huit sous-espèces.

Ire. SOUS-ESPÈCE.

BRAUNKOHLE. — LA HOUILLE BRUNE (*) ou LE BRAUNKOHLE.

Bitumen lithantrax brunesseus.

Caractères extérieurs.

SA couleur est le *noir brunâtre* ou le *brun noirâtre.*

On ne le trouve qu'en *masse.*

(*) Son nom lui vient de sa couleur brune.

LA HOUILLE. Il est *peu éclatant* en longueur, mais *éclatant* dans la cassure transversale : c'est un *éclat gras.*

La cassure en travers est *parfaitement conchoïde ;* mais la cassure en longueur est *schisteuse* (elle semble conserver les traces d'une contexture ligneuse).

Ses fragmens sont *indéterminés*, à *bords peu aigus.*

Il prend de l'*éclat* par la raclure.

Il est *tendre ;* — *peu aigre ;* — *facile à casser ;* — *un peu froid ;* — *léger.*

Remarque.

Le braunkohle se rapproche beaucoup du bois bitumineux : son gissement est peu différent de celui des autres sous-espèces ; cependant il se trouve plus ordinairement parmi les grès et les pierres calcaires stratiformes.

IIe. SOUS-ESPÈCE.

MOORKOHLE. — LA HOUILLE LIMONEUSE *ou* LE MOORKOHLE.

Caractères extérieurs.

Sa couleur est un *brun noirâtre foncé*, qui passe au *noir brunâtre.*

On le trouve en *masse*, en couches très-puissantes ; il est toujours *très-fendillé* et *crevassé.*

A l'intérieur il est *très-brillant.*

Sa cassure en travers est *unie*, quelquefois *conchoïde*

choïde applatie; mais en longueur, elle est *schisteuse*, et indique une contexture ligneuse. LA HOUILLE.

Ses fragmens affectent la forme *trapézoïdale* ou *rhomboïdale.*

Il prend de l'*éclat* par la raclure.

Il est *tendre*, passant au *très-tendre*; — il est extrêmement *facile à casser*; — *peu froid au toucher*; — *léger.*

Remarque.

Le moorkohle paraît se rapprocher beaucoup du bois bitumineux terreux, néanmoins il a toujours plus ou moins de ressemblance avec le grobkohle : on en trouve beaucoup en Bohême, en Autriche, en Transylvanie et ailleurs : on le trouve plutôt dans les montagnes de grès, de pierre calcaire et de trapp, que dans celles dites *montagnes à houille.* (*Voyez* le *Traité des Roches.*)

IIIe. SOUS-ESPÈCE.

PECHKOHLE. — LA HOUILLE PICIFORME *ou* LE PECHKOHLE.

Bitumen lithantrax piceus.

Caractères extérieurs.

Sa couleur est le *noir parfait.* Dans sa cassure en longueur il est quelquefois *brunâtre.*

On le trouve en *masse* ou *disséminé* : on y remarque souvent des traces de parties végétales, telles que des branches d'arbres.

LA HOUILLE. Il est *éclatant*, souvent même *très-éclatant :* c'est un *éclat gras.*

Sa cassure est plus ou moins *parfaitement conchoïde*, ordinairement *à petites cavités.*

Ses fragmens sont *indéterminés*, à *bords assez aigus.*

Il est *tendre ; — facile à casser ; — léger.*

REMARQUE.

Le pechkohle accompagne assez ordinairement les deux sous-espèces précédentes. Son gissement le plus ordinaire est dans les montagnes de trapp, ou s'il se rencontre ailleurs, c'est toujours en morceaux isolés. On le trouve au Meissner dans la Hesse, en Saxe auprès de Dresde, en Silésie, en Angleterre, etc. (*).

IVe. SOUS-ESPÈCE.

GLANZKOHLE. — LA HOUILLE ÉCLATANTE *ou* LE GLANZKOHLE.

Bitumen lithantrax metallicè nitens.

Caractères extérieurs.

SA couleur est le *noir de fer*, qui passe un peu

(*) C'est à cette sous-espèce que l'on doit principalement rapporter le *jayet*, *gagas* de Wallerius, quoique plusieurs minéralogistes le rangent avec la poix minérale scoriacée. Il paraît que plusieurs substances bitumineuses polissables ont été données sous ce nom, que la plupart appartiennent au pechkohle, d'autres au kennekohle, et quelques-unes à la poix minérale scoriacée.

au *brun ;* il présente souvent des *couleurs superfi-cielles* comme l'*acier trempé.* LA HOUILLE.

On le trouve en *masse,* rarement *disséminé.*

Il est *éclatant* et même *très-éclatant,* d'un éclat qui approche de l'*éclat métallique.*

Sa cassure est parfaitement *conchoïde,* à grosses cavités.

Ses fragmens sont *indéterminés,* à *bords peu aigus.*

Il se présente quelquefois, mais rarement, en *pièces séparées ;* elles sont *testacées* ou quelquefois *scapiformes.*

Il est *tendre ;* — *facile à casser ;* — *peu froid ;* — *léger.*

Remarque.

Cette sous-espèce de houille est extrêmement rare. La seule qui soit vraiment reconnue, provient de New-castle en Angleterre : elle est citée par Werner dans le catalogue de Pabst. Quant au glanzkohle que Karsten indique dans le Muséum de Leske comme étant cristallisé en cubes, on soupçonne que ce n'est autre chose qu'un kohlenblende mélangé de quartz. Il en est de même, d'après les essais de M. Struve, du prétendu glanzkohle du Meissner, qui brûle sans flamme et sans odeur.

Ve. SOUS-ESPÈCE.

STANGENKOHLE. — LA HOUILLE SCAPIFORME *ou* LE STANGENKOHLE.

Caractères extérieurs.

SA couleur est un *noir parfait* qui passe au *noir*

LA HOUILLE. *brunâtre :* les parois de ses fentes sont quelquefois recouvertes accidentellement d'une terre ferrugineuse jaune.

On le trouve en *masse.*

Dans sa cassure, il est *éclatant* ou seulement *peu éclatant :* c'est un *éclat gras.*

Sa cassure est plus ou moins *parfaitement conchoïde ;* ses fragmens sont *indéterminés.*

Il est toujours composé de *pièces séparées, scapiformes* (*), *parallèles, un peu courbes,* dont les faces de jointure sont lisses et un peu éclatantes.

Il est *tendre ; — facile à casser ; — léger.*

REMARQUE.

Le stangenkohle est fort rare : on le trouve au Meissner près d'Almerode, dans la Hesse, dans une montagne basaltique.

VIe. SOUS-ESPÈCE.

SCHIEFERKOHLE. — LA HOUILLE SCHISTEUSE *ou* LE SCHIEFERKOHLE.

Caractères extérieurs.

SA couleur est le *noir parfait,* souvent aussi le *noir grisâtre,* rarement le *noir brunâtre.*

On le trouve en *masse* en couches entières.

Il est *éclatant,* quelquefois *peu éclatant* ou même seulement *brillant :* c'est un *éclat gras.*

(*) C'est de là qu'il a tiré son nom.

Sa cassure principale est *schisteuse, à feuillets plats;* la cassure en travers est *unie* ou *imparfaitement conchoïde.* LA HOUILLE.

Ses fragmens sont *indéterminés, à bords peu aigus* ou en forme de plaques.

Il prend de l'*éclat* par la raclure.

Il est *tendre,* passant au *demi-dur;* — *facile à casser;* — *léger.*

Remarque.

Le schieferkohle se trouve principalement dans les montagnes de houille proprement dites (*Voyez* le *Traité des Roches*), et rarement parmi les houilles de formation trapéenne; il est accompagné ordinairement de schieferthon et de grès : on en trouve en Angleterre (dans le Flintshire), en Bohême, en Saxe auprès de Dresde, etc. Il passe quelquefois au pechkohle.

VIIe. SOUS-ESPÈCE.

KENNELKOHLE. — LA HOUILLE DE KILKENNY *ou* LE KENNELKOHLE.

Caractères extérieurs.

Sa couleur est le *noir grisâtre.*

On le trouve en *masse.*

Il est *peu éclatant,* d'un *éclat gras.*

Sa cassure est communément *conchoïde,* quelquefois *unie* et *lamelleuse, à lames parallèles* dans trois sens, dont la direction est assez rectangulaire.

LA HOUILLE. Ses fragmens sont quelquefois parfaitement *rhomboïdaux* ou *cubiques.*

Il prend de l'*éclat* par la raclure.

Il est *tendre;* — *facile à casser*, néanmoins c'est une des plus tenaces de toutes les sous-espèces de houille; — il est *un peu froid au toucher;* — *léger.*

REMARQUE.

Le kennelkohle est ainsi nommé de ce qu'il se trouve à Kilkenny en Irlande : on en a aussi trouvé à Vigan dans le Lancashire et ailleurs. Certaines variétés plus compactes sont taillées et polies. Le chœur de l'église cathédrale de Lichtfield est revêtu de plaques de cette houille, alternant avec du marbre blanc : il est probable qu'elle a fourni une partie des substances connues sous le nom de *jayet.*

VIIIe. SOUS-ESPÈCE.

BLATTERKOHLE. — LE CHARBON LAMELLEUX.

Bitumen lithantrax lamellosus.

Caractères extérieurs.

Sa couleur est un *noir parfait;* il présente souvent sur les parois de ses fentes des *couleurs superficielles*, semblables à celles de la *queue de paon* ou celle de l'*acier trempé.*

On le trouve en *masse.*

Dans sa cassure principale il est *très-éclatant*,

quelquefois même *miroitant ;* dans la cassure en travers il n'est qu'*éclatant.* LA HOUILLE.

Sa cassure principale est plus ou moins *lamelleuse*, à *lames droites ;* la cassure en travers est *un peu inégale.*

Ses fragmens sont *trapézoïdaux.*

Il est *tendre ;* — *facile à casser*, plus que le schieferkohle ; — *léger.*

*R*EMARQUE.

Le blatterkohle est, de tous les charbons de terre, celui qui est le plus sujet à la décomposition ; ce qui provient de ce qu'il est mélangé de pyrites. On l'avait autrefois réuni au schieferkohle, avec lequel il a beaucoup de ressemblance ; mais M. Werner a cru devoir en faire une sous-espèce séparée.

Il se trouve dans le pays de Liége, en Saxe, auprès de Dresde, dans la haute Lusace, et en France dans le Forez, au Creuzot, etc.

IXe. SOUS-ESPÈCE.

GROBKOHLE. — LA HOUILLE GROSSIÈRE *ou* LE GROBKOHLE.

Bitumen lithantrax ponderosus.

Caractères extérieurs.

SA couleur est un *noir parfait clair*, qui passe quelquefois au *brunâtre* ou au *grisâtre.*

On le trouve en *masse.*

LA HOUILLE. Il est *peu éclatant*, d'un *éclat gras*.

Sa cassure est *inégale*, à *très-gros grains*, passant quelquefois plus ou moins à la cassure *schisteuse*.

Ses fragmens sont *indéterminés*, à *bords obtus*.

Il prend de l'*éclat* par la raclure.

Il est *tendre*; — *facile à casser*; — *un peu froid*; — *léger*, mais néanmoins plus pesant que la plupart des sous-espèces précédentes.

REMARQUE.

Le grobkohle se trouve dans le voisinage des autres houilles, principalement avec le schieferkohle, le blatterkohle et le pechkohle ; il est très-souvent accompagné de bois bitumineux : on en trouve entr'autres auprès de Dresde, à Miesbach en Bavière, à Amberg dans le Palatinat (*).

(*) D'après le tableau minéralogique qui se trouve dans le troisième volume d'Emmerling, il semblerait que M. Werner partage le grobkohle en deux sous-espèces, sous les noms de *grobkohle commun* et de *kohlenschiefer*. M. Estner fait aussi du kohlenschiefer une sous-espèce particulière de houille ; mais d'après la description qu'il en donne, on voit que ce n'est autre chose qu'un *brandschiefer* ou *schiste bitumineux* qui a été décrit T. I, p. 389, parmi les pierres argileuses, et qui, tant par son gissement dans le voisinage des mines de houille, que par sa combustibilité et ses autres caractères, a beaucoup de rapport avec les espèces bitumineuses dont il est ici question, et surtout avec le grobkohle ou houille grossière, qui est toujours un peu terreuse.

REMARQUES sur les houilles en général.

Les naturalistes sont aujourd'hui tous d'accord sur l'origine de la houille : on la regarde comme étant le résidu de la décomposition des végétaux, et surtout des bois. La nature des produits que la chimie en retire, et les fragmens de branches et de racines que l'on y trouve quelquefois, démontrent assez clairement qu'elle ne peut avoir eu d'autre origine.

Les houilles se rencontrent dans les montagnes stratiformes, tantôt en couches subordonnées, au milieu des grès, des pierres calcaires et des trapps ; tantôt dans des montagnes particulières qui prennent le nom de *montagnes à houille.* Il en sera question plus en détail dans le *Traité des Roches.* On trouve aussi quelquefois de la houille dans les montagnes d'alluvion.

Ce combustible est très-répandu à la surface de la terre ; la France, l'Angleterre, la Hesse, la Saxe, la Suède, etc. en possèdent des mines très-abondantes, et tous les pays où il se rencontre, trouvent dans son exploitation une grande source de richesses : l'Angleterre, entr'autres, doit en grande partie l'état florissant de ses manufactures à ses mines de houille.

Toutes les sous-espèces de houille qui viennent d'être décrites, brûlent avec flamme et en dégageant une odeur bitumineuse, mais avec plus ou moins de facilité. Le blatterkohle et le schieferkohle sont communément les plus estimés, et l'on peut dire en général que plus la houille est légère et noire, mieux elle brûle : quelques-unes, comme le pechkohle, décrépitent un peu avant de s'allumer.

D'après les expériences chimiques que l'on a faites sur la houille, il paraît qu'elle est composée d'une ma-

LA HOUILLE. tière huileuse, de charbon et d'un peu d'ammoniaque ; ce qui a fait soupçonner qu'elle pouvait contenir aussi des résidus de matières animales.

On réduit la houille en charbon par des procédés analogues à ceux employés pour carboniser le bois; ils consistent uniquement à la dépouiller de son huile et de son ammoniaque en la chauffant sans le contact de l'air. Dans certaines manufactures on recueille ces produits qui se vaporisent dans cette opération, et on les emploie à différens usages économiques.

M. Estner décrit une sous-espèce de houille particulière qu'il nomme *faserkohle* ou *houille fibreuse ;* elle provient de Newcastle en Angleterre, où on la regarde comme d'une qualité supérieure pour la combustion : elle a un *tissu fibreux ;* elle est *peu éclatante*, assez *friable*, d'un *noir foncé*, *très-légère*..... Il en a reconnu de semblables parmi des houilles de Bohême.

TROISIÈME ESPÈCE.

ERDOEL. — L'HUILE MINÉRALE.

Dans le tableau de classification, cette espèce n'est point subdivisée en sous-espèces : je me suis conformé en cela au *Vocabulaire* de Reuss ; mais m'étant assuré que M. Werner a conservé la subdivision qui est dans plusieurs auteurs allemands, je vais la rétablir ici. L'espèce *huile minérale* est donc partagée en trois sous-espèces, dont la première est le *naphte*, la seconde l'*huile minérale commune* ou le *pétrole*, et la troisième est le *goudron minéral*, que quelques auteurs réunissent à la poix minérale, qui est l'espèce suivante. Le naphte est très-fluide, le pétrole est très-gras et le goudron minéral est visqueux. L'HUILE MINÉRALE.

Ire. SOUS-ESPÈCE.

NAPHTA. — LE NAPHTE.

Id. Emm. T. 2, p. 41. — Wid. p. 617. — Lenz, T. 1, p. 504. — *Id.* Estn. T. 3, p. 95. — *Id.* Kirw. T. 2, p. 42. — *Bitumen fluidissimum levissimum naphta*, Wall. T. 2, p. 89. — *Naphte*, R. D. L. T. 2, p. 592. — D. B. T. 2, p. 75. — Lam. T. 2, p. 536. — *Bitume liquide blanchâtre*, Haüy.

Caractères extérieurs.

LA couleur du naphte est tantôt un *blanc grisâtre*, tantôt le *gris jaunâtre* ou le *jaune de vin*.

Il est *parfaitement fluide*; — il a un *éclat gras*; — il est *diaphane*; — il est *très-onctueux au toucher*; — il a une odeur forte, bitumineuse, qui n'est pas désagréable; — il est *surnageant*.

Pes. spéc. 0,708 à 0,732.

Caractères chimiques.

Le naphte s'enflamme très-facilement; il donne une flamme bleuâtre, une fumée épaisse et ne laisse point de résidu : c'est l'huile minérale la plus pure et la plus légère.

Usage.

Dans la Perse on se sert du naphte pour s'éclairer en le brûlant dans des lampes : on le fait

L'HUILE MINÉRALE.

aussi servir au chauffage, en le mêlant avec un peu de terre; on l'emploie dans la composition des vernis, dans celle des feux d'artifice : les médecins l'ordonnaient autrefois comme vermifuge.

Gissement et localités.

Le naphte se trouve en Perse et sur les bords de la mer Caspienne, en Calabre, en Sicile et en Amérique : on le recueille principalement sur la surface de l'eau; il paraît qu'il ne se trouve que dans des terrains stratiformes. On soupçonne qu'il ne doit son origine qu'à une distillation opérée sur des houilles par des feux souterrains. Exposé à l'air, il s'épaissit; ce qui le rapproche des sous-espèces suivantes.

IIe. SOUS-ESPÈCE.

GEMEINES ERDOEL. — L'HUILE MINÉRALE COMMUNE *ou* LE PÉTROLE.

Id. Emm. T. 2, p. 43. — *Bergoel* ou *steinoel*, Wid. p. 619. — *Erdoel*, Lenz, p. 506. — *Id.* Estn. T. 3, p. 97. — *Petrol*, Kirw. T. 2, p. 43. — *Bitumen fluidum crassius*, *Petroleum*, Wall. T. 2, p. 90. — *Pétrole*, R. D. L. T. 2, p. 591. — Lam. T. 2, p. 536. — *Bitume liquide brun* ou *noirâtre*, Haüy.

Caractères extérieurs.

Sa couleur est un *brun noirâtre* plus ou moins foncé, qui tire quelquefois vers le *brun rougeâtre.*

Il est *fluide*, mais beaucoup moins que le naphte ; — il passe au *visqueux* ; — il est *trouble* ; — presque *opaque* ; — *très-onctueux au toucher* ; — *peu froid* ; — il exhale une odeur *bitumineuse* très-forte et désagréable ; — il a un goût *piquant* et *acide* ; — il est *surnageant*.

L'HUILE MINÉRALE.

Pes. spéc. 0,847 à 0,854.

Caractères chimiques.

Le pétrole diffère peu du naphte dans ses caractères chimiques ; cependant il donne une fumée bien plus épaisse et beaucoup de suie dans sa combustion, et il laisse un résidu terreux : par la distillation, on en retire une huile semblable au naphte ; ce qui semble indiquer que le pétrole n'est autre chose qu'un naphte mélangé de terre.

Usage.

Dans les pays où le pétrole est abondant, on l'emploie très-utilement, soit au lieu de goudron, soit, en le purifiant, au lieu d'huile à brûler. (*Voyez* ci-dessus les usages du naphte).

Gissement et localités.

Le pétrole se trouve en Bavière (au lac Tegern), en Angleterre (dans le Lancashire), en France (Sulz en Alsace, Gabian en Languedoc, en Auvergne) ; en Italie (à Pétraglia en Sicile, et aux

L'HUILE MINÉRALE.

environs de Parme et de Modène); en Moldavie, en Perse, en Écosse, en Suède, en Sibérie, en Suisse auprès de Neufchâtel.

Il se trouve, comme le naphte, dans des montagnes stratiformes, et le plus souvent dans le voisinage des houilles, du milieu desquelles on le voit quelquefois suinter, ainsi que des fentes des rochers : on le rencontre aussi à la surface de l'eau : on a lieu de soupçonner qu'il est dû, comme le naphte, à une sorte de distillation de la houille, opérée par des pyrites décomposées ou par des inflammations souterraines (*erdbrande*), surtout d'après ce que l'on a observé, que le pétrole qui se trouve en Italie dans le voisinage des volcans, est toujours plus abondant après les éruptions.

La consistance du pétrole se rapproche tantôt de celle du naphte, tantôt de celle de la sous-espèce suivante.

IIIe. SOUS-ESPÈCE.

BERGTHEER. — LE GOUDRON MINÉRAL.

Id. Emm. T. 3, p. 403. — Wid. p. 620. — *Zahes erdpech*, Emm. T. 2, p. 47. — *Id.* W. P. T. 1, p. 365. — *Id.* Estn. T. 3, p. 100. — M. L. p. 328. — *Mineral tar*, Kirw. T. 2, p. 44. — *Cohæsive mineral pitch*, ibid. p. 45. — *Bitumen segne crassum nigrum*, *maltha*, Wall. T. 2, p. 92. — *Malthe*, R. D. L. T. 2, p. 592. — *Id.* D. B. T. 2, p. 76. — Lam. T. 2, p. 535. — *Bitume glutineux*, Haüy.

L'HUILE MINÉRALE.

Caractères extérieurs.

SA couleur est le *noir brunâtre* ou le *noir parfait*. Il est *visqueux*, passant à la consistance solide ; — *peu éclatant*, d'un *éclat gras* ; — il est *onctueux* et *peu froid au toucher* ; — il donne une forte odeur *bitumineuse* ; — il est *surnageant*.

Caractères chimiques.

Il brûle avec beaucoup plus de fumée que les deux sous-espèces précédentes ; il fournit aussi plus de suie et laisse plus de cendres.

Usage.

Le goudron minéral est employé comme le goudron végétal, pour calfater les vaisseaux : il entre dans la composition de la cire à cacheter noire et de beaucoup de vernis, surtout de ceux dont on couvre le fer pour le préserver de la rouille.

Gissement et localités.

On le trouve en France (en Auvergne et en Alsace) ; en Angleterre, en Moldavie, en Perse, en Silésie, en Suède (Dannémora, Oeland) ; en Suisse (près de Neufchâtel) ; en Sibérie, etc.

REMARQUE.

Le goudron minéral paraît n'être autre chose qu'un naphte ou un pétrole épaissi : il forme le passage des

HUILE MINÉRALE.

huiles minérales aux poix minérales ; aussi a-t-on vu que plusieurs auteurs l'ont décrit sous le nom de *zahes erdpech* ou de *poix minérale visqueuse* : il a été aussi nommé quelquefois *pissasphalte.*

QUATRIÈME ESPÈCE.

ERDPECH. — LA POIX MINÉRALE.

BITUMEN ASPHALTUM.

M. Werner partage cette espèce en trois sous-espèces.

Ire. SOUS-ESPÈCE.

ELASTISCHES ERDPECH. — LA POIX MINÉRALE ÉLASTIQUE.

Id. Emm. T. 3, p. 106. — Estn. T. 3, p. 106. — *Mineral cahoutchou*, Kirw. T. 2, p. 48. — *Cahout-chou fossile*, Lam. T. 2, p. 540. — *J. d. Ph.* 1787, T. 2, p. 311. — *Bitume élastique*, Haüy.

Caractères extérieurs.

SA couleur est un *noir brunâtre* ou le *brun de cheveux* : elle est souvent traversée de veines *jaunâtres.*

On la trouve ordinairement en masses plus ou moins grosses, souvent fendillées, *disséminées* au milieu d'autres minéraux, quelquefois *superficielle* ou *stalactiforme.*

A l'extérieur elle est *mate*, rarement *un peu brillante ;*

brillante ; mais à l'intérieur et dans les fentes elle est *assez éclatante :* c'est un *éclat gras.* LA POIX MINÉRALE.

Elle est un peu *translucide sur les bords ;* — sa consistance est molle ; elle est absolument semblable à celle de la substance nommée *gomme élastique* que l'on extrait d'un arbre ; elle jouit de la même *élasticité ;* — elle est *surnageante ;* — elle a une odeur semblable à celle du cuir.

Remarques.

Cette substance minérale est encore très-rare, et il y a beaucoup de collections où elle ne se trouve pas. Elle a été découverte en 1785, à Casteltown dans le Derbyshire en Angleterre ; elle y est accompagnée de pierre calcaire compacte, de spath calcaire, de galène, de blende, de spath fluor et de spath pesant, avec lesquels il est probable qu'elle constitue un filon.

Elle efface les traces de crayon comme la gomme élastique ; seulement elle salit un peu le papier.

IIe. SOUS-ESPÈCE.

ERDIGES ERDPECH. — LA POIX MINÉRALE TERREUSE.

Bitumen asphaltum terrosum.

Id. Emm. T. 2, p. 49. — M. L. p. 328. — *Semicompact mineral pitch*, Kirw. T. 2, p. 46.

Caractères extérieurs.

Sa couleur est un *brun noirâtre*, quelquefois le *brun de gérofle.*

On la trouve en *masse.*

LA POIX MINÉRALE.

A l'intérieur elle est *matte*.

Sa cassure est tantôt *terreuse*, tantôt *unie*, tantôt *inégale*, *à petits grains*.

Ses fragmens sont *indéterminés*, à *bords obtus*.

Elle prend de l'éclat par la *raclure* et une couleur un peu plus foncée.

Elle est *très-tendre*; — *douce*; — *facile à casser*; — *onctueuse* au toucher et peu froide; — *légère*; — elle donne une odeur *bitumineuse très-marquée*.

Caractères chimiques.

Elle brûle avec flamme, donne beaucoup de suie et de fumée, exhale une odeur très-forte, et laisse un résidu charbonneux et terreux. (EMMERLING.)

Localités.

On la trouve dans la principauté de Neufchâtel et dans presque tous les lieux où se trouve le goudron minéral.

IIe. SOUS-ESPÈCE.

SCHLACKIGES ERDPECH. — LA POIX MINÉRALE SCORIACÉE.

Bitumen asphaltum scoriaceum.

Id. Emm. T. 2, p. 50. — M. L. p. 328. Estn. T. 3, p. 110. — *Berg-pech* ou *Judenpech*, Wid. p. 624. — *Bergharz* ou *Erdharz*, ibid. p. 622. — *Compact mineral pitch*, Kirw. T. 2, p. 46. — *Bitumen solidum coagulatum friabile*, *Asphaltum*, Wall. T. 2, p. 93. — *Asphalte* ou *Bitume de Judée*, R. D. L. T. 2, p. 592. — *Id.* D. B. T. 2, p. 78. — Lam. p. 533. — *Bitume solide*, Haüy.

Caractères extérieurs.

LA POIX MINÉRALE.

SA couleur est un *noir parfait*, passant quelquefois un peu au *noir brunâtre* (*).

On la trouve en *masse* et *disséminée*, ou en *couches superficielles* ou *stalactiformes*.

A l'intérieur elle est *très-éclatante*, d'un *éclat gras*.

Sa cassure est *parfaitement conchoïde*.

Ses fragmens sont *indéterminés*, à *bords assez aigus*.

Elle est *opaque*, ou très-rarement un peu *translucide sur les bords*.

Elle conserve son éclat après la *raclure*.

Elle est *tendre*, passant au *très-tendre*; — *parfaitement douce*; — *facile à casser*; — *onctueuse* au toucher et peu froide; — *légère*.

Elle donne (par le frottement seulement) *une odeur bitumineuse*, mais moins forte que les sous-espèces précédentes.

REMARQUES.

La poix minérale scoriacée se trouve à Morsfeld dans le Palatinat, à Iberg dans les montagnes du Hartz, à Neufchâtel en Suisse; elle flotte à la surface des eaux

(*) M. Estner cite aussi des variétés d'un *jaune de miel*, d'un *rouge hyacinthe* et autres, qu'il prétend avoir été rapportées à tort au succin.

du lac Asphaltique en Judée, d'où elle a tiré son nom de *Bitume de Judée*.

Du reste, elle accompagne presque toujours les autres sous-espèces de poix minérales et les huiles minérales; et il paraît que ces substances ont toutes pour origine la décomposition des houilles, comme il a été indiqué ci-dessus en traitant de l'huile minérale commune ou du pétrole, mais que les produits de cette décomposition varient, soit à raison de ses différens progrès, soit par l'altération qu'ils éprouvent à la surface et même dans l'intérieur de la terre; que le naphte est la partie la plus pure et qui se dégage la première, que le pétrole lui succède, que la poix minérale scoriacée est toujours la plus impure, soit parce qu'elle est pour ainsi dire le dernier produit de la décomposition, soit parce qu'elle n'est souvent autre chose qu'un pétrole épaissi et solidifié, et qu'enfin le goudron minéral et les deux premières sous-espèces de poix minérales forment le passage entre les huiles minérales et la poix minérale scoriacée.

Emmerling, Reuss et plusieurs autres minéralogistes regardent le jayet (*bitumen..... gagas* de Wallerius) comme une variété de poix minérale scoriacée; mais le bitume polissable, auquel on a donné ce nom dans les arts, diffère, par ses caractères, de la substance que l'on vient de décrire, et M. Werner le regarde comme étant une variété du pechkohle (*Voyez* p. 49). Cependant il paraît que certains jayets doivent être rapportés au kennelkohle (*Voyez* p. 53), et il serait possible qu'il y ait eu aussi quelques variétés de poix minérales scoriacées compactes que l'on ait polies, et qui aient pris le nom de *jayet*.

Quelques autres minéralogistes allemands, et principalement M. Beroldingen, font du jayet une espèce particulière. Le citoyen Haüy en fait aussi une espèce également distincte et de la houille et des bitumes. LA POIX MINÉRALE.

On retire par distillation, de la poix minérale, une huile dont on se sert pour éclairer.

CINQUIÈME ESPÈCE.

BERNSTEIN. — LE SUCCIN.

BITUMEN SUCCINUM.

Id. Emm. T. 2, p. 81. — Wid. p. 637. Lenz, p. 511. — *Succinum durius europæum*, Wall. T. 2, p. 108. — *Amber*, Kirw. T. 2, p. 65. — *Succin, ambre jaune, Karabé*, D. B. T. 2, p. 88. — *Succin*, R. D. L. T. 2, p. 589. — *Id.* Lam. T. 2, p. 538. — *Id.* Haüy.

M. Werner partage cette espèce en deux sous-espèces, qui ne diffèrent guère entr'elles que par leur couleur.

Ire. SOUS-ESPÈCE.

WEISSER BERNSTEIN. — LE SUCCIN BLANC.

Bitumen succinum album.

Id. Emm. T. 2, p. 81. — Lenz, p. 511. — *Id.* W. P. T. 1, p. 367. — M. L. p. 334.

Caractères extérieurs.

SA couleur est un *blanc jaunâtre*, qui passe plus ou moins au *jaune de paille*.

LE SUCCIN. On le trouve en *masse*, en *morceaux arrondis.*

Il est *éclatant*, quelquefois *peu éclatant.*

Sa cassure est parfaitement *conchoïde.*

Ses fragmens sont *indéterminés*, à *bords assez aigus.*

Il est *un peu translucide*, souvent il ne l'est que *sur les bords.*

Il est *tendre ; — facile à casser ; — un peu froid ;* — il donne par le frottement, ou lorsqu'on le réduit en poudre, une odeur particulière, faible, qui n'est pas désagréable ; — il est *léger.*

IIe. SOUS-ESPÈCE.

GELBER BERNSTEIN. — LE SUCCIN JAUNE.

Bitumen succinum flavum.

Id. Emm. T. 2, p. 82. — Lenz, T. 1, p. 512. — W. P. T. 1, p. 367. — M. L. p. 334.

Caractères extérieurs.

SA couleur est le *jaune de miel*, le *jaune de cire* ou le *jaune de vin* plus ou moins foncé, quelquefois le *rouge hyacinthe ;* il passe aussi quelquefois au *brun* ou au *vert :* à l'intérieur, il est toujours d'une couleur plus claire qu'à l'extérieur.

On le trouve en *morceaux arrondis* plus ou moins gros : il y en a de la grosseur de la tête d'un homme et au-delà, mais ils sont très-rares.

Leur surface est *rude* et un peu *inégale.*

A l'extérieur, ils sont souvent *mats*, quelquefois *brillans*, rarement *un peu éclatans*. LE SUCCIN.

A l'intérieur, le succin jaune est *très-éclatant*, presque *miroitant :* c'est un *éclat gras*.

Sa cassure est *parfaitement conchoïde*.

Ses fragmens sont *indéterminés*, à *bords aigus*.

Il est communément *demi-diaphane*, quelquefois *entiérement diaphane*.

Il ressemble d'ailleurs au succin blanc dans tous ses autres caractères, ainsi que dans tout ce qui suit.

Pes. spéc. 1,078 à 1,085.

Caractères chimiques.

Le succin brûle avec une flamme jaunâtre sans se liquéfier, et donne une odeur agréable particulière : il laisse d'ailleurs très-peu de résidu.

Parties constituantes.

Le succin est composé d'une grande quantité d'huile, et d'un acide particulier auquel il donne son nom, que l'on en retire par la distillation.

Caractères physiques.

Lorsqu'on frotte le succin, il acquiert une forte vertu électrique : cette propriété était connue des Anciens, qui appelaient le succin *electrum*; c'est de là que nous avons fait le mot *électricité*.

Usage.

Le succin est susceptible d'un très-beau poli :

LE SUCCIN. on en forme des colliers, des bracelets, des tabatières et autres objets de bijouterie; mais ce minéral a bien plus de prix parmi les nations asiatiques, que chez les Européens; l'huile de succin et l'acide succin sont assez souvent employés en médecine.

Gissement et localités.

Le succin se rencontre quelquefois dans le voisinage des bois bitumineux, mais le plus ordinairement il se trouve au bord de la mer, dans le sable : il renferme souvent, dans son intérieur, des insectes, tels que des fourmis, des scarabées, des mouches et de petites parties végétales; il porte aussi quelquefois des empreintes de feuilles (*).

Les principaux pays où l'on trouve le succin, sont les côtes de la Prusse et de la Poméranie, où l'on en trouve une grande quantité; la Suède, la France, l'Italie, etc.

Remarques.

Le succin des bords de la mer paraît y avoir été déposé par les flots; mais on ignore jusqu'ici quelle a été sa première origine, et toutes les hypothèses imaginées pour l'expliquer sont encore peu satisfaisantes. Il a

(*) Le prix considérable que les curieux ont attaché à ces échantillons de succin, a beaucoup encouragé la fraude. On a trouvé le moyen d'introduire artificiellement des insectes et autres corps étrangers dans du succin, et d'imiter si bien la nature, qu'il est très-facile d'y être trompé.

beaucoup de rapport avec les matières résineuses végétales. LE SUCCIN.

Le succin a beaucoup de ressemblance avec le *copale* ou la *gomme copale*, résine végétale produite par une espèce de sumac. Parmi les caractères qui les distinguent, le citoyen Haüy a observé que le copale brûle en coulant en gouttes, tandis que le succin au contraire brûle sans couler, et que si on laisse tomber un morceau de succin allumé, on le voit sauter et rebondir plusieurs fois; ce que ne fait pas le copale. (*J. d. M.* n°. 29, p. 341).

SIXIÈME ESPÈCE.

HONIGSTEIN. — LA PIERRE DE MIEL *ou* LE MELLITE.

BITUMEN MELLIADITES.

Id. Emm. T. 2, p. 86. — Wid. p. 639. — M. L. p. 334. — *Succin transparent en cristaux octaèdres*, D. B. T. 2, p. 90. — *Mellilite*, Kirw. T. 2, p. 68. — *Mellite*, Haüy.

Caractères extérieurs.

SA couleur est un *jaune de miel vif*, quelquefois passant au *rouge hyacinthe*.

On ne l'a trouvé jusqu'ici que *cristallisé*.

Sa forme est *une pyramide à 4 faces doubles* (l'octaèdre) (*); les cristaux sont petits, leur surface est *lisse* et *éclatante*.

(*) L'incidence des faces d'une pyramide sur celles de l'autre est de 93° $\frac{1}{2}$. Le citoyen Haüy a aussi observé des

LE MELLITE. A l'intérieur, le mellite est *très-éclatant :* c'est un *éclat gras* passant à l'*éclat vitreux.*

Sa cassure est *parfaitement conchoïde.*

Ses fragmens sont *indéterminés*, à *bords peu aigus.*

Il est *diaphane* (*) ; — *tendre ;* — *aigre ;* — *facile à casser ;* — *un peu froid ;* — *léger.*

Caractères chimiques.

Le mellite, chauffé au chalumeau sans addition, blanchit sans donner presqu'aucune vapeur et point d'odeur ; il finit par se réduire en cendres sans brûler avec flamme.

Parties constituantes.

La nature de cette substance, que sa rareté empêchait qu'on ne pût analyser, vient enfin d'être déterminée par M. Klaproth ; il a reconnu qu'elle était composée d'alumine unie à un acide végétal particulier, qui a beaucoup de rapport avec l'acide oxalique : ce résultat a été confirmé depuis par le citoyen Vauquelin.

Caractères physiques.

On avait cru que le mellite ne devenait pas

---

cristaux dans lesquels les angles latéraux sont tronqués ; ce qui donne la forme dodécaèdre : les sommets de ces cristaux sont quelquefois arrondis.

(*) Le citoyen Haüy a observé que le mellite avait la propriété de la *double image.*

électrique par le frottement; mais le citoyen Haüy a observé qu'il acquérait la même électricité que le succin, quoiqu'à la vérité très-faible et peu sensible. LE MELLITE.

Gissement et localités.

Cette substance minérale est très-rare : on l'a trouvée en Suisse, accompagnée de poix minérale; on en a trouvé aussi à Artern en Thuringe, adhérente à du bois bitumineux.

REMARQUE.

Avant que le mellite eût été analysé, on l'avait regardé tantôt comme du succin cristallisé, tantôt comme un gypse imprégné de bitume : il est décrit ainsi dans les ouvrages de quelques minéralogistes.

TROISIÈME GENRE.

GENRE GRAPHITE.

PREMIÈRE ESPÈCE.

GRAPHIT. — LE GRAPHITE.

GRAPHITES.

Id. Emm. T. 2, p. 97. — Wid. p. 651. — Lenz, T. 1, p. 525. — W. P. T. 1, p. 368. — M. L. p. 337. — *Plumbago*, Kirw. T. 2, p. 58. — *Ferrum corrosum volatile mineralisatum..... Molybdæna*, Wall. T. 2, p. 249. — *Plombagine*, R. D. L. T. 2, p. 500. — D. B. T. 2, p. 295. — Lam. T. 1, p. 78. — *Fer carburé*, Haüy.

Caractères extérieurs.

Sa couleur ordinaire tient le milieu entre le *noir bleuâtre* et le *noir de fer clair*; quelquefois elle passe au *gris d'acier* ou au *noir brunâtre*; ce qui provient d'un mélange de terre ferrugineuse.

On le trouve en *masse* ou *disséminé* (*).

Son *éclat intérieur* varie du *brillant* à *l'éclatant*: c'est l'*éclat métallique*.

Sa cassure est tantôt *schisteuse*, à *feuillets minces* et communément *un peu courbes*; tantôt *inégale*, à

(*) On a trouvé, en Norwége, de la graphite en lames rhomboïdales et hexagonales.

grains de différentes grosseurs : en grand, la cassure est presque toujours *schisteuse*. LE GRAPHITE.

Ses fragmens sont *indéterminés*, à *bords obtus*.

Il se présente communément en *pièces séparées*, *grenues*, à *petits grains* ou à *grains fins*, qui ont un aspect écailleux.

Il est *opaque*.

Il prend de l'*éclat* par la raclure.

Il est *très-tachant* et *écrivant* ; — *très-tendre* ; — *doux* ; — *facile à casser* ; — *onctueux* au toucher ; — *peu froid* ; — médiocrement *pesant* et presque *léger*.

Pes. spéc. 2,245 à 2,267.

Parties constituantes.

Le graphite est une combinaison de fer et de carbone pur, dans la proportion de 1 à 10.

Caractères chimiques.

Si on le chauffe dans un fourneau, il brûle en dégageant beaucoup d'acide carbonique, et laissant pour résidu un oxide de fer rougeâtre.

Usage.

Le graphite, plus connu en France sous le nom de *plombagine* ou de *mine de plomb*, est employé comme crayon. C'est d'Angleterre que nous viennent les meilleurs : on en fait aussi des creusets, en raison de son infusibilité.

LE GRAPHITE. Comme cette substance est très-onctueuse, on l'a employée, avec beaucoup de succès, pour enduire, dans les machines, les parties qui sont sujètes au frottement.

Gissement et localités.

Le graphite est une substance minérale peu commune, quoique souvent assez abondante dans le petit nombre d'endroits où elle se rencontre : on en trouve en Angleterre (à Barrodal près Keswig dans le Cumberland) ; en Écosse, en Espagne, en Bavière, en Savoie, etc. ; il forme souvent des couches puissantes.

Il paraît qu'il appartient (peut-être exclusivement) aux montagnes primitives.

Remarques.

On a souvent confondu le graphite avec la galène compacte (bleyschweif), ou plus souvent encore avec la molybdène (wasserbley) ; elle a en effet, avec cette dernière substance, beaucoup de ressemblance. Le citoyen Haüy a découvert un excellent moyen de les distinguer ; il consiste en ce qu'un bâton de cire à cacheter, frotté avec le graphite, ne devient point électrique, tandis que frotté avec la molybdène il acquiert l'électricité vitrée ou positive ; ce qui est le contraire de ce qui arrive lorsqu'on le frotte avec une étoffe.

Il a observé aussi que les traits formés comparativement avec ces deux substances, et qui paraissent semblables sur le papier, diffèrent évidemment lorqu'on fait cette épreuve sur un vase de faïence : les traits de graphite conservent leur couleur *gris de plomb*, tandis que ceux de molybdène sont d'un *vert jaunâtre*. (*J. d. M.* n°. 19, p. 70 et 71.)

SECONDE ESPÈCE.

KOHLENBLENDE. — LA BLENDE CHARBONNEUSE *ou* LA KOHLENBLENDE.

Id. Emm. T. 2, p. 77. — Wid. p. 653. — Estn. T. 3, p. 197. — *Plombagine charbonneuse* ou *Anthracolite*, D. B. T. 2, p. 296. — *Native mineral carbone*, Kirw. T. 2, p. 49. — *Anthracite*, de Dolomieu. — *Id.* Lam. T. 1, p. 76. — *Id.* Haüy (*).

Caractères extérieurs.

SA couleur est un *noir parfait*, qui se rapproche plus ou moins, tantôt du *noir de fer*, tantôt du *noir grisâtre* ou *bleuâtre* (**).

On la trouve en *masse* et *disséminée*.

A l'intérieur, elle est *éclatante*, souvent *très-éclatante*, d'un éclat qui se rapproche beaucoup de l'*éclat métallique* (***), mais qui tient un peu de l'*éclat vitreux*.

(*) J'ai dû rapporter à cette espèce l'anthracite de Dolomieu ; cependant il m'a semblé qu'elle différait, sous quelques rapports, de la kohlenblende des Allemands. J'aurai soin d'indiquer ces différences dans des notes.

(**) L'anthracite est plutôt d'un *gris noirâtre*.

(***) Le citoyen Dolomieu a observé que l'anthracite

KOHLENBLENDE

Sa cassure principale est plus ou moins *parfaitement schisteuse*, *à feuillets assez épais et un peu courbes*; en travers, elle est *conchoide*, *applatie*.

Ses fragmens sont tantôt *indéterminés*, tantôt en forme de *plaques* ou *cubiques*.

Elle est *opaque*; — *tachante* (*), mais non *écrivante*; — elle donne une *raclure noire*; — elle est *tendre*, passant au *très-tendre* (**); *un peu aigre*; — *très-facile à casser*; — *légère*.

Caractères chimiques.

La kohlenblende réduite en poudre, chauffée dans un creuset, ne donne aucune odeur sulfureuse ou bitumineuse, et par la distillation on ne peut en retirer ni soufre ni bitume. Si on la tient longtems sur le feu, en la remuant souvent, elle se consume lentement sans aucune flamme, mais seulement en présentant une auréole comme le fer rouge et le diamant; elle perd, dans cette opération, environ les deux tiers de son poids. Le résidu est d'une couleur gris noirâtre; ce qui annonce une combustion encore imparfaite (***).

---

pulvérisée, tenue long-tems en digestion dans l'acide muriatique bouillant, ne perdait point son éclat métallique; ce qui annonce qu'il n'est point dû au fer.

(*) L'anthracite l'est extrêmement : sa poussière est très-noire; quelques variétés sont *écrivantes*.

(**) L'anthracite passe au *demi-dur*; elle est *très-aigre*.

(***) C'est le résultat d'expériences faites par le citoyen

Parties

KOHLENBLENDE

Parties constituantes.

La kohlenblende a été analysée par M. Panzenberg (*). Je rapporterai ici son résultat, comparativement avec celui que Dolomieu a obtenu de l'analyse de son anthracite de la Tarantaise.

	PANZENBERG.	DOLOMIEU.
Carbone pur......	90	72.05
Silice........	4 à 2	13.19
Alumine......	4 à 5	3.29
Oxide de fer..	2 à 3	3.47
Perte...............		8.00 (**)
	100	100.

Gissement et localités.

La kohlenblende a été trouvée à Schemnitz en Hongrie, dans un filon (***); dans le pays de Vaud, mélangée dans une roche hors de place, qui, suivant M. Struve, paraît former un passage

Dolomieu. M. Emmerling rapporte à peu près les mêmes caractères.

(*) *Bergbaukunde*, T. 2, p. 358.

(**) Cette perte a eu lieu par la distillation au commencement de l'opération. On n'a obtenu que de l'eau et un peu de gaz hydrogène mêlé d'acide carbonique, dont le volume était de 8 pouces cubes (on avait employé 2 onces d'anthracite).

(***) Il paraît que cette kohlenblende présente la contexture du bois. (ESTNER, p. 202.)

KOHLENBLENDE entre les granits et les brêches (*) ; à Konigsberg en Norwége, où elle est mélangée avec de l'argent natif ; à Lischwitz, près Gera en Saxe : on en a observé une couche entière dans une montagne de thonschiefer ; on en a trouvé aussi en Savoie et en Piémont, au Hartz, etc.

Le citoyen Dolomieu a trouvé l'anthracite dans des montagnes de roches schisteuses, micacées, qu'il regarde comme primitives : elle s'y rencontre en filons quelquefois assez puissans. Il en a trouvé un grand nombre de ce genre dans la Tarantaise, en Savoie et en Piémont au pied du petit Saint-Bernard, qui est la limite qui sépare ce pays de la Tarantaise. Il a vu aussi plusieurs filons semblables dans une roche porphyritique du département de Saône et Loire. Dans le Dauphiné, il a trouvé l'anthracite en rognons et en amas au milieu d'une roche, qui est un véritable poudingue composé uniquement de débris de roches primitives, et qui ne présente aucuns vestiges de corps organisés. (*Grauwakke ?*)

Le citoyen Dolomieu pense que la formation de cette substance, dans les deux gissemens où il l'a observée, doit être regardée comme antérieure à celle des montagnes secondaires, et à l'existence des animaux et des plantes sur la terre, et que par conséquent elle ne peut être attribuée, comme celle des houilles, à un dépôt de matières animales et végétales (**).

(*) *Journ. de Ph.* 1790, T. 1, p. 55.

(**) Le gissement du graphite est aussi dans des montagnes primitives ; ce qui établit un rapport de plus entre cette espèce et la kohlenblende.

REMARQUES.

KOHLENBLENDE

On a pu voir que plusieurs des gissemens de la kohlenblende, que j'ai rapportés d'après les minéralogistes allemands, présentent des caractères très-différens de ceux où Dolomieu a trouvé l'anthracite. Les kohlenblendes du pays de Vaud et du Piémont me paraissent avoir plus de rapport que les autres avec l'anthracite (*).

Dolomieu a observé que l'anthracite conduisait très-bien l'électricité et le fluide galvanique.

Dans le département de Saône et Loire on emploie l'anthracite comme combustible, quoique sa combustion soit lente et difficile.

(*) Je soupçonne qu'on a souvent cité de prétendues kohlenblendes, qui ne sont autre chose que des variétés de *houille éclatante*, *glanzkohle*. (*Voyez* ci-dessus, p. 50.)

QUATRIÈME CLASSE.

MÉTAUX.

Nota. Il y a dans cette classe autant de genres qu'il y a de métaux différens reconnus par les chimistes : ce mode de division est suivi par tous les minéralogistes ; mais ils ne sont pas tous également d'accord sur la place qu'ils accordent à chaque espèce. Telle mine qui renferme à la fois plusieurs métaux, est rangée, tantôt avec celles du métal qui y domine en quantité, ou de celui dont elle conserve le mieux les caractères, tantôt avec celles du métal précieux, souvent peu abondant, qui en est extrait, ou bien quelquefois du métal rare et peu connu qui y a été découvert.

M. Werner a suivi, pour cette distribution des espèces métalliques, les mêmes principes que pour celles des autres genres. (*Voyez* l'Introduction, §. 21 à 29.) Quelques minéralogistes trouveront peut-être qu'il a trop multiplié les espèces, ou tout au moins les sous-espèces ; mais si l'on observe que les mineurs, considérant les minéraux métallifères sous un point de vue économique, y reconnaissent des distinctions encore plus multipliées que les minéralogistes, on jugera qu'il était impossible que M. Werner, habitant le pays le plus abondant peut-être en exploitations de mines, n'adoptât pas une partie des distinctions spécifiques établies par les mineurs, et on s'étonnera même qu'il en ait encore rejeté un si grand nombre. D'ailleurs, sans vouloir porter aucun jugement sur les espèces métalliques dont on va voir les descriptions, on doit se souvenir que les différences qui les séparent ont été observées, non pas sur de simples échantillons de cabinet, mais le plus souvent sur des masses énormes extraites journellement du sein de la terre, et qui ont été depuis long-tems et sont encore continuellement observées par des minéralogistes.

Quelques auteurs donnent, en traitant de chaque métal, un précis de toutes ses propriétés chimiques et physiques; mais j'ai pensé que ces détails, qui d'ailleurs se trouvent partout, étaient plus naturellement placés dans un Traité de chimie ou de physique, que dans un Traité de minéralogie, où l'on s'occupe moins des métaux que des minéraux métallifères, et que même, par rapport aux métaux natifs, on ne devait indiquer ici que les caractères qui servent à les faire reconnaître dans la nature, et non pas l'ensemble de toutes les propriétés qu'ils possèdent lorsqu'ils ont été travaillés par les hommes.

PREMIER GENRE.

LE GENRE PLATINE.

ESPÈCE UNIQUE.

GEDIEGEN PLATIN. — LE PLATINE NATIF.

PLATINUM NATIVUM.

Id. Emm. T. 2, p. 106. — Wid. p. 661. — Lenz, T. 2, p. 59. — W. P. T. 1, p. 31. — M. L. p. 340. — Kirw. T. 2, p. 109. — *Platina aurum album*, Wall. T. 2, p. 365. — *Platine*, D. B. T. 2, p. 479. — R. D. L. T. 3, p. 487. — Lam. T. 1, p. 96. — *Platine natif*, Haüy.

Caractères extérieurs.

LE platine natif a une couleur d'un *gris d'acier clair*, passant au *blanc d'argent*.

Il ne nous a été apporté jusqu'ici que sous la forme de petits grains *plats* et *arrondis*.

Leur surface est assez *lisse*.

Ils sont *éclatans*, d'un *éclat métallique*.

Ils deviennent *très-éclatans* par la raclure.

Le platine natif est *demi-dur*; — *ductile*; — assez *flexible* dans les lames minces; — extrêmement *pesant*.

Pes. spéc. 15,601. Le platine purifié pèse 20,980.

Caractères chimiques.

Il n'est attaquable par aucun acide, excepté

l'acide nitro-muriatique et l'acide muriatique oxigéné. L'ammoniaque le précipite de cette dissolution à l'état d'oxide. Le sulfate de fer ne le précipite pas; ce qui peut très-bien servir à le distinguer d'avec l'or. Il ne s'amalgame pas avec le mercure; il est d'ailleurs presqu'infusible sans addition.

LE PLATINE NATIF.

Usage.

L'inaltérabilité du platine et sa grande ductilité rendent ce métal bien précieux pour la construction de différens instrumens de chimie et des miroirs de télescope (*). Malheureusement il est si infusible en grande masse, qu'il faut, pour le travailler, employer des moyens très-dispendieux : on le mélange, lorsqu'il est encore en grains, avec de l'arsenic ou du phosphore; il se fond alors assez facilement; mais cet alliage étant cassant, il faut lui rendre sa ductilité en volatilisant l'arsenic ou le phosphore; ce qu'on ne peut obtenir qu'en le traitant à plusieurs reprises au feu le plus violent : c'est le marteau qui fait tout le reste du travail; il serait bien à desirer que l'on découvrît quelque procédé moins coûteux (**).

(*) On m'a assuré qu'on avait essayé à Londres d'en faire des rasoirs; j'ignore s'ils ont été trouvés préférables à ceux d'acier fondu.

(**) On le travaille, dit-on, depuis quelque tems, avec

LE PLATINE NATIF.

Remarques.

Le platine n'est connu que depuis 1748, où il fut apporté en Europe par dom Ulloa.

Il a été trouvé au Choco, pays qui fait partie de la Nouvelle-Grenade, dans l'Amérique méridionale. Sa couleur l'a fait prendre d'abord pour de l'argent (*plata* en espagnol), d'où lui est venu le nom de *platine* : on l'avait aussi appelé *or blanc*.

Le platine natif paraît être du platine pur, quoique l'on ait prétendu qu'il contenait du fer ; ce qui provient du mélange de quelques grains de mine de fer avec ceux du platine : il s'y rencontre aussi des grains d'or.

Ces grains de platine se trouvent dans le sable des ruisseaux, d'où on les retire par le lavage. Il paraît très-probable qu'il provient de montagnes primitives.

Les Espagnols sont encore les seuls qui recueillent ce précieux métal. Malheureusement sa grande pesanteur ayant fait craindre qu'on le mélangeât à l'or, dont la valeur commerciale est jusqu'ici beaucoup plus forte, le gouvernement espagnol en a fait défendre l'exploitation ; et ce n'est que par contrebande ou d'après des permissions particulières, que l'on peut en recueillir.

---

beaucoup d'économie, en le dissolvant dans l'acide nitro-muriatique, et le précipitant de sa dissolution par l'ammoniaque : le platine qu'on en obtient est parfaitement pur.

SECOND GENRE.

LE GENRE OR.

PREMIÈRE ESPÈCE.

GEDIEGEN GOLD. — **L'OR NATIF.**

AURUM NATIVUM.

Id. Emm. T. 2, p. 111. — Wid. p. 666. — Lenz, T. 2, p. 63. — Estn. T. 3, p. 215. — *Aurum nativum*, Wall. T. 2, p. 355. — *Native gold*, Kirw. T. 2, p. 93. — *Or natif*, R. D. L. T. 3, p. 474. — *Id.* D. B. T. 2, p. 449. — *Id.* Lam. T. 1, p. 103. — *Id.* Haüy.

M. Werner partage l'espèce or natif en trois sous-espèces (*).

Ire. SOUS-ESPÈCE.

GOLDGELBES GEDIEGEN GOLD. — **L'OR NATIF JAUNE D'OR.**

Aurum nativum obrisum.

Id. Emm. T. 2, p. 111. — Lenz, T. 2, p. 63. — W. P. T. 1, p. 3. — M. L. p. 343.

Caractères extérieurs.

SA couleur est le *jaune d'or parfait.*

(*) Cette division est fondée, non pas sur une simple différence de couleur, comme on pourrait le croire, mais sur ce que l'or est différemment allié dans chacune de ces trois sous-espèces. (*Voyez* ci-après les *parties constituantes.*)

OR NATIF. On le trouve le plus souvent *disséminé*, *superficiel* ou en *grains*, sous forme *tricotée*, *dendritique*, *capillaire* ou *cellulaire*, très-souvent en *petites lames*; rarement il est *cristallisé*.

Ses formes sont :

a. De *petits cubes parfaits*.

b. L'*octaèdre* régulier.

c. Le *dodécaèdre* à plans rhombes.

d. Une pyramide double à 8 faces, terminée par un pointement à 4 faces placées sur 4 bords latéraux des pyramides en alternant : c'est la forme *c* du grenat, dite *le grenat trapézoïdal*. (*Voyez* T. I, p. 194.) (*).

Les cristaux sont en général très-petits et mal déterminés.

La surface des cristaux est *lisse* et *très-éclatante*; celle des petites lames est *drusique* et *éclatante* ou *peu éclatante*; celle des grains n'est que *très-brillante*.

A l'intérieur, cet or natif n'est que *peu éclatant*: c'est l'*éclat métallique parfait*.

(*) Quelques auteurs indiquent encore la *pyramide à 3 faces*, le *prisme à 4 faces*, le *prisme à 6 faces*, terminé par *un pointement à 3 faces*, la *table à 6 faces*, etc. qui toutes peuvent se rapporter, ou au cube, ou à l'octaèdre plus ou moins modifié par quelques troncatures sur les angles ou les bords, ou enfin au dodécaèdre et à la forme *d* ci-dessus; ce ne sont souvent que les mêmes formes considérées un peu différemment.

Sa cassure est *crochue* ou *hamiforme*.

Il devient *très-éclatant* par la raclure.

Il est *tendre* ; — *parfaitement ductile* ; — *flexible* sans être *élastique* ; — *extrêmement pesant*.

Pes. spéc. L'or pur, 19,258 à 19,640.

IIe. SOUS-ESPÈCE.

MESSING-GELBES GEDIEGEN GOLD. — L'OR NATIF D'UN JAUNE DE LAITON.

Aurum nativum electrum.

Id. Emm. T. 2, p. 113. — Lenz, T. 2, p. 64. — W. P. T. 1, p. 5. — M. L. p. 344.

Caractères extérieurs.

SA couleur est un *jaune de laiton clair*.

On le trouve presque toujours *disséminé* en *très-petites parties* ou *superficiel*, quelquefois aussi sous forme *capillaire* ou en *petites lames*, ou enfin *cristallisé* : ce sont de petites *tables à 6 faces minces*.

Il est *extrêmement pesant*, mais moins que la sous-espèce précédente, à laquelle d'ailleurs il ressemble par tous ses autres caractères.

OR NATIF.

IIIe. SOUS-ESPÈCE.

GRAUGELBES GEDIEGEN GOLD. — L'OR NATIF D'UN JAUNE GRISATRE.

Aurum nativum platiniferum.

Id. Emm. T. 2, p. 114. — Lenz, T. 2, p. 65. — M. L. p. 345.

Caractères extérieurs.

SA couleur est un *gris d'acier*, passant au *jaune de laiton clair.*

On le trouve *disséminé* et en *très-petits grains applatis.*

Sa surface est peu *lisse*, presqu'*inégale* et peu *éclatante.*

Il est plus pesant que la sous-espèce précédente, mais moins que la première.

Il lui ressemble d'ailleurs tout-à-fait dans ses autres caractères extérieurs.

Parties constituantes.

L'or natif n'est pas toujours de l'or pur; ce métal y est souvent allié avec de l'argent ou du cuivre, et même avec du platine. La première sous-espèce est la plus pure; la seconde contient de l'argent et souvent du cuivre; la troisième contient du platine (*). Les noms latins qui ont été

(*) Cependant cet alliage de platine n'a jamais été bien confirmé par une analyse exacte.

donnés à ces trois sous-espèces, indiquent ces différences de mélanges, *aurum obrisum* désignant l'or qui a subi la dernière purification, que Pline (livre 33, §. 19) appelle *obrussa*, et *electrum* étant employé par le même auteur pour indiquer un alliage d'or avec $\frac{1}{5}$ d'argent. (*Ibid.* §. 23.)

Caractères chimiques.

L'or natif ne peut être dissous que par l'acide nitro-muriatique : il partage cette propriété avec le platine; mais on peut les distinguer en ce que l'or est précipité de sa dissolution par le sulfate de fer, et qu'il n'en est pas de même du platine.

Usage.

L'or natif est exploité comme mine d'or; les usages multipliés que l'on fait de ce métal, soit pour les monnaies, soit dans les arts de luxe, sont trop connus pour qu'il soit nécessaire de les rappeler ici. On observera néanmoins qu'il ne s'emploie jamais pur, mais toujours allié avec une quantité de cuivre qui n'est jamais moindre que $\frac{1}{24}$ et ne va pas au-delà de $\frac{1}{4}$: le motif de cet alliage est de donner à l'or une consistance et une dureté qu'il n'a pas lorsqu'il est pur.

Gissement et localités.

L'or natif se trouve principalement dans les montagnes primitives : il s'y rencontre dans des filons, et quelquefois disséminé dans la roche

OR NATIF. même : les substances qui l'accompagnent le plus souvent, sont le quartz, le feldspath, le spath calcaire, le spath pesant, les pyrites, l'argent rouge et l'argent vitreux, la galène.

Mais l'or se rencontre aussi dans les terrains d'alluvion, et il y est souvent exploité avec avantage. Le sable de plusieurs rivières est mélangé de paillettes d'or natif que l'on en sépare par le lavage : sans doute il est évident que l'or ne se rencontre là qu'accidentellement, que ce sont les eaux qui l'y ont déposé après l'avoir arraché à sa situation primitive, qui était probablement la même que celle indiquée plus haut.

Les principaux pays où l'on a trouvé l'or natif en roche, sont la Hongrie, la Transylvanie, le Pérou, le Mexique, la Sibérie, la Suède, etc. : on en a aussi trouvé en France à la Gardette, près le bourg d'Oisans, département de l'Isère; mais cette mine a été abandonnée, parce que les frais surpassaient de beaucoup le produit.

Parmi les rivières dans lesquelles on a trouvé des paillettes d'or natif, on peut citer le Rhin, le Danube, l'Araniosch en Transylvanie, etc. : on en a découvert récemment en Irlande.

Appendice.

Les deux autres espèces qui sont à la suite de l'or natif dans le tableau de classification; savoir, l'*or de nagyag* (nagiagerz) et l'*or graphique* (schrifterz), ne seront point décrites ici, parce que j'ai su depuis que M. Werner les avait réunies sous un genre métallique nouveau auquel il a donné le nom de *silvan*, et qui est le même que le *tellurium* ou *tellure* de M. Klaproth et de tous les chimistes. Les descriptions des espèces du genre *silvan* seront données à la fin de la classe des métaux : on les avait placées autrefois dans le genre or, parce qu'elles contiennent une grande quantité de ce métal, et qu'on l'en extrait avec beaucoup d'avantage. OR NATIF.

Il y a encore d'autres substances minérales qui sont exploitées pour en retirer de l'or; les *pyrites martiales*, *cuivreuses* ou *arsenicales* sont très-souvent aurifères; il en est de même du cinnabre, de la blende, de la galène, etc..... Généralement on peut dire que l'or, ce métal que sa rareté, plus encore que les usages de luxe auquel il est propre, a rendu de tout tems si précieux, et dont la valeur est si fort au dessus de celle des autres métaux, est néanmoins, après le fer, le plus commun dans la nature; mais malheureusement quoiqu'il existe dans tous les terrains et presque dans tous les pays, il en est peu où il se trouve en assez grande quantité pour que les frais d'exploitation ne surpassent pas le produit.

Mais à quel état l'or se trouve-t-il dans ces différentes substances où il est mélangé? C'est une question sur laquelle on n'a pas toujours été d'accord, et que les chimistes n'ont peut-être pas encore entièrement décidée. Cependant il paraît très-probable que l'or est toujours à l'état métallique dans ces différens mélanges, quoique néanmoins il ne soit peut-être pas impossible qu'il existe à quelqu'autre état dans la nature.

TROISIÈME GENRE.

LE GENRE MERCURE.

PREMIÈRE ESPÈCE.

GEDIEGEN QUECKSILBER. — LE MERCURE NATIF.

HYDRARGYRUM NATIVUM.

Id. Emm. T. 2, p. 129. — Wid. p. 719. — Lenz, T. 2, p. 73. — W. P. T. 1, p. 6. — M. L. p. 346. — *Mercurius virgineus hydrargyrum nativum*, Wall. T. 2, p. 148. — *Native mercury*, Kirw. T. 2, p. 223. — *Mercure natif*, D. B. T. 2, p. 387. — R. D. L. T. 3, p. 152. — Lam. T. 1, p. 160. — *Id.* Haüy.

Caractères extérieurs.

SA couleur est le *blanc d'étain.*

Il se trouve *disséminé*, en globules plus ou moins gros, dans les petites cavités des autres mines de mercure.

Il est *très-éclatant*, d'un *éclat métallique ;* — *opaque ;* — *parfaitement fluide* (il ne s'attache pas au doigt comme les liquides, ou autrement *il ne mouille pas ;* — *très-froid*, *extrêmement pesant.*

Pes. spéc. BRISSON, 13,568.

Parties constituantes.

Le mercure natif est du mercure pur, et il a

toutes

toutes les propriétés de ce métal ; cependant il arrive quelquefois qu'il est amalgamé avec un peu d'argent, ce qui forme le passage à l'espèce suivante : on le reconnaît à ce qu'il n'a pas sa fluidité ordinaire, qu'il devient un peu visqueux.

LE MERCURE NATIF.

S'il était besoin de quelques caractères chimiques pour reconnaître le mercure natif, on pourrait le chauffer au chalumeau : il se volatilise en entier sans donner d'odeur sensible.

Usages.

Le mercure est un des métaux les plus utiles: la propriété qu'il a de s'amalgamer avec l'or et l'argent, fait la base du procédé que l'on emploie pour retirer de leurs mines ces métaux précieux, dont il extrait jusqu'à $\frac{1}{100000}$e. Les riches mines d'or du Pérou en consomment, pour cette opération, une immense quantité. Le mercure, amalgamé avec l'étain, a aussi procuré au luxe une de ses jouissances les plus précieuses, celle des miroirs de verre étamé, qui ont remplacé ceux de métal, si sujets à se ternir par l'humidité, et d'ailleurs d'un si petit volume. On emploie aussi les amalgames d'or et d'argent pour dorer ou argenter les métaux : on les applique facilement et en aussi petite quantité que l'on veut ; le feu en chasse ensuite le mercure. Ses oxides plus ou moins modifiés sont les agens les plus actifs que

LE MERCURE NATIF.

la médecine emploie lorsqu'il s'agit de purifier la masse du sang. C'est à son usage dans le baromètre, que la physique doit la connaissance de la pesanteur de l'air : il est aussi le fluide thermométrique le plus comparatif; enfin, on peut dire que c'est peut-être à son emploi dans les appareils chimiques, pour recueillir des fluides élastiques dissolubles dans l'eau, que sont dues la plupart des découvertes de la chimie moderne.

Presque tout le mercure qui se trouve dans le commerce, provient de la distillation du cinnabre natif, et non de l'exploitation du mercure natif, qui se trouve toujours en très-petite quantité.

Gissement et localités.

Le mercure natif se trouve à Idria dans le Frioul autrichien, à Almaden en Espagne, à Stahlberg et Moschellandsberg dans le Palatinat, etc.

Il accompagne toujours les autres mines de mercure, surtout le cinnabre. (*Voyez* l'article *Cinnabre.*)

SECONDE ESPÈCE.

NATURLICHES AMALGAM. — L'AMALGAME NATIF.

HYDRARGYRUM ARGENTATUM.

Id. Emm. T. 2, p. 134. — Wid. p. 722. — Lenz, T. 2, p. 76. — W. P. T. 1, p. 7. — M. L. p. 348. — *Natural amalgama*, Kirw. T. 2, p. 223. — *Amalgame natif d'argent*, R. D. L. T. 3, p. 162. — D. B. T. 2, p. 401. — Lam. T. 2, p. 120. — *Mercure argental*, Haüy. T.

Caractères extérieurs.

Sa couleur varie entre le *blanc d'étain* (qui est la couleur du mercure) et le *blanc d'argent*, suivant que l'un ou l'autre de ces deux métaux y est prédominant.

On le trouve très-rarement en *masse*; le plus souvent il est *disséminé* ou *superficiel*, quelquefois en *cristaux assez mal déterminés* (*).

(*) La plupart des auteurs allemands s'accordent à dire que l'amalgame natif a une tendance à la forme prismatique ou pyramidale, sans aucune désignation plus précise. Néanmoins Lenz dit que ses cristaux sont des polyèdres alongés, et Klaproth annonce que ceux qu'il a soumis à l'analyse, avaient la forme du grenat. En effet, j'ai vu deux cristaux d'amalgames ayant la forme de *dodécaèdres rhomboïdaux*, portant seulement des troncatures sur les bords et sur les

L'AMALGAME NATIF.

Sa surface est tantôt *lisse*, tantôt *un peu rude* : elle varie du *très-éclatant* au *peu éclatant*.

A l'intérieur il est ou *éclatant* ou *peu éclatant* : c'est un *éclat métallique*.

Il a une cassure *conchoïde*.

Il est *tendre*, souvent *très-tendre* ; — *aigre* ; — *facile à casser* ; — *extrêmement pesant*.

Caractères chimiques.

Exposé au feu, le mercure se volatilise, et on obtient un grain d'argent.

Parties constituantes.

Ce minéral est, comme son nom l'indique, uniquement composé de mercure et d'argent dans des proportions très-variables. Klaproth a essayé des cristaux qui contenaient 36 parties d'argent et 64 de mercure. Heyer n'a trouvé que 25 parties d'argent ; il en contient souvent encore beaucoup moins : aussi est-il quelquefois demi-fluide.

REMARQUE.

On a trouvé de l'amalgame natif à Salberg en Suède, à Rosenau en Hongrie, et surtout à Moschellandsberg dans le duché de Deux-Ponts, où il se rencontre dans

---

angles. M. Estner indique la même cristallisation. On en a aussi reconnu cristallisé en *octaèdres réguliers*, tronqués sur *leurs bords latéraux*.

une argile commune ferrugineuse, jaunâtre ou rougeâtre, mélangé avec d'autres mines de mercure : il y est souvent superficiel. En général il est très-rare, et ne peut former à lui seul un objet d'exploitation : il est souvent accompagné d'argent natif. (*Voyez* le *gissement du cinnabre.*)

L'AMALGAME NATIF.

TROISIÈME ESPÈCE.

QUECKSILBER-HORNERZ. — LA MINE DE MERCURE CORNÉE *ou* LE MERCURE MURIATÉ.

HYDRARGYRUM MINERALISATUM CORNEUM.

Id. Emm. T. 2, p. 136. — Wid. p. 724. — Lenz, T. 2, p. 77. — W. P. T. 1, p. 7. — M. L. p. 349. — Estn. T. 3, p. 275. — *Mercury mineralizated by the Vitriolous and marine acids*, Kirw. T. 2, p. 226. — *Mercure corné* ou *Mercure doux volatil*, R. D. L. T. 3, p. 161. — D. B. T. 2, p. 399. — Lam. T. 1, p. 168. — *Mercure muriaté*, Haüy.

Caractères extérieurs.

SA couleur ordinaire est un *gris de fumée* plus ou moins foncé, qui souvent passe au *gris de cendre* ou au *blanc grisâtre*, quelquefois au *blanc jaunâtre* ou *verdâtre*, très-rarement au *verd serin.*

On le trouve très-rarement en *masse* ou *disséminé* ; le plus souvent il est en petites croûtes minces *superficielles tuberculeuses*, ou en petits globules qui sont formés de la réunion confuse de beaucoup de petits cristaux, dont on en a trouvé,

LE MERCURE MURIATÉ. quoique rarement, de formes assez bien déterminées ; ces formes sont :

a. Le *cube parfait* ou le *prisme à 4 faces.*

b. Le *même prisme terminé par un pointement à 4 faces, placées sur les faces latérales* (*).

c. Le *prisme à 6 faces, terminé à son extrémité par un biseau dont les faces correspondent à deux faces latérales opposées, plus larges.*

d. Le *prisme à 8 faces, dont 4 larges et 4 étroites, alternantes* (**).

Ces cristaux sont toujours très-petits et peu faciles à bien déterminer.

A l'extérieur ils sont *éclatans*, quelquefois *très-éclatans*; à l'intérieur, peu *éclatans*; c'est l'*éclat du diamant*, qui passe quelquefois à l'*éclat métallique.*

La *cassure* paraît être *lamelleuse*, *à lames droites.*

Il paraît composé de *pièces séparées*, *grenues*, *à grains fins.*

Il est communément *translucide*, *tendre*, passant au *très-tendre* ; — *doux* ; — *pesant.*

La rareté et la petitesse des morceaux de cette substance empêchent de déterminer ses autres caractères extérieurs.

(*) M. Emmerling soupçonne que ce pointement est plutôt placé *sur les bords latéraux*, et je crois qu il a raison.

(**) M. Estner indique aussi l'*octaèdre un peu alongé, ayant son sommet ou ses bords tronqués.*

LE MERCURE MURIATÉ.

Caractères chimiques.

Traité au chalumeau, le mercure muriaté se volatilise entiérement sans laisser de résidu et sans se décomposer.

Parties constituantes.

Le mercure paraît en former environ 0,70, le reste est de l'acide muriatique que l'on croit oxigéné, et un peu d'acide sulfurique.

Gissement et localités.

Cette substance a été découverte il y a environ vingt-cinq ans, dans les mines de Moschellandsberg et de Morfeld, au duché de Deux-Ponts, par M. Woulfe. Elle s'y rencontre dans les cavités d'une argile ferrugineuse, mélangée de mercure natif, de cinnabre, de malachite, de fahlerz, de quartz, de lithomarge, etc.

C'est jusqu'ici un des minéraux les plus rares : on en a cependant trouvé aussi à Almaden en Espagne et à Horsowitz en Bohême.

QUATRIÈME ESPÈCE.

QUECKSILBER-LEBERERZ — MINE DE MERCURE HÉPATIQUE *ou* LE MERCURE HÉPATIQUE.

HYDRARGYRUM MINERALISATUM HEPATICUM.

Id. Enum. T. 2, p. 140. — Wid. p. 731. — Lenz, T. 2, p. 79. — W. P. T. 1, p. 8. — M. L. p. 350. — Estn. T. 3, p. 281. — Kirw. T. 2, p. 224. — *Cinnabaris terra bolari intimè mixta homogeneos*, Wall. T. 2, p. 151.

M. Werner partage cette espèce en deux sous-espèces, ainsi qu'il suit.

Ire. SOUS-ESPÈCE.

DICHTES QUECKSILBER-LEBERERZ. — LE MERCURE HÉPATIQUE COMPACTE.

Hydrargyrum mineralisatum hepaticum densum.

Caractères extérieurs.

SA couleur tient le milieu entre le *gris de plomb* et le *rouge de cochenille.*

On le trouve ou en *masse* ou *disséminé.*

Il est *brillant* à l'intérieur; d'un *éclat métallique.*

Sa cassure est *unie*, passant quelquefois à l'*inégale*, *à petits grains.*

Ses fragmens sont *indéterminés*, à *bords obtus.*

Il est *opaque.*

Il prend de l'*éclat* par la raclure, et donne une poussière d'un *rouge cochenille foncé.* LE MERCURE HÉPATIQUE.

Il est *tendre ; — doux ; — facile à casser ; — très-pesant.*

Pes. spéc. GELLERT, 7,937.

IIe. SOUS-ESPÈCE.

SCHIEFRIGES LEBERERZ. — LE MERCURE HÉPATIQUE SCHISTEUX.

Hydrargyrum mineralisatum hepaticum schistosum.

Caractères extérieurs.

SA couleur est la même que celle de la sous-espèce précédente, seulement un peu plus foncée et tirant au *noir de fer.*

On le trouve en *masse.*

Dans le sens des feuillets il est *éclatant* et *très-éclatant*, mais en travers il n'est que *brillant*; son *éclat* est en général *métallique*, mais il passe quelquefois à l'*éclat vitreux.*

Sa cassure principale est *schisteuse*, à feuillets *épais*, de peu d'étendue et *courbes*; dans le sens contraire, la cassure est *compacte* et assez *unie.*

Ses fragmens sont tantôt en *plaques*, tantôt *indéterminés.*

Il est *opaque.*

Il prend de l'*éclat* par la raclure, et sa poussière tient le milieu entre le *rouge de cochenille* et le *rouge écarlate.*

LE MERCURE HÉPATIQUE.

Il est *tendre*, passant au *très-tendre*; — *doux*; — *très-facile à casser*; — *très-pesant*.

REMARQUES.

1°. Ces deux sous-espèces n'ont entr'elles d'autre différence que dans leur cassure, ou plutôt dans leur contexture.

2°. Le mercure hépatique (en général) n'est autre chose qu'un mélange intime de cinnabre avec une argile endurcie bitumineuse. C'est la mine la plus commune à Idria, où elle forme des couches considérables : elle rend souvent jusqu'à 60 pour 100 de mercure.

3°. On a appelé (à Idria) *branderz*, une espèce de mercure hépatique, où le bitume domine beaucoup.

4°. Par *corallenerz* ou *korallenerz*, *halbkugelerz* ou *kugelerz*, on désigne une masse composée de coquillages ronds et applatis, pénétrés de mercure hépatique et réunis par une pâte de même nature. (*Voyez le gisement du cinnabre.*)

CINQUIÈME ESPÈCE.

ZINNOBER. — LE CINNABRE.

HYDRARGYRUM CINNABARIS.

Id. Emm. T. 2, p. 143. — Wid. p. 727. — Lenz, T. 2, p. 82. — *Mercurius cinnabaris*, Wall. T. 2, p. 150. — *Native cinnabar*, Kirw. T. 2, p. 228. — *Mine de mercure sulfureuse*, R. D. L. T. 3, p. 154. — *Cinnabre natif*, D. B. T. 2, p. 388. — *Cinnabre*, Lam. T. 1, p. 164. — *Mercure sulfuré*, Haüy.

Werner partage le cinnabre en deux sous-espèces.

Ire. SOUS-ESPÈCE. LE CINNABRE.

DUNKELROTHER ZINNOBER. — LE CINNABRE D'UN ROUGE FONCÉ *ou* LE CINNABRE COMMUN.

Hydrargyrum cinnabaris vulgaris.

Id. Emm. T. 2, p. 144. — Wid. p. 728. — *Lenz*, T. 2, p. 82. — Estn. T. 3, p. 290. — W. P. T. 1, p. 8. — *Gemeiner zinnober*, M. L. p. 352.

Caractères extérieurs.

SA couleur est un *rouge de cochenille*, qui dans quelques variétés passe tantôt au *rouge de carmin*, tantôt au *gris de plomb*.

On le trouve ou en *masse* ou *disséminé*, ou en *couche superficielle*, ou sous *forme cellulaire réniforme*, ou enfin *cristallisé*.

Ses formes sont :

a. Une *pyramide à 4 faces, double, parfaite.*

b. La même *à sommets tronqués.*

c. Un *cube ayant ses angles diagonalement opposés, tronqués.*

d. Un *prisme rhomboïdal.*

e. Un *prisme à 3 faces, terminé par un sommet à 3 faces placées sur les faces latérales ; le sommet est aussi quelquefois tronqué.*

f. Un *cristal lenticulaire* (*).

(*) J'ai suivi fidèlement Emmerling dans la description des cristaux du cinnabre ; il est d'ailleurs d'accord avec les

LE CINNABRE.

Ses cristaux sont le plus souvent *petits* et *très-petits*, rarement de *moyenne grandeur*, ordinairement *grouppés confusement* et *peu faciles à déterminer*.

La surface des cristaux *d* est *striée en travers*. Celle des autres est *lisse*, ou rarement un peu *drusique*.

---

autres auteurs allemands. Cependant Estner indique de plus, 1°. *un rhomboïde* un peu applati, *tronqué sur ses angles obtus opposés*; 2°. *la pyramide à 4 faces, double, se terminant en une ligne*; 3°. *la pyramide à 3 faces, simple*; 4°. *la table à 6 faces*; 5°. *le prisme à 6 faces, ou parfait, ou terminé par un pointement obtus à 3 faces placées sur les faces latérales*.

Le citoyen Haüy n'a pu reconnaître encore que deux variétés distinctes parmi tous les cristaux de cinnabre qu'il a été à portée d'observer; l'une, qui est très-rare, a pour forme *le prisme hexaèdre régulier*; et l'autre, bien plus commune, que l'on pourrait considérer, tantôt comme *une table à 6 faces, épaisse, à faces courbes*, tantôt comme *un rhomboïde obtus, ayant ses sommets fortement tronqués*, n'est autre chose que *le prisme à 6 faces, ayant sur trois bords terminaux, en alternant, des troncatures, ou plutôt des biseaux plusieurs fois rompus*; ce qui lui donne une surface curviligne.

On voit que ces deux formes rentrent dans la cinquième de celles indiquées par Estner : on peut aussi y rapporter ses n°s. 1 et 4, en supposant seulement l'accroissement ou la diminution de certaines parties; ce qui donne au cristal un aspect tout différent. Il en est de même d'une partie de celles indiquées par Emmerling.

A l'extérieur, les cristaux sont *éclatans* ou *très-éclatans*. LE CINNABRE.

A l'intérieur, le cinnabre commun varie (suivant sa cassure), depuis le *très-éclatant* jusqu'au *brillant*. C'est un *éclat vitreux* qui passe à l'*éclat du diamant*, ou rarement à l'*éclat demi-métallique*.

Sa cassure est tantôt plus ou moins *parfaitement lamelleuse*, *à lames* souvent un *peu courbes*, tantôt *inégale*, *à gros* ou *petits grains*, ou rarement un *peu esquilleuse*. (Les cristaux seuls sont lamelleux.)

Ses fragmens sont *indéterminés*, à *bords assez obtus*.

Le cinnabre lamelleux se présente en *pièces séparées*, *grenues*, à *grains fins*.

Le cinnabre compacte est *opaque*, ou rarement *translucide sur les bords*. Le cinnabre cristallisé est *translucide*, et même quelquefois *demi-diaphane*.

Il prend de l'*éclat* par la raclure, et donne une poussière d'un *rouge écarlate*.

Il est *tendre*, passant au *très-tendre* ; — *doux* ; — *très-pesant*.

Sa pesanteur spécifique varie beaucoup depuis 4,500 jusqu'à 10,128. C'est à cette dernière valeur qu'il faut s'en rapporter, ayant été calculée d'après un cristal par Brisson : les autres valeurs inférieures données par Kirwan, Gellert et autres, ont été prises probablement sur des cinnabres mélangés.

LE CINNABRE.

Caractères chimiques.

Le cinnabre commun, traité au chalumeau, se volatilise en entier, en donnant une flamme bleue et une fumée qui a l'odeur du soufre.

Parties constituantes.

Le cinnabre commun est composé uniquement de soufre et de mercure. Ce métal en forme environ les $\frac{4}{5}$. Suivant Sage, il contient aussi un peu de fer.

Usages.

Le cinnabre est exploité pour en retirer le mercure, et c'est la mine la plus commune et la plus abondante de ce métal.

La peinture fait aussi beaucoup d'usage du cinnabre comme matière colorante; mais c'est le cinnabre artificiel que l'on emploie, en ce qu'il est plus pur et d'une plus vive couleur.

Gissement et localités.

Les principaux endroits où l'on a trouvé du cinnabre, et où il est l'objet d'une exploitation, sont : Almaden en Espagne, Idria dans le Frioul, et Moschellandsberg dans le duché de Deux-Ponts : on en a trouvé aussi en Bohême, en Saxe, en Hongrie, en Transilvanie, dans le Palatinat, en France, etc., mais il n'y est pas aussi abondant.

Le cinnabre commun sert pour ainsi dire de gangue à la plupart des autres mines de mercure. Il se rencontre dans les montagnes stratiformes, et même dans celles d'alluvion ; aussi le mercure est un des métaux dont la formation appartient aux époques les moins anciennes. LE CINNABRE.

IIe. SOUS-ESPÈCE.

HOCHROTHER ZINNOBER. — LE CINNABRE D'UN ROUGE VIF *ou* LE CINNABRE FIBREUX.

Hydrargyrum cinnabaris vermicula.

Id. M. L. p. 356. — *Id.* Lenz, T. 2, p. 85. — *Lichte rother zinnober*, Emm. T. 2, p. 146. — *Id.* Wid. p. 727. — W. P. T. 1, p. 11. — Estn. T. 3, p. 297. — *Cinnabre fibreux*, Haüy.

Caractères extérieurs.

SA couleur est un *rouge écarlate vif*, qui passe quelquefois au *rouge cramoisi* ou au *rouge aurore.*

On le trouve en *masse* ou *disséminé* ou *superficiel.*

A l'intérieur, il est *brillant*, d'un *éclat soyeux*, souvent aussi entiérement *mat.*

Sa cassure est ou *terreuse*, à *grains fins*, ou *fibreuse*, à *fibres minces.*

Ses fragmens sont *indéterminés*, à *bords obtus.*

Il est *opaque.*

LE CINNABRE. Il prend un peu d'*éclat* par la raclure, et donne une poussière d'un *rouge écarlate*.

Il est un *peu tachant*; — *très-tendre*, passant au *friable*; — *doux*; — *très-facile à casser*; — *pesant*.

Remarques.

Cette sous-espèce de cinnabre, bien plus rare que la première, a été trouvée principalement à Wolfstein dans le Palatinat; il est accompagné de mine de fer brune et d'hématite : on prétend qu'on en trouve aussi à Idria et Almaden.

Il a d'ailleurs les mêmes caractères chimiques que le cinnabre commun.

1°. L'*Éthiops minéral natif* ou *naturlicher mineralischer mohr*, dont Widenmann et autres auteurs font une espèce particulière, n'est autre chose qu'un cinnabre noir. Il a été trouvé à Idria : il est friable et tachant.

2°. La *mine de mercure cuivreuse* trouvée à Moschellandsberg, est composée de mercure, de soufre et de cuivre. Elle peut donc aussi être rapportée au cinnabre : elle est d'un gris noirâtre; sa cassure est conchoïde.

3°. Le *cinnabre alcalin* (schwefellebererz) de Deborn (T. II, p. 394) trouvé à Idria, ne doit pas former une espèce particulière : c'est un cinnabre pénétré de sulfure alcalin; il est d'un rouge vif; il se trouve en masse, sa cassure est lamelleuse, ses fragmens rhomboïdaux; il est demi-diaphane, et donne, par le frottement, l'odeur désagréable connue sous le nom d'*odeur du foie de soufre*. M. Estner le décrit sous le nom de *stinkzinnober* ou *mercure fétide*.

APPENDICE.

APPENDICE.

L'oxide de mercure rouge natif.

Cette espèce de mine de mercure n'est point comprise dans la nomenclature de Werner : elle est d'un rouge foncé ; elle se trouve en masse ; sa cassure est terreuse ou inégale, à grains fins ; elle est très-pesante.

Le citoyen Sage l'a analysé (*Journal de Physique*, 1784, T. I) et en a retiré $\frac{91}{100}^{e}$ de mercure : une faible chaleur en fait suinter ce métal sous la forme de gouttelettes. Cette substance est extrêmement rare : elle provient d'Idria.

QUATRIÈME GENRE.

LE GENRE ARGENT.

PREMIÈRE ESPÈCE.

GEDIEGEN SILBER. — L'ARGENT NATIF.

ARGENTUM NATIVUM.

Id. Emm. T. 2, p. 153. — Wid. p. 679. — Lenz, T. 2, p. 87. — M. L. p. 357. — *Argentum nativum*, Wall. T. 2 p. 328. — *Native silver*, Kirw. T. 2, p. 108. — *Argent natif*, R. D. L. T. 3, p. 432. — D. B. T. 2, p. 408. — Lam. T. 1, p. 118. — *Id.* Haüy.

M. Werner partage l'argent natif en deux sous-espèces, dont l'une est aurifère et l'autre ne l'est pas (*).

Ire. SOUS-ESPÈCE.

GULDISCHES GEDIEGEN SILBER. — L'ARGENT NATIF AURIFÈRE.

Argentum nativum auro adunatum.

Caractères extérieurs.

Sa couleur tient le milieu entre le *blanc d'argent* et le *jaune de laiton* ; il passe même quelquefois au *jaune d'or*.

(*) Cette sous-division se trouve dans tous les auteurs allemands, excepté dans Reuss, dont la classification a été adoptée pour cet ouvrage. Il serait possible que Werner l'eût supprimée depuis peu ; cependant elle existe dans le Catalogue de Pabst, T. I, p. 12.

L'ARGENT NATIF.

On le trouve très-rarement en *masse*, le plus souvent il est *disséminé* en *petites parties*, ou *superficiel* ou *tricoté*, ou en *minces lames* (*).

A l'extérieur, il est *éclatant* et *très-éclatant*, d'un *éclat métallique*.

Il a une cassure *crochue* ou *hamiforme*.

Ses fragmens sont *indéterminés*, à *bords aigus*.

Il prend de l'*éclat* par la raclure.

Il est *tendre*; — parfaitement *ductile*; — *flexible* sans être élastique; — *très-pesant*, plus que la sous-espèce suivante.

Parties constituantes.

Il est uniquement composé d'argent allié avec de l'or, souvent en très-grande quantité.

Usage.

Il est exploité pour en extraire l'or et l'argent.

Localités.

Cette substance minérale est très-rare : on en a trouvé à Konigsberg en Norwége, et à Schlangenberg en Sibérie.

L'argent natif aurifère de Norwége se trouve disséminé dans du spath calcaire en masse, du spath fluor, du cristal de roche; il provient d'un

(*) M. Estner ajoute qu'il en a vu de cristallisé *en cubes* et en pyramides à 3 faces.

L'ARGENT NATIF.

filon situé dans une roche de hornblende chisteuse. Il est souvent accompagné de blende, de galène et de pyrites.

Celui de Sibérie se trouve sur du spath pesant, grenu, en masse, mélangé avec de l'argent vitreux, du cuivre vitreux, des pyrites, etc.

IIe. SOUS-ESPÈCE.

GEMEINES GEDIEGEN SILBER. — L'ARGENT NATIF ORDINAIRE.

Argentum nativum vulgare.

Caractères extérieurs.

Sa couleur est le *blanc d'argent*, néanmoins à la surface il est tantôt *jaunâtre*, tantôt *brun*, tantôt d'un *noir grisâtre*.

On le trouve rarement en *masse*, le plus souvent il est *disséminé* ou *superficiel*, sous différentes formes imitatives, telles que *dentiforme*, *filiforme*, *capillaire*, *dendritique*, *tricoté*, *veiné*, etc. ou en *petites lames minces*, ou enfin quelquefois *cristallisé*.

Ses formes sont :

a. Le *cube parfait.*

b. L'*octaèdre parfait.*

c. Le *prisme à 4 faces*, *rectangulaire.*

d. La *pyramide à 6 faces*, *double*, *à sommets tronqués.*

e. La *pyramide à 3 faces*, *double*, *ayant ses angles tronqués.*

f. La *pyramide à* 4 *faces*, *creuse* (*). L'ARGENT NATIF.

Ces cristaux sont *petits* ou *très-petits*, diversement grouppés, soit *par rangs*, soit en *dendrites*, soit *tricotés*.

La surface des cristaux est *lisse ;* celle des lames est *drusique;* celle de l'argent dentiforme, filiforme et capillaire est *striée en longueur*.

L'éclat extérieur varie depuis le *brillant* jusqu'au *très-éclatant* (ce sont les cristaux).

A l'intérieur, il est toujours *brillant*. C'est l'*éclat métallique*.

Sa cassure est *crochue* ou *hamiforme*.

Ses fragmens sont *indéterminés*, à *bords assez aigus*.

Il prend de l'*éclat* par la raclure ; il devient *très-éclatant*.

Il est *opaque ;* — *tendre ;* — *parfaitement ductile;* — *flexible* sans être élastique ; — *très-pesant*.

Pes. spéc. L'argent pur fondu, 10,157, d'après BRISSON. Celle de l'argent natif varie suivant qu'il est plus ou moins allié.

Caractères chimiques.

Si l'on voulait employer quelque caractère chimique pour reconnaître l'argent natif lorsque ses

---

(*) Quelques auteurs décrivent encore d'autres formes; mais elles rentrent toutes dans celles-ci, où elles sont mal déterminées.

L'ARGENT NATIF. caractères extérieurs sont mal déterminés, on pourrait le dissoudre dans l'acide nitrique, et le précipiter ensuite par l'acide muriatique (le muriate d'argent étant insoluble), ou bien plonger une lame de cuivre dans la dissolution. L'argent reparaîtra à l'état métallique.

Usages.

L'argent natif est souvent assez abondant pour être l'objet d'une exploitation : dans presque tous les lieux qui vont être cités, il y en a des mines fameuses qui continuent de verser chaque année une grande quantité d'argent dans la circulation.

Les usages de l'argent, soit pour les monnaies, soit pour la fabrication de tout ce qu'on appelle *argenterie*, sont trop connus pour les détailler ici.

La pierre infernale, si employée en chirurgie pour détruire les chairs mortes ou gangrenées, est du nitrate d'argent calciné et fondu.

Gissement et localités.

On trouve de l'argent natif au Mexique et au Pérou en très-grande quantité ; en Sibérie (Schlangenberg) ; en Saxe (Freyberg, Johanngeorgenstadt, Schnéeberg, Marienberg) ; en France (Allemont) ; en Suabe (Wolfach, Wittichen) ; en Norwége (Konigsberg) ; au Hartz (Andreasberg) ; en Bohême (Joachimsthal), etc.

Il se rencontre principalement dans les montagnes primitives, ou rarement dans les montagnes stratiformes. Les substances minérales qui l'accompagnent le plus ordinairement, sont le spath pesant, le quartz, le spath calcaire, le spath fluor, le fer spathique, les pyrites, la blende, le kobalt, la galène, l'argent rouge ou l'argent vitreux; plus rarement le kupfernikkel, le bismuth natif, etc. L'ARGENT NATIF.

Quelquefois il se trouve mélangé dans la roche qui forme les saalbandes des filons argentifères (Johanngeorgenstadt).

APPENDICE.

Reuss place ici comme seconde espèce le *nagyager silber*, l'*argent de nagyag*. Je suis fondé à croire que cette substance est la même que celle connue sous le nom d'*Or graphique*. (*Schrifterz*), et qui forme une espèce du *genre Silvan*; elle sera décrite ci-après.

SECONDE ESPÈCE.

SPIESGLAS-SILBER. — ARGENT ANTIMONIAL.

ARGENTUM ANTIMONIALE.

Id. Emm. T. 2, p. 162. — *Antimonialisch gediegen silber*, Wid. p. 684. — *Id.* Lenz, T. 2, p. 92. — Estn. T. 3, p. 337. — *Arsenik-silber*, W. P. T. 1, p. 29, n°s. 209 et 210. — *Id.* M. L. p. 365, n°s. 2007 et 2008. — *Argent arsenical*, D. B. T. 2, p. 418, n°. XV, B. a. c. 3. — *Antimoniated native silver*, Kirw. T. 2, p. 110. — *Mine d'argent, blanche, antimoniale*, R. D. L. T. 3, p. 460. — *Argent antimonial*, Haüy.

L'ARGENT ANTIMONIAL.

Caractères extérieurs.

SA couleur est le *blanc d'étain*, qui se rapproche plus ou moins du *blanc d'argent.* Lorsqu'il a été quelque tems exposé à l'air, et souvent même au sortir de la mine, il prend une *couleur superficielle*, qui varie entre le *jaune*, le *noir* ou le *gris*, ou présente quelquefois des teintes *bigarrées* de *gorge de pigeon* ou d'*acier trempé.*

On le trouve ou en *masse* ou *disséminé*, en parties *réniformes* ou enfin *cristallisé.*

Ses formes sont :

a. Le *prisme à 4 faces, un peu obliquangle.*

b. Le *prisme à 6 faces*, ou *parfait*, ou *tronqué sur ses bords latéraux* ; ce qui lui donne un aspect cylindrique.

c. La *table à 6 faces.*

Le *cube* (ils sont toujours très-petits et grouppés : cette forme est indiquée dans le catalogue de Pabst, sous le n°. 210.)

La surface des prismes est communément *striée en longueur.*

A l'extérieur, l'argent antimonial n'est que *peu éclatant* ou même *brillant.*

A l'intérieur, au contraire, il est *éclatant* ou *très-éclatant.*

C'est un *éclat métallique.*

Sa cassure est *lamelleuse*, suivant une certaine

L'ARGENT ANTIMONIAL.

direction. Dans d'autre sens elle paraît être *conchoïde*, *très-applatie*.

Il se présente en *pièces séparées grenues*, à grains de différentes grosseurs.

Il prend beaucoup d'*éclat* par la raclure.

Il est *tendre*, passant au *demi-dur*; — *aigre*; — *très-pesant*.

Pes. spéc. 10,000, suivant M. SELB.

Caractères chimiques.

L'argent antimonial étant traité au chalumeau sur un charbon, l'antimoine se volatilise avec l'odeur qui lui est particulière, et il reste un culot d'argent pur, entouré d'une scorie brune qui colore le borax en vert.

Parties constituantes.

Suivant SELB.		Suivant KLAPROTH, (Tom. 2, p. 298.)			
Argent.......	70 à 75	Argent......	76	à	84
Antimoine............		Antimoine...	24	à	16
Et un peu de fer.			100		100 (*).

Gissement et localités.

Cette mine d'argent n'a encore été trouvée jus-

(*) L'argent s'y trouve, comme on le voit, à l'état natif, allié avec l'antimoine; aussi quelques minéralogistes disent-ils *l'argent natif antimonial* (*antimonialisch gediegen silber*).

L'ARGENT ANTIMONIAL.

qu'ici que dans la mine de Saint-Wenceslas, près de Altwolfach; en Suabe, dans le duché de Furstemberg, dans un filon avec du spath calcaire, du spath pesant, de l'argent natif, de la galène, du quartz, etc.

REMARQUES.

Cette mine d'argent est jusqu'ici très-rare; sa nature n'est connue que depuis très-peu de tems, et l'on a pu voir, par la synonymie, que Karsten, Deborn et Werner lui-même la confondaient avec l'*argent arsenical*. (*Voyez* les *Remarques*, à la fin de cette espèce.)

TROISIÈME ESPÈCE.

ARSENIK-SILBER. — L'ARGENT ARSENICAL.

ARGENTUM ARSENICALE.

Id. Emm. T. 2, p. 165. — Estn. T. 3, p. 342. — *Id.* Lenz, T. 2, p. 94. — W. P. T. 1, p. 29, n°. 211. — M. L. p. 366, n°s. 2009 et 2010. — *Arsenikalisch-gediegen-silber*, Wid. p. 687. — *Argent arsenical*, D. B. T. 2, p. 417. — *Arsenicated native silber*, Kirw. T. 2, p. 111.

Caractères extérieurs.

SA couleur est un *blanc d'étain*, qui passe au *gris de plomb*; il prend à l'air des *couleurs superficielles jaunâtres*, ou d'un *gris d'acier*.

On le trouve en *masse* ou *disséminé*, en parties *filiformes* ou *globuleuses*, ou enfin *cristallisé*.

Ses formes sont : L'ARGENT ARSENICAL.

a. Le *prisme à 6 faces parfait.*

b. Le même *prisme un peu applati, et ayant ses bords latéraux arrondis.*

c. La *pyramide à 6 faces, aiguë, ayant ses sommets tronqués.*

A l'extérieur, il est *peu éclatant*, quelquefois *éclatant.*

A l'intérieur, *éclatant* ou *très-éclatant ;* c'est un *éclat métallique.*

Sa cassure est *lamelleuse*, à *lames plates* ou *courbes.*

Ses fragmens sont *indéterminés*, à *bords assez aigus.*

L'argent arsenical en masse se présente en *pièces séparées, grenues*, à *petits grains ;* celui en masses globuleuses ou réniformes paraît composé de *pièces séparées, testacées, minces, courbes et concentriques.*

Il prend de l'*éclat* par la raclure.

Il est *tendre ; — aigre ; — très-pesant.*

Caractères chimiques.

L'argent arsenical étant traité au chalumeau, l'arsenic se volatilise avec fumée et une odeur d'ail très-forte. Il reste un grain d'argent qui est toujours plus ou moins impur.

L'ARGENT ARSENICAL.

Parties constituantes.

D'après KLAPROTH, T. 1, p. 187.

Argent............	12.75	C'est celui de la mine de Samson, à Andreasberg.
Fer...............	44.25	
Arsenic...........	35.00	
Antimoine.........	4.00	

Klaproth donne une autre analyse de l'argent arsenical, très-différente, puisqu'elle donne 80 d'argent : mais est-ce bien l'argent arsenical de Werner ?

Gissement et localités.

Cette substance est rare ; elle se trouve à Andreasberg au Hartz, avec de l'arsenic natif, de l'argent rouge, de la galène, du sprœdglaserz, de la blende brune et du spath calcaire.

On en a trouvé aussi à Kasalla en Espagne (*).

REMARQUES.

Romé Delisle a réuni cette espèce avec la précédente, sous le nom de *mine d'argent blanche antimoniale.* (T. 3, p. 460.)

En général on doit voir, par la synonymie, que ces deux mines d'argent ont été très-souvent données l'une pour l'autre, et il faut avouer qu'elles ont entr'elles beaucoup de rapport.

On trouve aussi quelquefois, dans les ouvrages de

(*) L'argent arsenical de Kasalla n'est peut-être pas de même nature que celui du Hartz.....

minéralogie, la description d'une autre sorte d'*argent arsenical*; c'est *la pyrite arsenicale argentifere*, ou le *weisserz*, qui a été donnée sous ce nom. L'ARGENT ARSENICAL.

QUATRIÈME ESPÈCE.

WISSMUTHISCHES SILBER. — L'ARGENT BISMUTHIFÈRE.

Id. Emm. T. 2, p. 203; et T. 3, p. 364. — Wid. p. 716. — Lenz, T. 2, p. 118. — Estn. T. 3, p. 346.

Caractères extérieurs.

SA couleur est un *gris de plomb très-clair*, qui devient plus foncé à l'air.

On le trouve communément *disséminé*, rarement en *masse* ou *superficiel.*

A l'intérieur, il est *peu éclatant*, d'un *éclat métallique.*

Sa cassure est *inégale*, *à grains fins.*

Ses fragmens sont *indéterminés*, *à bords peu aigus.*

Il est *tendre*; — *doux*; — *pesant.*

Caractères chimiques.

Si on traite l'argent bismuthifère au chalumeau sur un charbon, on voit suinter très-promptement des gouttelettes métalliques. En ajoutant du borax elles se séparent entiérement en lui communiquant une couleur jaune de succin, mêlée de taches d'un rouge de cuivre. Le grain métal-

L'ARGENT BISMUTHIFÈRE.

lique que l'on obtient, est irisé; il n'est point ductile. Sa cassure est d'un blanc d'étain. (KLAPROTH).

Parties constituantes.

Plomb	33	D'après KLAPROTH, T. 2, p. 291.
Bismuth	27	
Argent	15	
Fer	4.30	
Cuivre	0.90	
Soufre	16.30	
	96.50	

Gissement et localités.

L'argent bismuthifère n'a encore été trouvé jusqu'ici que dans la mine de Frédéric Christian, vallée de Schappach, dans le Schwarzwald : il y est accompagné de quartz, de pyrites cuivreuses et de hornstein.

CINQUIÈME ESPÈCE.

HORN ERZ. — LA MINE CORNÉE, *ou* L'ARGENT CORNÉ *ou* MURIATÉ.

ARGENTUM MINERALISATUM CORNEUM.

Id. Emm. T. 2, p. 168. — Wid. p. 691. — Lenz, T. 2, p. 97. — W. P. T. 1, p. 29. — M. L. p. 366. — Estn. T. 3, p. 348. — *Minera argenti cornea*, Wall. T. 2, p. 331. — *Corneous silver ore*, Kirw. T. 2, p. 113. — *Argent corné*, D. B. T. 2, p. 420. — R. D. L. T. 3, p. 463. — Lam. T. 1, p. 130. — *Argent muriaté*, Haüy.

Werner partage cette espèce en deux sous-espèces, dont l'une est l'argent corné ordinaire, l'autre est terreux et mélangé.

Iʳᵉ. SOUS-ESPÈCE.

GEMEINES HORN ERZ — L'ARGENT MURIATÉ COMMUN.

Caractères extérieurs.

Sa couleur ordinaire est le *gris de perle clair* ou *foncé*, qui passe tantôt au *blanc*, tantôt au *bleu violet* ou au *gris de plomb*; il brunit ou noircit à l'air. On en a trouvé aussi, mais très-rarement, d'un *vert olive* ou d'un *vert poireau.*

On le trouve très-rarement en *masse* (*), quel-

(*) Il y en a un morceau de plusieurs livres dans la collection minéralogique de Dresde.

L'ARGENT MURIATÉ. quefois *disséminé* en parties *globuleuses*, souvent en *couches superficielles*, et très-souvent *cristallisé.*

Ses formes sont :

a. Le *cube parfait.*

b. Des cristaux *capillaires* ou en *aiguilles*; ils sont très-rares.

Les cristaux sont toujours *petits* ou *très-petits*, presque jamais *isolés*, mais communément *groupés* ensemble très-confusément, et formant de petites enveloppes *drusiques.*

La surface des cristaux est *lisse*, *éclatante* ou *peu éclatante*, ou seulement *brillante.*

A l'intérieur, l'argent muriaté varie entre l'*éclatant* et le *peu éclatant*; son éclat est *gras.*

Sa cassure paraît être *inégale*, à *grains fins* ou *conchoïde*, *applatie.*

Ses fragmens sont *indéterminés*, à *bords obtus.*

Il est *translucide*, quelquefois seulement *sur les bords.*

Il prend de l'*éclat* par la raclure.

Il est *très-tendre*; (il reçoit l'empreinte de l'ongle sans donner de poussière).

Il est *ductile*; — *flexible* dans ses lames minces; — *pesant.*

Pes. spéc. 4,804 (GELLERT), 4,748 (HAUY).

Caractères chimiques.

L'argent muriaté, traité au chalumeau sur un charbon,

charbon, se fond très-promptement, dégage une odeur désagréable, et donne un globule d'argent ; il est fusible à la flamme d'une bougie. L'ARGENT MURIATÉ.

Parties constituantes.

Argent............	67.75	D'après KLAPROTH, T. 1, p. 134.
Acide muriatique....	21. 0	
Acide sulfurique.....	0.25	
Oxide de fer........	6. 0	
Alumine..........	1.75	
Chaux............	0.25	

Gissement et localités.

L'argent muriaté a été trouvé au Pérou, au Mexique, en Saxe (Johanngeorgenstadt, Freyberg, Oberschœna, Raschau, etc.) ; en France (Allemont) ; en Sibérie (Schlangenberg), etc.

Il est accompagné presque toujours d'argent vitreux, d'argent noir, de mine de fer brune, plus rarement d'argent natif, d'argent rouge, de galène, de quartz et de spath pesant.

REMARQUES.

1°. Cette mine d'argent est une des substances les plus rares dans les collections minéralogiques.

2°. La *mine d'argent alkaline* de Justi, *Alkalisches silber*, de Annaberg en Autriche, est, suivant Klaproth, une pierre calcaire mélangée d'argent muriaté. (*Beitrage*, T. 1, p. 138.)

L'ARGENT MURIATÉ.

IIe. SOUS-ESPÈCE.

ERDIGES HORNERZ ou BUTTERMILCHERZ (*).
L'ARGENT MURIATÉ TERREUX.

Büttermilcherz, Emm. T. 3, p. 363. — *Id.* Wid. p. 714. *Id.* Lenz, T. 2, p. 100. — Estn. T. 3, p. 358.

Caractères extérieurs. (KARSTEN.)

SA couleur est le *vert de montagne clair*, qui passe au *blanc verdâtre* en quelques endroits ; il a aussi des couleurs *superficielles* d'un *gris bleuâtre* ou d'un *brun rougeâtre*.

Il est tantôt en *couches superficielles* très-minces sur des cristaux de spath calcaire, tantôt *disséminé* dans du spath calcaire en *masse*.

A l'intérieur il est entiérement *mat*.

Il a une cassure *terreuse à petits grains* ou à *grains fins*.

Il est *très-tendre*, presque *friable* ; — *aigre*.

Il prend un *éclat gras* par la raclure.

Il est un *peu onctueux* au toucher ; — *pesant*.

Caractères chimiques.

Traité au chalumeau sans addition, il s'agglutine un peu, et l'on en voit suinter de petits globules d'argent. (KLAPROTH.)

(*) Littéralement, mine en forme de lait de beurre.

L'ARGENT MURIATÉ.

Parties constituantes.

Argent.............	24.64	D'après KLAPROTH, T. 1, p. 137.
Acide muriatique....	8.28	
Argile.............	67.08	
Et un peu de cuivre.		
	100	

Il paraît que l'argile n'y est que mélangée.

REMARQUES.

Cette substance est citée dans les ouvrages anciens de minéralogie, comme se trouvant au Hartz. Celle que Klaproth a analysée, lui a été envoyée d'Andreasberg, où elle était déjà connue en 1617, dans la mine de Saint-Georges.

Widenmann a prétendu que ce n'était autre chose qu'une argile renfermant beaucoup de petites parcelles d'argent natif, laquelle se dépose au fond de la mine, au point, dit-il, que l'on oblige les ouvriers de laver leurs souliers avant de quitter la mine. Mais il paraît que Werner et tous les autres minéralogistes ont adopté l'opinion de Klaproth et de Karsten, qui pensent que le *büttermilcherz* doit former une sous-espèce de l'argent muriaté.

SIXIÈME ESPÈCE.

SILBERSCHWARZE. — L'ARGENT NOIR.

ARGENTUM MINERALISATUM FULIGINOSUM.

Id. Emm. T. 2, p. 173. — Wid. p. 694. — Lenz, T. 2, p. 101. — M. L. p. 369. — D. B. T. 2, p. 425. — *Minera argenti nigra* (*), Wall. T. 2, p. 335. — *Sooty silver ore*, Kirw. T. 2, p. 117.

Caractères extérieurs.

SA couleur est un *noir bleuâtre*, passant au *gris noirâtre*.

On le trouve ou en *masse* ou *disséminé*, ou quelquefois *carié* ou *criblé*, ou en *couches superficielles minces* sur d'autres minéraux, ou enfin en *morceaux arrondis*, recouverts d'argent muriaté.

Il a une consistance moyenne entre le *solide* et le *friable*.

Il est *mat*.

Il a une cassure *terreuse à grains fins*.

Ses fragmens sont *indéterminés*, à *bords obtus*.

(*) Je crois qu'il n'y a peut-être que la seule variété *b*..... (*Pulverulenta*) qui appartienne à l'argent noir, les autres devant se rapporter à l'argent vitreux aigre. Cependant c'est à tort que Wallerius rapporte à sa variété *b* le *Roch gewachs* des Hongrois, qui n'est pas pulvérulente, et qui est de l'argent vitreux aigre.

Il prend un *éclat métallique* par la raclure. L'ARGENT NOIR

Il est un *peu tachant ; — doux ; — facile à casser ; — pesant.*

Caractères chimiques.

Lorsqu'on traite l'argent noir au chalumeau, il se fond facilement en une masse scoriacée, qui en continuant le feu se volatilise en partie, et l'on obtient un globule d'argent métallique.

Gissement et localités.

L'argent noir se trouve en Saxe (Freyberg, Oberschœna, Johanngeorgenstadt, Raschau, Marienberg) ; en France (Allemont) ; en Hongrie (Schemnitz).

Il se trouve communément avec l'argent vitreux, l'argent muriaté, quelquefois l'argent natif.

REMARQUES.

Cette mine d'argent n'a pas encore été analysée exactement ; cependant il est très-probable qu'elle est le résultat de la décomposition de l'argent vitreux, ou peut-être de l'argent muriaté dont elle est toujours accompagnée.

Les minéralogistes français ont, pour la plupart, désigné par *argent noir* l'argent vitreux aigre, en y comprenant néanmoins celui dont il s'agit ici. C'est aussi à l'argent vitreux aigre que se rapportent la plupart des variétés du *Minera argenti nigra* de Wallerius, comme il a été indiqué ci-dessus.

L'ARGENT NOIR Les mineurs de Freyberg ont donné le nom de *tieger erz*, ou mine tigrée ou tachetée, à du spath pesant, lamelleux, dans lequel l'argent noir est disséminé; mais ce nom a été aussi donné à d'autres substances très-différentes.

On a désigné quelquefois l'argent noir sous le nom de *silber mulm*, argent terreux.

SEPTIÈME ESPÈCE.

SILBERGLASERZ. — L'ARGENT VITREUX.

ARGENTUM MINERALISATUM NITIDUM.

Glaserz, Emm. T. 1, p. 175. — *Id.* Wid. p. 696. — M. L. p. 370. — W. P. T. 1, p. 33. — *Glanzerz*, Lenz, T. 2, p. 102. — *Minera argenti vitrea*, Wall. T. 2, p. 329. — *Sulfurated silver ore*, Kirw. T. 2, p. 115. — *Mine d'argent vitreuse*, R. D. L. T. 3, p. 440. — *Argent vitreux*, D. B. T. 2, p. 424. — *Id.* Lam. T. 1, p. 120. — *Argent sulfuré*, Haüy.

Caractères extérieurs.

Sa couleur est un *gris de plomb foncé*, passant au *gris d'acier* ou au *gris noirâtre;* souvent il noircit tout-à-fait à l'air, ou prend des *couleurs superficielles bigarées*, comme l'*acier trempé.*

On le trouve communément, ou en *masse*, ou *disséminé*, ou *superficiel*, quelquefois *dentiforme*, *filiforme*, *capillaire*, *dendritique* ou *tricoté*, *rameux* ou *carié*, en *plaques* ou avec des *empreintes cubiques* ou *pyramidales*, ou enfin *cristallisé*. I. L'ARGENT VITREUX.

Ses formes sont :

a. Le *cube*, ou *parfait* ou *tronqué sur ses angles*, ou *tronqué sur ses bords*.

b. La *pyramide à* 4 *faces*, *double* (*l'octaèdre*), ou *parfaite* ou *tronquée sur ses angles* ; ce qui forme le passage au cube.

c. La *pyramide à* 3 *faces*, *double*, *très-applatie*, les bords de l'une correspondans aux faces de l'autre (*).

d. Le *prisme à* 4 *faces*, *rectangulaire*, *terminé par un pointement à* 4 *faces*.

e. Le *prisme à* 6 *faces*, *équiangle*, *terminé aux deux extrémités par un pointement à* 3 *faces*, correspondant alternativement à *trois des bords latéraux*. (Les trois bords qui supportent les faces d'un des pointemens, ne supportent pas celles de l'autre.) — Tous les *bords latéraux* sont quelquefois *faiblement tronqués* (**)

f. Le *prisme à* 6 *faces*, *large et applati*, *terminé*

(*) Cette forme est rapportée par Emmerling. (??)

(**) Cette forme et la précédente sont le dodécaèdre rhomboïdal du grenat. (*Voyez* T. 1, p. 194, forme *a*.) M. Estner indique aussi, sous le n°. 8, des cristaux d'argent vitreux à 24 faces trapézoïdales, comme la forme *c* du grenat.

L'ARGENT VITREUX.

par un biseau, et ayant les angles sur les bords latéraux aigus, tronqués.

g. Le même *prisme terminé par un pointement à 4 faces.* (?)

h. Le *prisme à 8 faces, court, terminé par un pointement.*

Les cristaux sont communément *petits* et *très-petits*, grouppés ensemble *par rangs* ou en *boutons*, ou comme les marches d'un escalier. Les cubes et les octaèdres sont les plus communs. Les cubes sont quelquefois *creux*.

La surface des cristaux est ordinairement *lisse*, quelquefois *inégale, rude* ou *drusique*.

A l'extérieur, l'argent vitreux varie de l'*éclatant* au *peu brillant*.

A l'intérieur, il est toujours *éclatant*; c'est l'*éclat métallique*.

Sa cassure est tantôt *conchoïde*, tantôt *inégale, à petits grains*; elle passe aussi quelquefois à la cassure *lamelleuse* ou à la cassure *unie*.

Ses fragmens sont *indéterminés, à bords obtus*.

Il prend de l'*éclat* par la raclure.

Il est *tendre*; — plus ou moins *ductile* (il se laisse couper au couteau); — *flexible* sans être *élastique*; — *extrêmement pesant*.

Pes. spéc. GELLERT, 7,215. BRISSON, 6,909.

Caractères chimiques.

L'argent vitreux, traité au chalumeau, perd peu

à peu le soufre qu'il contient, et l'argent se réduit à l'état métallique. Si on le chauffe à une chaleur douce dans un fourneau, le soufre se dissipe sans fusion, et l'argent paraît à l'état métallique sous forme dendritique et capillaire, comme l'argent natif. L'ARGENT VITREUX.

Parties constituantes.

	D'après BERGMAN.	D'après KLAPROTH, (Tom. 1, p. 162.)
Argent	75	85
Soufre	25	15
	100	100

Gissement et localités.

L'argent vitreux se trouve en Bohême (Joachinsthal); en Saxe (Freyberg, Johanngeorgenstadt, Schneeberg, Annaberg), etc.; en Norwége (Konigsberg); en Suabe (Wittichen, Altwolfach dans le Furstemberg); en Sibérie (Schlangenberg); en Hongrie (Schemnitz).

Il se rencontre dans des filons, avec l'argent natif, l'argent rouge, l'argent muriaté, le sprœdglanzerz, la galène, le fer spatique, le cobalt, la blende, etc.

Le spath calcaire, le spath pesant et le spath fluor s'accompagnent ordinairement. C'est une des mines d'argent exploitées les plus communes.

L'ARGENT VITREUX.

REMARQUES.

L'argent vitreux est très-sujet à la décomposition; il devient alors pulvérulent, et passe à l'état d'*argent noir* (*silber schwarze*), qui est l'espèce précédente.

Cette mine d'argent est le *Weich gewachs* des Hongrois, qu'il faut bien distinguer du *Roch gewachs* qui est l'espèce suivante. Son nom d'*argent vitreux* est la traduction de celui de *glaserz*, sous lequel il est connu des mineurs allemands, probablement par corruption de celui de *glanzerz*, mine éclatante, qui lui a été donné par analogie avec ceux de *bleiglanz*, *eisenglanz*, *glanskobolt*, etc. Cette étymologie me paraît du moins plus naturelle que celle qui fait dériver son nom d'une ressemblance avec le verre que cette mine ne présente en aucune manière.

HUITIÈME ESPÈCE.

SPRŒD-GLAZERZ. — L'ARGENT VITREUX AIGRE.

ARGENTUM MINERALISATUM NIGRUM.

Id. Emm. T. 2, p. 180. — Wid. p. 699. — Lenz, T. 2, p. 105. — W. P. T. 1, p. 41. — M. L. p. 375. — *Minera argenti nigra*, Wall. T. 2, p. 335. — *Mine d'argent noire*, R. D. L. T. 3, p. 467. — *Argent fragile*, D. B. T. 2, p. 429. — *Argent noir*, Lam. T. 1, p. 147. — *Id.* Haüy.

Caractères extérieurs.

SA couleur est le *noir de fer*, qui souvent passe au *gris d'acier* ou au *gris de plomb*.

L'ARGENT VITREUX AIGRE

On le trouve ou en *masse*, ou *disséminé*, ou *superficiel*, ou *cristallisé*.

Ses formes sont :

a. Le *prisme à 6 faces, équiangle, parfait, ayant les faces terminales*, tantôt *plates*, tantôt *concaves* ou *convexes*.

b. Le même *prisme tronqué sur ses bords terminaux*.

c. Le même *prisme portant un pointement à 6 faces, placées sur les faces latérales, dont le sommet est tronqué* (*).

d. La *table à 6 faces, équiangle, parfaite* (**).

e. Le *rhomboïde très-applati*.

(Ils sont très-petits. Emmerling ajoute encore une pyramide à 3 faces, simple, très-petite. (??)

Ces cristaux sont rarement d'une *grosseur moyenne*, plus souvent *petits* ou *très-petits*, diversement *grouppés*, souvent sous des formes *cellulaires*.

La surface des cristaux est tantôt *lisse*, tantôt *drusique* ; les prismes sont *striés en longueur*.

A l'extérieur, le sprœdglaserz est *éclatant* ou *très-éclatant*. — A l'intérieur, il est *éclatant* ou quelquefois *peu éclatant*.

(*) C'est la forme *b*, dont les troncatures sont très-fortes.

(**) Lorsque les deux faces latérales sont convexes, elle prend la forme lenticulaire.

L'ARGENT VITREUX AIGRE

C'est un *éclat métallique.*

Sa cassure est le plus souvent *conchoïde, à petites cavités,* quelquefois *inégale, à petits grains.*

Ses fragmens sont *indéterminés,* à *bords peu aigus.*

Il est *tendre ;* — *aigre ;* — *très-pesant.*

Pes. spéc. 7,208. GELLERT.

Caractères chimiques.

Si on traite au chalumeau sur un charbon l'argent vitreux aigre, il se fond quoiqu'avec peine ; le soufre, l'antimoine et l'arsenic se volatilisent en partie. Il reste un grain d'argent métallique peu ductile, accompagné d'une scorie brune.

Parties constituantes.

Klaproth a analysé le sprœdglaserz de la mine de Hofnung-Gottes, sur le grand Voigtsberg près de Freyberg. Il y a trouvé,

Argent............	66.50	T. 1, p. 166.
Soufre............	12	
Antimoine..........	10	
Fer...............	5	
Cuivre et arsenic....	0.50	
Substances terreuses..	1	
	95	

Il paraît que le même chimiste a analysé une autre variété de sprœdglaserz, sous le nom de *Weissgultigerz :* son résultat sera rapporté à la suite de cette espèce.

Usage.

Cette mine d'argent est exploitée en plusieurs endroits. Elle est extrêmement riche.

Gissement et localités.

On trouve du sprœdglaserz en Bohême (Joachimsthal); en Saxe (Freyberg, Schneeberg, Johanngeorgenstadt, Annaberg); au Hartz (Andreasberg); en Suabe (Altwolfach); en Sibérie (Schlangenberg); en Hongrie (Schemnitz et Kremnitz); en Transilvanie, etc.

Il est accompagné ordinairement d'argent rouge, d'argent nitreux, d'argent natif, de pyrites, de blende, de fer spathique, de cobalt, de quartz, de spath fluor et de spath calcaire. C'est en Saxe et en Hongrie qu'il est le plus commun; néanmoins il est toujours plus rare que l'argent vitreux.

Remarques.

On a vu, par la synonymie, que beaucoup de minéralogistes ont décrit cette espèce sous le nom d'*argent noir;* cependant il paraît qu'ils n'ont tous entendu désigner sous ce nom que le sprœdglaserz non cristallisé, lequel a beaucoup de rapport avec le *silberschwarze* ou argent noir de Werner, qu'ils ont aussi compris sous la même dénomination (*Voyez* ci-dessus, p. 132), et que le sprœdglaserz cristallisé aura été réuni par eux à l'argent vitreux ou plutôt à l'argent rouge.

En effet, si on compare l'analyse donnée ci-dessus

L'ARGENT VITREUX AIGRE

du sprœdglaserz, avec celle que l'on trouvera ci-après de l'argent rouge, toutes deux de Klaproth, on doit remarquer que l'une et l'autre présentent sensiblement les mêmes proportions d'argent, de soufre et d'antimoine, et que s'il y a quelques parties constituantes qui ne sont pas communes à l'une et à l'autre, elles ne vont pas au-delà de 8 centièmes : d'ailleurs, la cristallisation du sprœdglaserz ressemble beaucoup à celle de l'argent rouge. Je soupçonne donc que l'espèce sprœdglaserz ou argent vitreux aigre de Werner comprend peut-être deux substances, dont l'une, qui est terreuse, a beaucoup de rapport avec l'argent noir, et est le résultat de la décomposition de l'argent vitreux; et l'autre, qui est cristallisée, est de l'argent rouge mélangé naturellement ou décomposé.

Tous les auteurs allemands rapportent à cette espèce le *Roch gewachs* des Hongrois, ainsi que leur *Schwarz guldenerz*.

Le *nigrillo* des Espagnols est tantôt une variété d'argent vitreux aigre, tantôt un sahlerz décomposé.

NEUVIÈME ESPÈCE.

ROTHGILTIGERZ ou *ROTHGULTIGERZ.*

MINE ROUGE RICHE *ou* L'ARGENT ROUGE.

ARGENTUM MINERALISATUM RUBRUM.

Id. Emm. T. 2, p. 185. — Wid. p. 703. Lenz, T. 2, p. 108. — *Minera argenti rubra*, Wall. T. 2, p. 333. — *Red silver ore*, Kirw. T. 2, p. 122. — *Mine d'argent rouge*, R. D. L. T. 3, p. 447. — *Argent rouge*, D. B. T. 2, p. 432. — *Id.* Lam. T. 1, p. 123. — *Argent antimonié sulfuré*, Haüy.

Werner partage cette espèce en deux sous-espèces, ainsi qu'on va le voir.

Ire. SOUS-ESPÈCE.

DUNKLES ROTHGILTIGERZ. — L'ARGENT ROUGE FONCÉ.

Argentum mineralisatum rubrum obscurum.

Id. Emm. T. 2, p. 185. — Wid. p. 703. — Lenz, T. 2, p. 108. — W. P. T. 1, p. 45. — M. L. p. 379. — Estn. T. 3, p. 410.

Caractères extérieurs.

Sa couleur tient le milieu entre le *rouge de cochenille* et le *gris de plomb*, et passe tantôt à l'un, tantôt à l'autre, et même quelquefois jusqu'au *noir de fer.*

On le trouve ou en *masse*, ou *disséminé*, ou

L'ARGENT ROUGE. *superficiel*, ou en *dendrites*, ou enfin très-souvent *cristallisé*.

Ses formes sont :

a. Le *prisme à 6 faces*, *équiangle*, *parfait*.

b. Le même *prisme portant un pointement à 3 faces*, *placées sur trois des bords latéraux en alternant*.

c. Le même *prisme*, *ayant ses bords terminaux tronqués*.

d. Le même *prisme*, *portant un pointement obtus à 6 faces*, *placées sur les faces latérales : le sommet et les bords latéraux du pointement sont quelquefois tronqués*.

e. Le cristal *d*, dans lequel le *sommet du pointement porte un second pointement à 3 faces*, *qui correspondent à 3 bords latéraux du prisme*, *comme dans le cristal b*.

f. Le cristal *d*, avec cette différence *que les bords latéraux du prisme sont remplacés par un biseau* (*).

Ces cristaux sont communément *petits* ou de *moyenne grandeur*, rarement *très-petits*; ils sont *grouppés* diversement *les uns sur les autres*.

(*) On cite aussi des prismes applatis, des prismes creux, des cristaux capillaires, qui ne sont que des sous-variétés ou des formes mal déterminées. Emmerling indique aussi comme très-rare un cristal en *prisme à 8 faces*, *terminé par une pyramide à 8 faces placées sur celles du prisme*. (??)

Leur

L'ARGENT ROUGE.

Leur surface est le plus souvent *lisse*, rarement *striée*, communément *très-éclatante.*

A l'intérieur, l'argent rouge foncé est communément *peu éclatant*, souvent aussi il n'est que *brillant*, très-rarement *éclatant.*

C'est un *éclat* qui tient de celui du *diamant*, et passe néanmoins souvent à l'*éclat demi-métallique*, et même à l'*éclat métallique.*

Sa cassure est communément *inégale*, tantôt à *gros grains*, tantôt à *petits grains*, et quelquefois passe à la cassure *conchoïde imparfaite*; quelquefois elle paraît *unie* ou *lamelleuse indéterminée.*

Les fragmens sont *indéterminés*, à *bords assez obtus.*

L'argent rouge, dont la cassure paraît lamelleuse, se présente en *pièces séparées*, *grenues*, à *gros grains.*

Les cristaux sont quelquefois *translucides.* L'argent rouge foncé, en *masse*, est communément *opaque* ou rarement *translucide sur les bords.*

Il prend un *peu d'éclat* par la raclure, et donne une poussière d'un *rouge cochenille foncé* ou *rouge cramoisi.*

Il est *tendre*; — *doux*, passant à l'*aigre*; — *facile à casser*; — *pesant.*

Pes. spéc. 5,608 à 5,684. GELLERT.

Caractères chimiques.

L'argent rouge, traité au chalumeau sur un charbon, pétille et éclate avant de rougir; il fond ensuite avec un peu de boursoufflement: une partie se volatilise, et se sublime en une poussière d'un blanc jaunâtre sur le charbon. L'on obtient enfin un bouton d'argent métallique.

Parties constituantes.

Klaproth n'a analysé que la seconde sous-espèce. Celle-ci lui a paru avoir à peu près les mêmes principes: il pense que l'arsenic que Bergman a cru y avoir trouvé, était de l'antimoine. (*Voyez* la sous-espèce suivante.)

Gissement et localités.

On trouve l'argent rouge foncé au Hartz (Andreasberg); en Saxe (Freyberg, Grosswoigtsberg, Braunsdorf); en France (Allemont); en Norwége (Konisberg); en Souabe (Wittichen, Altwolfach); en Hongrie (Schemnitz, Kremnitz).

Il est plus riche en argent que la sous-espèce suivante; il est accompagné le plus souvent du sprœdglaserz, du weissgiltigerz, de mines de cobalt, de pyrites, de spath calcaire, de quartz; quelquefois il se trouve avec l'argent vitreux, la blende, la galène, le spath pesant, la zéolite, etc.

Il y a des passages de cette sous-espèce à la suivante, et quelquefois au sprœdglaserz, qui a en effet beaucoup de rapports avec l'argent rouge. (*Voyez* la remarque ci-dessus, p. 141.) L'ARGENT ROUGE.

IIe. SOUS-ESPÈCE.

LICHTES ROTHGULTIGERZ. — L'ARGENT ROUGE CLAIR.

Argentum mineralisatum lucidum.

Id. Emm. T. 2, p. 190. — Wid. p. 706. — Lenz, p. 111. — W. P. T. 1, p. 52. — M. L. p. 381. — Estn. T. 3, p. 426.

Caractères extérieurs.

SA couleur tient le milieu entre le *rouge de sang* et le *rouge de cochenille* très-vif; rarement il passe au *rouge aurore* ou aux couleurs de la sous-espèce précédente. Il est quelquefois *bleuâtre* à sa surface.

On le trouve ou en *masse*, ou *disséminé*, ou *superficiel*, rarement *uniforme*, et très-souvent *cristallisé*.

Ses formes sont :

a. Les cristaux *a*, *b*, *e* de la sous-espèce précédente.

b. La *pyramide à 6 faces, simple, parfaite.*

c. La *pyramide à 6 faces, aiguë, ayant alternativement un angle latéral aigu, et un obtus; le sommet est remplacé par un pointement à 3 faces, placées sur les bords obtus de la pyramide.*

d. La même *pyramide à 6 faces, dont le som-*

L'ARGENT ROUGE. *met est remplacé par un pointement à 6 faces, placées sur les faces latérales.*

e. De *petits cristaux minces en forme d'aiguilles, réunis en faisceaux* ou *tricotés.*

Ces cristaux sont rarement d'une *moyenne grosseur*, plus souvent *petits* ou *très-petits*, *grouppés* ensemble assez confusément.

Leur surface est tantôt *lisse*, tantôt *drusique.*

Les prismes sont *striés en longueur*, et les pyramides au contraire en *travers* et *obliquement.*

A l'extérieur, les cristaux sont *très-éclatans* ou tout au moins *éclatans.*

A l'intérieur, l'argent rouge clair varie de l'*éclatant* au *peu éclatant.*

C'est un éclat de *diamant* qui passe au *demi-métallique.*

Sa cassure est tantôt *conchoïde*, tantôt *inégale*, à *petits grains*; rarement plus ou moins *parfaitement lamelleuse.*

Ses fragmens sont *indéterminés*, à *bords assez obtus.*

Les cristaux sont tantôt *demi diaphanes*, tantôt *diaphanes*; mais l'argent rouge clair en masse est tout au plus *translucide*, le plus souvent *opaque.*

Il donne une raclure d'un *rouge aurore.*

Il est *tendre*, passant au *très-tendre*; — *doux*; — *facile à casser*; — *pesant.*

Pes. spéc. 5,443, GELLERT. 5,592, VAUQUELIN.

Caractères chimiques.

Traité au chalumeau, sur un support de charbon, il se fond, noircit, et brûle avec une flamme bleue comme le soufre, en répandant une fumée blanche, qui a une odeur d'ail faible; enfin il laisse un bouton d'argent presque pur. (VAUQUELIN.)

Parties constituantes.

D'après KLAPROTH, (T. 1, p. 155.)			D'après VAUQUELIN, (J. d. M. n°. 18, p. 1.)		
Argent...	60	à 62	Argent...	56.67	à 54.27
Antimoine	20.30	à 18.50	Antimoine	16.13	à 16.13
Soufre...	11.70	à 11	Soufre...	15.07	à 17.75
Acide sulf.	8	à 8.50	Oxigène..	12.13	à 11.85
	100	100		100	100

Bergman et Sage avaient cru autrefois qu'il contenait de l'arsenic; ils avaient été trompés par l'odeur d'ail que l'argent rouge dégage lorsqu'on le chauffe, propriété que l'on croyait autrefois n'appartenir qu'à l'arsenic exclusivement, et que l'on a reconnu depuis dans l'antimoine.

Gissement et localités.

On trouve l'argent rouge clair en Bohême (Joachimsthal); en Saxe (Johanngeorgenstadt, Marienberg, Annaberg, Schneeberg, Freyberg); en France (Sainte-Marie-aux-Mines); au Hartz (Andreasberg); en Souabe (Altwolfach, Wit-

L'ARGENT ROUGE. tichen) ; en Espagne (Guadalcanal) ; en Hongrie (Schemnitz), etc.

Il est presque toujours accompagné d'arsenic natif, de réalgar, d'argent vitreux, de galène, de spath calcaire, de spath pesant, de quartz, souvent aussi d'argent natif, de cobalt, de fer spathique, de sprœdglaserz, de fahlerz, de kupfernikkel, de spath fluor, etc.

DIXIÈME ESPÈCE.

WEISSGULTIGERZ. — LA MINE BLANCHE RICHE *ou* LE WEISSGULTIGERZ.

ARGENTUM MINERALISATUM ALBUM.

Id. Emm. T. 2, p. 195. — Wid. p. 711. — Lenz, T. 2, p. 113. — W. P. T. 1, p. 58. — M. L. p. 383. — Estn. T. 3, p. 443. — *Minera argenti alba*, Wall. T. 2, p. 335. (?)

Caractères extérieurs.

SA couleur est un *gris de plomb très-clair*, passant quelquefois un peu *au gris d'acier.*

On ne l'a encore trouvé qu'en *masse* et *disséminé.*

A l'intérieur, il est *très-brillant*, rarement un *peu éclatant ;* — d'un *éclat métallique.*

Sa cassure est communément *unie*, rarement *inégale*, *à grains fins.* Dans ce dernier cas elle a plus d'*éclat*, et passe au *sprœdglaserz*; dans le premier elle paraît presque *fibreuse*, et passe au *federerz*. LE WEISSGULTIGERZ.

Ses fragmens sont *indéterminés*, à *bords peu aigus*.

Il est *tendre*, passant au *très-tendre*.

Il prend un peu d'*éclat* par la raclure.

Il est *doux*; — *peu difficile à casser*; — *pesant*.

Pes. spéc. 5,322, d'après GELLERT.

REMARQUES.

Différentes substances minérales ont été données sous le nom de *Weissgültigerz* ou *Weissgüldenerz*. Le véritable weissgültigerz de M. Werner n'a encore été trouvé qu'en Saxe, dans la mine d'Himmelfurst, auprès de Freyberg; il y est accompagné principalement de galène et de quartz : l'argent rouge, l'argent vitreux aigre, la blende y sont aussi quelquefois mélangés. On l'exploite pour en retirer l'argent. Il paraît qu'il est composé d'argent, d'antimoine et de soufre; mais on n'en a pas encore fait d'analyse exacte (*). Si on le traite au chalumeau, sur un charbon, on voit l'antimoine et le soufre se volatiliser, et se déposer en partie sur le charbon : il reste à la fin un globule d'argent métallique.

(*) Klaproth a cependant analysé trois substances qu'il regardait comme des weissgültigerz. L'une provenait de Schemnitz en Hongrie : il en a fait une espèce particulière, qui est la suivante : son analyse y sera rapportée. Quant aux deux autres, qui provenaient de Freyberg, il paraît

LE WEISSGULTIGERZ.

Le weissgültigerz du Hartz est un fahlerz ou quelquefois l'argent arsenical.

En Hongrie on donne ce nom, tantôt à un fahlerz riche en argent, tantôt à un sprœdglaserz, tantôt au graugültigerz qui forme l'espèce suivante; ailleurs ce sont des galènes riches en argent, ... etc.

---

qu'on a reconnu que c'était des variétés du sprœdglaserz. Voici les résultats qu'il a obtenus

	Weissgültigerz clair.	*Weissgültigerz* foncé.	
Argent	20.40	9.25	T. 1, p. 172 et 175.
Plomb	48.06	41	
Antimoine	7.88	21.50	
Fer	2.25	1.75	
Soufre	12.25	22	
Alumine	7	1	
Silice	0.25	0.75	
	98.09	97.25	

En comparant en effet ces analyses avec celle rapportée ci-dessus du sprœdglaserz, on trouve entr'elles beaucoup d'analogie, à l'exception néanmoins du plomb qui se trouve contenu dans ces deux dernières, mais qui probablement est dû à quelque mélange.

XIe. ET XIIe. ESPÈCES.

GRAUGULTIGERZ.

LA MINE GRISE RICHE *ou* LE GRAUGULTIGERZ;

ET

SCHWARZGULTIGERZ.

LA MINE NOIRE RICHE *ou* LE SCHWARZGULTIGERZ.

De toutes les espèces qui sont rangées sous le genre *Argent* dans le Tableau de classification, p. 143, il ne reste plus à décrire que celle-ci.

Le *Graugültigerz* est nouvellement introduit dans la minéralogie. M. Klaproth ayant analysé une mine d'argent envoyée de Kremnitz en Hongrie, sous le nom de *Weissgültigerz* ou *Weissgülденerz*, obtint un résultat assez différent des autres mines d'argent, pour proposer d'en faire une espèce sous le nom de *Graugültigerz*. Il est question de ce graugültigerz dans le Vocabulaire de Reuss, et dans le troisième volume de la Minéralogie de Estner, qui en donne la description (p. 446). Emmerling n'en fait aucune mention.

Quant au *Schwarzgültigerz*, je suis très-porté à croire que M. Reuss aura fait ici un double emploi, m'étant assuré, d'après quelques renseignemens, que le schwarzgültigerz n'est qu'une variété du graugültigerz, dont la couleur passe au noir; je n'en connais d'ailleurs aucune description.

Il reste donc à donner celle du graugültigerz; mais je ne puis me décider à rapporter ici celle de M. Estner, attendu qu'il est évident qu'il décrit sous ce nom un

LE GRAUGULTIGERZ.

véritable *Fahlerz argentifère* : tous les caractères se rapportent parfaitement, et surtout la cristallisation, qui est le plus essentiel. Les formes qu'il indique, sont des pyramides à 3 faces, ou des tétraèdres réguliers diversement modifiés par des troncatures et des biseaux sur les angles et sur les bords; ..... en un mot, toute la description ne peut convenir qu'à une sous-espèce de fahlerz. (*Voyez* cette espèce ci-après, dans le genre *cuivre.*)

Et en effet, il serait très-possible que le graugültigerz de Klaproth ne fût pas autre chose; et on pourra en juger par la comparaison de son analyse avec celle qu'il a faite du fahlerz d'Andreasberg, dans laquelle le plomb pourrait fort bien n'être qu'un mélange accidentel, surtout si l'on considère qu'il y a, du moins suivant Estner, conformité de cristallisation entre l'une et l'autre substance. Voici ces deux analyses.

Graugültigerz de Kremnitz.		*Fahlerz d'Andreasberg.*	
Cuivre	31.36	Cuivre	16.25
Argent	14.77	Argent	2.25
Fer	3.30	Fer	13.75
Antimoine	34.09	Antimoine	16
Soufre	11.50	Soufre	10
Alumine	0.30	Silice	2.50
....		Plomb	34.50
Perte	4.68	Perte	4.75
	100		100
(T. 1, p. 180.)		(B. J. 1790, T. 1, p. 177.)	

Je laisse aux chimistes et aux minéralogistes à décider cette question, et je bornerai là tout ce qui concerne le graugültigerz et le schwarzgültigerz.

APPENDICE.

Indépendamment des espèces ci-dessus, on trouve dans les ouvrages de plusieurs minéralogistes allemands, d'autres espèces de mines d'argent, qui ne sont point comprises dans la nomenclature de Werner.

1°. *LUFTSAURES SILBER.* — L'ARGENT CARBONATÉ.

Wid. p. 689. — Kirw. T. 2, p. 112.

Caractères extérieurs.

Sa couleur est le *noir grisâtre*, passant au *noir de fer*.

On le trouve ou en *masse* ou *disséminé*.

Il varie du *brillant* à *l'éclatant* : c'est un *éclat métallique*.

Sa cassure est *inégale*, à *grains fins*, passant à la *cassure terreuse*.

Ses fragmens sont *indéterminés*, à *bords assez obtus*.

Il prend de l'*éclat* par la raclure.

Il est *tendre* ; — il tient le milieu entre l'*aigre* et le *doux* ; — il est *très-pesant*.

Caractères chimiques.

L'argent carbonaté, traité au chalumeau, se réduit facilement ; il fait effervescence avec les acides.

Parties constituantes.

Argent........................	72.50	Suivant M. SELB.
Acide carbonique................	12	
Carbonate d'antimoine et un peu de cuivre oxidé..................	15.50	

Cette substance a été trouvée, en 1788, dans la mine de Wenceslas près d'Altwolfach, dans le Furstenberg, en Souabe, par M. Selb, conseiller des mines : elle est mélangée avec de l'argent natif, de l'argent vitreux, du fahlerz et du spath pesant blanc.

Cette description est extraite de la Minéralogie de Widenmann, qui paraît avoir vu cette substance. Il en forme une espèce, ainsi que Lenz.

2°. GÆNSEKŒTHIGES SILBER. — L'ARGENT MERDE-D'OIE.

Wid. p. 713. — R. D. L. T. 3, p. 150. — Kirw. T. 2, p. 125.

Cette mine d'argent, connue des minéralogistes français sous le même nom, est regardée par Werner comme un mélange de cobalt terreux, de fleurs de cobalt, de kupfernikkel, d'argent natif et d'argent noir, et il n'a pas cru devoir en faire une espèce particulière : on y trouve aussi quelquefois de l'argile, de l'oxide de fer et du cinnabre. C'est sa couleur qui lui a fait donner son nom. Elle a été trouvée à Allemont en Dauphiné, auprès de Schemnitz en Hongrie, et ailleurs.

3°. SILBERGLANZ.

Id. Wid. p. 715. — Kirw. T. 2, p. 121.

On a désigné sous ce nom, tantôt une galène très-riche en argent, tantôt un minéral qui tient le milieu entre la galène et le sprœdglaserz. Sa couleur est un gris de plomb très-clair. On le trouve disséminé et cristallisé en petits cubes. Du reste, il ressemble beaucoup à la galène. M. Ruprecht a analysé, sous ce nom, une substance qu'il a trouvée composée d'argent, d'or, de plomb et d'un peu de fer. Gmelin et Renovanz ont désigné par *Silberglanz*, le cuivre vitreux argentifère.

4°. *WASSERBLEI-SILBER.* — L'ARGENT MOLYBDIQUE DE DEBORN.

Id. Wid. p. 717.

Deborn (*Catalogue de Raab*, T. II, p. 419) indique cette substance comme contenant du molybdène sulfuré et $\frac{23}{100}$e d'argent : elle provient de Deutsch-Pilsen en Hongrie. Mais Klaproth, qui a analysé un fragment du même morceau décrit par Deborn, n'y a trouvé que du bismuth avec $\frac{1}{20}$e de soufre.

5°. *SILBERKIES.* — PYRITE ARGENTIFÈRE.

Quelques minéralogistes en ont fait une espèce particulière. Ce n'est pourtant autre chose qu'une pyrite martiale ordinaire, un peu mélangée d'argent accidentellement. Il en existe dans les mines de Schemnitz et de Kremnitz en Hongrie, qui donnent quelquefois depuis 2 jusqu'à 15 centièmes d'argent.

6°. *ZUNDERERZ.* — MINE SEMBLABLE A DE L'AMADOU.

Id. Wid. p. 718. — Kirw. T. 2, p. 116.

Ce minéral n'a été trouvé encore qu'à Klausthal, au Hartz, principalement dans les mines dites de *Dorothée* et de *Caroline* : il est d'un rouge cerise, passant au brun rougeâtre. Il se trouve en croûte superficielle plus ou moins épaisse : c'est un liége de montagne (bergkork) entremêlé d'argent jusqu'à 15 centièmes environ. On lui a donné aussi le nom de *Lumpenerz*. Il paraît qu'on a aussi donné ce nom à une espèce d'eisenrahm, mélangé d'argent et de manganèse. (Reuss.)

Il y a beaucoup d'autres substances qui contiennent de l'argent, et très-souvent en assez grande quantité pour être exploité : on peut citer principalement la galène, le fahlerz, la blende, l'antimoine gris, etc.

CINQUIÈME GENRE.

LE GENRE CUIVRE.

PREMIÈRE ESPÈCE.

GEDIEGEN KUPFER. — LE CUIVRE NATIF.

CUPRUM NATIVUM.

Id. Emm. T. 2, p. 206. — Wid. p. 737. — Lenz, T. 2, p. 119. — W. P. T. 1, p. 62. — M. L. p. 388. — Estn. T. 3, p. 459. — *Cuprum nativum*, Wal. T. 2, p. 274. — *Native copper*, Kirw. T. 2, p. 128. — *Cuivre natif*, D. B. T. 2, p. 303. — R. D. L. T. 3, p. 305. — *Id.* Haüy.

Caractères extérieurs.

Sa couleur est un *rouge de cuivre clair*, qui le plus souvent à l'extérieur est *jaunâtre* ou *noirâtre* ou *verdâtre*.

On le trouve en *masse*, ou *disséminé*, ou *superficiel*, ou en *morceaux arrondis*; plus rarement en *grains* ou en *plaques*, ou sous forme *capillaire*, *dendritique*, *rameuse*, *uviforme*, en *buissons*, ou enfin très-souvent *cristallisé*.

Ses formes sont :

a. Un *cube parfait.*

b. Un *cube tronqué sur ses bords* (ce qui forme le passage au dodécaèdre rhomboïdal).

c. Un *cube tronqué sur ses angles* (ce qui forme le passage à l'octaèdre).

d. Une *pyramide à 4 faces, double, un peu alongée.* LE CUIVRE NATIF.

e. Une *pyramide à 3 faces, simple, aiguë.*

Les cristaux sont ou *petits* ou *très-petits*; ils forment des groupes *dendritiques rameux* ou *uviformes*, souvent très-confus; ce qui rend la forme difficile à déterminer.

L'éclat extérieur du cuivre natif, même dans les cristaux, est très-accidentel. Il varie depuis l'*éclatant* jusqu'au *peu éclatant.*

A l'intérieur, il est *brillant* ou un *peu éclatant*; c'est un *éclat métallique.*

Sa cassure est *crochue* ou *hamiforme.*

Ses fragmens sont *indéterminés*, à *bords obtus.*

Il prend *beaucoup d'éclat* par la raclure.

Il est *tendre*, passant au *demi-dur*; — *parfaitement ductile*; — *flexible* sans être *élastique*; — *difficile à casser*; — il est *très-froid au toucher*; — *très-pesant.*

Pes. spéc. Cuivre fondu 7,788, BRISSON. Cuivre natif de Hongrie 7,728, GELLERT. Cuivre natif de Sibérie 8,5844, HAUY.

Caractères chimiques.

La propriété qu'a l'ammoniaque de se colorer en bleu lorsqu'on le laisse séjourner sur du cuivre, est un des meilleurs caractères chimiques pour reconnaître ce métal.

LE CUIVRE NATIF.

Usages.

Le cuivre natif ne forme nulle part à lui seul l'objet d'une exploitation. Il ne se trouve pas en assez grande abondance, et c'est de quelques-unes des espèces suivantes, que l'on retire ce métal, qui est, après le fer, celui dont les usages sont le plus nombreux, soit qu'on l'emploie pur, soit avec d'autres métaux.

Le cuivre pur est désigné communément sous le nom de *Cuivre rouge*, pour le distinguer de ce que l'on appelle *Cuivre jaune*, qui est un alliage de cuivre et de zinc, que l'on appelle aussi *Laiton*. L'un et l'autre servent à la construction de beaucoup d'ustensiles domestiques, et on en fait aussi un emploi continuel dans les manufactures.

Le *bronze* est du cuivre allié avec de l'étain : cet alliage est aigre et cassant, et surtout très-sonore: c'est celui dont on fait les cloches.

On emploie aussi le cuivre dans les monnaies, soit pur, soit comme alliage dans les pièces d'or et d'argent, pour leur donner plus de tenacité.

Le verdet ou vert-de-gris, qui est si fort en usage en peinture, est une combinaison du cuivre avec l'acide acéteux.

Gissement et localités.

Le cuivre natif, sans être une des mines de cuivre les plus communes, n'est pas une des plus rares. On

On en a trouvé en Sibérie (Schlangenberg , etc.) , dans les monts Urals et Altai , au Kamtschatka , au Japon , en Saxe (Freyberg, Annaberg, Mariemberg , Grosskamsdorf) ; en Angleterre (Whealsternon , et Redruth dans le Cornouailles) ; en France (Baigorry, S[t].-Bel) ; en Suède (Fahlun, Norberg , etc.) ; en Hongrie , etc. etc. Il accompagne les autres mines de cuivre dans les filons où elles se trouvent , surtout la malachite et l'azur de cuivre. Il se trouve mélangé assez souvent avec du spath pesant et du spath fluor. LE CUIVRE NATIF.

A Reichenbach, dans la vallée d'Oberstein, dans le Palatinat, on en a trouvé sur de la zéolithe.

Remarques.

Ce que l'on appelle *cuivre de cémentation*, *cement kupfer*, est bien du cuivre pur ; mais c'est un produit de l'art, qui ne doit point trouver sa place en minéralogie. On l'obtient en faisant macérer des morceaux de fer dans les eaux qui contiennent du sulfate de cuivre.

SECONDE ESPÈCE.

KUPFER GLAS. — LE CUIVRE VITREUX.

CUPRUM MINERALISATUM NITIDUM.

Id. Emm. T. 2, p. 222. — Wid. p. 742. — Lenz, T. 2, p. 122. — Estn. T. 3, p. 476. — *Cuprum vitreum*, Wall. T. 2, p. 277. — *Vitreous copper ore*, Kirw. T. 2, p. 144. — *Mine de cuivre vitreuse*, D. B. T. 2, p. 309. — *Cuivre sulfuré*, Lam. T. 1, p. 190. — *Id.* Haüy.

M. Werner partage cette espèce en deux sous-espèces.

Ire. SOUS-ESPÈCE.

DICHTES KUPFERGLAS. — LE CUIVRE VITREUX COMPACTE.

Cuprum mineralisatum nitidum densum.

Id. Emm. T. 2, p. 223. — Lenz, T. 2, p. 122. — W. P. T. 1, p. 71. — M. L. p. 391

Caractères extérieurs.

SA couleur est un *gris de plomb clair* ou *foncé*, qui passe un peu au *noir de fer* ou au *jaunâtre*.

La cassure présente souvent des *couleurs superficielles d'acier trempé*.

On le trouve le plus souvent en *masse* ou *disséminé*; quelquefois *superficiel*, et rarement *cristallisé* (*).

(*) Le citoyen Haüy et plusieurs autres minéralogistes ne rapportent aucune cristallisation de cette espèce ; et en

Les formes sont :

LE CUIVRE VITREUX.

a. Le *cube parfait, ayant des faces convexes.*

b. L'*octaèdre parfait.*

c. Le *prisme à 6 faces*, ou *parfait*, ou *terminé par un pointement à 3 faces, placées sur trois des bords latéraux.*

Les cristaux sont tantôt *petits*, tantôt *très-petits.*

Leur surface est *lisse* et *éclatante.*

A l'intérieur, le cuivre vitreux compacte varie du *très-brillant* à l'*éclatant*. C'est un *éclat métallique.*

La cassure est ordinairement *conchoïde, à grandes ou petites cavités.* Elle passe aussi tantôt à la cassure *inégale*, tantôt à la cassure *unie.*

---

effet, les cristaux indiqués d'après les auteurs allemands, ont tant de conformité avec ceux de cuivre oxidé rouge, qu'on peut soupçonner qu'il y a eu ici un double emploi : peut-être que, dans certains cristaux, le cuivre passe à l'état de cuivre vitreux, du moins à l'extérieur, par quelque mélange de soufre. (?)

M. Estner décrit les mêmes cristallisations du cuivre vitreux, mais il les rapporte à la seconde sous-espèce ; et en effet, il semblerait que le nom de *compacte* donné à la première, exclut l'idée d'une cristallisation, tandis que l'épithète *lamelleux* semble l'annoncer dans la seconde : c'est là probablement ce qui l'aura induit en erreur ; car tous les minéralogistes qui ont suivi la méthode de Werner, s'accordent à rapporter les cristaux de cuivre vitreux à la première sous-espèce. On peut voir à cet égard les citations indiquées ci-dessus.

LE CUIVRE VITREUX.

Les fragmens sont *indéterminés*, à *bords peu aigus.*

Il prend de l'*éclat* par la raclure, et devient presque *très-éclatant.*

Il est *tendre*; — *doux* (il se laisse couper au couteau); — *assez facile à casser*; — *pesant.*

Pes. spéc. 4,888 à 5,338.

Parties constituantes.

Cuivre.	78.50	D'après KLAPROTH, (T. 2, p. 279.) Il a analysé le cuivre vitreux en masse de Sibérie.
Soufre.	18.50	
Fer	2.25	
Silice.	0.75	
	100	

(*Voyez* du reste, à la fin de la seconde sous-espèce.)

IIe. SOUS-ESPÈCE.

BLÆTTRIGES KUPFERGLAS. — LE CUIVRE VITREUX LAMELLEUX.

Cuprum mineralisatum nitidum lamellosum.

Id. Emm. T. 2, p. 225. — Lenz, T. 2, p. 123. — W. P. T. 1, p. 73. — M. L. p. 393. — Estn. T. 3, p. 477.

Caractères extérieurs.

SA couleur est la même que celle de la sous-espèce précédente, seulement un peu plus fauve.

Il est toujours en *masse* ou *disséminé*, rarement *superficiel.*

A l'intérieur, il est toujours *peu éclatant*, passant à l'*éclatant*. LE CUIVRE VITREUX.

Sa cassure est toujours plus ou moins *parfaitement lamelleuse*, à *lames assez plates*.

Ses fragmens sont *indéterminés*, à *bords obtus*.

Il se présente en *pièces séparées*, *grenues*, tantôt à *gros grains*, tantôt à *petits grains*.

(Il est d'ailleurs semblable en tout le reste au précédent.)

Parties constituantes.

Cuivre................	50	D'après KLAPROTH.
Soufre................	20	
Fer...................	25	

(Tout ce qui suit se rapporte au cuivre vitreux en général.)

Caractères chimiques.

Le cuivre vitreux est souvent fusible à la flamme d'une bougie. Traité au chalumeau sur un charbon, il se fond très-facilement; il donne un bouton de cuivre entouré d'une scorie noirâtre; chauffé avec le borax, il le colore en vert. Mis en digestion dans de l'ammoniaque, il lui donne une belle couleur bleue.

Gissement et localités.

Le cuivre vitreux se trouve en Sibérie, en Hongrie, en Suède, en Norwége, en Russie,

LE CUIVRE VITREUX. en Saxe (Mariemberg, Freyberg, etc.); en Silésie, dans la Hesse, le Cornouailles, etc.

Il est accompagné d'autres mines de cuivre, surtout des buntkupfererz, ziegelerz, weisskupfererz, du vert de cuivre, de l'azur de cuivre, du glanzkobalt et de quartz, de spath calcaire, de spath pesant, etc.

REMARQUES.

Le cuivre vitreux, qui a des couleurs superficielles bigarrées, forme le passage au buntkupfererz; celui qui a une cassure unie et qui est jaunâtre, se rapproche du weisskupfererz.

Dans la Hesse, on a appelé *kornæhrenerz* (*mine en épis de blé*) tantôt des groupes de cristaux de cuivre vitreux semblables à cette forme, tantôt de véritables épis du *phalaris pulposa* pétrifiés, c'est-à-dire, imprégnés de cuivre vitreux, de fahlerz et de weisskupfererz.

Le cuivre vitreux a été souvent appelé *cuivre gris* ou *cuivre noir*; ce qui l'a fait confondre avec le fahlerz.

TROISIÈME ESPÈCE.

BUNTKUPFERERZ. — LA MINE DE CUIVRE PANACHÉE *ou* VIOLETTE.

CUPRUM MINERALISATUM VARIEGATUM.

Id. Emm. T. 2, p. 228. — Wid. p. 744. — Lenz, T. 2, p. 125. — W. P. p. 73. — M. L. p. 394. — Estn. T. 3, p. 489. — *Cuprum lazureum*, Wall. T. 2, p. 278. — *Purple copper ore*, Kirw. T. 2, p. 142. — *Cuivre sulfuré violet*, D. B. T. 2, p. 311. — *Cuivre pyriteux hépatique*, Haüy. (?)

Caractères extérieurs.

LE BUNT-KUPFERERZ.

SA couleur, dans une cassure fraîche, tient le milieu entre le *rouge de cuivre* et le *brun de tombac*, mais bientôt elle change à l'air, et devient d'abord d'un *rouge sombre*, passe ensuite au *bleu violet* et au *bleu-de-ciel*, et enfin au *vert*. Néanmoins ces couleurs se conservent en même tems sur un même morceau ; ce qui donne à cette mine un coup d'œil *bigarré* ou *panaché*.

On trouve le buntkupfererz, ou en *masse*, ou *disséminé*, ou *superficiel*, ou enfin (très-rarement) *cristallisé en octaèdre.* (?)

A l'intérieur, il est plus ou moins *éclatant*, d'un *éclat métallique.*

Sa cassure est *conchoïde*, *à petites cavités*, quelquefois un *peu inégale.*

Ses fragmens sont *indéterminés*, à *bords assez aigus.*

Il prend de l'*éclat* par la raclure, et donne une poussière *rouge.*

Il est *tendre ; — doux ; — très-facile à casser ; — pesant.*

Caractères chimiques.

La mine de cuivre panachée, traitée au chalumeau, se comporte, à de très-légères différences près, comme le cuivre vitreux. (*Voyez* ci-dessus, p. 164.)

LE BUNT-KUPFERERZ.

Parties constituantes.

	Le B. de Hitterdahl en Norwége.	*Le B. de Rudelstadt en Silésie.*	
Cuivre	69.50	58	D'après KLAPROTH, T. 2, p. 281.
Soufre	19	19	
Fer	7.50	18	
Oxigène	4	5	
	100	100	

Gissement et localités.

Le buntkupfererz se trouve toujours dans le voisinage d'autres mines de cuivre, surtout avec les pyrites cuivreuses et le cuivre vitreux. Les gangues principales qui l'accompagnent, sont le quartz, le spath calcaire, le schiste marneux bitumineux (*bituminoser mergelschiefer*), le hornstein, etc.

On en trouve en Saxe (Mariemberg, Freyberg, Wolkenstein, etc.); en Bohême (Katharinemberg); dans le Bannat, au Hartz (Lauterberg); en Norwége (Konigsberg); en Russie, en Sibérie (Frolowskoi, Schlangemberg); en Hongrie (Schmœlnitz); dans le Derbyshire, la Hesse, etc.

REMARQUES.

Cette mine de cuivre a été réunie par plusieurs minéralogistes, avec le cuivre vitreux et la pyrite cuivreuse. Quelques-uns en ont fait une espèce particulière sous le nom de *Kupfer lebererz* (*mine de cuivre hépatique*); mais cette dénomination ayant été employée aussi pour désigner plusieurs autres substances très-différentes, M. Werner, en faisant de celle-ci une espèce particulière, lui a donné le nom de *buntkupfererz*, *mine de cuivre panachée* ou *bigarrée*, en ce que le caractère des *couleurs superficielles bigarrées* est mieux déterminé dans cette mine que dans toute autre substance minérale. LE BUNT-KUPFERERZ.

Cependant, lorsque l'on compare tous les caractères de cette mine de cuivre avec ceux du cuivre vitreux ou de la pyrite cuivreuse, on ne peut s'empêcher de reconnaître qu'elle a avec ces deux espèces, et surtout avec la première, beaucoup de conformité; les caractères chimiques surtout et l'analyse sont parfaitement semblables, et l'on est tenté d'en conclure que les différences qui existent entre leurs caractères extérieurs, ne sont pas assez essentielles pour constituer deux espèces distinctes.

QUATRIÈME ESPÈCE.

KUPFERKIES. — LA PYRITE CUIVREUSE.

CUPRUM MINERALISATUM PYRITACEUM.

Id. Emm. T. 2, p. 232. — Wid. p. 746. — Lenz, T. 2, p. 127. — W. P. T. 1, p. 75. — M. L. p. 395. — *Minera cupri flava*, Wall. T. 2, p. 282. — *Copper pyrites* ou *Yellow copper ore*, Kirw. T. 2, p. 140. — *Mine de cuivre jaune*, D. B. T. 2, p. 313. — *Id.* R. D. L. T. 3, p. 309. — *Cuivre pyriteux*, Lam. T. 1, p. 197. — *Id.* Haüy.

Caractères extérieurs.

SA couleur, dans une cassure fraîche, est un

LA PYRITE CUIVREUSE.

jaune de laiton plus ou moins foncé, qui passe quelquefois tantôt au *jaune d'or*, tantôt au *gris d'acier* (ce qui forme le passage au fahlerz); mais l'exposition à l'air lui fait prendre des *couleurs superficielles*, tantôt *simples* (*brunes*, *rouges* ou *vertes*), tantôt *bigarrées* (*queue de paon* ou *acier trempé*). Ce cas a lieu surtout dans des fentes.

On la trouve, ou en *masse*, ou *disséminée*, quelquefois *superficielle*; plus rarement sous différentes *formes imitatives* (*dendritiforme*, *spéculaire*, *réniforme*, *uviforme* ou *avec des empreintes*), ou enfin (et très-souvent) *cristallisée*.

Ses formes sont :

a. La *pyramide à 3 faces*, *simple* (*le tétraèdre*), soit *parfaite*, soit *ayant ses quatre angles tronqués*; (ce qui lui donne l'apparence d'une table à 6 faces).

b. L'*octaèdre parfait*, dont néanmoins le *sommet se termine quelquefois par une ligne*.

c. Un *cristal double*, que l'on peut considérer comme *formé de la réunion de deux tétraèdres* (*ayant les angles de leur base tronqués faiblement*, *et leur sommet fortement tronqué*), *accolés base à base*, *de manière que les troncatures réunies forment trois angles rentrants*, *et les faces latérales trois angles saillans* (*).

(*) On peut aussi considérer cette forme comme étant

Les cristaux sont communément *petits* ou *très-petits*, très-rarement de *moyenne grosseur*, le plus souvent difficiles à déterminer. LA PYRITE CUIVREUSE.

Lorsque la pyrite cuivreuse est *cristallisée*, sa surface est *lisse*, et varie de l'*éclatant* au *brillant*. Dans les autres cas, sa surface est *rude*, et seulement *brillante*.

A l'intérieur, la pyrite cuivreuse est *éclatante*, quelquefois même *très-éclatante*; rarement elle n'est que *brillante*. C'est un *éclat métallique*.

La cassure est le plus souvent *inégale*, à *grains de différente grosseur*; mais elle devient aussi tantôt *conchoïde à petites cavités*, tantôt *unie*.

Ses fragmens sont *indéterminés*, à *bords peu aigus*.

Elle est *tendre*, passant au *demi-dur*; — *aiguë*; — *facile à casser*; — *pesante*.

Pes. spéc. 4,160, GELLERT.

Caractères chimiques.

Traitée au chalumeau sur un charbon, la pyrite cuivreuse éclate d'abord, donne une odeur sulfureuse, et fond en un globule noir, qui, en continuant le feu, prend peu à peu l'éclat métallique du cuivre. Chauffée avec le borax, elle le colore en vert.

---

la réunion de deux octaèdres tabuliformes, ainsi qu'il a été fait pour la forme *c* du spinell, qui est la même. (*Voyez* T. I, p. 204.)

LA PYRITE CUIVREUSE.

Parties constituantes.

Elle est composée de soufre et de cuivre, avec un peu de fer; elle renferme quelquefois une petite quantité d'or ou d'argent.

Gissement et localités.

La pyrite cuivreuse est très-commune dans la nature. On la trouve également dans les montagnes primitives et dans les montagnes stratiformes, soit en filons, soit en couches.

Elle s'y rencontre quelquefois en grande quantité, et elle forme la masse principale de la plupart des minerais de cuivre exploités.

On en trouve en Bohême, en Saxe, en Hongrie, en Suède, en France, en Angleterre, en Espagne, et généralement dans tous les pays à mines.

REMARQUES

Cette espèce de mine de cuivre se rapproche souvent, par des passages insensibles, du buntkupfererz, du weisskupfererz et du fahlerz : on la confond aussi quelquefois avec la pyrite martiale, *schwefelkies*, et il est assez difficile de les distinguer ; cependant celle-ci est d'un jaune de bronze plus foncé ; elle est plus dure ; elle ne cristallise point en tétraèdres.

Ce qu'on appelle, en Hongrie, *gelf*, *gelt* ou *gelferz*, est une pyrite sulfureuse argentifère.

CINQUIÈME ESPÈCE.

WEISSKUPFERERZ. — LA MINE DE CUIVRE BLANCHE.

CUPRUM MINERALISATUM ALBUM.

Id. Emm. T. 2, p. 236. — Wid. p. 750. — Lenz, T. 2, p. 129. — W. P. T. 1, p. 85. — M. L. p. 400. — *Minera cupri alba*, Wall. T. 2, p. 280. — *White copper ore*, Kirw. T. 2, p. 152. — *Mine de cuivre blanche arsenicale*, Lam. T. 1, p. 201.

Caractères extérieurs.

Sa couleur tient le milieu entre le *blanc d'argent* et le *jaune de laiton.*

On la trouve, ou en *masse*, ou *disséminée* (*).

A l'intérieur, elle est *peu éclatante*, d'un *éclat métallique.*

Sa cassure est *inégale*, à *petits grains* ou à *grains fins.*

Ses fragmens sont *indéterminés*, à *bords assez aigus.*

Elle est *demi-dure*, passant au *dur*; — *aigre*; — *pesante.*

Caractères chimiques.

Traitée au chalumeau, elle donne une fumée

(*) Elle forme aussi partie de la base d'une pétrification. (*Voyez* la remarque sur le *kupferglaserz.*)

LA MINE DE CUIVRE BLANCHE.

blanche, une odeur arsenicale, et se fond enfin en une scorie noire grisâtre.

Remarques.

Cette substance est très-rare. Henkel est le premier auteur qui en ait fait mention. Elle est composée, suivant lui, de 40 parties de cuivre, et du reste, d'arsenic et de fer : on l'a souvent confondue ou avec le fahlerz, ou avec la pyrite arsenicale à laquelle elle ressemble beaucoup (*).

Elle a été trouvée en Saxe, dans quelques mines près de Freyberg, à Frankenberg dans la Hesse, dans le Christophsthal au pays de Wirtemberg, à Katharinenburg en Sibérie.

La pyrite cuivreuse, le fahlerz, le buntkupferer*z* et le cuivre vitreux l'accompagnent presque toujours.

(*) Aussi on l'a souvent désignée sous le nom de *Weisserz*, qui est la pyrite arsenicale argentifère. (*Voyez* ci-après.)

SIXIÈME ESPÈCE.

FAHLERZ. — MINE D'UNE COULEUR FAUVE, *ou* LE CUIVRE GRIS *ou* LE FAHLERZ.

CUPRUM MINERALISATUM CHALYBEUM.

Id. Emm. T. 2, p. 238. — Wid. p. 751. — Lenz, T. 2, p. 130. — W. P. T. 1, p. 85. — M. L. p. 401. — *Minera cupri grisea*, Wall. T. 2, p. 281. — *Grey copper ore*, Kirw. T. 2, p. 146. — *Mine d'argent grise* et *mine de cuivre grise*, R. D. L. T. 3, p. 315. — *Mine de cuivre grise* et *mine de cuivre antimoniale*, D. B. T. 2, p. 317. — *Argent gris*, Lam. T. 1, p. 133. — *Cuivre gris*, Haüy. T.

Caractères extérieurs.

SA couleur ordinaire est un *gris d'acier* plus ou moins *foncé*, qui passe souvent au *noir de fer*, et quelquefois au *gris de plomb*; il n'est pas rare qu'il présente des *couleurs superficielles*, comme celle de *queue de paon* ou d'*acier trempé*.

On le trouve, ou en *masse*, ou *disséminé*, quelquefois *superficiel* et *spéculaire*, souvent aussi *cristallisé*.

Ses formes sont :

a. La *pyramide à 3 faces*, *simple*, *parfaite* (le *tétraèdre régulier*). Cette forme est rare.

b. La même forme ayant *tous les bords tronqués*, le sommet l'est aussi quelquefois.

c. La même forme *a*, *ayant tous ses bords rem-*

LE FAHLERZ. *placés par un biseau*, souvent *faible*, souvent aussi *très-fort*, au point qu'il fait quelquefois disparaître les faces du *tétraèdre*, et forme pour ainsi dire un *pointement très-obtus* sur chacune de ses faces.

d. La même forme *a*, *ayant chacun de ses angles remplacé par un pointement à 3 faces, placées sur les faces latérales* (*).

e. La même forme *d*, dans laquelle, en outre, le *sommet du pointement* ou *ses trois bords sont tronqués* (**).

(*) Il y a aussi des cristaux qui ont un *pointement* semblable, mais *placé sur les bords latéraux.*

(**) On voit que toutes ces formes ne sont que des modifications du tétraèdre : elles ont souvent lieu plusieurs à la fois dans le même cristal.

La table à 3 faces, ayant ses faces latérales remplacées par un biseau, citée par Werner dans le *Catalogue* de Pabst, me paraît n'être qu'un tétraèdre dont le sommet est fortement tronqué, ainsi que les bords de la base.

Quant au *prisme à 6 faces, ayant un biseau sur sa base*, indiqué par Karsten, et d'après lui par plusieurs minéralogistes, je ne vois pas comment on peut rapporter cette forme aux autres cristaux de fahlerz, et je pense qu'il y aura eu quelqu'illusion dans la manière dont on l'a considérée.

Cependant M. Estner (T. 3, p. 512) décrit aussi le *prisme à 6 faces ;* mais il dit qu'il est terminé par *un pointement obtus à 3 faces placées sur trois bords latéraux en alternant.* Il annonce (p. 524) qu'il a observé cette forme dans des fahlerz du Cornouailles..... Était-ce bien du fahlerz ??

La

La grandeur des cristaux varie beaucoup ; ceux de *moyenne grandeur* sont fort rares : leur surface est *lisse*, ordinairement *éclatante*, rarement *peu éclatante*. LE FAHLERZ.

A l'intérieur, le fahlerz varie beaucoup entre le *très-éclatant* et le *brillant* ; le plus souvent il tient le milieu entre ces deux limites : c'est un *éclat métallique*.

Sa cassure est *inégale*, à *grains de différente grosseur* ; elle devient aussi tantôt *conchoïde à petites cavités*, tantôt *unie*.

Ses fragmens sont *indéterminés*, à *bords peu aigus*.

Il donne une *raclure noire*, qui souvent passe au *brun*.

Il est *demi-dur* ; — *aigre* ; — *facile à casser* ; — *pesant*.

Pes. spéc. 4,8648, d'après HAUY.

Caractères chimiques.

Le fahlerz, traité au chalumeau, éclate d'abord, puis se fond en un globule métallique cassant, d'une couleur grisâtre ; durant la fusion, il se dégage une fumée blanche : il communique au borax une couleur jaunâtre passant au rouge. Quelques variétés sont difficiles à fondre.

LE FAHLERZ.

Parties constituantes.

Le Fahlerz d'Andreasberg.		*Le Fahlerz de Kremnitz* (*).		*F. du Val-de-Lanza en Piémont* (**).	
Cuivre....	16.25	Cuivre....	31.36	Cuivre...	29.3
Soufre....	10.00	Soufre....	11.50	Soufre....	12.7
Antimoine.	16.00	Antimoine.	34.09	Antimoine.	36.9
Argent....	2.25	Argent....	14.77	Argent....	0.7
Fer.....	13.75	Fer......	3.30	Fer......	12.1
Silice	2.50	Alumine..	0.30	Alumine..	1.1
Plomb....	34.50	....		Arsenic...	4
Perte.....	4.75	Perte.....	4.68	Perte.....	3.2
	100		100		100

Usage.

Le fahlerz est souvent exploité, soit pour le cuivre, soit pour l'argent qu'il renferme.

Gissement et localités.

Le fahlerz est une substance minérale très-ré-

(*) Ces deux analyses sont de Klaproth; ce fahlerz de Kremnitz est le *Weissgültigerz* ou *Weissgüldenerz* des Hongrois. M. Klaproth lui a donné le nom de *Graugültigerz*. (*Voyez* ci-dessus, p. 153, parmi les mines d'argent où cette analyse a déjà été rapportée.)

(**) Napione, *Mém. de Turin* et *J. d. M.* 3e. année, p. 513.

pandue : on la trouve en Saxe, en Bohême, en Hongrie, en France, en Italie, en Transilvanie, en Tirol, en Angleterre, etc. Les mines de Baigorry dans les Pyrénées et de Sainte-Marie-aux-Mines dans les Vosges, fournissent de très-beaux cristaux. LE FAHLERZ.

Les pyrites cuivreuses, le cuivre vitreux, le cuivre noir, sont parmi les mines de cuivre celles qui l'accompagnent le plus souvent, et dont il se rapproche le plus dans quelques passages. Il est aussi mélangé assez ordinairement avec du fer spathique, du spath fluor, de la blende, de la galène et certaines mines d'argent. Il est le plus souvent en filon dans des montagnes primitives.

Remarques.

Le fahlerz a reçu tantôt le nom de *cuivre gris*, tantôt celui d'*argent gris*, suivant qu'il était plus ou moins riche en argent : mais cette dénomination, qui le renverrait avec les mines d'argent, n'est tout au plus admissible que dans une minéralogie économique, et nullement dans une nomenclature oryctognostique générale.

Le nombre des métaux qui entrent dans la composition du fahlerz et leurs différentes proportions, donnent lieu de soupçonner que plusieurs ne s'y trouvent qu'accidentellement. Le cuivre, l'antimoine et le soufre paraissent être les seules parties constituantes vraiment essentielles du fahlerz.

On a vu ci-dessus qu'il y avait des passages du fahlerz à d'autres mines de cuivre : on a aussi observé des

LE FAHLERZ. variétés où il se rapproche beaucoup de la mine d'antimoine grise. (*Voyez* ci-dessus les articles *Graugültigerz* et *Weissgültigerz*, p. 150 et 153.)

SEPTIÈME ESPÈCE.

KUPFER-SCHWARZE. — LE CUIVRE NOIR.

CUPRUM OCHRACEUM FULIGINOSUM.

Id. Emm. T. 2, p. 244. — Wid. p. 755. — Lenz, T. 2, p. 133. — W. P. T. 1, p. 88. — M. L. p. 408. — Estn. T. 3, p. 525. — *Ochra cupri nigra*, Wall. T. 2, p. 291. — *Black copper ore*, Kirw. T. 2, p. 143. — *Oxide noir de cuivre*, Lam. p. 812.

Caractères extérieurs.

Sa couleur ordinaire est le *noir brunâtre*, qui passe quelquefois au *brun foncé*.

Il se trouve en *parties pulvérulentes*, *mattes*, plus ou moins fines, communément assez *cohérentes*.

Il est *friable*, passant un peu au *solide*; — *tachant*; — *maigre au toucher*; — *pesant*.

Caractères chimiques.

Traité au chalumeau, il donne une odeur sulfureuse : avec le verre de borax il fond en une scorie verdâtre.

REMARQUES.

Le cuivre noir se trouve à la surface et dans les fentes

d'autres mines de cuivre, surtout dans le voisinage du fahlerz, du cuivre vitreux et des pyrites cuivreuses, et il est très-vraisemblable qu'il provient de leur décomposition. LE CUIVRE NOIR.

Il se trouve aussi souvent mélangé avec la malachite, le vert et l'azur de cuivre.

Il paraît contenir 40 à 50 pour 100 de cuivre.

On en trouve en Saxe (Freyberg, Kamsdorf); en Hongrie (Rosenau); dans le Bannat, en Silésie, en Norwége, en Russie, en Souabe, en Suède, en Sibérie, etc.

On l'a souvent nommé *Kupfermulm* ou *Terre cuivreuse*.

HUITIÈME ESPÈCE.

ROTH-KUPFERERZ. — MINE DE CUIVRE ROUGE *ou* LE CUIVRE OXIDÉ ROUGE.

CUPRUM OCHRACEUM RUBRUM.

Id. Emm. T. 2, p. 213. — Wid. p. 757. — Lenz, T. 2, p. 134. — Estn. T. 3, p. 530. — *Minera cupri hepatica*, Wall. T. 2, p. 276. — *Florid red copper ore*, Kirw. T. 2, p. 135. — *Oxide rouge de cuivre*, Lam. T. 1, p. 179. — *Cuivre oxidé rouge*, D. B. T. 2, p. 323. — *Id.* Haüy.

M. Werner partage cette espèce en trois sous-espèces, ainsi qu'il suit.

LE CUIVRE OXIDÉ ROUGE.

Ire. SOUS-ESPÈCE.

DICHTES ROTHES KUPFERERZ. — LE CUIVRE OXIDÉ ROUGE COMPACTE.

Cuprum ochraceum rubrum densum.

Id. Emm. T. 2, p. 213. — Lenz, T. 2, p. 134. — W. P. T. 1, p. 66. — M. L. p. 409. — Estn. T. 3, p. 530.

Caractères extérieurs.

SA couleur est un *rouge de cochenille*, plus ou moins foncé, qui passe au *gris de plomb*.

On le trouve, ou en *masse*, ou *disséminé*, ou *superficiel*.

A l'intérieur, il est *brillant*; c'est un *éclat ordinaire* qui passe au *demi-métallique*.

Sa cassure est *unie*, mais se rapproche un peu de la cassure *conchoïde*.

Ses fragmens sont *indéterminés*, à *bords assez aigus*.

Il est *opaque*.

Il prend un peu d'*éclat* par la raclure, et donne une poussière presque d'*un rouge de brique*.

Il est *demi-dur*; — *aigre*; — *facile à casser*; — *froid au toucher*; — *pesant*.

(Les caractères chimiques et géologiques sont renvoyés après la troisième sous-espèce.)

IIᵉ. SOUS-ESPÈCE.

LE CUIVRE OXIDÉ ROUGE.

BLÆTTRIGES ROTH KUPFERERZ. — LE CUIVRE OXIDÉ ROUGE LAMELLEUX.

Cuprum ochraceum rubrum lamellosum.

Id. Emm. T. 2, p. 214. — Lenz, T. 2, p. 135. — W. P. T. 1, p. 66. — M. L. p. 410. — Estn. T. 3, p. 533.

Caractères extérieurs.

SA couleur est un *rouge de cochenille*, qui souvent passe au *gris de plomb*.

On le trouve, ou en *masse*, ou *disséminé*, ou *superficiel*, rarement *tuberculeux* et *réniforme*, souvent *cristallisé*.

Ses formes sont :

a. La *pyramide à 4 faces double* (*l'octaèdre*), ou *parfaite* ou *tronquée*, *soit sur ses angles*, *soit sur ses bords*.

b. Le *cube parfait* ou quelquefois *tronqué*, tantôt *sur ses angles*, tantôt *sur ses bords*.

Les cristaux sont *petits* ou *très-petits*, et sont communément *groupés en druses* (*).

(*) En Sibérie, dans la mine de Nikolaefski, on trouve quelquefois des cristaux isolés que la décomposition a détachés de leur gangue, qui est une espèce de jaspe rouge : ce sont principalement des octaèdres.

On en a trouvé en Hongrie qui avaient jusqu'à cinq lignes de diamètre. (PATRIN.)

LE CUIVRE OXIDÉ ROUGE.

Leur surface est *lisse* et *éclatante*.

A l'intérieur le cuivre *oxidé rouge*, *lamelleux* est *éclatant* ou quelquefois *peu éclatant* : c'est un *éclat* qui tient à la fois de l'*éclat métallique* et de l'*éclat du diamant*.

Sa cassure est *imparfaitement lamelleuse*, et passe à la cassure *inégale*, *à petits grains*.

Ses fragmens sont *indéterminés*, à *bords assez aigus*.

Lorsqu'il est en *masse*, il se présente en *pièces séparées*, *grenues*, à *petits grains* ou à *grains fins*.

Il est *opaque* ou tout au plus *translucide sur les bords* : les cristaux seuls sont *demi-diaphanes* ou *presque diaphanes*.

(Tous ses autres caractères extérieurs sont ceux de la sous-espèce précédente, et ses caractères chimiques et géologiques sont renvoyés après la troisième sous-espèce.)

IIIe. SOUS-ESPÈCE.

HAARFORMIGES ROTH-KUPFERERZ. — LE CUIVRE OXIDÉ ROUGE CAPILLAIRE.

Cuprum ochraceum rubrum plumosum.

Kupferblüthe, Emm. T. 2, p. 216. — *Id.* W. P. T. 1, p. 68. — M. L. p. 411. — Estn. T. 3, p. 538. — *Fasriges rothes kupfererz*, Lenz, T. 2, p. 137.

Caractères extérieurs.

Sa couleur ordinaire est un *rouge de carmin*,

qui quelquefois passe au *rouge de cochenille*, et même un peu au *rouge écarlate*. LE CUIVRE OXIDÉ ROUGE.

Il se trouve en cristaux *capillaires entrelacés*, formant de petits flocons *disséminés*, ou quelquefois une enveloppe *superficielle*.

Il est *éclatant* ou *peu éclatant* : son *éclat* tient de celui du *diamant*.

Chaque cristal capillaire isolé paraît être *translucide*.

(Les autres caractères extérieurs sont peu déterminables.)

Caractères chimiques.

Le cuivre oxidé rouge se réduit facilement au chalumeau sans donner d'odeur : il se dissout en entier dans l'acide muriatique sans effervescence, et dans l'acide nitrique au contraire avec effervescence : on peut par ce moyen le distinguer du cinnabre, qui ne s'y dissout pas, et de l'argent rouge, qui s'y dissout sans effervescence. (VAUQUELIN.)

Parties constituantes.

Tous les minéralogistes allemands rapportent une analyse de Fontana, d'après laquelle le cuivre oxidé rouge serait composé, comme la malachite, de cuivre et d'acide carbonique ; mais il faut qu'il y ait eu quelqu'erreur dans l'analyse de Fontana, ou que la substance qu'il a employée, soit une mala-

LE CUIVRE OXIDÉ ROUGE.

chite soyeuse; car le citoyen Vauquelin ayant analysé des cristaux de cuivre oxidé rouge, n'y a trouvé que de l'oxide de cuivre. Il pense que cette substance ne peut contenir d'acide carbonique, puisqu'elle ne fait point effervescence avec l'acide muriatique; que celle qui a lieu avec l'acide nitrique, est due à un dégagement de gaz nitreux. (*J. des M.* n°. 31, p. 518.)

Gissement et localités.

Les trois sous-espèces de cuivre oxidé rouge se trouvent assez ordinairement dans le voisinage l'une de l'autre. Cette mine de cuivre est presque toujours accompagnée de cuivre natif, souvent aussi de malachite et de mine de fer terreuse brune; aussi la réunion de ces trois substances donne toujours lieu de soupçonner l'existence du cuivre oxidé rouge (*).

Les autres mines de cuivre, le quartz, le spath pesant, la zéolite, le spath calcaire l'accompagnent aussi quelquefois.

On en trouve en Saxe (Grosskamsdorf, Freyberg, Falkemberg); dans le Bannat (Orawiza, Moldawa); au Hartz (Lauterberg); en Norwége (Aardalen); en Sibérie, dans le district de Katharinemburg, dans la mine de Schlangenberg, etc.;

(*) Elles sont pour cette mine de cuivre un *caractère empirique*. (*Voyez* l'Introduction, p. 30, §. 12.)

en Angleterre (dans le Cornouailles); Rheinbreitenbach, dans les environs de Cologne, etc. LE CUIVRE OXIDÉ ROUGE.

REMARQUES.

Cette mine de cuivre est assez rare, surtout cristallisée.

Widenmann et Lenz ne suivent point, dans leurs Traités de minéralogie, la division que Werner fait de cette espèce en trois sous-espèces; ils les considèrent comme des variétés.

Le nom de *Kupferblüthe* ou *Fleurs de cuivre* a été donné quelquefois à la troisième sous-espèce. Les plus beaux échantillons viennent de Rheinbreitenbach.

NEUVIÈME ESPÈCE.

ZIEGELERZ. — MINE DE CUIVRE COULEUR DE BRIQUE *ou* LE ZIEGELERZ.

CUPRUM OCHRACEUM LATERITIUM.

Id. Emm. T. 2, p. 219. — Wid. p. 760. — Estn. T. 3, p. 549. — *Brickred copper ore*, Kirw. T. 2, p. 127.

M. Werner partage cette espèce en deux sous-espèces.

Ire. SOUS-ESPÈCE.

ERDIGES ZIEGELERZ. — LE ZIEGELERZ TERREUX.

Cuprum ochraceum lateritium friabile.

Id. Emm. T. 2, p. 219. — Lenz, p. 138. — W. P. T. 1, p. 70. — Estn. T. 3, p. 550. — M. L. p. 411. — *Ochra cupri rubra*, Wall. T. 2, p. 290.

LE ZIEGELERZ.

Caractères extérieurs.

Sa couleur est un *rouge hyacinthe*, qui passe tantôt au *brun rougeâtre*, tantôt au *rouge brunâtre*, et tire quelquefois même au *jaune*.

On le trouve, ou en *masse*, ou *disséminé*, ou le plus souvent *surpeficiel* dans les fentes d'autres mines de cuivre.

Il est composé *de parties terreuses fines*, *pulvérulentes*, plus ou moins *cohérentes*, *mattes*, *friables*, *tachantes*.

Il est *pesant*.

(Les autres caractères sont les mêmes que pour la seconde sous-espèce.)

IIe. SOUS-ESPÈCE.

VERHÆRTETES ZIEGELERZ. — LE ZIEGELERZ ENDURCI.

Cuprum ochraceum lateritium induratum.

Id. Emm. T. 2, p. 220. — Estn. T. 3, p. 553. — Lenz, T. 2, p. 139. — M. L. p. 413. — *Minera cupri picea*, Wall. T. 2, p. 280. — *Dichtes ziegelerz*, W. P. T. 1, p. 70.

Caractères extérieurs.

Sa couleur est *un rouge hyacinthe très-foncé*, qui passe au *rouge brunâtre* et au *brun foncé*, suivant qu'il contient plus de fer.

On le trouve, ou en *masse*, ou *disséminé*, quelquefois *superficiel.*

Les variétés rouges ne sont que *brillantes*; les brunes au contraire sont un *peu éclatantes* : c'est un *éclat ordinaire*. LE ZIEGELERZ.

Sa cassure est tantôt *imparfaitement conchoïde*, tantôt *unie* ou *terreuse*, suivant qu'il a plus ou moins d'*éclat*.

Ses fragmens sont *indéterminés*, à *bords peu aigus*.

Il prend de l'*éclat* par la raclure.

Il est *tendre*, passant au *demi-dur*; — *aigre*; — *facile à casser*; — *pesant*.

Caractères chimiques.

Traité au chalumeau, le ziegelerz devient noir; il est d'ailleurs infusible; il colore le verre de borax en un vert sale.

Parties constituantes.

Cette mine peut être considérée comme un mélange intime de cuivre oxidé rouge, avec la mine de fer terreuse brune (brauner eisenokker); mais les proportions de ces deux substances varient beaucoup; ce qui modifie les caractères du ziegelerz.

Gissement et localités.

On trouve le ziegelerz dans les mêmes lieux cités pour le cuivre oxidé rouge. (*Voyez* l'espèce précédente.) En général il se rencontre toujours dans le

LE ZIEGELERZ. voisinage de cette mine, et est accompagné des mêmes substances minérales.

C'est principalement sur les pyrites cuivreuses qu'on trouve le ziegelerz en couche superficielle.

Cette mine de cuivre est exploitée dans quelques endroits.

Remarques.

M. Estner (T. 3, p. 556) décrit sous le nom de *Pecherz*, une mine de cuivre qui se trouve principalement dans le Bannat. Cette substance n'est qu'une variété du ziegelerz endurci de Werner; mais M. Estner a cru devoir l'en séparer : il a conservé à cette mine son nom de *Pecherz*, sous lequel elle est connue des mineurs hongrois, qui l'exploitent pour en retirer du cuivre. Mais en supposant même que l'on suivît l'opinion de M. Estner, le nom de *Pecherz* ne pourrait être adopté, en ce qu'il est déjà donné à une espèce du genre *Urane*. (*Voyez* ci-après.)

DIXIÈME ESPÈCE.

KUPFERLAZUR. — L'AZUR DE CUIVRE.

CUPRUM OCHRACEUM AZULEUM.

Id. Emm. T. 2, p. 246. — Wid. p. 762. — Estn. T. 3, p. 560. — *Cæruleum montanum*, Wall. T. 2, p. 289. — *Blue calciform copper ore*, Kirw. T. 2, p. 129. — *Azur de cuivre bleu*, R. D. L. T. 3, p. 341. — *Id.* Lam. T. 2, p. 182. — *Cuivre oxidé bleu*, D. B. T. 2, p. 329. — *Cuivre carbonaté bleu*, Haüy.

M. Werner partage l'azur de cuivre en deux sous-espèces.

Ire. SOUS-ESPÈCE.

L'AZUR DE CUIVRE.

ERDIGE KUPFERLAZUR. — L'AZUR DE CUIVRE TERREUX.

Cuprum ochraceum azuleum friabile.

Id. Emm. T. 2, p. 246. — Wid. p. 762. — Lenz, T. 2, p. 141. — W. P. T. 1, p. 92. — M. L. p. 415. — Estn. T. 3, p. 560.

Caractères extérieurs.

SA couleur ordinaire est un *bleu de smalt*, qui quelquefois passe au *bleu-de-ciel.*

Rarement on le trouve en *masse;* le plus souvent il est *disséminé en petites parties* ou *superficiel.*

Il est composé de *parties fines*, *pulvérulentes*, le plus souvent *cohérentes;* elles sont *mattes.*

Sa cassure est *terreuse*, *à grains fins*, mais elle devient quelquefois *unie* et même un *peu conchoïde.*

Ses fragmens sont *indéterminés*, à *bords assez obtus.*

Il est *opaque;* — *un peu tachant.*

Il est *tendre*, et souvent même *friable*, mais quelquefois aussi *demi-dur;* — *pesant.*

Caractères chimiques.

Traité au chalumeau, il noircit sans se fondre; il se boursouffle fortement avec le verre de borax, et le colore en vert. Il se dissout dans les acides avec une forte effervescence.

L'AZUR DE CUIVRE.

Parties constituantes.

Il est composé de cuivre et d'acide carbonique. (*Voyez* la sous-espèce suivante.)

Gissement et localités.

On trouve l'azur de cuivre terreux dans le Bannat (Moldawa) ; dans la Hesse (Thalitter) ; dans le Salzbourg, en Pologne, en Sibérie, en Thuringe, à Falkenstein en Tirol, etc.

A Thalitter dans la Hesse, il se trouve superficiel dans une marne schisteuse, à laquelle on donne le nom de *Kupferschiefer*.

En Thuringe il est également superficiel ; mais dans un grès qui avoisine des couches de schiste marneux bitumineux (*Voyez* T. I, p. 174), mélangées de beaucoup de minerai de cuivre. Ce grès est appelé dans le pays, *Kupfersanderz* ou *grès cuivreux*. (*Voyez* ci-après, à la fin du genre cuivre.)

IIe. SOUS-ESPÈCE.

STRAHLIGE KUPFERLAZUR. — L'AZUR DE CUIVRE RAYONNÉ.

Cuprum ochraceum azuleum radiatum.

Id. Emm. T. 2, p. 249. — Wid. p. 764. — Lenz, T. 2, p. 142. — W. P. T. 1, p. 89. — M. L. p. 416. — Estn. T. 3, p. 564.

Caractères

L'AZUR DE CUIVRE.

Caractères extérieurs.

SA couleur ordinaire est *un bleu d'azur clair* ou *foncé*, qui passe au *bleu de Prusse*, au *bleu d'indigo*, et rarement au *bleu de smalt.*

On le trouve très-rarement en *masse*, quelquefois *disséminé*, souvent *superficiel*, souvent aussi sous différentes *formes imitatives* (*réniforme*, *stalactiforme*, *uviforme*, *cellulaire*); enfin très-souvent *cristallisé.*

Ses formes sont :

a. Le *prisme à 4 faces*, *rectangulaire*, *terminé par un pointement assez aigu à 4 faces*, *placées sur les bords latéraux.*

b. Le *prisme à 4 faces*, *un peu obliquangle* (*ayant 2 faces plus larges et 2 plus étroites opposées*), *terminé à chaque extrémité par un pointement à 4 faces*, *placées sur les faces latérales* (*).

c. Le *prisme b*, *ayant ses bords latéraux tronqués et terminés par un pointement à 6 faces*, *dont*

(*) La grandeur relative des faces de ce cristal et des suivans les a fait considérer souvent d'une manière toute différente. C'est là l'origine des cristaux *en tables à 4 ou à 6 faces*, ou *lenticulaires*, cités par quelques auteurs : le grand applatissement du prisme et la plus grande largeur de deux de ses faces produisent cette illusion. Werner ne cite, dans le *Catalogue* de Pabst, que des cristaux prismatiques.

Le citoyen Haüy rapporte tous ces cristaux à un octaèdre, parce qu'il a observé que c'était leur forme primitive.

L'AZUR DE CUIVRE. *4 sont placées sur les faces de troncatures, et 2 sur les faces latérales plus larges.*

d. Le *prisme b, terminé aussi par un pointement à 6 faces, avec cette différence que 2 de ses faces sont placées sur les bords latéraux aigus, et les 4 autres sur les faces latérales.*

Les cristaux sont généralement *petits* ou *très-petits*, rarement d'*une moyenne grandeur*; ils sont réunis en *groupes*, *globuleux* ou *uviformes* ou en *faisceaux*.

Les faces larges des prismes sont *striées en travers*, les faces étroites le sont au contraire en *longueur* : toutes les autres faces sont *lisses* : la surface des *formes extérieures imitatives* est *drusique.*

A l'extérieur, les cristaux sont *éclatans* ou *très-éclatans.*

A l'intérieur, l'azur de cuivre rayonné est *éclatant* et souvent *peu éclatant* : c'est un *éclat vitreux.*

Sa cassure est *rayonnée à rayons droits*, *divergens en étoiles* ou en *faisceaux*, rarement *lamelleuse.*

Ses fragmens sont communément *indéterminés*, *à bords assez obtus*, rarement *cunéiformes.*

Il se présente quelquefois en *pièces séparées*, qui sont tantôt *grenues*, tantôt *testacées*, *courbes.*

Les cristaux sont *très-translucides*, souvent même *demi-diaphanes* : du reste, l'azur de cuivre rayonné n'est que *translucide sur les bords*, souvent presque *opaque*. L'AZUR DE CUIVRE.

Il donne une *raclure* d'un *bleu-de-ciel.*

Il est *tendre*, passant au *très-tendre* ; — *aigre* ; — *facile à casser* ; — *médiocrement pesant.*

Pes. spéc. 3,6082.

Caractères chimiques.

L'azur de cuivre rayonné est soluble dans l'acide nitrique avec effervescence. Traité au chalumeau, il est difficile à fondre sans addition, mais avec le verre de borax il se réduit facilement : on obtient un grain de cuivre métallique. Le borax prend une belle couleur verte.

Parties constituantes.

Suivant Fontana, c'est un carbonate de cuivre bleu. Pelletier a répété cette analyse, et a obtenu le résultat suivant :

Cuivre..................	66	à	70
Acide carbonique.........	18	à	20
Eau....................	2	à	2
Oxigène.................	8	à	10
	94	à	102

Gissement et localités.

L'azur de cuivre rayonné se trouve en Bohême (Catharinemberg) ; en Saxe (Kamsdorf, Freyberg, Sayda) ; dans le Bannat (Moldawa, Ora-

L'AZUR DE CUIVRE.

witza, Dognatska) ; au Hartz (Zellerfeld) ; dans la Hesse (Thalitter, Breidenbach) ; en Norwége, en Pologne, en Russie, en Sibérie, dans le duché de Deux-Ponts, en Tirol, etc.

Il ne se rencontre jamais en très-grande quantité; il accompagne d'autres mines de cuivre, surtout la malachite, le fahlerz, la pyrite cuivreuse, et tapisse l'intérieur des cavités qui s'y rencontrent.

Usage.

Généralement il est exploité avec les autres mines de cuivre qu'il accompagne, pour en retirer ce métal ; mais on l'en sépare avec soin en quelques endroits, surtout en Tirol, pour en faire une couleur bleue, connue sous le nom de *bleu de montagne.*

REMARQUE.

Il est souvent parlé, dans les auteurs anciens, d'une *pierre arménienne* (*lapis armenius*) : il paraît que différentes substances ont été désignées sous ce nom, et on croit qu'une pierre calcaire imprégnée d'azur de cuivre terreux est de ce nombre.

ONZIÈME ESPÈCE.

MALACHIT. — LA MALACHITE.

CUPRUM OCHRACEUM MALACHITES.

Id. Emm. T. 2, p. 253. — Wid. p. 768. — Estn. T. 3, p. 577. — *Malachite*, Kirw. T. 2, p. 131. — *Malachite*, R. D. L. T. 3, p. 351.

M. Werner partage cette espèce en deux sous-espèces, la fibreuse et la compacte.

Ire. SOUS-ESPÈCE.

FASRIGER MALACHIT. — LA MALACHITE FIBREUSE.

Cuprum ochraceum malachites sericeus.

Id. Emm. T. 2, p. 254. — Wid. p. 768. — Lenz, T. 2, p. 144. — W. P. T. 1, p. 92. — M. L. p. 420. — Estn. T. 3, p. 577. — *Ærugo nativa cristallisata*, Wall. T. 2, p. 287. — *Cuivre oxidé vert fibreux*, D. B. T. 2, p. 336. — *Cuivre carbonaté vert soyeux*, Haüy.

Caractères extérieurs.

SA couleur la plus ordinaire est un *vert de pré*, qui passe quelquefois au *vert émeraude*, au *vert-pomme*, au *vert-poireau* et au *vert-de-gris*.

On la trouve très-rarement *en masse*, quelquefois *disséminée*, souvent *superficielle*, et très-souvent en très-petits *cristaux capillaires* ou *en forme d'aiguilles*, réunis communément *en fais-*

LA MALACHITE. *ceaux* ou *en forme de mousse*, ou formant quelquefois des groupes *réniformes*, *uviformes* ou *globuleux*.

A l'extérieur, les cristaux sont *éclatans* ou *peu éclatans*; la malachite fibreuse *en masse* n'est que *brillante* ou tout au plus un *peu éclatante*.

A l'intérieur elle est *peu éclatante* : c'est un *éclat soyeux*.

Sa cassure ordinaire est *fibreuse*, *à fibres minces*, *divergentes en faisceaux*, rarement à *grosses fibres*; ce qui passe à la *cassure rayonnée*.

Ses fragmens sont *indéterminés*, à *bords obtus*.

Elle se présente quelquefois en *pièces séparées*, qui sont tantôt *grenues*, *à petits grains*, *à gros grains*; tantôt *testacées*, *minces*.

Elle est *opaque*; les cristaux seuls sont un *peu translucides*.

Sa raclure est d'une couleur *plus claire*.

Elle est *tendre*, passant au *très-tendre*; — *aigre*; — *facile à casser*; — *médiocrement pesante*.

(Pour tout le reste, voyez la seconde sous-espèce.)

IIe. SOUS-ESPÈCE.

LA MALACHITE.

DICHTER MALACHIT. — LA MALACHITE COMPACTE.

Cuprum ochraceum malachites vulgaris.

Id. Emm. T. 2, p. 256. — Wid. p. 770. — Lenz, T. 2, p. 146. — W. P. T. 1, p. 94. — M. L. p. 422. — Estn. T. 2, p. 586. — *Ærugo nativa fissilis, — stalactitica, — solida*, Wall. T. 2, p. 287. — *Cuivre oxidé vert malachite*, D. B. T. 2, p. 338. — *Cuivre carbonaté vert concrétionné*, Haüy.

Caractères extérieurs.

SA couleur tient le milieu entre le *vert de pré*, le *vert émeraude* et le *vert-de-gris*, quelquefois aussi elle passe au *vert-pomme*, au *vert de montagne* ou au *vert noirâtre :* sa surface est ordinairement recouverte d'une espèce d'enduit pulvérulent (*reife*) d'un *blanc verdâtre*, ou quelquefois *de dendrites noirâtres.*

On la trouve quelquefois en *masse*, ou *disséminée*, ou *superficielle*; mais le plus souvent sous différentes *formes imitatives* (*réniforme*, *uviforme*, *globuleuse*, *tuberculeuse*, *stalactiforme*, *cellulaire*, *criblée*, etc.).

La surface extérieure (des formes imitatives) est tantôt *un peu rude* ou même *drusique*, tantôt *lisse*, presque toujours *matte*, rarement *éclatante.*

A l'intérieur, la malachite compacte est *matte* ou un *peu éclatante* (suivant l'espèce de cassure).

La cassure est tantôt *conchoïde*, tantôt *inégale*

à grains fins; quelquefois aussi elle devient *unie* ou *fibreuse*, à *fibres minces*.

Ses fragmens sont *indéterminés*, à *bords peu aigus* ou un *peu cunéiformes*.

Elle se présente presque toujours en *pièces séparées*, *testacées*, *courbes*, *concentriques*. Elles sont courbées parallélement à la surface extérieure des formes imitatives; chacune d'elles a ordinairement une intensité différente de couleur; ce qui donne à la malachite un aspect rubané.

Elle est *opaque*; — *tendre*, passant au *très-tendre*; — *aigre*; — *facile à casser*; — *médiocrement pesante*.

Pes. spéc. 3,5718 à 3,6412.

Caractères chimiques.

Traitée au chalumeau, la malachite pétille, éclate, et noircit sans qu'on puisse la fondre sans addition : avec le verre de borax elle se boursouffle et le colore en vert : elle fait effervescence avec les acides, et donne avec l'ammoniaque une dissolution bleue.

Parties constituantes.

Suivant l'analyse de la malachite, donnée par Fontana, elle est composée de 66 à 75 centièmes de cuivre, et le reste est de l'acide carbonique et de l'eau.

Pelletier, qui a aussi analysé la malachite, pense qu'elle est composée de carbonate de cuivre, et en outre d'oxigène, mais en proportion beaucoup plus grande que l'azur de cuivre. (*Voyez* l'espèce précédente). LA MALACHITE.

Klaproth a confirmé le résultat de Pelletier dans l'analyse qu'il a donnée de la malachite compacte de Sibérie, ainsi qu'il suit :

Cuivre	58	KLAPROTH, T. 2, p. 290.
Acide carbonique	18	
Oxigène	12.50	
Eau	11.50	
	100	

Usage.

La malachite est exploitée avec les autres minerais de cuivre qui l'accompagnent pour en retirer le cuivre, mais on l'extrait aussi quelquefois séparément pour en faire une couleur verte que l'on emploie en peinture. Les morceaux compactes et un peu gros sont réservés pour être sciés et polis, la couleur, l'aspect soyeux et les bandes concentriques de la malachite la faisant rechercher beaucoup en bijouterie : on l'emploie en plaques, qui, lorsqu'elles sont un peu grandes et de couleur bien nuancée, sont souvent d'un prix assez considérable (*).

(*) Le citoyen Patrin a vu, à Pétersbourg, une plaque

LA MALACHITE.

Gissement et localités.

Les deux sous-espèces de malachite sont liées l'une à l'autre par des passages insensibles, et se rencontrent presque toujours ensemble.

La malachite est toujours mélangée dans les mines avec les autres minerais de cuivre, tel que l'azur de cuivre, la pyrite cuivreuse, le rothkupfererz, le cuivre vitreux, le ziegelerz, etc.

On en trouve dans le Bannat (Moldawa, Saska); en Saxe (Kamsdorf, Freyberg); en Angleterre, en France, au Hartz (Blankenbourg); en Silésie, en Tirol, en Hongrie, etc., et surtout dans les monts Urals en Sibérie, d'où sont venus les morceaux les plus beaux.

REMARQUE.

Beaucoup de minéralogistes regardent le *kupfergrun* ou *vert de cuivre*, qui est l'espèce suivante, comme une variété de malachite.

---

de malachite ayant 32 pouces de longueur, sur 17 de largeur et 2 d'épaisseur. Il n'en existe peut-être pas d'aussi grande : aussi l'estimait-on 20,000 liv.

DOUZIÈME ESPÈCE.

KUPFERGRUN. — LE VERT DE CUIVRE ou LA CHRYSOCOLLE.

CUPRUM OCHRACEUM CHRYSOCOLLA.

Id. Emm. T. 2, p. 260. — Wid. p. 772. — Lenz, T. 2, p. 147. — W. P. T. 1, p. 96. — M. L. p. 424. — Estn. T. 3, p. 595. — *Ærugo nativa granulata* et *superficialis*, Wall. T. 2, p. 287 et 288. — *Mountain green*, Kirw. T. 2, p. 134. — *Cuivre oxidé vert terreux*, D. B. T. 2, p. 336. — R. D. L. T. 3, p. 356. — *Oxide vert de cuivre*, Lam. T. 1, p. 187. — *Cuivre carbonaté vert pulvérulent*, Haüy.

Caractères extérieurs.

SA couleur est un *vert-de-gris parfait*, plus ou moins foncé, qui passe quelquefois *au vert émeraude* ou tire vers le *bleu-de-ciel.*

On trouve le vert de cuivre quelquefois en *masse* et *disséminé*; le plus souvent il est *superficiel* sur d'autres minéraux.

A l'intérieur il est *mat.*

Sa cassure est terreuse ou devient quelquefois *conchoïde* (*à petites cavités*) ou *inégale*, *à petits grains*, ou *à grains fins.*

Ses fragmens sont *indéterminés*, à *bords obtus.*

Il est *opaque* ou très-rarement un *peu translucide sur les bords.*

LE VERT DE CUIVRE.

Il est *tendre*, souvent *très-tendre* et même *friable*; — *aigre*; — *facile à casser*; — *médiocrement pesant*.

Caractères chimiques.

Il noircit au chalumeau sans se fondre; il colore en vert le verre de borax.

Parties constituantes.

On regarde le vert de cuivre comme un mélange d'oxide de cuivre avec de l'argile ou de la chaux : on n'en a point donné d'analyse plus exacte; mais il paraît que le résultat en serait très-variable, du moins quant aux proportions (*).

Gissement et localites.

On trouve du vert de cuivre en Saxe (Freyberg, Altemberg, Seifen, Kamsdorf); en Angleterre, au Hartz (Andreasberg); en Norwége, en Silésie, en Sibérie, en Hongrie, dans le duché de Wirtemberg, etc.

La pyrite cuivreuse, le ziegelerz, l'azur de cuivre, le fahlerz, la malachite, sont les mines de cuivre qui l'accompagnent le plus ordinairement. Il est aussi souvent mélangé d'ocre martiale, d'argile et de quartz.

(*) Le citoyen Haüy pense que le vert de cuivre n'est qu'une malachite pulvérulente, et que par conséquent l'oxide de cuivre y est uni à l'acide carbonique.

Il passe tantôt à l'espèce suivante, tantôt à la malachite.

Remarque.

La variété de vert de cuivre tirant au bleu-de-ciel, a été appelée souvent *bleu de montagne*, *bleu de cuivre*, *bergblau*, *kupferblau*.

TREIZIÈME ESPÈCE.

EISENSCHUSSIGES KUPFERGRUN.

LE VERT DE CUIVRE FERRUGINEUX.

CUPRUM OCHRACEUM FERRUGINOSUM.

Id. Emm. T. 2, p. 262. — Wid. p. 773. — Estn. T. 3, p. 605.

Nota. M. Werner, et d'après lui tous les minéralogistes allemands, regardent ce vert de cuivre comme spécifiquement distinct du précédent. On en distingue deux sous-espèces.

Ire. SOUS-ESPÈCE.

ERDIGES EISENSCHUSSIGES KUPFERGRUN.

LE VERT DE CUIVRE FERRUGINEUX TERREUX.

Cuprum ochraceum ferruginosum terrosum.

Id. Emm. T. 2, p. 262. — Wid. p. 773. — Lenz, T. 2, p. 149. — W. P. T. 1, p. 96. — M. L. p. 426. — Estn. T. 3, 605.

LE VERT DE CUIVRE FERRUGINEUX.

Caractères extérieurs.

SA couleur est un *vert olive vif*, qui très-souvent passe au *vert-serin* ou au *vert-pistache clair.*

On le trouve en *masse* ou plus souvent *disséminé.*

Il est *mat.*

Il a une cassure *terreuse.*

Ses fragmens sont *indéterminés*, à *bords obtus.*

Il est *très-tendre*, passant au *friable*; — *aigre*; — *très-facile à casser*; — *maigre au toucher*; — *médiocrement pesant.*

IIe. SOUS-ESPÈCE.

SCHLACKIGES EISENSCHUSSIGES KUPFERGRUN.

LE VERT DE CUIVRE FERRUGINEUX SCORIACÉ.

Cuprum ochraceum ferruginosum scoriaceum.

Id. Emm. T. 2, p. 263; — Wid. p. 775. — Lenz, p. 150. — W. P. T. 1, p. 97. — M. L. p. 426.

Caractères extérieurs.

SA couleur est un *vert-olive foncé* ou *vert-pistache*, qui passe au *vert-poireau.*

On le trouve, ou en *masse*, ou *disséminé.*

A l'intérieur, il est *éclatant* ou *peu éclatant*, d'un *éclat vitreux.*

Sa cassure est *conchoïde*, *à petites cavités* plus ou moins *applaties.*

LE VERT DE CUIVRE FERRUGINEUX.

Ses fragmens sont *indéterminés*, à *bords peu aigus.*

Il est *tendre* ; — *aigre* ; — *facile à casser* ; — *médiocrement pesant.*

Parties constituantes.

On n'a point encore fait d'analyse exacte du vert de cuivre ferrugineux ; il paraît que c'est en effet, comme son nom l'indique, un mélange de vert de cuivre avec de l'oxide de fer (eisenokker), dans différentes proportions.

Gissement et localités.

Cette substance minérale est jusqu'ici fort rare, et elle n'existe que dans très-peu de collections. Werner, dans le Catalogue de Pabst, en décrit trois morceaux venant de Saalfeld en Saxe. La variété terreuse est souvent désignée sous le nom de *kobalt terreux vert*, *grüner erdkobolt*, et l'autre sous celui de *cuivre vitreux vert*, *grüner kupferglas.*

Quelques autres minéralogistes indiquent aussi du vert de cuivre ferrugineux à Kamsdorf en Saxe, Lauterberg au Hartz, Freudenstadt dans le Wirtemberg.

Les minéraux dont il est accompagné le plus ordinairement, sont l'azur de cuivre, le fahlerz, la malachite et autres mines de cuivre ; le eisenokker, le spath pesant, le quartz, etc.

QUATORZIÈME ESPÈCE.

OLIVENERZ. — MINE DE COULEUR OLIVE ou LE CUIVRE ARSENICAL.

CUPRUM MINERALISATUM ARSENICALE.

Id. Emm. T. 2, p. 264. — Wid. p. 776. — Lenz, T. 2, p. 151. — *Arsenical kupfer*, Estn. T. 3, p. 622. — *Olive copper ore*, Kirw. T. 2, p. 151. — *Mine de cuivre arsenié*, Lam. T. 1, p. 202. — *Cuivre arseniaté*, Haüy. T.

Caractères extérieurs.

SA couleur ordinaire est un *vert olive*, qui passe quelquefois au *vert noirâtre* ou au *vert-poireau*, ou plus rarement au *vert-de-gris*.

On le trouve très-rarement en *masse* ou *disséminé*, mais plus communément *cristallisé*.

Ses formes sont :

a. De *petites prismes à 6 faces* (dont 4 plus larges opposées se réunissent deux à deux sous un angle très-obtus, et deux autres plus étroites), *terminés par un biseau dont les faces sont placées sur les faces latérales étroites.*

b. Le *prisme à 6 faces*, *terminé par un pointement à 6 faces.*

c. Des cristaux *capillaires*, *grouppés en faisceau* ou en forme de *mousse*, à la surface d'autres minéraux.

d. De

d. De *très-petits cubes* qui ressemblent quelquefois *à une table quadrilatère* (*). LE CUIVRE ARSENICAL.

Les faces latérales des prismes sont *striées en longueur.*

Lorsqu'elles ne sont pas recouvertes de vert-de-cuivre, ce qui est assez ordinaire, elles sont *très-éclatantes* : c'est l'*éclat du diamant* qui passe à l'*éclat gras.*

A l'intérieur, l'olivenerz est *éclatant.*

La petitesse des cristaux empêche de déterminer sa cassure : elle paraît être *conchoïde*, ou un *peu lamelleuse*, ou *inégale à petits grains* (**).

Les cristaux cubiques sont *diaphanes*, les autres ne sont que *translucides.*

L'olivenerz donne une raclure, qui est tantôt d'un *jaune de paille*, tantôt d'un *vert-olive.*

Il est *tendre*, passant au *demi-dur.*

Il paraît être *médiocrement pesant.*

Caractères chimiques.

Les cristaux capillaires décrépitent au chalumeau, et donnent une odeur arsenicale : ils se

(*) Emmerling ajoute que souvent leurs angles sont fortement *tronqués*; ce qui donne le passage du cube à l'octaèdre.

(**) Dans la variété d'un vert-de-gris, les cristaux sont tellement groupés, que la cassure totale est rayonnée, à rayons divergens, en étoiles ou en faisceaux.

LE CUIVRE ARSENICAL.

fondent en un globule grisâtre qui, traité avec le borax, donne un grain de cuivre malléable.

Les cristaux cubiques se boursoufflent au chalumeau, dégagent une odeur arsenicale moins forte, et se fondent (quoique plus difficilement) en un globule métallique qui, traité avec le borax, donne un grain de cuivre malléable; mais sa couleur est pâle, et il a des taches d'un gris d'acier, que Klaproth attribue à la présence du fer.

Parties constituantes.

D'après l'analyse de Klaproth, l'olivenerz est composé de cuivre et d'arsenic, avec un peu de fer. Les proportions n'en sont pas indiquées.

Gissement et localités.

Le cuivre arsenical est un minéral très-rare: il provient de Karrarach dans le Cornouailles, où il est accompagné de mine de fer brune, de malachite compacte, de vert-de-cuivre, de fahlerz, rarement de mine d'uranite verte. Sa gangue est une lithomarge jaune, mélangée de quartz.

Il paraît qu'on en a trouvé aussi à Jonsbach près de Rudelstadt en Silésie.

REMARQUES.

Le citoyen Lelièvre a lu à l'Institut national, le 11 floréal an 9, un Mémoire sur cette substance.

Les cristaux qu'il a observés, étaient des *tables à 6 faces, portant des biseaux sur les bords :* leur couleur était le *vert émeraude*. Traités au chalumeau, ces cristaux décrépitent et donnent l'odeur arsenicale. Il a été obligé de les broyer avec le borax pour les fondre, parce qu'ils se dispersaient entiérement par la décrépitation. Le borax a été coloré en vert, et le globule présentait des parcelles de cuivre à l'état métallique. LE CUIVRE ARSENICAL.

Le citoyen Vauquelin a fait l'analyse de ces cristaux, et il a reconnu qu'ils étaient composés de :

Oxide de cuivre......	39
Acide arsenique......	43
Eau................	17
	99

APPENDICE.

On trouve, dans les ouvrages des minéralogistes, des descriptions de plusieurs mines de cuivre que M. Werner ne considère pas comme des espèces, soit parce qu'elles ne sont pas assez caractérisées, soit parce qu'elles ne sont autre chose que des mélanges de substances terreuses avec une ou plusieurs des espèces précédentes : en voici quelques-unes.

1°. Le *schiste cuivreux* ou *kupferschiefer ;* c'est le *schiste marno-bitumineux*, qui forme une espèce dans le genre calcaire (*Voyez* T. 1, p. 574) : on l'exploite comme mine de cuivre.

2°. Le *grès cuivreux*, *kupfersanderz ;* c'est un grès mélangé de beaucoup de substances métalliques différentes : on y trouve des mines d'argent, de cobalt, de plomb, et surtout de cuivre, pour lequel on l'exploite. Ce grès se trouve principalement dans la Thuringe : il en a été question ci-dessus.

3°. *Mine de cuivre hépatique, kupferlebererz.* On a désigné sous ce nom plusieurs mines de cuivre, telles que le cuivre oxidé rouge, la mine de cuivre panachée, le ziegelerz, la pyrite cuivreuse. Il paraît que cette dénomination vient des mineurs, qui la donnent à presque toutes les mines de cuivre indifféremment lorsqu'elles sont dans un état de décomposition, ou lorsqu'elles sont mélangées avec de la mine de fer terreuse brune.

4°. *Pecherz* ou *kupferpecherz*, *mine de cuivre piciforme.* Il en a été question à la suite du ziegelerz. (*Voyez* ci-dessus, p. 187.)

5°. *Kupferbranderz*, *mine de cuivre bitumineuse ;* c'est un schiste bitumineux mélangé de pyrites cuivreuses, et qui est exploité comme mine de cuivre en Suède et en Sibérie : il paraît rentrer dans le schiste cuivreux indiqué ci-dessus.

6°. *Glockenerz*, littéralement *mine de cloches.* Klaproth a reconnu que c'était de l'étain pyriteux mélangé avec beaucoup de cuivre, en sorte qu'il fournit à la fonte un alliage semblable à celui dont on fait les *cloches.*

7°. *Messingerz*, *mine de laiton ;* c'est tantôt une blende mélangée de cuivre, tantôt une pyrite cuivreuse mélangée de blende, en sorte que le métal que l'on en obtient par la fusion, est un véritable laiton.

8°. La *turquoise*, *türkis ;* c'est une substance minérale que sa belle couleur bleue, due à un oxide de cuivre dont elle est imprégnée, et sa rareté, ont fait rechercher beaucoup pour la bijouterie : on la taille principalement en bague. Lorsqu'elle est d'un certain volume, elle est d'un prix assez considérable. On dit communément que ce sont des os ou des dents de quadrupèdes qui forment la base de cette substance, et que l'oxide de cuivre y a été amené par des infiltrations, comme dans toutes les autres pétrifications. En effet, cela est vrai de la plupart des turquoises; mais il paraît qu'il y a eu aussi des pierres calcaires imprégnées d'oxide de cuivre, qui, présentant la couleur et l'aspect qui caractérise la turquoise, ont été données sous ce nom.

SIXIÈME GENRE.

LE GENRE FER.

PREMIÈRE ESPÈCE.

GEDIEGEN EISEN. — LE FER NATIF.

FERRUM NATIVUM.

Id. Emm. T. 2, p. 271. — Wid. p. 781. — Lenz, T. 2, p. 153. — W. P. T. 1, p. 129. — M. L. p. 427. — *Ferrum nativum*, Wall. T. 2, p. . — *Native iron*, Kirw. T. 2, p. 156. — *Fer natif*, D. B. T. 2, p. 257. — *Id.* R. D. L. T. 3, p. 165. — Lam. T. 1, p. 216. — *Id.* Haüy.

Caractères extérieurs.

SA couleur (dans une cassure fraîche) est d'un *gris d'acier clair*, qui passe au *blanc d'argent*; mais ordinairement sa surface est d'un *noir brunâtre* ou *grisâtre* (ce qui est dû à son oxidation).

On le trouve en *masse* ou sous forme *rameuse*.

Sa surface est assez *lisse*; lorsqu'elle n'est pas recouverte de rouille, elle est *éclatante*.

A l'intérieur, le fer natif est, ou *éclatant*, ou tout au moins *très-brillant* : c'est un *éclat métallique*.

Sa cassure est *crochue* ou *hamiforme*.

Ses fragmens sont *indéterminés*, à *bords assez aigus*.

Il tient le milieu entre le *demi-dur* et le *tendre.* LE FER NATIF.

Il est parfaitement *ductile ; — flexible* sans être *élastique ; — très-pesant.*

Pes. spéc. Fer fondu, 7,207, BRISSON. 7,765 à 7,807, MUSCHENBROEK.

Caractères chimiques.

Le fer natif est infusible au feu ordinaire des fourneaux ; il se dissout dans tous les acides ; il dégage du gaz hydrogène par le moyen de l'acide sulfurique étendu d'eau. Si on le mouille et qu'on l'expose à l'air, il se couvre de taches jaunâtres, connues sous le nom de *rouille.*

Caractères physiques.

Le fer natif possède naturellement la propriété magnétique sans qu'on la lui ait communiquée artificiellement, comme au fer forgé, par le moyen des aimans naturels.

Usages.

Le fer natif est très-rare et n'a jamais été l'objet d'aucune exploitation. Ce sont les espèces suivantes qui nous fournissent ce métal, le plus précieux de tous par son utilité.

L'emploi continuel que l'on fait du fer dans les arts et dans tous les usages économiques, sont trop connus pour qu'il soit besoin de les détailler;

LE FER NATIF. il suffit d'indiquer les différens états sous lesquels on l'emploie.

1°. Le fer fondu, qui est dur, aigre et cassant, que l'on coule dans des moules.

2°. Le fer forgé, qui est moins dur, mais ductile et non cassant : on le travaille au marteau.

3°. L'acier, qui est beaucoup plus dur, cassant, mais traitable à chaud : c'est la matière des outils tranchans ; sa dureté, augmentée par la trempe, surpasse celle de tous les autres métaux.

Le fer, dans ces trois états, est métallique, mais combiné néanmoins avec de petites quantités d'oxigène et de charbon, dont les proportions variables varient aussi ses propriétés.

Les oxides de fer, soit natifs, soit artificiels, sont aussi employés comme matière colorante en peinture. Le sulfate de fer, plus connu sous le nom de *couperose verte* ou *vitriol vert* ou *martial*, est un des principaux agens que l'on emploie en teinture. La médecine se sert des préparations ferrugineuses comme toniques.

Enfin, l'usage seul des aiguilles aimantées, dans la navigation, suffirait pour que l'on dût regarder le fer comme étant, de toutes les substances métalliques, le plus riche présent que la nature nous ait fait.

Gissement, localités et remarques.

On a trouvé du fer natif en plusieurs endroits, entr'autres à Kamsdorf et Eibenstock en Saxe (*), à Kransnajarsk près du Jenissei en Sibérie (**), à Olumba près de Saint-Jago dans l'Amérique méridionale (***), enfin à Oulle près Grenoble en France (****).

Celui d'Eibenstock était en masse informe, recouvert de rouille mélangée avec de l'argile et de l'hématite : Werner le décrit dans le *Catalogue* de Pabst.

A Kamsdorf il est disséminé au milieu d'une masse de mine de fer brune, de fer spathique, de spath pesant : Karsten l'a décrit dans le *Muséum* de Leske.

Le fer natif de Sibérie est celui qui est le plus connu; il formait une masse sphéroïdale d'environ 14 quintaux, placée à la surface de la terre vers le sommet d'une montagne. Aucune autre semblable n'a été trouvée aux environs : elle était enveloppée d'une croûte de rouille de quelques lignes d'épaisseur. La contexture de ce fer natif était rameuse et cellulaire ; ses cavités étaient remplies d'une substance vitreuse verdâtre transparente, qui raye le verre, assez semblable à une scorie, mais que d'autres minéralogistes regardent comme étant de

(*) Charpentier, *Minéralog. géogr.* p. 243.

(**) Pallas, *Voyage en Russie*, T. 4, p. 595, édit. franç. in-4°.

(***) *Transactions philosophiques*, 1788.

(****) Schreiber, dans le *Journal de Physique*, Juillet 1792.

LE FER NATIF. la chrysolite. Pallas, qui a fait apporter cette masse de fer à Pétersbourg, l'a décrite dans ses *Voyages*; il la regarde comme étant véritablement du fer natif déposé par la voie humide, comme toutes les autres mines de fer, et il pense qu'il est impossible de supposer qu'elle soit le résidu d'anciennes fonderies, ou qu'elle ait été produite par la fusion d'un minerai de fer, opérée par des feux souterrains, des éruptions volcaniques ou par la foudre.

Le fer natif de l'Amérique méridionale est décrit par Rubin de Celis : il formait une masse unique pesant 300 quintaux, recouverte de rouille, remplie de cavités, et ayant en tout beaucoup de rapport avec celle de Sibérie : elle a été trouvée de même à la surface de la terre.

Enfin le fer natif de la montagne de Oulle, aux environs de Grenoble, était sous forme de stalactites rameuses, disséminées dans un filon composé de mine de fer brune ou hépatique, d'hématite, d'ocre martiale, de quartz et de terre argileuse. Ce filon, situé dans une montagne de gneiss, n'avait pas été exploité anciennement, et c'est à douze pieds de profondeur qu'on y a trouvé le fer natif; ce qui exclut toute idée qu'il puisse y avoir été enfoui par les hommes : la constitution des montagnes environnantes ne permet pas non plus de supposer qu'il ait subi l'action des feux volcaniques.

Tel est le gissement du fer natif dans les différens lieux où il a été trouvé : on est encore partagé sur son origine; et en effet, on ne peut se dissimuler qu'il n'y ait de grandes difficultés pour l'expliquer, surtout relativement à ceux de Sibérie et de l'Amérique méridionale; aussi beaucoup de minéralogistes rejettent encore l'idée qu'ils aient pu avoir été produits par la voie humide, comme M. Pallas l'a pensé. Cependant il est difficile de ne pas admettre cette opinion relativement au fer natif de Oulle, et il est étonnant qu'il ait été à peine cité par les minéralogistes allemands pour appuyer le sentiment de Pallas, qu'ils paraissent avoir adopté, du moins pour la plupart. LE FER NATIF.

Le docteur Chladni, de Wittemberg, a publié à ce sujet, en 1794, un ouvrage (*) dans lequel il examine toutes les hypothèses qui ont été imaginées pour expliquer la formation de la masse du fer natif de Sibérie, de celle de l'Amérique méridionale, et d'une autre semblable, pesant 15 à 17 milliers, trouvée à Aken, près de Magdebourg, sous le pavé de la ville, et que l'on a reconnue avoir toutes les qualités du meilleur acier anglais.

Il prouve qu'il est également impossible d'admettre, et leur production par la voie humide, et leur fusion, soit artificielle, soit naturelle, par le feu des volcans, par celui des houilles embrasées, ou même par le feu du ciel.

Il rassemble ensuite beaucoup d'observations d'un autre genre, desquelles il résulte qu'il est tombé en différens tems, dans plusieurs pays hors de toutes circonstances volcaniques, des masses minérales d'un volume plus ou moins considérable, ayant des caractères de fusion, et dont plusieurs étaient brûlantes au moment de leur chute, et il regarde comme très-probable que les masses de fer dont il est question, ont eu la même origine.

(*) Uber der ursprung der von Pallas gefundenen und anderer ihr æhnlicher Eisenmassen, etc. *Riga*, 1794.

LE FER NATIF. Mais d'où ont pu provenir ces masses minérales ainsi projetées dans l'atmosphère et lancées sur la terre ? Le docteur Chladni réfute toutes les explications qu'on a cherché à en donner, et il pense que *ce ne sont point des corps terrestres, mais des corps célestes.* (Sind nicht tellurische, sondern kosmische kœrper.) Il lui paraît très-probable que les météores enflammés, appelés *balles à feu, étoiles tombantes*, et que l'on croit être dus à quelques inflammations électriques, ne sont autre chose que de semblables corps.....

Quel que soit le jugement que l'on porte sur cette hypothèse extraordinaire et hardie, l'ouvrage du docteur Chladni ne mérite pas moins d'être lu, tant par le grand nombre de phénomènes peu connus qui y sont indiqués, que par la manière ingénieuse dont il réfute toutes les explications qu'on en a données jusqu'ici pour établir son opinion (*).

(*) Il va en paraître bientôt une traduction française.

SECONDE ESPÈCE.

SCHWEFELKIES. — LA PYRITE SULFUREUSE *ou* PYRITE MARTIALE.

FERRUM MINERALISATUM PYRITES.

Id. Emm. T. 2, p. 289. — Wid. p. 794. — Lenz, T. 2, p. 155. — *Sulphur ferro mineralisatum..... Pyrites sulphureus*, Wall. T. 2, p. 126. — *Martial pyrites*, Kirw. T. 2, p. 76. — *Pyrite martiale*, *Marcassite*, R. D. L. T. 3, p. 208. — *Pyrite sulfureuse*, *Sulfure de fer*, D. B. T. 2, p. 96. — *Fer sulfuré*, Haüy.

Cette espèce est divisée par Werner en quatre sous-espèces.

Ire. SOUS-ESPÈCE.

GEMEINER SCHWEFELKIES. — LA PYRITE MARTIALE COMMUNE.

Ferrum mineralisatum pyrites vulgaris.

Id. Emm. T. 2, p. 289. — Wid. p. 794. — Lenz, T. 2, p. 155. — W. P. T. 1, p. 130, — M. L. p. 430.

Caractères extérieurs.

SA couleur est un *jaune de bronze*, qui passe tantôt au *jaune d'or*, tantôt au *gris d'acier*; sa surface est tantôt *brunâtre*, tantôt *bigarrée*.

On la trouve, ou en *masse*, ou *disséminée*, ou *superficielle*, en *dendrites*; quelquefois sous différentes *formes imitatives* (*globuleuse*, *uviforme*, *ré-*

LA PYRITE MARTIALE. *niforme, tuberculeuse, cellulaire*) et très-souvent *cristallisée.*

Ses formes sont :

a. Le *cube parfait à faces planes ou convexes.*

b. Le *cube ayant tous ses angles tronqués*, souvent si fortement, que le cristal tient également du cube et de l'octaèdre.

c. Le *cube tronqué sur tous ses bords* (de manière que chaque troncature est plus inclinée vers une face que vers l'autre, et que chaque face en porte deux opposées).

d. Le *cube ayant sur chaque angle un pointement à 3 faces* (souvent même le sommet du pointement est tronqué).

e. L'*octaèdre parfait* ou *tronqué sur tous ses angles.*

f. Le *dodécaèdre à faces pentagonales* (*).

g. Le *dodécaèdre ayant six bords opposés et parallèles deux à deux, tronqués.* (C'est le passage au cube ou plutôt à la forme *c.*)

h. Le *dodécaèdre tronqué sur 8 angles* (ce qui forme le passage à l'icosaèdre).

i. L'*icosaèdre parfait :* il est très-rare (**).

(*) Le citoyen Haüy a fait voir que ce n'était pas le dodécaèdre régulier de la géométrie, les pentagones n'étant pas réguliers et l'inclinaison des faces étant très-différente : il en est de même de l'icosaèdre.

(**) On peut ajouter, d'après le citoyen Haüy, 1°. l'*ico-*

Les cristaux sont en général *petits* ou *très-petits ;* les cubes néanmoins sont quelquefois de *grandeur moyenne :* ils sont le plus souvent réunis, et forment des *groupes réniformes, uviformes, globuleux, etc.* LA PYRITE MARTIALE.

Les surfaces des cristaux sont tantôt *lisses*, tantôt *striées ;* celles du cube surtout sont souvent *striées deux à deux dans trois sens différens.*

A l'extérieur, les cristaux sont, ou *éclatans*, ou *très-éclatans ;* dans les autres formes extérieures, la surface n'est que *peu éclatante* ou même seulement *brillante.*

A l'intérieur, la pyrite martiale commune est *éclatante* ou *peu éclatante :* son éclat est *métallique.*

Sa cassure est *inégale, à grains de différentes grosseurs ;* elle devient aussi quelquefois *conchoïde :* l'éclat est alors plus considérable.

Ses fragmens sont *indéterminés*, à *bords peu aigus.*

---

saèdre tronqué sur quatre bords opposés deux à deux ; 2°. le *triacontaèdre* ou *cristal à 30 faces ;* c'est la forme dans laquelle les facettes des pointemens interceptent tous les bords, et réduisent les faces du cube à de simples rhombes dans trois directions différentes : le cristal paraît formé de 30 rhombes.

Quelques minéralogistes allemands citent aussi des tables à 6 faces équiangles. (?) Emmerling les regarde comme des pseudo-cristaux.

LA PYRITE MARTIALE.

Elle est *dure*; — *opaque*; — *aigre*; — *peu difficile à casser*; — *pesante*.

Elle donne, par le frottement, *une odeur sulfureuse*.

Pes. spéc. 4,682 à 4,789.

Caractères chimiques.

Traitée au chalumeau, la pyrite martiale commune exhale une forte odeur de soufre, et brûle avec une flamme bleuâtre; elle se change ensuite en un globule brunâtre attirable à l'aimant, qui, traité avec le verre de borax, lui communique une couleur d'un vert foncé sale.

Parties constituantes.

La pyrite martiale est une combinaison du fer avec le soufre; quelques-unes sont accidentellement mélangées d'un peu d'or (*).

Usage.

Les pyrites sont exploitées, tantôt pour en retirer du soufre et les sulfates de fer et d'alumine qui se forment par leur calcination ou leur décomposition naturelle, tantôt pour en extraire l'or et l'argent qu'elles peuvent contenir.

(*) Ce mélange n'altère point leurs caractères extérieurs, et on ne peut le reconnaître que par l'analyse chimique : aussi on regarde, avec raison, ces *pyrites aurifères* comme de simples variétés de la pyrite martiale commune.

On

On en a quelquefois taillé à facettes, pour être montées en bagues ou en boutons ; mais ces sortes d'ornemens sont aujourd'hui peu estimés. LA PYRITE MARTIALE.

Gissement et localités.

La pyrite martiale commune est un des minéraux les plus répandus : il n'est presqu'aucune roche ou filon où elle ne se rencontre, et souvent en assez grande abondance. Elle sert quelquefois de matière pétrifiante : on trouve en certains endroits beaucoup de corps marins pyritisés.

IIe. SOUS-ESPÈCE.

STRAHLKIES. — LA PYRITE RAYONNÉE.

Ferrum mineralisatum pyrites radiatus.

Id. Emm. T. 2, p. 293. — Wid. p. 797. — Lenz, T. 2, p. 158. — W. P. T. 1, p. 136. — M. L. p. 434. — *Fer sulfuré radié*, Haüy.

Caractères extérieurs.

SA couleur ordinaire est un *jaune de bronze* (plus clair que dans la sous-espèce précédente) ; elle passe au *gris d'acier* ou au *verdâtre ;* sa surface est souvent *bigarrée.*

On la trouve en *masse* et surtout sous différentes *formes imitatives* (*réniforme*, *globuleuse*, *uviforme*, *stalactiforme*, *cellulaire et portant des empreintes cubiques*), quelquefois aussi *cristallisée.*

LA PYRITE MARTIALE.

Ses formes sont :

a. De petits *cubes parfaits :* ils sont rares ; ordinairement ils sont réunis en groupes divergens, de manière qu'on n'aperçoit qu'une de leurs faces.

b. L'*octaèdre parfait ou tronqué sur ses angles* (petit ou très-petit) (*).

Il y a des variétés dans lesquelles ces cristaux octaèdres sont très-applatis, terminés par une ligne et réunis en groupes divergens : c'est ce que l'on a appelé *pyrites en crètes de coq* (*hahnenkammkies*).

La surface des cristaux est tantôt *lisse*, tantôt *drusique.*

Ils sont communément *éclatans*, quelquefois *très-éclatans.*

A l'intérieur, la pyrite rayonnée varie du *peu éclatant* au *brillant.*

Sa cassure est ordinairement *rayonnée*, *à rayons divergens*, *en étoiles* ou *en faisceaux ;* quelquefois aussi elle est *inégale* ou rarement *fibreuse.*

Ses fragmens sont *cunéiformes* ou *esquilleux*, quelquefois *indéterminés.*

Lorsqu'elle est en masses globuleuses, elle est composée de *pièces séparées*, *testacées*, *courbes*, parallèles à la surface.

(*) On voit que toutes ces formes sont celles de la pyrite martiale commune.

LA PYRITE MARTIALE.

Elle est *dure* ; — *aigre* ; — *très-facile à casser* ; — *pesante*, mais moins que la sous-espèce précédente.

Elle donne de même par le frottement, ou mieux encore par le choc de l'acier, une odeur *sulfureuse*.

Remarques.

Cette sous-espèce est plus rare que la précédente ; elle est néanmoins encore assez commune dans les filons, surtout dans ceux qui tiennent du plomb et de l'argent : on en a rencontré aussi quelquefois en forme de nids dans de la marne endurcie. On en trouve en Saxe, en Bohême, en Souabe, etc.

Elle se comporte, au chalumeau, comme la pyrite martiale commune : elle est plus sujete à se décomposer naturellement et à se recouvrir de cristaux capillaires, de sulfates de fer.

IIIe. SOUS-ESPÈCE.

HAARKIES. — LA PYRITE CAPILLAIRE.

Ferrum mineralisatum pyrites capillaris.

Id. Emm. T. 2, p. 297. — Lenz, T. 2, p. 162. — W. P. T. 1, p. 143. — M. L. p. 440. — *Fer sulfuré capillaire*, Haüy.

Caractères extérieurs.

SA couleur est un *jaune de bronze*, passant plus ou moins au *gris d'acier*.

LA PYRITE MARTIALE.

On la trouve toujours en *cristaux minces*, *capillaires* ou *aciculaires* ; les premiers sont mêlés ensemble comme une espèce de flocon de laine (*Wolle*) ; les autres sont groupés plus régulièrement en *faisceaux* ou en *étoiles*.

Elle est *éclatante* ou *peu éclatante* : c'est un *éclat métallique*.

La petitesse des cristaux ne permet pas de déterminer exactement les autres caractères.

Remarques.

Cette pyrite est la plus rare de toutes ; elle ne se rencontre jamais qu'en petite quantité. On en a trouvé en Saxe (Annaberg, Schneeberg, Johanngeorgenstadt), et à Andreasberg au Hartz : elle est accompagnée de quartz, de spath fluor et de spath calcaire.

Ses caractères chimiques sont les mêmes que ceux de la pyrite commune.

Elle a beaucoup de rapport avec la pyrite rayonnée ; aussi Widenmann l'a réunie à cette sous-espèce.

IVe. SOUS-ESPÈCE.

LEBERKIES. — LA PYRITE HÉPATIQUE.

Ferrum mineralisatum pyrites hepaticus.

Id. Emm. T. 2, p. 298. — Wid. p. 800. — Lenz, T. 2, p. 160. — W. P. T. 1, p. 139. — M. L. p. 437. — *Pyrites fuscus*, Wall. T. 2, p. 133. — *Hepatic pyrites*, Kirw. T. 2, p. 83. — *Pyrite hépatique*, R. D. L. T. 3, p. 265. — *Fer sulfuré décomposé*, Haüy. (*Voyez* les *Remarques*.)

LA PYRITE MARTIALE.

Caractères extérieurs.

Sa couleur tient le milieu entre le *jaune de bronze* et le *gris d'acier*, auquel elle passe souvent entiérement ; sa surface est quelquefois *brunâtre* ou *bigarrée*.

On la trouve en *masse*, ou *disséminée*, ou sous diverses *formes imitatives* (*stalactiforme*, *cellulaire*, *uviforme*, *réniforme*, *tuberculeuse*, *cylindrique*, *tricoté*, *etc.*) ou quelquefois *cristallisée*.

Ses formes sont :

a. Le *prisme à 6 faces parfait*.

b. La *table à 6 faces*, ou *parfaite*, ou *portant un biseau sur ses faces terminales*. (*Voyez* les *Remarques* ci-après.)

Les prismes sont de *moyenne grandeur*, les tables sont plus *petites* ; elles sont souvent *groupées* en forme *pyramidale*, quelquefois tellement serrées, qu'elles se présentent en *pièces séparées grenues*.

La surface des cristaux est tantôt *lisse* et *un peu éclatante*, tantôt *drusique*.

A l'intérieur, la pyrite hépatique est *brillante*, passant au peu *éclatant* : c'est un *éclat métallique*.

Sa cassure est *unie* ; néanmoins elle passe quelquefois à la cassure *inégale à petits grains*, ou à la cassure *imparfaitement conchoïde* (elle se rapproche alors de la pyrite martiale commune).

LA PYRITE MARTIALE.

Ses fragmens sont *indéterminés*, à *bords peu aigus*.

Elle prend de l'*éclat* par la raclure.

Elle est *dure*, passant un peu au *tendre*; — *aigre*; — *facile à casser*; — *pesante*.

Elle donne par le frottement une odeur *sulfureuse* (et arsenicale. WIDENMANN). ?

Parties constituantes.

Suivant Widenmann et Lenz, elle est composée de soufre et de fer *avec de l'arsenic*.

Gissement et localités.

La pyrite hépatique est beaucoup plus rare que la pyrite martiale commune; elle ne se rencontre que dans des filons, surtout dans ceux qui contiennent de l'argent rouge et autres mines d'argent, de la galène, d'autres pyrites, de la blende, du fer spathique, des mines de cobalt, etc.; elle est accompagnée de quartz, de spath calcaire, de spath pesant ou de spath fluor.

Elle se décompose très-facilement à l'air; aussi il est presqu'impossible d'en conserver dans les collections minéralogiques.

Les principaux lieux où on en a trouvé, sont, Joachimsthal en Bohême, Annaberg, Freyberg, Johanngeorgenstadt en Saxe, Gosslar au Hartz, Katharinenbourg en Sibérie, etc.

Remarques.

Il me paraît que l'on a donné le nom de pyrite hépatique à deux substances différentes ; l'une est une véritable pyrite martiale décomposée à sa surface, et l'autre est un minéral qui me semble entiérement différent de la pyrite. C'est à ce dernier que se rapporte principalement la description précédente que j'ai extraite des auteurs allemands, sans aucun changement essentiel : il est impossible de rapporter la forme des prismes et tables à 6 faces que présente cette pyrite hépatique, à la forme cubique et aux autres cristallisations de la pyrite ordinaire, et je crois que cette différence est plus que suffisante pour en faire une espèce à part.

Qu'il me soit permis de hasarder ici une conjecture. La pyrite hépatique de Werner se rencontre toujours avec l'*argent rouge*;.... elle cristallise en prisme à 6 faces, comme l'*argent rouge*..... J'ai vu, dans la collection du citoyen Dedrée, des cristaux qui avaient tous les caractères extérieurs de la pyrite hépatique, dont la forme était le prisme à 6 faces, terminé par un pointement obtus à 6 faces placées sur celles du prisme ; ces cristaux étaient adhérens à un morceau d'*argent rouge ayant la même cristallisation avec les mêmes angles* (autant qu'on en pouvait juger) ; leur surface était drusique. Plusieurs prismes étaient complets, et leur face terminale était aussi drusique, mais on voyait que ces druses étaient formées de la réunion d'un grand nombre de pointemens, comme ceux ci-dessus ; ils réfléchissaient tous la lumière dans 6 sens correspondans aux faces du prisme... Ne serait-il pas possible que cette pyrite hépatique ne fût autre chose qu'un *argent rouge* pénétré de substance pyriteuse à laquelle il aurait donné sa cristallisation ;

LA PYRITE MARTIALE.

comme le grès de Fontainebleau est un spath calcaire pénétré de grès ? L'analyse de cette substance n'a pas encore été faite exactement ; et, soit qu'elle confirme ou qu'elle détruise ce soupçon, je crois qu'il serait très-intéressant d'en connaître le résultat.

Le *fer sulfuré arsenié* du citoyen Haüy est une véritable pyrite martiale un peu mélangée d'arsenic : c'est le *minera arsenici cinerea* de Wallerius, la *pyrite d'orpiment* ou la *mine d'argent grise* de quelques minéralogistes. Il m'a paru que les auteurs allemands l'avaient regardée comme une variété de pyrite arsenicale.

TROISIÈME ESPÈCE.

MAGNET-KIES. — LA PYRITE MAGNÉTIQUE.

FERRUM MINERALISATUM MAGNETICO-PYRITACEUM.

Id. Emm. T. 2, p. 286. — Wid. p. 792. — Lenz, T. 2, p. 163. — W. P. T. 1, p. 144. — M. L. p. 440. — *Magnetic pyrites*, Kirw. T. 2, p. 79.

Caractères extérieurs.

SA couleur tient également du *rouge de cuivre*, du *brun de tombac* et du *jaune de bronze* ; elle passe tantôt à l'une, tantôt à l'autre, et tire quelquefois vers le *blanc* ; sa surface est souvent *brunâtre* ou *bigarrée* (*queue de paon*).

On ne l'a trouvée qu'en *masse* ou *disséminée*.

A l'intérieur, elle est *éclatante* ou *peu éclatante* : c'est un *éclat métallique*.

Sa cassure ordinaire est *inégale*, à *gros grains* ou à *petits grains*, ou rarement *imparfaitement conchoïde*; (elle a alors plus d'éclat). LA PYRITE MAGNÉTIQUE.

Ses fragmens sont *indéterminés*, à *bords peu aigus*.

Elle tient le milieu entre le *dur* et le *demi-dur*.

Elle est *aigre*; — *facile à casser*; — *très-pesante*.

Caractères chimiques.

La pyrite magnétique, traitée au chalumeau, donne une faible odeur de soufre, et se fond assez facilement en un globule d'un noir grisâtre, attirable à l'aimant, qui, chauffée avec le verre de borax, le colore en noir.

Caractères physiques.

La pyrite magnétique fait dévier l'aiguille aimantée, plus faiblement néanmoins que l'espèce suivante : c'est ce qui lui a donné son nom.

Gissement et localités.

On en trouve en Saxe (Geier, Breitenbrunn, Meffersdorf, etc.); en Bavière (Bodenmais); en Norwége, en Silésie, etc.

Elle n'a encore été trouvée que dans des roches primitives (*), entr'autres dans le glimmerschie-

(*) Cette assertion est d'après Emmerling; mais elle n'est contredite dans aucun auteur.

LA PYRITE MAGNÉTIQUE. fer; elle s'y rencontre le plus souvent en couches mélangées avec d'autres pyrites, de la galène, de la mine de fer magnétique, des pyrites arsenicales, de la mine d'étain, et accompagnée de grenats, de quartz, de strahlstein, de hornblende, etc.

Remarques.

Il y a beaucoup de minéralogistes qui n'ont pas distingué la pyrite magnétique de la pyrite martiale commune ; et en effet, on doit reconnaître qu'elles ont peu de différences essentielles dans leurs caractères extérieurs : le magnétisme, qui appartient à la première, pourrait bien être dû à un mélange de quelques parcelles très-fines de mine de fer magnétique. Au reste, il serait possible qu'elle différât essentiellement dans sa composition ; mais il ne paraît pas que l'on en ait encore fait une analyse exacte.

On l'exploite, comme les autres pyrites, pour en extraire du soufre et du sulfate de fer.

QUATRIÈME ESPÈCE.

MAGNETISCHER-EISENSTEIN. — LA MINE DE FER MAGNÉTIQUE *ou* LE FER MAGNÉTIQUE.

FERRUM MAGNES.

Id. Emm. T. 2, p. 278. — Wid. p. 787. — Lenz, T. 2, p. 164. — *Ferrum mineralisatum cristallisatum*, Wall. T. 2, p. 234. — *Ferrum mineralisatum, minera ferrum trahente et polos mundi ostendente, Magnes, ibid.* p. 235. — *Magnetic iron stone*, Kirw. T. 2, p. 158. — *Éthiops martial natif*, R. D. L. T. 3, p. 176. — *Fer noir*, D. B. T. 2, p. 259 et suiv. — *Mine de fer noirâtre attirable à l'aimant, et mine d'aimant*, Lam. T. 2, p. 227 et 229. — *Fer oxidulé*, Haüy.

M. Werner divise cette espèce en deux sous-espèces, le fer magnétique commun et le sable magnétique. Karsten en a même fait une troisième sous le nom de *fer magnétique fibreux*, que je crois devoir rapporter aussi, quoique je pense que Werner ne la regarde que comme une simple variété du fer magnétique commun.

Ire. SOUS-ESPÈCE.

GEMEINER MAGNETISCHER-EISENSTEN. — LE FER MAGNÉTIQUE COMMUN.

Ferrum magnes vulgaris.

Id. Emm. T. 2, p. 278. — Wid. p. 787. — Lenz, T. 2, p. 164. — W. P. T. 1, p. 144. — M. L. p. 443.

LE FER MAGNÉTIQUE.

Caractères extérieurs.

SA couleur principale est un *noir de fer*, qui passe tantôt au *noir parfait*, tantôt au *gris d'acier.*

On le trouve le plus souvent en *masse* ou *disséminé*, souvent aussi *cristallisé.*

Ses formes sont :

a. Le *prisme à 6 faces, terminé de chaque côté par un pointement à 3 faces placées sur trois bords latéraux en alternant.....* (C'est le dodécaèdre du grenat.)

b. Le *prisme à 4 faces, un peu obliquangle*, soit *rompu*, soit *terminé par un pointement à 4 faces placées sur les bords latéraux*, comme dans l'hyacinthe (*).

c. La *pyramide à 4 faces doubles*, ou l'*octaèdre parfait.* (C'est la forme du fer magnétique qui se trouve en Corse dans du chloritschiefer.)

d. Le même *octaèdre, tronqué sur tous ses bords.*

Les cristaux varient beaucoup en grandeur ; les dodécaèdres (**) et les octaèdres ont leurs faces

---

(*) Cette forme est décrite par Karsten dans le Muséum de Leske : il en est fait mention dans Lenz, Widenmann et Emmerling. Ne serait-ce pas la forme *a* considérée différemment ? Mais le prisme ne devrait pas être obliquangle.

(**) C'est d'après Emmerling que j'avance que les faces des dodécaèdres sont lisses ; car ceux que j'ai rapportés du Piémont, sont constamment striés sur toutes leurs faces, parallélement à la grande diagonale du rhombe.

lisses; celles des prismes à 4 faces sont *striées en travers* : ils sont tantôt *éclatans*, tantôt *très-peu éclatans*. LE FER MAGNÉTIQUE.

A l'intérieur, le fer magnétique commun varie depuis le *très-éclatant* jusqu'au *peu brillant* : c'est un *éclat métallique*.

Sa cassure est le plus souvent *inégale*, à *petits grains* ou à *grains fins*; quelquefois aussi *conchoïde* (à petites cavités) ou même *lamelleuse*.

Ses fragmens sont *indéterminés*, à *bords peu aigus*.

Il se présente souvent en *pièces séparées, grenues*, à *petits grains*.

Il donne une *raclure* d'un *noir brunâtre*.

Il est *demi-dur*, passant au *dur*; — *aigre*; — plus ou moins *facile à casser* (celui en pièces séparées grenues se brise quelquefois sous les doigts); — il est *très-pesant*.

Pes. spéc. 4,200 à 4,939.

Caractères chimiques.

Le fer magnétique brunit au chalumeau, et donne au verre de borax une couleur d'un vert foncé.

Caractères physiques.

Le fer magnétique commun, ainsi que les deux

LE FER MAGNÉTIQUE.

sous-espèces suivantes, attirent fortement l'aiguille aimantée et la limaille de fer (*).

C'est dans les morceaux compactes de cette mine de fer que l'on a découvert, pour la première fois, la propriété magnétique, et ce sont eux qui ont reçu le nom d'*aimant*.

Gissement et localités.

Cette espèce de mine de fer est très-commune dans les montagnes primitives, surtout dans celles de gneiss et de glimmerschiefer; elle s'y rencontre souvent en très-grande abondance, et y forme des couches particulières; on en a même vu des montagnes entières: souvent aussi elle se trouve disséminée, surtout en cristaux, dans du chloritschiefer (en Corse), ou dans des roches stratiformes, telles que le basalte et le grünstein (à Taberg dans le Smoland en Suède).

La hornblende, la pierre calcaire, le grenat, l'accompagnent ordinairement, et plus rarement le strahlstein, l'asbeste, le talk endurci, etc. Les pyrites magnétiques, arsenicales et cuivreuses, et

(*) Cette distinction des deux effets de la vertu magnétique est fondée sur ce que certaines mines de fer sont attirées par l'aimant (ou font mouvoir l'aiguille aimantée), sans néanmoins attirer le fer non aimanté, telle que la limaille. C'est ce que Wallerius et autres distinguaient, en ajoutant les mots *attractorium* et *retractorium*.

les pyrites martiales, sont les mines qui se rencontrent le plus souvent dans son voisinage.

LE FER MAGNÉTIQUE.

On trouve du fer magnétique en Saxe, en Bohême, en Italie, en Corse, en Silésie, en Sibérie, en Norwége et surtout en Suède.

Usage.

Le fer magnétique est, en plusieurs endroits, l'objet d'exploitations importantes. La plupart des fers de Suède, qui sont si recherchés dans toute l'Europe, sont fabriqués avec cette espèce de mine.

REMARQUE.

On n'a pas encore fait d'analyse exacte du fer magnétique : ce qu'il y a de certain, c'est qu'il donne environ 80 à 90 pour 100 de fer métallique à la fonte en grand. (On présume que ce n'est que du fer un peu oxidé.)

IIe. SOUS-ESPÈCE.

FASRIGER MAGNETISCHER EISENSTEIN. — LE FER MAGNÉTIQUE FIBREUX.

Ferrum magnes fibrosus.

Id. Emm. T. 2, p. 283. — Lenz, T. 2, p. 167. — M. L. p. 442. — *Fibrous magnetic iron stone*, Kirw. T. 2, p. 160.

Caractères extérieurs.

SA couleur tient le milieu entre le *gris d'acier*

LE FER MAGNÉTIQUE.

clair et le *gris bleuâtre*, dont elle paraît se rapprocher davantage.

On le trouve en *masse*.

A l'intérieur, il est un peu *brillant* : c'est un *éclat ordinaire*.

Sa cassure est *fibreuse*, à *fibres droites*, *minces*, *divergentes en faisceaux* ; elle paraît devoir être *schisteuse* en grand.

Ses fragmens sont *indéterminés*, à *bords peu obtus*.

Il est composé de *pièces séparées*, *grenues*, à *petits grains* ou à *gros grains*.

Il est *tendre*, passant au *demi-dur* ; — *aigre*.

Il donne une raclure d'un *noir bleuâtre*.

Il tient le milieu entre le *pesant* et le *médiocrement pesant*.

Remarque.

Karsten est le premier qui ait décrit ce fer magnétique, d'après un morceau unique qui se trouvait dans la collection de Leske ; mais depuis ce tems on en a connu plusieurs autres : il paraît qu'il provient de Bibsberg en Suède. (La description qui vient d'être donnée, est extraite du Muséum de Leske, par Karsten.)

IIIe. SOUS-ESPÈCE.

LE FER MAGNÉTIQUE.

EISENSAND. — LE FER MAGNÉTIQUE SABLONNEUX.

Ferrum magnes glareosus.

Id. Emm. T. 2, p. 284. — Wid. p. 790. — Lenz, T. 2, p. 168. — W. P. T. 1, p. 147. — *Magnetic sand*, Kirw. T. 2, p. 161.

Caractères extérieurs.

SA couleur est un *noir de fer foncé*, qui passe quelquefois au *gris de cendre.*

On le trouve tantôt en *grains arrondis* (depuis la grosseur d'un grain de millet jusqu'à celle d'une noisette), tantôt en *petits cristaux octaèdres :* ils sont ordinairement *isolés* et *libres*, ou très-rarement *implantés* dans des roches, surtout dans la wacke et le basalte.

La surface extérieure des grains et des cristaux est un peu *rude* et *peu brillante.*

A l'intérieur, le fer magnétique sablonneux est *éclatant* ou même *très-éclatant :* c'est un *éclat métallique.*

Sa cassure est parfaitement *conchoïde.*

Ses fragmens sont *indéterminés*, à *bords aigus.*

Sa raclure est d'un *noir grisâtre.*

Il est *demi-dur ;* — *aigre ;* — *pesant.*

REMARQUES.

Ses caractères physiques et chimiques sont les mêmes que ceux de la première sous-espèce.

LE FER MAGNÉTIQUE.

On trouve le fer magnétique sablonneux sur les bords des torrens et des fleuves, en Allemagne (l'Elbe), en Suède, en Italie, etc. quelquefois en assez grande quantité pour être exploité. Il provient vraisemblablement de la décomposition des roches de basalte et de wacke, où on le retrouve quelquefois.

CINQUIÈME ESPÈCE.

EISENGLANZ. — LE FER SPÉCULAIRE.

FERRUM MINERALISATUM SPECULARE.

Id. Emm. T. 2, p. 301. — Wid. p. 802. — Lenz, T. 2, p. 169.

M. Werner partage cette espèce en deux sous-espèces.

Ire. SOUS-ESPÈCE.

GEMEINER EISENGLANZ. — LE FER SPÉCULAIRE COMMUN.

Ferrum mineralisatum speculare vulgare.

Id. Emm. T. 2, p. 301. — Wid. p. 802. — Lenz, T. 2, p. 169 — W. P. T. 1, p. 147. — M. L. p. 448. — *Minera ferri grisea*, Wall. T. 2, p. 239. — *Minera ferri cærulescens*, ibid p. 241. — *Specular iron ore*, Kirw. T. 2, p. 162 — *Mine de fer grise ou spéculaire*, R. D. L. T. 3, p. 186. — *Fer spéculaire*, D. B. T. 2, p. 265. — *Id.* Lam. T. 1, p. 220 à 225. — *Fer oligiste*, Haüy (*).

(*) Dans l'*Extrait* du citoyen Haüy, le fer spéculaire des pays volcaniques formait une espèce particulière, sous le nom de *fer pyrocète;* mais dans son *Traité*, il est réuni au fer oligiste. (Voyez *J. d. M.* 3e. année, p. 530.)

Caractères extérieurs.

LE FER SPÉCULAIRE.

SA couleur ordinaire est un *gris d'acier* plus ou moins foncé, tirant au *bleu*, quelquefois au *rougeâtre* ou au *noir de fer*; sa surface extérieure présente souvent des couleurs tantôt d'un *bleu d'azur*, tantôt d'un *jaune d'or* ou de *bronze*, tantôt *bigarrées* (*d'acier trempé*, *irisées* ou *queue de paon*).

On le trouve en *masse*, ou *disséminé*, ou *superficiel*, ou enfin, et le plus souvent, *cristallisé*.

Ses formes sont :

a. La *pyramide à 3 faces, double, applatie, les faces latérales de l'une étant placées sur les bords de l'autre.*

b. La même *pyramide double, dans laquelle les angles de la base commune portent une troncature oblique plus ou moins forte.*

c. Le *cube parfait.*

d. Le *cube ayant ses angles tronqués.*

e. Le *cube*; en le considérant comme *une pyramide à 3 faces doubles*, ou comme *un rhomboïde*, ce cristal a *les sommets remplacés par un pointement obtus à 3 faces placées sur les faces latérales*; ce qui rentre dans le cristal *b*.

f. Le cristal *e*, *ayant un biseau sur chacun des angles de la base commune.*

g. La *table à 6 faces, équiangle parfaite* : elle est communément très-mince (*).

(*) Je doute qu'elle soit jamais parfaite; avec un peu

LE FER SPÉCULAIRE.

h. La *table à 6 faces, ayant ses faces terminales obliques tantôt dans un sens, tantôt dans un autre,* quelquefois *en alternant* (*).

i. La *table à 6 faces, ayant ses faces terminales remplacées chacune par un biseau.* (Les *faces latérales* des tables sont quelquefois *convexes, sphériques.*)

l. La *lentille parfaite*; c'est le cristal *a*, dont les bords latéraux et le sommet sont arrondis, ou une table à 6 faces, arrondie (**).

Les tables sont souvent groupées les unes dans

---

d'attention, on y reconnaît toujours de petites faces obliques, comme dans les variétés suivantes.

(*) On peut la considérer comme une section de la variété suivante.

(**) Le citoyen Haüy ayant donné, dans le *J. d. M.* 3e. année, p. 659, la description de cette espèce, avec des figures, je vais y rapporter les variétés qui sont indiquées ici. Ainsi la forme *a* est la *fig.* 12; la forme *b* est la *fig.* 13, dont les faces *p*, *p* sont plus petites; la forme *c* est la forme primitive, représentée *fig* 11; mais le citoyen Haüy ne l'a pas encore observée sans altération; la forme *e* est la *fig.* 13; la forme *f* correspond aux *fig.* 14 et 15; enfin la forme *i* est la *fig.* 17 : on peut la considérer comme une *pyramide à 6 faces, double, dont le sommet est fortement tronqué.* La *fig.* 18 représente cette même forme, *ayant trois bords latéraux tronqués en alternant.*

Le citoyen Haüy a aussi décrit, *fig.* 19, une autre *pyramide à 6 faces, double, à sommet tronqué,* mais *plus aiguë* que la première. La *fig.* 20 représente cette même forme *ayant les angles de la base commune tronqués.*

les autres, tellement, que leur ensemble présente une forme extérieure *cellulaire*.

LE FER SPÉCULAIRE.

La surface des cristaux est le plus souvent *lisse* et *très-éclatante ;* quelquefois cependant *rude et peu éclatante*, ou même seulement *brillante*.

A l'intérieur, le fer spéculaire commun est *peu éclatant*, passant tantôt au *très-éclatant*, tantôt au *brillant* (suivant la cassure) : c'est toujours un *éclat métallique*.

Sa cassure est communément *inégale*, *à grains de différentes grosseurs*. Dans les formes régulières, elle est souvent *conchoïde*, à *petites cavités*, ou même rarement *lamelleuse*, à *lames droites* ou *courbes ;* le clivage est *triple* et *rectangulaire*.

Ses fragmens sont *indéterminés*, à *bords assez aigus*.

Il est quelquefois composé de *pièces séparées*, qui sont tantôt *grenues*, à *gros grains* ou à *petits grains*, tantôt *testacées minces* ou *épaisses*, *droites* ou *courbes*, tantôt *imparfaitement scapiformes* ou *cunéiformes*.

Il donne une raclure d'un *rouge cerise foncé*.

Il est *dur ;* — *opaque ;* — *aigre ;* — *plus ou moins facile à casser ;* — *très-pesant*.

Pes. spéc. 5,0116 à 5,218.

Caractères chimiques.

Traité au chalumeau, sans addition, il est

LE FER SPÉCULAIRE.

infusible, et ne donne aucune fumée ni odeur; chauffé sur un charbon, il le blanchit; fondu avec le borax, il donne une scorie d'un jaune sale.

Caractères physiques.

Il possède les propriétés magnétiques, mais plus faiblement que l'espèce précédente; il n'attire pas, comme elle, la limaille de fer.

Gissement et localités.

Le fer spéculaire commun se trouve en beaucoup d'endroits, et souvent en très-grande quantité, et susceptible d'exploitations très-importantes, d'autant plus qu'il fournit à la fonte un fer très-bon, et qu'il est très-facile à traiter. Les principaux pays où il se rencontre, sont :

La Saxe (Altenberg, Freyberg, etc.); la Bohême (Presnitz); la France (Framont, le Mont-d'Or); la Norwége, la Russie; la Suède (Norberg, Bizberg); la Sibérie (Beresowskoi); la Hongrie; enfin, l'île de Corse, et surtout l'île d'Elbe, où il est très-abondant, et d'où proviennent les échantillons les plus recherchés pour les cabinets. Ceux de Framont le sont aussi beaucoup : les uns et les autres présentent les plus belles couleurs bigarrées.

Il paraît qu'il ne se rencontre uniquement que dans les montagnes primitives, tantôt en couches plus ou moins puissantes, tantôt en filons; le quartz, le hornstein, le fer magnétique, la mine de fer rouge compacte, les pyrites martiales, l'accompagnent le plus ordinairement. LE FER SPÉCULAIRE.

Dans certaines variétés, il paraît se rapprocher beaucoup du fer magnétique; dans d'autres, il passe à la mine de fer rouge.

REMARQUES.

Il contient 60 à 80 pour 100 de fer, d'après Kirwan; mais on n'en a pas encore fait d'analyse exacte : on présume que le fer y est oxidé.

Emmerling et Reuss indiquent une subdivision de cette première sous-espèce en deux variétés principales, *compacte* et *lamelleux*, *dichter* et *blättriger*; je ne les ai pas données, n'en trouvant la description nulle part. La seconde est probablement le passage à la sous-espèce suivante.

IIe. SOUS-ESPÈCE.

EISEN-GLIMMER. — LE FER MICACÉ.

Ferrum mineralisatum speculare micaceum.

Id. Emm. T. 2, p. 306. — Wid. p. 805. — Lenz, T. 2, p. 172. — W. P. T. 1, p. 152. — M. L. p. 452. — *Mica ferrea*, Wall. T. 2, p. 242. — *Micaceous iron ore*, Kirw. T. 2, p. 184. — *Mine de fer micacée grise*, R. D. L. T. 3, p. 205. — Lam. T. 1, p. 241. — *Fer oligiste écailleux*, Haüy.

Caractères extérieurs.

SA couleur est un *noir de fer*, passant tantôt au *gris d'acier*, tantôt au *rouge foncé*.

LE FER SPÉCULAIRE.

On le trouve en *masse*, ou *disséminé*, ou *superficiel*, et en *petites tables minces à 6 faces parfaites* ; souvent elles sont groupées de manière que leur ensemble présente une forme *cellulaire*.

Sa surface est *lisse* et *très-éclatante*.

A l'intérieur, il est aussi *très-éclatant*, d'un *éclat métallique*.

Sa cassure est *parfaitement lamelleuse*, à *lames courbes*, souvent *floriformes* ; le clivage est *simple*.

Ses fragmens sont tantôt *indéterminés*, tantôt *en forme de plaques*.

Très-souvent il est composé de *pièces séparées*, *testacées*, *minces* et *courbes*, ou *grenues*, à *gros grains* et à *petits grains*.

Les lames minces sont quelquefois *un peu translucides*.

La raclure est d'un *rouge cerise foncé*.

Il est *demi-dur* (lorsqu'il passe à l'eisenrahm, il est plus tendre) ; — *aigre* ; *facile à casser* ; — *pesant*.

Remarques

Le fer micacé est plus rare que le fer magnetique commun ; néanmoins il se rencontre quelquefois en assez grande quantité pour être exploité : il se trouve de même exclusivement dans les montagnes primitives, et accompagné à peu près des mêmes substances minérales. Il passe tantôt au fer spéculaire, tantôt à l'eisenrahm rouge ; il devient alors un peu tachant et onctueux au toucher.

On le trouve dans le Palatinat, au Hartz, en Saxe, en Hongrie, en Piémont, à l'île d'Elbe, etc. LE FER SPÉCULAIRE.

Il se comporte, au chalumeau, comme la sous-espèce précédente, si ce n'est qu'il donne, au verre de borax, une couleur d'un vert-olive.

Les mineurs l'ont quelquefois nommé *Eisenmann*. (*Voyez* ci-après le eisenrahm rouge.)

SIXIÈME ESPÈCE.

ROTH-EISENSTEIN. — LA MINE DE FER ROUGE.

FERRUM OCHRACEUM RUBRUM.

Id. Emm. T. 2, p. 308. — Wid. p. 807.

M. Werner partage cette espèce en quatre sous-espèces.

Ire. SOUS-ESPÈCE.

ROTHER-EISENRAHM. — LE EISENRAHM ROUGE.

Ferrum ochraceum rubrum inquinans.

Id. Emm. T. 2, p. 308. — Wid. p. 807. — Lenz, T. 2, p. 173. — W. P. T. 1, p. 153. — M. L. p. 453. — *Hematites micaceus*, Wall. T. 2, p. 248. — *Red scaly iron ore*, Kirw. T. 2, p. 172. — *Fer oxidé rouge luisant*, Haüy.

Caractères extérieurs.

SA couleur ordinaire est un *rouge cerise foncé*, quelquefois le *rouge de sang* ou le *rouge brunâtre* ; il se rapproche souvent du *gris d'acier* ou du *noir de fer*.

LA MINE DE FER ROUGE.

On le trouve quelquefois en *masse*, le plus souvent *superficiel*, sur des mines de fer ou autres substances minérales.

Il est *très-brillant* et même un peu *éclatant*, d'un *éclat demi-métallique*.

Il est composé de *parties écailleuses*, *friables*, *très-tachantes*, communément *cohérentes*, et même presque *solides*.

Il est *onctueux au toucher*; — *médiocrement pesant*.

Caractères chimiques.

Traité au chalumeau, sans addition, il noircit sans se fondre, et colore en vert clair le verre de borax.

Gissement et localités.

Le eisenrahm rouge est assez rare, et ne se rencontre jamais qu'en petite quantité. Il recouvre communément (comme il a été dit) d'autres minéraux, surtout le fer spathique, la mine de fer rouge compacte, le fer micacé, les ocres martiales, les pyrites cuivreuses, le quartz, le spath pesant, etc. On en a trouvé sur du charbon de terre : il passe tantôt au fer micacé, tantôt à la sous-espèce suivante.

On en trouve en Saxe en plusieurs endroits, près de Schneeberg et de Freyberg; au Hartz, dans le pays de Nassau, en Thuringe et à Schemnitz en Hongrie.

Remarques.

Le nom de *Eisenrahm* a été donné, par les mineurs, à plusieurs mines de fer en partie écailleuses, que M. Werner a rangées sous des espèces différentes, mais en leur conservant leur nom, à l'exception néanmoins du fer micacé. On verra ci-après le eisenrahm brun. On a donné souvent à ces trois substances le nom de *Eisenmann.*

IIe. SOUS-ESPÈCE.

DICHTER-ROTH-EISENSTEIN. — LA MINE DE FER ROUGE COMPACTE.

Ferrum ochraceum rubrum densum.

Id. Emm. T. 2, p. 310. — Wid. p. 807. — Lenz, T. 2, p. 174. — W. P. T. 1, p. 154. — M. L. p. 454. — *Hematites ruber solidus*, Wall. T. 2, p. 246. — *Hématite compacte rouge*, D. B. T. 2, p. 267. — *Compact red iron stone*, Kirw. T. 2, p. 170.

Caractères extérieurs.

Sa couleur tient le milieu entre le *rouge brunâtre* et le *gris d'acier foncé*; elle passe quelquefois au *rouge de sang.*

On la trouve en *masse* ou *disséminée*, quelquefois sous différentes formes imitatives (*globu-*

LA MINE DE FER ROUGE.

leuse, *réniforme*, *cellulaire*, *spéculaire*) ou rarement *cristallisée* (*).

Ses formes sont :

a. Des *cubes parfaits*, petits ou de moyenne grandeur, *isolés* ou *groupés*.

b. La *pyramide à 4 faces*, avec *sommets tronqués*.

Les surfaces des cubes sont *lisses*, celles des pyramides sont *rudes* et *mattes*.

A l'intérieur, la mine de fer rouge compacte varie du *brillant* au *mat* : c'est un éclat *demi-métallique*. (La variété spéculaire est *éclatante.*)

Sa cassure varie beaucoup ; elle est tantôt *unie*, tantôt *inégale*, à *petits grains* ou à *grains fins*, tantôt *conchoïde à grandes cavités*, plus rarement elle passe à la cassure *schisteuse* ou à la cassure *terreuse*.

Ses fragmens sont *indéterminés*, à *bords peu aigus* ; ceux des variétés schisteuses sont en *forme de plaques*.

Rarement elle est composée de *pièces séparées*, *testacées*, *courbes* ou *scapiformes* et *prismatiques*.

(*) Ces cristaux sont décrits par Karsten et tous les autres minéralogistes allemands ; les cubes *a* viennent de Sibérie ; les pyramides *b* viennent de Baigory dans les Pyrénées : Emmerling et Widenmann annoncent ceux-ci comme étant des pseudo-cristaux, et peut-être en est-il de même des autres, comme le soupçonne Widenmann. Werner, dans le Catalogue de Pabst, ne décrit aucune cristallisation.

LA MINE DE FER ROUGE.

Elle est *demi-dure*, passant au *dur*; — *aigre et difficile à casser.*

Elle donne une raclure d'un *rouge de sang.*

Elle est assez *tachante*; — *pesante.*

Caractères chimiques.

Traitée au chalumeau, elle ne donne ni odeur ni fumée; elle est infusible même avec le borax, qu'elle colore seulement en vert jaunâtre.

Gissement et localités.

La mine de fer rouge compacte se trouve en beaucoup d'endroits de la Saxe, de la Bohême, au Hartz, dans la Hesse; en Sibérie, en France, etc. tantôt dans des filons, tantôt dans des couches: elle est communément mélangée avec les deux sous-espèces suivantes, dont elle se rapproche souvent par des passages très-marqués, ainsi que de la mine de fer argileuse; le quartz, le hornstein, le spath calcaire, l'accompagnent ordinairement, quelquefois le spath pesant et le fer spéculaire. Dans le Fichtelberg près de Bareith, on en a observé des couches qui se séparent en prisme, comme le basalte.

Usages.

Cette mine de fer forme très-souvent un objet d'exploitation et produit un très-bon fer.

LA MINE DE FER ROUGE.

IIIe. SOUS-ESPÈCE.

ROTHER GLASKOPF. — L'HÉMATITE ROUGE (*).

Ferrum ochraceum rubrum hæmatites.

Id. Emm. T. 2, p. 313. — Wid. p. 811. — Lenz, T. 2, p. 176. — W. P. T. 1, p. 156. — *Fasriger rother eisenstein*, M. L. p. 456. — *Hematites ruber*, Wall. T. 2, p. 247. — *Hématite rouge*, — D. B. T. 2, p. 288. — *Red hæmatites*, Kirw. T. 2, p. 168. — *Fer oxidé hématite*, Haüy.

Caractères extérieurs.

Sa couleur tient le milieu entre le *rouge brunâtre* et le *gris d'acier*, et passe quelquefois entiérement à l'un ou à l'autre; très-souvent elle tire vers le *rouge de sang*.

On la trouve en *masse*, mais le plus souvent elle se rencontre sous diverses formes imitatives (*réniforme*, *uviforme*, *stalactiforme*, *globuleuse*, *cylindrique*, *tubiforme*, *cellulaire*, *etc.*).

Sa surface est tantôt *lisse*, tantôt *drusique*.

Son éclat extérieur n'est qu'accidentel.

A l'intérieur, elle est peu *éclatante*, ou seulement *brillante* : c'est un *éclat demi-métallique*.

Sa cassure est toujours *fibreuse*; les fibres sont,

(*) Le nom d'*hématite* vient du grec αιμα, *sang*, à cause de la couleur *rouge de sang* qu'a souvent cette substance. Il y a aussi des *hématites brunes* et *noires*, qui sont comprises dans les espèces suivantes.

tantôt *minces* et *alongées*, tantôt *épaisses* et *courbes*, quelquefois *parallèles*, mais plus souvent *divergentes* en *étoiles* ou en *faisceaux*.

Ses fragmens sont communément *esquilleux* ou *cunéiformes*, quelquefois *indéterminés*.

Elle est presque toujours composée de *pièces séparées*, qui sont tantôt *grenues*, à *gros grains* ou à *petits grains*, tantôt *testacées*, *concentriques*, plus ou moins *épaisses* (*), plus rarement *scapiformes*.

Elle donne une raclure d'un *rouge de sang clair*.

Elle est *dure*, passant au *demi-dur*; — *peu difficile à casser*; — *aigre*; — *un peu tachante*; — *pesante*.

Caractères chimiques.

Elle a les mêmes caractères que la sous-espèce précédente.

Usages.

L'hématite rouge donne souvent, à la fonte en grand, jusqu'à 60 pour 100 de fer; aussi est-elle très-souvent un objet d'exploitation.

On s'en sert aussi pour brunir l'or, l'argent et autres métaux; opération qui consiste à leur ôter, par le frottement, le mat qu'ils ont en sortant de la fonte, et à leur rendre le brillant métallique.

(*) Elles sont parallèles à la surface extérieure de l'hématite; souvent elles ont lieu en même tems que les pièces séparées grenues.

Gissement et localités.

Quoique l'hématite rouge se trouve, en quelques endroits, en très-grande abondance, néanmoins elle n'est pas très-commune ; elle est presque toujours accompagnée de la mine de fer rouge compacte, soit qu'elle se rencontre en couches ou en filons.

On en trouve en Saxe et en Bohême en beaucoup d'endroits, à Baigorry en France, à Naila et Leuchtenberg dans la principauté de Bareith, à Andreasberg et Leerbach, au Hartz, en Silésie, en Angleterre, etc.

IVᵉ. SOUS-ESPÈCE.

ROTHE EISENOKKER. — L'OCRE DE FER ROUGE.

Ferrxm ochraceum rubrum friabile.

Id. Emm. T. 2, p. 317. — Wid. p. 813. — Lenz, T. 2, p. 178. — *Ochra ferri rubra*, Wall. T. 2, p. 259. — *Red ochre*, Kirw. T. 2, p. 171. — *Fer oxidé*, Haüy.

Caractères extérieurs.

Sa couleur varie entre le *rouge de sang* et le *rouge brunâtre.*

On la trouve tantôt en *masse*, tantôt *disséminee* ou *superficielle* ; elle est *matte.*

Sa cassure est *terreuse.*

Ses fragmens sont *indéterminés*, à *bords obtus.*

Elle

Elle est *très-tachante* ; — *tendre*, passant au *très-tendre* et très-souvent au *friable* ; — *aigre* ; — *pesante*. LA MINE DE FER ROUGE.

REMARQUES.

Cette sous-espèce accompagne toujours les deux précédentes, souvent en très-grande quantité ; rarement elle se trouve seule. On l'exploite pour en retirer du fer qui est très-doux : c'est une des mines de fer les plus faciles à fondre.

SEPTIÈME ESPÈCE.

BRAUNE-EISENSTEIN. — LA MINE DE FER BRUNE.

FERRUM OCHRACEUM BRUNUM.

Id. Emm. T. 2, p. 318. — Wid. p. 814.

M. Werner partage cette espèce, de même que la précédente, en quatre sous-espèces, qui ont entr'elles les mêmes analogies ; et en général la mine de fer brune a de très-grands rapports avec la mine de fer rouge, dont elle ne paraît différer essentiellement que par un mélange souvent assez considérable de manganèse oxidé. Elle se rapproche aussi beaucoup du fer spathique, et a avec lui beaucoup d'analogie.

LA MINE DE FER BRUNE.

Ire. SOUS-ESPÈCE.

BRAUNER EISENRAHM. — LE EISENRAHM BRUN.

Ferrum ochraceum brunum inquinans.

Id. Emm. T. 2, p. 318. — Wid. p. 814. — Lenz, T. 2, p. 178. — W. P. T. 1, p. 159. — M. L. p. 459. — *Brown scaly iron ore*, Kirw. T. 2, p. 166.

Caractères extérieurs.

SA couleur varie entre le *brun de gérofle* et le *gris d'acier.*

On le trouve très-rarement en *masse*, ou *disséminé*, ou sous forme *globuleuse*; mais le plus souvent *superficiel* et *spumiforme.*

Il est *très-brillant* ou même un *peu éclatant*, d'un éclat *demi-métallique.*

Sa cassure paraît être *lamelleuse*, à *lames très-minces* : elle passe à la cassure *compacte.*

Dans ce dernier cas, elle est composée de *pièces séparées*, *grenues*, ou plutôt de petites écailles très-minces.

Ses fragmens sont *indéterminés*, à *bords obtus.*

Il est *très-tachant*; — *très-tendre*; — presque *friable*; — *doux*; — *onctueux au toucher*; — il est *léger* et même quelquefois *surnageant.*

Caractères chimiques.

Il noircit au chalumeau sans se fondre, et donne au verre de borax une couleur d'un vert jaunâtre.

Gissement et localités.

Le eisenrahm brun est un minéral assez rare; il accompagne ordinairement les deux sous-espèces suivantes, sur lesquelles il est en couche superficielle. On en trouve à Kamsdorf en Saxe, à Klausthal au Hartz, à Lautereck dans le Palatinat, à Naïla et Stœben dans la principauté de Bareith, etc.

REMARQUES.

Le eisenrahm brun est confondu très-souvent avec le eisenrahm rouge, ou avec le fer micacé; aussi je n'ai cité, pour la synonymie, qu'un très-petit nombre d'auteurs. On l'a souvent pris pour une mine de manganèse, et en effet il en contient toujours une plus ou moins grande quantité, ainsi que les trois autres sous-espèces de mines de fer brunes.

Les mineurs lui ont quelquefois donné le nom de *eisenmann*.

IIe. SOUS-ESPÈCE.

DICHTER BRAUN EISENSTEIN. — LA MINE DE FER BRUNE COMPACTE.

Ferrum ochraceum brunum densum.

Id. Emm. T. 2, p. 321. — Wid. p. 815. — Lenz, T. 2, p. 180. — W. P. T. 1, p. 160. — M. L. p. 461. — *Hematites nigrescens solidus*, Wall. T. 2, p. 244. — *Compact brown iron stone*, Kirw. T. 2, p. 165.

LA MINE DE FER BRUNE.

Caractères extérieurs.

Sa couleur est le *brun de gérofle*, passant quelquefois au *brun jaunâtre.*

On la trouve le plus souvent en *masse* ou *disséminée*, quelquefois sous différentes formes imitatives (*stalactiforme*, *réniforme*, *uviforme*, *cellulaire*, *tubiforme*, *globuleuse*, *dendritique*, *etc.*) et très-rarement en *pseudo-cristaux*, dont les formes sont le *cube*, le *rhomboïde* et la *lentille* (*).

A l'intérieur, elle est *matte* ou rarement très-peu *brillante.*

Sa cassure est ordinairement *unie*, quelquefois *terreuse* ou *inégale*, à *petits grains*; elle passe aussi quelquefois à la cassure *conchoïde.*

Ses fragmens sont *indéterminés*, à *bords plus ou moins obtus.*

Sa raclure est d'un *brun jaunâtre clair*, presque d'un *jaune d'ocre.*

Elle est *demi-dure*, passant au *dur*; — *aigre*; — *facile à casser*; — *pesante.*

Caractères chimiques.

Elle se comporte au chalumeau comme la mine de fer rouge compacte.

(*) Elle forme la base de quelques pétrifications, surtout de madrépores.

Gissement et localités.

LA MINE DE FER BRUNE.

La mine de fer brune compacte se rencontre tantôt en couches, tantôt en filons, presque toujours accompagnée des autres sous-espèces, souvent aussi avec du fer spathique, du quartz, du spath pesant, du spath calcaire, des pyrites, etc.: elle est d'ailleurs assez commune en Allemagne: on la trouve en Saxe, en Thuringe, en Hongrie, en Tirol, en Stirie, en Souabe, dans la Hesse, le Palatinat, au Hartz, etc. etc.; en Sibérie, en France et ailleurs : elle est l'objet de beaucoup d'exploitations et fournit un très-bon fer.

IIIe. SOUS-ESPÈCE.

BRAUNER GLASKOPF. — L'HÉMATITE BRUNE.

Ferrum ochraceum brunum hematites.

Id. Emm. T. 2, p. 323. — Wid. p. 817. — Lenz, T. 2, p. 182. — W. P. T. 1, p. 161. — *Fasriger braun eisenstein*, M. L. p. 463. *Hematites nigrescens*, Wall. T. 2, p. 244. — *Brown hematites*, Kirw. T. 2, p. 163. — *Fer oxidé hématite brun*, Haüy.

Caractères extérieurs.

Sa couleur à l'intérieur est un *brun de gérofle*, qui passe au *brun jaunâtre*, au *brun de cheveux* et même au *brun noirâtre*; très-rarement elle tire vers le *jaune* : la couleur de sa surface est presque

LA MINE DE FER BRUNE.

toujours différente ; c'est tantôt le *noir parfait*, le *noir bleuâtre* ou le *noir de fer* ; tantôt le *gris d'acier*, le *brun de tomback*, le *jaune de bronze* et le *jaune d'or* ; souvent aussi elle présente des couleurs vives, *bigarrées*, métalliques.

On la trouve rarement en *masse* ; le plus souvent elle se présente sous différentes formes imitatives très-variées (*réniforme*, *uviforme*, *stalactiforme*, *tuberculeuse*, *en buissons*, *dendritique*, *cylindrique*, *cellulaire*, *rameuse*, *etc.*), et très-rarement en *pseudo-cristaux* : ce sont des petites *pyramides à 6 faces aiguës*, réunies en *druses*, quelquefois *creuses*.

Sa surface est tantôt *lisse*, tantôt *grenue*, tantôt *rude* ou *drusique* ; elle est *éclatante* ou *peu éclatante*.

A l'intérieur, l'hématite brune est *très-brillante* ou *peu éclatante* : c'est un éclat *gras* qui passe à l'éclat *métallique*.

Sa cassure est *fibreuse* ; les fibres sont tantôt *très-fines* (c'est le passage à la cassure *conchoïde*), tantôt *un peu épaisses* (c'est le passage à la cassure *rayonnée*) ; elles sont *droites* ou *courbes*, presque toujours *divergentes en étoiles ou en faisceaux*, plus rarement *parallèles*.

Ses fragmens sont ordinairement *esquilleux* ou *cunéiformes*, rarement *indéterminés*.

Elle est souvent composée de *pièces séparées*, qui sont tantôt *grenues*, à *gros grains* ou à *petits grains*, tantôt *testacées*, *concentriques*; souvent aussi elles sont à la fois *grenues* et *testacées*, *grenues* à la surface, et *testacées* dans une cassure en travers. LA MINE DE FER BRUNE.

Elle est *opaque*.

Sa raclure est d'un *brun jaunâtre*.

Elle est *demi-dure*; — *aigre*; — *assez facile à casser*; — *pesante*.

Caractères chimiques.

Elle noircit au chalumeau sans se fondre. Avec le borax elle se boursouffle, et le colore en un jaune sale.

Gissement et localités.

L'hématite brune accompagne toujours la sous-espècc précédente, mais elle se rencontre en bien moins grande quantité. (*Voyez* la mine de fer brune compacte.)

IVe. SOUS-ESPÈCE.

BRAUNE-EISENOKKER. — L'OCRE DE FER BRUNE.

Ferrum ochraceum brunum friabile.

Id. Emm. T. 2, p. 327. — Wid. p. 819. — Lenz, T. 2, p. 180. — *Ochra ferri flava*, Wall. T. 2, p. 258. — *Ochra ferri fusca*, ibid. p. 344. — *Brown iron ochre*, Kirw. T. 2, p. 167.

LA MINE DE FER BRUNE.

Caractères extérieurs.

SA couleur est un *brun jaunâtre*, qui passe au *jaune d'ocre.*

On la trouve en *masse* ou *disséminée.*

A l'intérieur, elle est *matte.*

Sa cassure est *terreuse.*

Ses fragmens sont *indéterminés*, à *bords obtus.*

Elle est *tendre*, ou *très-tendre*, ou même quelquefois *friable*; — elle est plus ou moins *tachante*; — *pesante.*

REMARQUES.

L'ocre de fer brune accompagne toujours la mine de fer brune compacte. (*Voyez* la seconde sous-espèce.)

HUITIÈME ESPÈCE.

SPÆTHIGER EISENSTEIN. — LA MINE DE FER SPATHIQUE *ou* LE FER SPATHIQUE.

FERRUM OCHRACEUM SPATHIFORME.

Id. Emm. T. 2, p. 328. — Wid. p. 820. — Lenz, T. 2, p. 184. — W. P. T. 1, p. 164. — M. L. p. 466. — *Minera ferri alba*, Wall. T. 2, p. 251. — *Calcareous* ou *Sparry iron ore*, Kirw. T. 2, p. 190. — *Fer spathique* ou *Mine de fer blanche*, D. B. T. 2, p. 290. — *Id.* Lam. T. 1, p. 263. — *Mine de fer spathique*, R. D. L. T. 3, p. 281. — *Fer carbonaté*, Haüy. E. — *Chaux carbonatée ferrifère*, Haüy. T.

LE FER SPATHIQUE.

Caractères extérieurs.

SA couleur est un *gris jaunâtre*, qui passe tantôt au *blanc grisâtre*, tantôt au *jaune isabelle* et au *gris verdâtre*; elle s'altère par l'exposition à l'air, et passe au *brun de gérofle* et au *brun noirâtre* : cette altération pénètre souvent jusqu'à l'intérieur. Il a aussi quelquefois à la surface, des couleurs *bigarrées* (*jaune d'or*, *queue de paon*).

On le trouve en *masse*, *disséminé*, quelquefois *portant des empreintes*, et très-souvent *cristallisé*.

Ses formes sont :

a. Le *rhomboïde à faces planes ou convexes*, *parfait.*

b. Le *rhomboïde ayant deux angles opposés*, *fortement tronqués.*

c. La *lentille*, souvent *contournée en forme de selle.*

d. Le *prisme à 6 faces*, *équiangle*, *terminé par un pointement à 3 faces.*

e. La *pyramide à 4 faces*, *parfaite*, *simple ou double.*

Les cristaux sont le plus souvent de *moyenne grandeur* ou *petits*, rarement *grands* ou *très-petits.*

Leur surface est tantôt *lisse*, tantôt *drusique*, tantôt *un peu rude.*

A l'extérieur, le fer spathique varie du *très-éclatant* au *peu éclatant* : c'est un éclat ordinaire, qui

LE FER SPATHIQUE.

semble se rapprocher un peu (quoique très-rarement) de l'*éclat métallique.*

A l'intérieur, il est *éclatant*, rarement *très-éclatant*, et quelquefois seulement *brillant* : c'est un *éclat nacré*, qui passe à l'*éclat vitreux.*

Sa cassure est *lamelleuse*, à *lames plates* ou *courbes*; le clivage est *triple*, sous trois directions qui se coupent obliquement.

Ses fragmens sont *rhomboïdaux.*

Il se présente presque toujours en *pièces séparées*, *grenues*, à *grains* de *différente grosseur*, très-rarement *testacées*, *minces* et *courbes.*

Les variétés de couleur claire sont *translucides* ou tout au moins *sur les bords*; celles de couleur foncée sont entiérement *opaques*; les premières donnent une *raclure* d'un *blanc grisâtre*, celle des autres est d'un *brun jaunâtre.*

Il est *demi-dur*, passant souvent au *tendre*; — *aigre*; — *facile à casser*; — *médiocrement pesant.*

Pes. spéc. Elle varie de 3,600 à 4,000.

Parties constituantes.

D'après Bergmann, le fer spathique est composé d'égales parties de carbonate de chaux et de fer, avec environ $\frac{1}{4}$ de manganèse; mais ces proportions doivent être très-variables.

Caractères chimiques.

Le fer spathique, traité au chalumeau, pétille et

noircit sans se fondre; avec le borax, il se boursouffle et le colore en jaune sale : il fait toujours plus ou moins d'effervescence avec les acides.

Gissement et localités.

Le fer spathique se rencontre également dans les terrains primitifs ou secondaires; il est peu de filons qui n'en contiennent; la Saxe, la Bohême, le Tirol, la Hongrie, la Souabe, la France (Baigorry, Allevard), etc. en fournissent beaucoup d'exemples; il se trouve aussi souvent en couches considérables, comme à Eisenerz en Stirie, à Hüttenberg, à Schmalkalden dans la Hesse, etc.

Il est presque toujours accompagné de spath calcaire, de braunspath et de mine de fer brune; il a avec toutes ces substances, beaucoup d'analogie, et s'en rapproche souvent par des passages successifs.

Usages.

Le fer spathique est remarquable, parmi les mines de fer exploitées, en ce qu'il est très-facile à convertir en acier; aussi lui a-t-on donné, en Stirie, le nom de *stahlstein*, *pierre d'acier* ou *mine d'acier*.

REMARQUES.

On a vu ci-dessus que le citoyen Haüy, après avoir donné d'abord à cette mine le nom de *fer carbonaté*, l'a depuis retranchée du nombre des mines de fer, et l'a

LE FER SPATHIQUE.

regardée comme une variété de pierre calcaire ou de chaux carbonatée. Et en effet, si l'on considère qu'il y a une conformité parfaite de cristallisation, et surtout de molécule intégrante entre le spath calcaire et le fer spathique; que celui-ci, regardé comme un carbonate de fer, est toujours mélangé de chaux, on ne peut s'empêcher de reconnaître que cette distribution faite par le citoyen Haüy, est conforme aux lois d'une classification régulière.

NEUVIÈME ESPÈCE.

SCHWARZ-EISENSTEIN. — LA MINE DE FER NOIRE.

FERRUM OCHRACEUM NIGRUM (*).

Id. Emm. T. 2, p. 334. — Reuss, p. 22. — Lenz, T. 2, p. 186. — *Var. de l'hématite brune*, Wid. p. 818. — *Black iron stone*, Kirw. T. 2, p. 167.

Caractères extérieurs.

SA couleur tient le milieu entre le *gris d'acier* et le *noir bleuâtre.*

On la trouve en *masse*, souvent aussi sous

(*) Dans le tableau de classification, cette espèce est partagée en deux sous-espèces, *la mine de fer noire compacte* et *l'hématite noire;* mais n'en ayant trouvé nulle part des descriptions séparées, je donne ici la description de l'espèce entière d'après Emmerling : néanmoins je me suis assuré que la subdivision est de Werner.

diverses formes imitatives (*réniforme*, *uviforme*, *tuberculeuse*, *en buissons*, *claviforme*, *stalactiforme* ou *tricotée* irréguliérement). LA MINE DE FER NOIRE.

Sa surface extérieure est *rude* et *matte*, ou très-peu *brillante*.

A l'intérieur, elle est plus ou moins *brillante*, d'un éclat *demi-métallique*, qui passe à l'éclat *métallique*.

Sa cassure est ordinairement *conchoïde applatie*, quelquefois passant à la cassure *unie* ou à la cassure *inégale à petits et très-petits grains*; très-rarement elle est *fibreuse*, *à fibres très-minces*, *courbes*, *divergentes*, *en étoiles* ou *en faisceaux*. (*L'hématite noire*. *Voyez* la note ci-dessus.)

Ses fragmens sont *indéterminés*, à *bords aigus*, ou quelquefois *en plaques* ou *esquilleux*, rarement *cunéiformes*.

Elle est quelquefois composée de pièces séparées qui sont *testacées*, *courbes*, *minces*, disposées parallélement à la surface, ou très-rarement *grenues*, *à gros* et *très-gros grains*.

Elle prend, par la *raclure*, un *éclat métallique* sans changer sa couleur.

Elle est *demi-dure*; — *aigre*; *facile à casser*; — *pesante*.

Caractères chimiques.

La mine de fer noire, traitée au chalumeau avec

LA MINE DE FER NOIRE.

le verre de borax, le colore en un bleu violet tirant au brun rougeâtre.

Gissement et localités.

Elle se trouve à Naïla dans la principauté de Bareith; à Blankenbourg au Hartz; à Blauenthal, Geier, en Saxe; dans la Hesse, le Palatinat, etc.

Elle se rencontre dans des filons des montagnes primitives, quelquefois aussi dans des montagnes secondaires; elle accompagne presque toujours la mine de fer brune et le fer spathique, et s'en rapproche beaucoup par des passages très-fréquens.

REMARQUES.

La mine de fer noire a été très-long-tems confondue avec la mine de manganèse grise compacte, à laquelle en effet elle ressemble beaucoup. Ce n'est que depuis quelques années que Werner en a fait une espèce particulière parmi les mines de fer; elle est d'ailleurs assez rare, et il n'est pas facile de la retrouver dans les ouvrages des minéralogistes. Il m'a paru que plusieurs ne l'avaient pas connue, et que la plupart l'avaient réunie à l'hématite brune ou aux mines de manganèse; aussi a-t-on vu que j'ai été très-circonspect dans la synonymie.

On ne sait pas exactement quelle est sa composition; ce qu'il y a de certain, c'est qu'elle contient plus de manganèse qu'aucune autre mine de fer.

On l'exploite pour en retirer du fer: elle est très-facile à fondre, mais elle a l'inconvénient d'attaquer les parois du fourneau.

DIXIÈME ESPÈCE.

THONEISENSTEIN. — LE FER ARGILEUX.

FERRUM OCHRACEUM ARGILLACEUM.

Id. Emm. T. 2, p. 337. — Wid. p. 823. — Lenz, T. 2, p. 188.

M. Werner partage cette espèce en six sous-espèces, ainsi qu'il suit.

Ire. SOUS-ESPÈCE.

RŒTHEL. — LE CRAYON ROUGE.

Ferrum ochraceum argillaceum rubrica.

Id. Emm. T. 2, p. 350. — Lenz, T. 2, p. 190. — M. L. p. 187. — *Rother eisenokker,* Wid. p. 813. — *Ochra ferri rubra, cretacea solida, rubrica,* Wall. T. 2, p. 260. — *Argile martiale rouge, Sanguine* ou *crayon rouge,* D. B. T. 2, p. 230. — *Fer oxidé graphique,* Haüy.

Caractères extérieurs.

SA couleur est un *rouge brunâtre,* qui tire quelquefois au *gris d'acier,* ou au *rouge de brique,* ou au *rouge de sang.*

On le trouve en *masse.*

Sa cassure principale est *schisteuse,* à *feuillets épais ;* elle est un peu *brillante.*

Sa cassure en travers est *terreuse,* à *grain fin ;* elle est *matte.*

Ses fragmens sont communément en *forme de plaques*, *esquilleux* ou *indéterminés*.

Sa raclure est d'un *rouge de sang*, passant au *rouge brunâtre*.

Il est *très-tachant* et *écrivant*.

Il est *tendre*, souvent *très-tendre*; — *facile à casser*; — il *happe fortement à la langue*; — il est *peu maigre* au toucher, souvent même *un peu onctueux*; — *médiocrement pesant*.

REMARQUES.

Le crayon rouge paraît n'être autre chose qu'un *thonschiefer* pénétré d'ocre de fer rouge. En effet, il se rencontre presque toujours au milieu des thonschiefers stratiformes, soit en petites couches, soit en forme de nids, comme à Thalitter dans la Hesse, où il se rencontre en assez grande abondance, et forme un objet d'exploitation.

On en trouve aussi en Bohême dans la Haute-Lusace, en Thuringe (Blankenbourg et Kœnitz), en Sibérie, etc.

On ne l'exploite pas comme mine de fer, mais seulement pour en faire des crayons pour dessiner.

Le crayon rouge a été rangé très-long-tems, avec les bols, dans le genre argileux; ce n'est que depuis peu qu'on l'a classé parmi les mines de fer.

IIe.

IIᵉ. SOUS-ESPÈCE.

LE FER ARGILEUX.

STÆNGLICHER THONEISENSTEIN. — LE FER ARGILEUX SCAPIFORMÉ.

Ferrum ochraceum argillaceum scapiforme.

Id. Emm. T. 2, p. 340. — Lenz, T. 2, p. 188. — W. P. T. 1, p. 167. — M. L. p. 472. — Var. du *Gemeiner thoneisenstein*, Wid. p. 825. — *Columnar* ou *Scapiform iron ore*, Kirw. T. 2, p. 176. — *Fer oxidé rouge bacillaire*, Haüy (*).

Caractères extérieurs.

Sa couleur tient le milieu entre le *rouge de cerise*, le *rouge de sang* et le *rouge brunâtre*; c'est aussi quelquefois le *brun jaunâtre* ou le *brun de foie*.

On le trouve en morceaux plus ou moins *anguleux* et quelquefois *globuleux*.

Sa surface est *rude* et *matte*.

Sa cassure est aussi *matte* et *terreuse*, à *grain fin*.

Ses fragmens sont *indéterminés*, à *bords peu aigus*.

Il est composé de *pièces séparées*, *scapiformes*, plus ou moins régulières, *minces* ou *épaisses*, souvent *un peu courbes*, quelquefois placées les unes sous les autres ou *articulées* (*gegliedert*), et toujours très-faciles à séparer.

Leurs faces de séparations sont *rudes* et *mattes*.

(*) On lui a quelquefois donné le nom de *nagelerz*, mine en forme de clou.

LE FER ARGILEUX.

La *raclure* est tantôt d'un *rouge de sang*, tantôt d'un *brun jaunâtre*.

Il est *tendre*; — *facile à casser*; — il *happe à la langue*; — il est *maigre* au toucher; — *un peu rude*; — *médiocrement pesant*.

Remarques.

Le fer argileux scapiforme est assez rare; il se trouve en Bohême (à Hocshenitz, Stracka, Schwintschitz, Sobrusan, etc.); à Dutweiler dans les environs de Saarbruck : c'est ordinairement dans des montagnes stratiformes, au milieu des couches d'argile, qu'il se rencontre, et surtout presque toujours dans le voisinage de quelque feux souterrains (*erdbrande*), dont l'action est très-probablement la cause qu'il l'a modifié et l'a partagé en pièces séparées. Cependant M. Reuss assure en avoir découvert en Bohême, aux environs de Prohn, au milieu d'une montagne de schieferthon, et dans un pays où il n'existe aucune trace de feux souterrains.

Il y a quelques endroits où on l'exploite pour en tirer du fer.

IIIe. SOUS-ESPÈCE.

KŒRNIGER ou *LINSENFORMIGER THONEISENSTEIN.*

LE FER ARGILEUX GRENU *ou* LENTICULAIRE.

Ferrum ochraceum argillaceum lenticulare.

Id. Emm. T. 2, p. 342. — Wid. p. 826. — Lenz, T. 2, p. 189. — W. P. T. 1, p. 167. — M. L. p. 471. — *Acinose iron ore*, Kirw. T. 2, p. 177.

Caractères extérieurs.

LE FER ARGILEUX.

SA couleur varie beaucoup entre le *brun rougeâtre* ou *jaunâtre*, le *rouge brunâtre* et le *noir grisâtre*, et passe très-souvent de l'un à l'autre

On le trouve en *masse* ou formant la base de plusieurs pétrifications, et surtout de coquillages.

A l'intérieur, il est *très-brillant*, quelquefois même *un peu éclatant*, d'un *éclat demi-métallique.*

Sa cassure est *inégale*, mais elle passe tantôt à la cassure *esquilleuse*, tantôt à la cassure *schisteuse.*

Ses fragmens sont *indéterminés*, à *bords obtus.*

Il est toujours composé de *pièces séparées*, *grenues*, à *petits grains arrondis* ou à *grains applatis et lenticulaires.*

Sa raclure est tantôt d'un *rouge de sang*, tantôt d'un *gris jaunâtre* ou d'un *gris de cendre*, suivant la variété de la couleur principale; elle lui donne un peu d'éclat.

Il est ordinairement *tendre*, néanmoins il y a quelques variétés *très-tendres* et d'autres *demi-dures.*

Il est *aigre*; — *facile à casser*; — *très-tachant*; — *assez pesant.*

REMARQUES.

Le fer argileux lenticulaire se rencontre exclusivement dans des montagnes stratiformes, presque toujours sans aucun mélange d'autres minéraux, et il y forme quelquefois des couches assez puissantes : il contient sou-

LE FER ARGILEUX. vent jusqu'à 40 pour 100 de fer; aussi est-il exploité avec beaucoup d'avantage.

On le trouve en Bavière, en Bohême, en Franconie, aux environs de Namur dans les Pays-Bas, en Souabe, en Suisse, etc.

Emmerling dit qu'il est un peu attirable à l'aimant, et qu'il forme pour ainsi dire le passage du fer argileux au fer magnétique.

IVe. SOUS-ESPÈCE.

GEMEINER THONEISENSTEIN. — LE FER ARGILEUX COMMUN.

Ferrum ochraceum argillaceum vulgare.

Id. Emm. T. 2, p. 337. — Wid. p. 823. — Lenz, T. 2, p. 191. — W. P. T. 1, p. 165. — M. L. p. 470. — *Common argillaceous iron ore*, Kirw. T. 2, p. 173. — *Fer oxidé*, Haüy.

Caractères extérieurs.

SA couleur la plus ordinaire est le *gris jaunâtre* ou *bleuâtre*, ou le *gris d'acier*, souvent aussi le *brun jaunâtre* ou *rougeâtre*, le *brun de gérofle*, le *rouge de brique* ou le *rouge brunâtre*; toutes ces couleurs s'altèrent beaucoup à l'air, et deviennent en général plus foncées : cette espèce de décomposition a lieu non-seulement à la surface, mais encore à l'intérieur, plus ou moins profondément.

On le trouve en *masse* ou *disséminé*, quelquefois sous forme *cellulaire* ou *uviforme*, rarement formant la base de coquillages pétrifiés ou renfermant des *empreintes* de végétaux. On l'a aussi trouvé (très-rarement) en *pseudo-cristaux octaèdres*. LE FER ARGILEUX.

A l'intérieur, il est tout-à-fait *mat*.

Sa cassure est communément *terreuse*, quelquefois *un peu inégale*, à *grains fins*, ou *conchoïde*, ou même un peu *schisteuse*.

Ses fragmens sont *indéterminés*, à *bords peu aigus*.

La couleur de sa raclure varie comme sa couleur principale.

Il est *tendre*, souvent *très-tendre*, rarement *demi-dur*; — *aigre*; — *peu difficile à casser*; — il *happe un peu à la langue*; — il est *maigre* au toucher; — *pesant*.

Caractères chimiques.

Le fer argileux noircit au chalumeau sans se fondre; traité avec le borax, il se boursouffle, et le colore en un vert-olive un peu noirâtre.

Gissement et localités.

On trouve le fer argileux commun en plusieurs endroits de la Saxe et surtout de la Bohême, en Westphalie, en Angleterre (Kolbrookdale), en Pologne, en Russie, en Norwége, en Italie, etc.

Il se rencontre toujours dans des montagnes stratiformes, alternant communément avec des couches

LE FER ARGILEUX. de thonschiefer et de brandschiefer, mélangé très-souvent avec de l'ocre de fer, et quelquefois accompagné de calamine, de galène, de pyrites sulfureuses et de gypse.

M. Reuss cite du fer argileux *commun* en forme de nids, dans un basalte près de Blankenstein en Bohême, mais on soupçonne que c'est plutôt le *fer réniforme* qui est la sous-espèce suivante.

Il se rapproche souvent, dans beaucoup de passages, des mines de fer rouge compacte.

Usage.

On exploite le fer argileux commun pour en retirer du fer : il rend environ 30 à 40 pour 100.

Ve. SOUS-ESPÈCE.

EISENNIERE. — LE FER RÉNIFORME.

Ferrum ochraceum argillaceum reniforme.

Id. Emm. T. 2, p. 344. — Lenz, T. 2, p. 192. — W. P. T. 1, p. 167. — M. L. p. 471. — Var. du *Bohnerz*, Wid. p. 827. — *Œtites*, Wall. T. 2, p. 614. — *Nodular iron ore*, Kirw. T. 2, p. 178. — *Pierre d'aigle*, R. D. L. T. 3, p. 300. — *Id.* Lam. T. 1, p. 245. — *Fer limoneux sphéroïdal*, D. B. T. 2, p. 283. — *Fer oxidé géodique*, Haüy.

Caractères extérieurs.

SA couleur est presque toujours un *brun jaunâtre*

plus ou moins foncé, surtout à l'extérieur, plus clair au contraire à l'intérieur ; souvent même le centre est un grain d'un *jaune d'ocre* ou d'un *gris jaunâtre* (*).

LE FER ARGILEUX.

On le trouve en *morceaux arrondis*, *tuberculeux*, plus ou moins *réniformes*, *de différentes grosseurs*.

Leur surface est communément *rude* et recouverte de parties terreuses.

A l'intérieur, ils sont *brillans*, d'un *éclat demi-métallique*, mais au contraire *mats* vers le centre.

La cassure est *unie* ou un peu *esquilleuse* vers la surface, et *terreuse* vers le centre.

Les fragmens sont *indéterminés*, à *bords peu aigus*.

Chaque morceau arrondi est composé de *pièces séparées*, *testacées*, *concentriques*, renfermant un grain ou noyau souvent mobile ; lorsqu'ils sont groupés plusieurs ensemble, ils se présentent en *pièces séparées*, *grenues*.

Sa raclure est d'un *brun jaunâtre*, passant au *jaune d'ocre*.

Il est *tendre* à l'extérieur, *très-tendre* à l'intérieur; — il est *aigre* ; — *facile à casser* ; — il *happe à la langue* ; — il est *maigre au toucher* ; — *pesant*.

(*) M. Reuss prétend que c'est la *terre jaune* de Werner. (*Voyez* T. I, p. 455.)

LE FER ARGILEUX.

Caractères chimiques.

Le fer argileux réniforme noircit au chalumeau sans se fondre; il colore le verre de borax en un jaune sale.

Gissement et localités.

On le trouve en Bohême, en Saxe (Wehrau), dans le Palatinat, en Silésie, en Pologne, etc.

Il se rencontre dans des montagnes stratiformes, presque toujours dans des couches argileuses, quelquefois accompagné de bois bitumineux.

On l'exploite; il donne à la fonte un fer d'assez bonne qualité.

REMARQUE.

Le fer réniforme a été très-long-tems connu sous le nom de *œtite* ou *pierre d'aigle* (*adlerstein*), parce qu'on prétendait que les aigles en transportaient dans leurs nids. Sa formation n'a pas encore été trop bien expliquée.

VIe. SOUS-ESPÈCE.

BOHNERZ. — LE FER PISIFORME.

Ferrum ochraceum argillum pisiforme.

Id. Emm. T. 2, p. 347. — Wid. p. 827. — Lenz, T. 2, p. 193. — W. P. T. 1, p. 168. — M. L. p. 471. — *Minera ferri subaquosa globosa*, Wall. T. 2, p. 257. — *Pisiform* ou *Granular iron stone*, Kirw. T. 2, p. 178. — *Mine de fer en grains*, R. D. L. T. 3, p. 300. — *Fer oxidé globuliforme*, Haüy.

Caractères extérieurs.

LE FER ARGILEUX.

Sa couleur ordinaire à l'intérieur est un *brun* plus ou moins foncé, qui tire vers le *rouge*, le *jaune* ou le *brun*; il est plus clair vers le centre; mais la surface extérieure est toujours colorée par la matière terreuse qui sert de ciment, et elle est tantôt d'un *brun rougeâtre* ou d'un *brun de foie*, tantôt d'un *gris jaunâtre*.

On le trouve en *grains sphériques* ou *applatis*, tantôt *petits* ou *très-petits*, tantôt de *moyenne grosseur*.

Leur surface est *rude*, *matte*, et communément recouverte d'un ocre de fer.

A l'intérieur, le fer pisiforme varie depuis le *mat* jusqu'au *brillant* et au *peu éclatant*; le centre est toujours *mat*.

Sa cassure est *unie* ou *un peu conchoïde*; elle est *terreuse* vers le centre.

Ses fragmens sont *indéterminés*, à *bords peu aigus*.

Il est presque toujours composé de *pièces testacées*, *concentriques*, *minces*.

Sa raclure est d'un *brun jaunâtre*.

Il est *demi-dur*, passant au *tendre*; — *aigre*; — *facile à casser*; — *médiocrement pesant*.

Caractères chimiques.

Il se comporte au chalumeau comme la sous-espèce précédente.

Gissement et localités.

Le fer pisiforme se trouve abondamment en France (l'Alsace, la Bourgogne, la Franche-Comté); en Suisse en beaucoup d'endroits, en Franconie, dans le duché de Wirtemberg, etc.

Il forme des couches, souvent assez puissantes, dans des montagnes stratiformes; souvent aussi il ne s'y trouve qu'en nids ou en rognons.

On n'a encore imaginé que des conjectures peu satisfaisantes sur la manière dont il a été formé.

Usage.

Il est très-souvent exploité. La majeure partie du fer de France provient du fer pisiforme : il donne à la fonte 30 ou 40 pour 100.

ONZIÈME ESPÈCE.

RASEN-EISENSTEIN. — LA MINE DE FER DE GAZON *ou* LE FER LIMONEUX.

FERRUM OCHRACEUM CESPITITIUM.

Id. Emm. T. 2, p. 352. — Wid. p. 830. — Lenz, T. 2, p. 194. — *Minera subaquosa amorpha*, Wall. T. 2, p. 256. — *Lowland iron ore*, Kirw. T. 2, p. 179. — *Fer oxidé terreux*, Haüy.

M. Werner partage cette espèce en trois sous-especes, ainsi qu'il suit : elles seront comparées l'une à l'autre dans l'article *gissement* qui est à la fin de la troisième.

Ire. SOUS-ESPÈCE.

LE FER LIMONEUX.

MORASTERZ. — LA MINE DES MARAIS *ou* LE MORASTERZ.

Id. Emm. T. 2, p. 352. — Wid. p. 830. — Lenz, p. 194. — W. P. T. 1, p. 168. — *Morassi iron ore*, Kirw. T. 2, p. 183.

Caractères extérieurs.

Sa couleur est un *brun jaunâtre* assez clair.

On le trouve tantôt à l'état *terreux*, tantôt en *masses informes arrondies*, *tuberculeuses*, *criblées*.

A l'extérieur il est *mat*, ainsi qu'à l'intérieur.

Sa cassure est *terreuse*.

Ses fragmens sont *indéterminés*, à *bords obtus*.

Il est assez *tachant*; — *très-tendre*, souvent même entiérement *friable*; — *maigre au toucher*; *médiocrement pesant*.

IIe. SOUS-ESPÈCE.

SUMPFERZ. — LA MINE DES LIEUX BOURBEUX *ou* LE SUMPFERZ.

Ferrum ochraceum cespititium paludinare.

Id. Emm. T. 2, p. 353. — Wid. p. 831. — Lenz, T. 2, p. 196. — W. P. T. 1, p. 168. — M. L. p. 473. — *Swampy iron ore*, Kirw. T. 2, p. 183.

Caractères extérieurs.

Sa couleur est un *brun jaunâtre foncé*, qui passe au *brun rougeâtre*, au *brun noirâtre* et même au *gris d'acier*.

LE FER LIMONEUX. On le trouve en *masses informes*, *tuberculeuses*, *arrondies*, *criblées* et *cariées*. (Les interstices sont souvent remplies de fer terreux bleu.)

Il est *mat*, rarement *un peu brillant* (lorsqu'il est d'un gris d'acier).

La cassure est *terreuse*, passant à la cassure *inégale à petits grains*.

Ses fragmens sont *indéterminés*, à *bords obtus*.

Il donne une raclure d'un *brun jaunâtre clair*.

Il est *très-tendre*, passant au *tendre*; — *aigre*; — *très-facile à casser*; — *médiocrement pesant* (plus que le morasterz).

IIIᵉ. SOUS-ESPÈCE.

WIEZENERZ. — LA MINE DES PRAIRIES *ou* LE WIEZENERZ.

Ferrum ochraceum cespititium pratense.

Id. Emm. T. 2, p. 354. — Wid. p. 832. — Lenz, T. 2, p. 197. — W. P. T. 1, p. 168. — M. L. p. 473. — *Meadow iron ore*, Kirw. T. 2, p. 182.

Caractères extérieurs.

Sa couleur est un *brun noirâtre foncé*, qui souvent passe au *brun jaunâtre* : l'une et l'autre couleurs se trouvent souvent réunies; la première, à l'extérieur; la seconde, à l'intérieur; les parois des fentes sont souvent d'un *noir bleuâtre* ou d'un *gris d'acier*.

On le trouve ordinairement en *masses réni-*

formes, *tuberculeuses*, souvent *criblées*, quelquefois en *grains* plus ou moins gros. LE FER LIMONEUX.

A l'extérieur, il est presque toujours *rude* et *mat*; mais à l'intérieur, il varie depuis l'*éclatant* jusqu'au *mat*; souvent le même morceau est *éclatant* vers sa surface et *mat* vers le milieu : c'est un *éclat gras*.

Sa cassure varie suivant son éclat; elle est *conchoïde* lorsqu'il est éclatant, *terreuse* lorsqu'il est mat : elle passe aussi à la cassure *unie* ou à la cassure *inégale à petits grains*.

Ses fragmens sont *indéterminés*, à *bords peu aigus*.

Sa raclure est un *brun jaunâtre*.

Il est *tendre*, passant quelquefois au *très-tendre*; — *aigre*; — *très-facile à casser*; — *médiocrement pesant*.

Caractères chimiques.

Le fer limoneux (en général) noircit au chalumeau sans se fondre; il se boursouffle avec le borax et lui donne une couleur d'un jaune sale.

Parties constituantes.

Le fer limoneux est un oxide de fer mélangé d'un peu de phosphate de fer (*siderite* de Bergmann) et de substances terreuses.

Usage.

Le fer limoneux est exploité comme mine de fer, mais il fournit un fer de médiocre qualité, qui est souvent cassant à froid : cette propriété est due à la présence du phosphate de fer.

Gissement et localites.

Les dénominations données aux trois sous-espèces de fer limoneux, sont tirées de leur situation géologique : elles se trouvent toujours dans des endroits bas, dans des terrains d'alluvion, sous la première couche de terre ou sous le *gazon* (*raseneisenstein*), et toujours dans des endroits humides. Il paraît qu'on doit attribuer leur origine aux dépôts successifs que les eaux ont faits des parties ferrugineuses qu'elles tenaient en dissolution. Elles se sont précipitées peu à peu au fond : ces premières couches sont le *morasterz* ou le *fer limoneux des marais*, toujours jaunâtre, terreux et de peu de consistance ; mais elles se sont bientôt endurcies à mesure qu'elles se sont accrues, leur couleur a passé au brun, et le fond se relevant peu à peu, les eaux ont dû prendre en partie leur écoulement. Aussi ces marais sont devenus des endroits bourbeux et limoneux : c'est le *sumpferz*.

Mais à la fin les eaux étant tout-à-fait écoulées, le dépôt ferrugineux est devenu presque noir, brillant, moins tendre ; les végétaux l'ont couvert peu à peu ; il s'y est formé par leurs débris une couche de terre végétale, et toute la surface a été changée en prairie (*wiesenerz*).

C'est le *wieseners* qui est exploité ordinairement; et l'on conçoit facilement, d'après cette explication, pourquoi il contient de l'acide phosphorique. LE FER LIMONEUX.

Les couches de fer limoneux sont souvent assez étendues; elles alternent avec du grès, de l'argile, etc. Les trois sous-espèces passent très-souvent de l'une à l'autre.

Le fer limoneux est beaucoup plus abondant dans le nord que dans le midi de l'Europe; les duchés de Brandebourg, de Courlande, la Livonie, la Lithuanie, la Prusse et la Pologne en contiennent beaucoup; il y en a aussi une grande quantité dans la Lusace : on en trouve aussi dans le Palatinat, la France, etc.

DOUZIÈME ESPÈCE.

BLAUE-EISENERDE. — LE FER TERREUX BLEU.

FERRUM OCHRACEUM CŒRULEUM.

Id. Emm. T. 2, p. 359. — Wid. p. 835. — Lenz, T. 2, p. 199. — W. P. T. 1, p. 169. — M. L. p. 474. — *Cœruleum berolinense naturale*, Wall. T. 2, p. 260. — *Blue martial earth*, Kirw. T. 2, p. 185 (*). — *Ocre martiale bleue*, *Bleu de Prusse natif*, R. D. L. T. 3, p. 295. — *Prussiate de fer natif*, D. B. T. 2, p. 275. — *Id.* Lam. T. 1, p. 247. *Fer prussiaté natif*, Haüy. E. — *Fer azuré*, Haüy. T.

Caractères extérieurs.

Le fer terreux bleu, lorsqu'il n'a pas encore été exposé à l'air, est d'un *blanc grisâtre*, qui bientôt passe au *bleu d'indigo* ou rarement au *bleu de smalt.*

On le trouve, soit en *masse*, soit *disséminé*, toujours en parties *mattes*, *pulvérulentes*, plus ou moins *cohérentes.*

Il est assez *tachant*; — *maigre au toucher*; — *médiocrement pesant.*

Caractères chimiques.

Au chalumeau, il devient d'un brun rougeâtre, et se fond en un globule noir brillant, qui colore le

(*) Le *blue iron ore* de Vorau, décrit par Kirw. T. 2, p. 187, est le lazulithe de Klaproth. (*Voyez* T. I, p. 315.)

le verre de borax en un jaune foncé sale : il se dissout promptement dans les acides. FER TERREUX BLEU.

Parties constituantes.

Bergmann avait soupçonné, par analogie, que cette substance minérale devait être de même nature que le bleu de Prusse artificiel, et c'est pour cela qu'un grand nombre de minéralogistes lui ont donné le nom de *bleu de Prusse natif;* mais on sait à présent, par l'analyse de Klaproth, que le fer terreux bleu est composé de fer et d'acide phosphorique avec un mélange d'argile.

Usage.

Indépendamment de ce qu'il s'exploite avec le fer limoneux dans lequel il se trouve mélangé, on le recueille aussi quelquefois séparément, pour en faire une matière colorante grossière.

Gissement et localités.

Le fer terreux bleu se rencontre en petits nids ou rognons disséminés dans des couches d'argile ou de fer limoneux, ou dans des tourbières et autres terrains marécageux.

On en trouve en Saxe (Steinbach, Lichtenau, etc. dans la Haute-Lusace), en Silésie, en Souabe, en Bavière, en Pologne, en Sibérie, dans le Palatinat, etc.

TREIZIÈME ESPÈCE.

GRUN-EISENERDE. — LE FER TERREUX VERT.

FERRUM OCHRACEUM VIRIDE.

Id. Emm. T. 2, p. 361. — Wid. p. 837. — Lenz, T. 2, p. 201. — W. P. T. 1, p. 170. — *Green martial earth*, Kirw. T. 2, p. 188.

Caractères extérieurs.

SA couleur est un *vert-serin*, qui tire souvent vers le *jaune* ou passe quelquefois au *vert-olive*.

On le trouve communément *friable* et *superficiel*, rarement en *masse* ou *disséminé* et *carié*.

A l'intérieur, il est toujours *mat*.

Sa cassure est *terreuse*, *à grains fins*, quelquefois un peu *inégale*.

Ses fragmens sont *indéterminés*, à *bords obtus*.

Il est assez *tachant*; — *tendre* et *très-tendre*, souvent même *friable*; — *maigre au toucher*; — *facile à casser*; — *médiocrement pesant*.

Caractères chimiques.

[illegible] chalumeau, le f[illegible]r terreux vert commence [illegible]e, p[illegible]s d'un brun foncé, mais sans [illegible]ux en un jaune passant

Parties constituantes.

Cette substance était regardée autrefois comme une ocre de nikel ou de bismuth ; mais elle en diffère essentiellement par ses caractères extérieurs, et en outre M. Werner s'est assuré qu'elle ne contenait pas un atome de ces deux métaux, et il y a reconnu au contraire la présence du fer : il soupçonne qu'il y est uni avec l'acide phosphorique, comme dans l'espèce précédente, dont elle ne différerait que par un mélange. On n'en a point encore fait d'analyse exacte.

Gissement et localités.

Cette substance n'a encore été trouvée qu'à Braunsdorf et Schneeberg en Saxe, où elle se rencontre dans des filons : elle est mélangée, à Braunsdorf, avec du quartz et des pyrites sulfureuses ; à Schneeberg, avec du quartz et du bismuth natif.

M. Flurl, dans sa *Description de la Bavière et du Palatinat*, assure en avoir trouvé à Bulenreit dans le Palatinat, dans des couches de talc terreux.

QUATORZIÈME ESPÈCE.

SCHMIRGEL. — L'ÉMERIL.

FERRUM OCHRACEUM SMIRIS.

Id. Emm. T. 2, p. 363. — Wid. p. 838. — Lenz, T. 2, p. 203. — W. P. T. 1, p. 170. — M. L. p. 476. — *Ferrum mineralisatum durissimum.....* *Smiris*, Wall. T. 2, p. 243. — *Emery*, Kirw. T. 2, p. 193. — *Émeril*, D. B. T. 2, p. 286. — *Id.* R. D. L. T. 3, p. 184. — *Fer quartzeux*, Haüy. E. — *Fer oxidé quartzifère*, Haüy. T.

Caractères extérieurs.

SA couleur tient le milieu entre le *noir grisâtre* et le *gris bleuâtre*; elle passe quelquefois au *gris de fumée* ou au *gris d'acier*.

On le trouve très-rarement en *masse*, le plus souvent il est *disséminé* ou mélangé avec d'autres minéraux.

Il est *peu brillant*; c'est un *éclat ordinaire* peu déterminé, qui passe à l'*éclat métallique*.

La cassure de l'émeril n'est pas facile à déterminer, parce qu'il est toujours mélangé avec d'autres minéraux; elle paraît être *inégale*, *à grains fins*.

Ses fragmens sont *indéterminés*, *à bords un peu obtus*.

Lorsqu'il est en masse, il est composé de *pièces séparées*, *grenues*, *à très-petits grains* et *à grains fins*, souvent peu apparentes.

Il est quelquefois *un peu translucide sur les bords*, mais le plus souvent entiérement *opaque*; — *extrêmement dur*; — *aigre*; — *froid au toucher*; — *pesant*. ÉMERIL.

Caractères chimiques.

L'émeril noircit au chalumeau, mais sans se fondre; il colore le verre de borax en un jaune sale.

Usage.

L'émeril, réduit en poudre, est employé pour polir les métaux, les pierres, les glaces, etc.

Gissement et localités.

On trouve de l'émeril à Ochsenkopf, près Schwarzenberg en Saxe; il est disséminé dans une couche de stéatite endurcie, d'un gris jaunâtre, quelquefois d'un vert de pomme, mélangée de talc commun.

On en trouve aussi en Italie (dans le duché de Parme); en Espagne (Ronda en Grenade); au Pérou; dans l'île de Naxos dans l'Archipel, où il y a un cap connu par les Italiens, sous le nom de *Capo smeriglio*, le Cap émeril.

L'émeril est souvent mélangé de fer magnétique; ce qui a fait croire qu'il attirait l'aiguille aimantée.

ÉMERIL.

REMARQUES.

On croit que l'émeril est composé de fer et de silice dans un état de combinaison intime, mais on n'en a pas encore d'analyse exacte; celle même donnée par Wiegleb, dans les *Annales* de Crell, 1786, T. 2, p. 492, est contestée : probablement le grand nombre de substances (*) qui ont été données sous ce nom, parce qu'elles étaient employées aux mêmes usages, et qui souvent ont été décrites comme émeril par les minéralogistes, a beaucoup nui à ce que l'on ait pu jusqu'ici connaître parfaitement le véritable émeril.

APPENDICE.

Le *eisenbranderz* ou *mine de fer bitumineuse* est un fer argileux mélangé de bitume.

Le *eisensanderz* ou *mine de fer sabloneuse* n'est autre chose qu'un grès pénétré d'oxide de fer.

C'est donc à tort que l'on trouve, dans quelques auteurs, ces deux substances mises au rang des mines de fer, comme espèces particulières.

(*) Ce sont des grenats, du fer magnétique, des grès, etc.

SEPTIÈME GENRE.

LE GENRE PLOMB.

PREMIÈRE ESPECE.

BLEIGLANZ. — LA GALÈNE.

PLUMBUM MINERALISATUM GALENA.

Id. Emm. T. 2, p. 369. — Wid. p. 841. — Lenz, T. 2, p. 204. — *Plumbum sulfure mineralisatum et argento mixtum*, Wall. T. 2, p. 302. — *Galène*, R. D. L. T. 3, p. 364. — *Galène* ou *sulfure de plomb*, D. B. T. 2, p. 354. — *Galène*, Lam. p. 289. — *Plomb sulfuré*, Haüy. T. 3, p. 456.

Werner partage la galène en deux sous-espèces, la galène commune et la galène compacte.

Ire. SOUS-ESPÈCE.

GEMEINER BLEIGLANZ. — LA GALÈNE COMMUNE.

Plumbum mineralisatum galena vulgaris.

Id. Emm. T. 2, p. 369. — Wid. p. 841. — Lenz, T. 2, p. 204. — W. P. T. 1, p. 97. — M. L. p. 478. — *Common galena*, Kirw. T. 2, p. 216.

Caractères extérieurs.

SA couleur est un *gris de plomb* plus ou moins *parfait*; quelquefois aussi à sa surface ou dans des

GALÈNE. fentes, la galène est *noirâtre* ou *bigarrée* (*couleur d'iris* ou *d'acier trempé*).

On la trouve communément *en masse*, ou *disséminée*, ou *superficielle*; quelquefois aussi sous différentes *formes imitatives* (*uviforme*, *réniforme*, *miroitante*, *tricotée*, *cellulaire*, *cariée*, *coulée*, etc.); souvent aussi *cristallisée*.

Ses formes sont :

a. Le *cube parfait*, *à faces* tantôt *planes*, tantôt *concaves sphériques*.

b. Le *cube ayant ses angles plus ou moins tronqués*; ce qui donne le passage entre le *cube* et l'*octaèdre*.

c. Le *cube ayant ses bords et ses angles tronqués* (ceux-ci plus fortement), et quelquefois aussi les bords des troncatures.

d. Le *cube ayant ses faces latérales concaves*, *et portant un biseau assez aigu sur tous ses bords*.

e. L'*octaèdre parfait* (ou la double pyramide à 4 faces).

f. L'*octaèdre ayant tous ses angles tronqués* (*).

g. L'*octaèdre ayant à la fois tous ses angles et ses bords tronqués* (**).

h. Le *prisme à 6 faces portant un pointement à*

(*) Les bords des troncatures sont quelquefois tronqués.

(**) Dans quelques cristaux il y a un biseau sur les bords au lieu d'une troncature, et souvent l'un et l'autre.

4 faces, dont deux sont placées sur deux bords latéraux opposés, et deux sur deux faces latérales opposées. GALÈNE.

i. Le *prisme à 6 faces portant un pointement à 3 faces, placées sur 3 faces latérales en alternant.*

k. La *table à 6 faces, équiangle parfait.*

l. La *table à 6 faces, portant un biseau sur ses faces terminales* (*).

Les cristaux sont rarement *grands*, mais plus souvent de *moyenne grandeur* ou *petits*; *grouppés les uns sur les autres* ou *implantés*, très-souvent *isolés*.

Leur surface est ordinairement *lisse*, quelquefois *drusique*, rarement *rude*, *inégale* ou *cariée*.

A l'extérieur, la galène commune varie du *très-éclatant* au *brillant* (suivant la nature de la surface extérieure).

A l'intérieur, la galène commune varie aussi du *très-éclatant* au *très-brillant*, suivant sa cassure; l'éclat est toujours *métallique*.

Sa cassure est communément *lamelleuse*, à *lames*

(*) Ces quatre dernières variétés de forme doivent sans doute être rapportées aux précédentes. L'agrandissement de certaines faces, la suppression de quelques autres, la position du cristal dans sa gangue, les auront fait considérer différemment. D'ailleurs, cette forme en prisme ou table à 6 faces, supposée complète et rigoureuse, ne peut pas, d'après la théorie du cit. Haüy, appartenir à la galène.

GALÈNE. tantôt *planes*, tantôt *courbes*, rarement *rayonnée*, *à rayons courts* et *larges*, *divergens en faisceaux*. Le clivage est *triple* et *rectangulaire*.

Ses fragmens sont *cubiques*, excepté dans la galène commune à grains fins.

Elle est très-souvent composée de *pièces séparées*, *grenues* (*), rarement de *pièces séparées testacées*.

Elle est *tendre*; — un peu *douce*; — *très-facile à casser*; — quelquefois *un peu tachante*; — *très-pesante*.

Pes. spéc. 7,220, MUSCHENBROEK. 7,290, GELLERT. 7,5873, HAUY.

Caractères chimiques.

Traitée au chalumeau, la galène commune pétille, éclate, puis se fond en donnant une odeur sulfureuse : lorsqu'il ne s'en dégage plus, on obtient un globule de plomb métallique.

Parties constituantes.

La galène est une combinaison de soufre et de plomb dans des proportions assez variables, le plomb en formant toujours au moins les deux tiers.

(*) Lorsque ces pièces séparées sont à très-petits grains, c'est le passage de la galène commune à la galène compacte.

Il s'y rencontre aussi toujours un peu d'argent, quelquefois jusqu'à 15 centimes (*). GALÈNE.

Wallerius, Deborn et autres minéralogistes ont parlé d'une *galène antimoniale :* elle a l'éclat de la galène et la structure fibreuse de l'antimoine gris. C'est le *plomb sulfuré antimonifère* du cit. Haüy, t. 3, p. 462. Il fait aussi mention d'un *plomb sulfuré ferrifère*, dit vulgairement *galène martiale*. Ces deux variétés sont peu communes.

Usages.

On exploite la galène pour en retirer le plomb, qui est employé à beaucoup d'usages économiques, principalement lorsqu'on a besoin de lames métalliques. C'est la mine de plomb la plus abondante et presque la seule exploitée. On extrait aussi de la galène, l'argent qui s'y trouve mélangé. Une partie de l'argent qui se verse chaque année dans le commerce, provient des galènes argentifères.

La galène est aussi très-utile dans le traitement des mines d'argent : elle en facilite la fusion; et en outre, le plomb qui en résulte à la fonte, sert à purifier immédiatement l'argent par la coupellation.

(*) Pourquoi le *weissgultigerz clair* de Freyberg, dont on a cité l'analyse ci-dessus, p. 152, ne serait-il pas regardé comme une *galène* très-*argentifère* ? ?

GALÈNE. La galène est employée pour vernisser les poteries communes : on la réduit pour cela en une poudre très-fine, que l'on vend sous le nom d'*alquifoux*.

Gissement et localités.

La galène commune est la mine de plomb la plus répandue, surtout parmi celles exploitées : elle se rencontre également dans les montagnes primitives ou stratiformes, soit en filons, soit en couches. Le quartz, le spath fluor, le spath calcaire, le spath pesant, le fer spathique, la blende, les pyrites, l'argent rouge, l'argent vitreux, l'argent natif, sont les substances minérales qui l'accompagnent le plus ordinairement.

M. Werner en a observé en petits filons dans les houilles des environs de Dresde.

On trouve la galène commune presque partout, au moins en petite quantité. Les pays où elle forme un objet d'exploitation, sont la Saxe, la Bohême, le Hartz, la Hongrie, la Silésie, la Stirie, la Suède, la Norwége, l'Angleterre, la France, etc.

IIe. SOUS-ESPÈCE.

BLEISCHWEIF. — LA GALÈNE COMPACTE.

Plumbum mineralisatum, galena plumbago.

Id. Emm. T. 2, p. 377. — Wid. p. 845. — Lenz, T. 2, p. 207. — W. P. T. 1, p. 114. — M. L. p. 486. — *Plumbum plumbago*, Wall. T. 2, p. 305. — *Galène compacte*, D. B. T. 2, p. 355. — *Compact galena*, Kirw. T. 2, p. 218.

Caractères extérieurs.

SA couleur est un *gris de plomb*, communément un peu clair, passant quelquefois plus ou moins au *gris d'acier.*

On la trouve *en masse*, ou *disséminée*, ou *réniforme*, ou *en lames spéculaires.*

Cette dernière variété est *très-éclatante* à l'extérieur; les autres ne sont que *brillantes.*

A l'intérieur, la galène compacte n'est que *brillante.* C'est un *éclat métallique.*

Sa cassure est *unie*, quelquefois un peu *conchoïde.*

Ses fragmens sont *indéterminés*, à *bords peu aigus.*

Elle prend de l'*éclat* par la raclure.

Elle est *tendre*, plus que la galène commune;

GALÈNE COMPACTE. — *douce*; — *facile à casser*; — *tachante*; — *très-pesante*.

Pes. spéc. 7,444, GELLERT.

Caractères chimiques.

La galène compacte se comporte au chalumeau comme la galène commune, si ce n'est qu'on ne la voit point comme elle pétiller et éclater.

Gissement et localités.

La galène compacte est assez rare; elle se rencontre toujours dans le voisinage de la galène commune, et avec les mêmes caractères géologiques. On observe très-fréquemment des passages de l'une à l'autre. La cassure de la galène compacte devient alors peu à peu grenue, à petits grains.

On en a trouvé à Freyberg et Gersdorf, en Saxe; à Andreasberg, au Hartz; à Ischio près Vicence, en Italie; à Leogang, dans le Salzbourg; Weiding, dans le Palatinat; Rauschenberg, en Bavière; dans le Derbyshire.

REMARQUE.

La galène compacte a été long-tems confondue sous le nom de *plumbago*, avec le graphite et le molybdène.

SECONDE ESPÈCE.

BLAU-BLEI-ERZ. — LA MINE DE PLOMB BLEUE.

PLUMBUM MINERALISATUM CÆRULEUM.

Id. Emm. T. 2, p. 380. — Wid. p. 847. — Lenz, T. 2, p. 208. — W. P. T. 1, p. 115. — M. L. p. 488. — *Blue lead ore*, Kirw. T. 2, p. 220.

Caractères extérieurs.

SA couleur ordinaire tient le milieu entre le *gris de plomb* et le *bleu d'indigo*; néanmoins elle passe quelquefois au *noir* et au *gris de fumée.*

On la trouve rarement *en masse*, mais communément *cristallisée en petits prismes à 6 faces*, *équiangles parfaits*, *souvent un peu courbes*, et quelquefois *grouppés en faisceaux.*

Leur surface est *rude*, communément *striée en longueur*, souvent recouverte d'ocre de fer.

A l'intérieur, la mine de plomb bleue est *peu brillante d'un éclat métallique.*

Sa cassure est *unie*; elle devient aussi quelquefois *un peu conchoïde* ou *inégale*, *à grains fins.*

Ses fragmens sont *indéterminés*, à *bords peu aigus.*

Elle est entiérement *opaque.*

Elle prend de l'*éclat* par la raclure.

Elle est *douce*; — *tendre*; — *facile à casser*; — *pesante.*

MINE DE PLOMB BLEUE.

Caractères chimiques.

La mine de plomb bleue fond au chalumeau très-facilement, brûle avec une petite flamme bleuâtre et une odeur sulfureuse, et laisse enfin un grain de plomb métallique.

Localités.

Cette espèce de mine de plomb n'a encore été trouvée qu'à Zschopau en Saxe.

Elle est accompagnée de spath fluor, de spath pesant, de plomb blanc, de plomb noir, de malachite et d'azur de cuivre.

REMARQUES.

On n'a pas encore déterminé exactement ses parties constituantes; elle paraît se rapprocher beaucoup de la galène par certains caractères; mais, d'un autre côté, sa cristallisation est la même que celle du plomb vert, et il est très-probable que cette mine de plomb n'est en effet qu'un véritable plomb vert, qui, par une altération particulière, a passé à l'état de galène en conservant sa forme originaire.

La mine de plomb bleue paraît avoir été connue en France sous le nom de *plomb noir*. Haüy, t. 3, p. 497.

Les anciens minéralogistes désignent quelquefois sous le nom de mine de plomb bleue, des cristaux de plomb blanc, recouverts d'azur de cuivre; mais on les distingue facilement en les cassant.

TROISIÈME

TROISIÈME ESPÈCE.

BRAUNBLEYERZ. — LA MINE DE PLOMB BRUNE.

PLUMBUM MINERALISATUM BRUNUM.

Id. Emm. T. 2, p. 383. — Wid. p. 848. — Lenz, T. 2, p. 209. — W. P. T. 1, p. 115. — M. L. p. 489. — *Brown lead ore*, Kirw. T. 2, p. 222.

Caractères extérieurs.

SA couleur est le *brun rougeâtre* ou le *brun de gérofle*, tirant souvent vers le *gris* et quelquefois vers le *noir.* La surface des cristaux est presque toujours *noirâtre.*

On la trouve rarement *en masse*, mais communément *cristallisée en prismes à 6 faces*, *équiangles*, *alongés*; ou *en cristaux aciculaires* ou *capillaires.*

A l'extérieur, ils sont *très-peu éclatans* ou *brillans*; mais à l'intérieur ils sont assez *éclatans.* C'est un éclat ordinaire.

La cassure de la mine de plomb brune paraît être *inégale*, *à grains fins*, passant à la cassure *esquilleuse.*

Ses fragmens sont *indéterminés*, à *bords peu aigus.*

MINE DE PLOMB BRUNE.

Elle est *translucide sur les bords*, quelquefois même entiérement.

Elle donne une *raclure blanche.*

Elle est *tendre*; — *aigre*; — *facile à casser*; — *pesante.*

Caractères chimiques.

La mine de plomb brune fond au chalumeau très-facilement, mais sans se réduire : elle se disperse sur le support en petites aiguilles; elle ne fait point effervescence avec les acides.

Gissement et localités.

Cette espèce de mine de plomb est très-rare : on la trouve à Zschopau en Saxe, à Mies en Bohême, à Huelgoët en Bretagne, en Hongrie, etc. Elle est accompagnée ordinairement de galène, de plomb noir et de plomb blanc, de quartz et de spath pesant.

Remarques.

Il me paraît impossible de ne pas regarder cette espèce comme n'étant qu'une variété ou, si l'on veut, une sous-espèce du *plomb vert.* La cristallisation et tous les caractères essentiels s'y rapportent, et tendent à faire croire qu'elle n'est également qu'un phosphate de plomb; et d'ailleurs, les expériences de Gillet Laumont, sur les échantillons provenans d'Huelgoët, ne laissent aucune espèce de doute sur sa composition.

La *Minera plumbi alba spathosa*, *cristallisata*, var. *e* de Wallerius, t. 2, p. 308, paraît devoir se rapporter à cette espèce. MINE DE PLOMB BRUNE.

QUATRIÈME ESPÈCE.

SCHWARZ-BLEYERZ. — LA MINE DE PLOMB NOIRE.

PLUMBUM MINERALISATUM NIGRUM.

Id. Emm. T. 2, p. 385. — Wid. p. 850. — Lenz, T. 2, p. 210. — W. P. p. 116. — M. L. p. 489. — *Minera plumbi nigra*, Wall. T. 2, p. 309. — *Black lead ore*, Kirw. T. 2, p. 221.

Caractères extérieurs.

SA couleur est un *noir grisâtre* plus ou moins foncé, qui passe quelquefois au *gris de fumée.*

On la trouve, ou *en masse*, ou *disséminée*, ou sous forme *cellulaire*, ou le plus souvent *cristallisée*; ses formes sont :

a. Le *prisme à 6 faces*, *parfait*, tantôt *à faces égales*, tantôt *à faces inégales.*

b. Le *prisme à 6 faces*, *terminé par un biseau.*

Les cristaux sont *petits* ou *très-petits*, *grouppés en druses*, souvent très-confusément, en sorte qu'on a peine à reconnaître leur forme.

Leur surface est tantôt *lisse*, tantôt *striée en longueur*, communément *éclatante*, rarement *très-éclatante.*

MINE DE PLOMB NOIRE.

A l'intérieur, la mine de plomb noire n'est que *peu éclatante* ou quelquefois *éclatante*. C'est un éclat qui se rapproche beaucoup de l'*éclat métallique.*

Sa cassure tient le milieu entre la cassure *inégale, à grains fins*, et la cassure *conchoïde, à petites cavités.*

Ses fragmens sont *indéterminés, à bords peu aigus.*

Elle est *opaque.*

Elle donne une *raclure d'un noir grisâtre.*

Elle est *tendre*, passant au *demi-dur*; — *aigre*; — *facile à casser*; — *pesante.*

Pes. spéc. GELLERT, 5,770.

Caractères chimiques.

La mine de plomb noire pétille et éclate au chalumeau, et finit par se réduire en un globule de plomb à l'état métallique.

Parties constituantes.

On ne connaît pas encore exactement ses parties constituantes; il est probable que ce n'est qu'une mine de plomb blanche, altérée par un mélange de soufre qui la rapproche de l'état de galène.

Gissement et localités.

La mine de plomb noire se trouve en Saxe, près de Freyberg; à Zschopau; dans le Cumberland, en Angleterre ; en Écosse, en Pologne, en Sibérie. MINE DE PLOMB NOIRE.

C'est une substance minérale, sinon rare, du moins peu commune ; elle accompagne souvent la mine de plomb blanche, avec laquelle elle a beaucoup de rapports. On observe souvent des passages de l'une à l'autre.

REMARQUES.

D'après ce qui a été dit ci-dessus, il me paraît hors de doute que la mine de plomb noire est un *plomb blanc* décomposé, et en cela elle différerait beaucoup de la substance nommée en France *plomb noir*, laquelle, comme on l'a vu ci-dessus, p. 304, paraît se rapporter à la mine de plomb bleue, qui est un plomb vert un peu altéré.

CINQUIÈME ESPÈCE.

WEISS-BLEYERZ. — LA MINE DE PLOMB BLANCHE OU LE PLOMB BLANC.

PLUMBUM MINERALISATUM ALBUM.

Id. Emm. T. 2, p. 388. — Wid. p. 852. — Lenz, T. 2, p. 212. — W. P. T. 1, p. 118. — M. L. p. 491. — *Minera plumbi alba spathosa*, Wall. T. 2, p. 307. — *Plomb spathique blanc*, D. B. T. 2, p. 368. — *Mine de plomb blanche*, R. D. L. T. 3, p. 380. — *White lead ore*, Kirw. T. 2, p. 203. — *Plomb blanc*, Lam. T. 1, p. 305. — *Plomb carbonaté*, Haüy, T. 3, p. 475.

PLOMB BLANC.

Caractères extérieurs.

SA couleur ordinaire est le *blanc*, rarement le *blanc de lumière*, plus souvent le *blanc jaunâtre* ou *grisâtre*, ou quelquefois le *brun de gérofle très-pâle.*

On le trouve rarement *en masse*, plus souvent il est *disséminé*, ou *superficiel*, ou enfin *cristallisé.*

Ses formes sont :

a. Des *cristaux minces*, *aciculaires* ou *subulés*, soit *isolés*, soit *disséminés*, soit réunis confusément en *grouppes scapiformes* ou *en faisceaux.* Ils paraissent affecter la forme d'un *prisme à 6 faces.*

b. De *petits prismes à 6 faces*, *un peu courts*, *parfaits.* (Cette forme est rare) (*).

c. Le *prisme à 6 faces*, *terminé par un pointement obtus à 6 faces*, *placées sur les faces latérales*, comme dans le cristal de roche (**).

d. Le *prisme à 6 faces*, *assez court*, *terminé aux deux extrémités par un pointement obtus à 4 faces*, *dont deux plus larges sont placées sur 2 faces latérales*

(*) Le plus souvent les bords terminaux sont tronqués; souvent aussi sur deux bords opposés, le bord inférieur de la troncature porte un biseau.

(**) Il y a cette différence que, dans le cristal de roche, les 6 angles entre les faces du pointement et celles du prisme sont tous égaux et de 141° 40′, au lieu que dans le plomb blanc, trois valent 114° 44′, et trois autres 143° 33′ alternativement (Haüy).

opposées, et les deux autres sur deux bords latéraux PLOMB BLANC.
opposés. Ce pointement se *termine* communément en *une ligne.*

e. Le cristal *d* ayant *son sommet fortement tronqué.*

f. Le *prisme à 4 faces, terminé par un pointement à 4 faces placées sur les faces latérales.* Le *sommet* ou les *bords* du pointement sont souvent *tronqués* (*).

g. Un *cristal double*, composé de deux cristaux *f* un peu larges, se traversant l'un l'autre, de manière que leurs sommets se réunissent en un point (à peu près comme dans le *kreuzstein*).

h. Le *prisme à 4 faces, très-obliquangle, terminé par un biseau dont les faces sont placées sur les deux bords latéraux obtus.*

i. La *pyramide à 6 faces, double*, soit *parfaite*, soit *tronquée sur les bords de la base commune.* (Elle ressemble parfaitement aux cristaux de quartz.)

Tous ces cristaux sont communément *petits*, rarement de *moyenne grandeur*, tantôt *grouppés*, tantôt *isolés.*

Leur surface est ordinairement *lisse* et *très-éclatante*, quelquefois un peu *rude* ou *striée*, et alors *peu éclatante.*

(*) Les deux faces larges du pointement sont aussi quelquefois remplacées par un biseau, ainsi que les bords latéraux du prisme.

PLOMB BLANC.

A l'intérieur, le plomb blanc est tantôt *éclatant*, tantôt *peu éclatant*, ou seulement *brillant*; c'est un *éclat de diamant* qui quelquefois, surtout à la surface, se rapproche beaucoup de l'*éclat métallique*.

Sa cassure est le plus souvent *parfaitement conchoïde*, *à petites cavités*, souvent aussi *inégale*, *à petits grains*, ou *esquilleuse*, ou *fibreuse*, rarement *imparfaitement lamelleuse*.

Ses fragmens sont *indéterminés*, à *bords peu aigus*.

Il se présente quelquefois en *pièces séparées*, *scapiformes*, qui ne sont autre chose que des grouppes de cristaux. (Il en a été question plus haut. *Voyez* la variété *a*.)

Il varie depuis le *diaphane* jusqu'au *translucide* (*).

Il est *tendre*; — *aigre*; — *très-facile à casser*; — *pesant*.

Pes. spéc. 5,840 à 6,920, GELLERT. 6,0717 à 6,5585, BRISSON.

Caractères chimiques.

Le plomb blanc, traité au chalumeau, pétille d'abord, devient jaunâtre ou rougeâtre, et se fond ensuite en un globule de plomb métallique. Il fait

(*) Le citoyen Haüy a observé que le plomb blanc possédait éminemment la propriété de la *double image*.

une forte effervescence avec les acides, et s'y dissout presqu'entiérement. Sa surface se noircit lorsqu'on l'expose à la vapeur du sulfure d'ammoniac.

Parties constituantes.

Le plomb blanc est du carbonate de plomb, mélangé d'un peu de fer avec quelques parties terreuses.

Gissement et localités.

Le plomb blanc est, sinon très-rare, du moins très-peu abondant; aussi il ne forme jamais à lui seul un objet d'exploitation.

Il a les mêmes gissemens que la galène, dont il est toujours accompagné, ainsi que d'autres mines de plomb; souvent aussi de pyrites, de malachite, de blende; de quartz, de spath pesant, de spath calcaire et de spath fluor, etc.

On en trouve en plusieurs endroits de la Bohême et de la Saxe, au Hartz, en Angleterre, en France (Sainte-Marie-aux-Mines, Poullaouen), en Sibérie, en Hongrie, en Carinthie, etc.

REMARQUES.

Le stangenspath (*voyez* t. 1, p. 631) a beaucoup de ressemblance avec le plomb blanc. Néanmoins en les examinant attentivement, on voit qu'ils diffèrent dans leur cassure, dans leur éclat et leur poids; mais

PLOMB BLANC. la vapeur du sulfure d'ammoniac, qui noircit le plomb blanc et non le stangenspath, est une épreuve décisive.

Le *verre natif de plomb*, *naturliche bleyglas*, *vitrum saturni nativum*, parait n'être qu'une variété du plomb blanc en masse. Il se trouve à Zellerfeld au Hartz, et en quelques autres endroits.

Le *blanc de plomb natif*, *naturliche bleyweiss*, appelé autrement *bleyglimmer* ou *plomb micacé*, n'est aussi qu'un plomb blanc, en petites paillettes superficielles, brillantes. Il se trouve dans la mine de Bergmannstrost, près d'Andreasberg au Hartz : il recouvre souvent d'autres minéraux.

SIXIÈME ESPÈCE.

GRUN-BLEYERZ. — LA MINE DE PLOMB VERTE OU LE PLOMB VERT.

PLUMBUM MINERALISATUM VIRIDE.

Id. Emm. T. 2, p. 394. — Wid. p. 857. — Lenz, T. 2, p. 215. — W. P. T. 1, p. 123. — M. L. p. 497. — *Minera plumbi viridis*, Wall. T. 2, p. 308. — *Oxide de plomb spathique vert. Phosphate de plomb*, D. B. T. 2, p. 377. — *Phosphorated lead ore*, Kirw. T. 2, p. 207. — *Plomb phosphaté*, Haüy, T. 3, p. 490.

Caractères extérieurs.

SA couleur la plus ordinaire est un *vert-olive*, plus ou moins foncé, qui passe tantôt au *vert de pré*, au *vert-émeraude*, au *vert-pistache*, au *vert d'asperge*, au *vert-poireau*, au *vert-serin* et même au *jaune* ou au *brun*, tantôt au *blanc grisâtre*, *verdâtre* ou *jaunâtre*. PLOMB VERT.

On le trouve *en masse* ou *disséminé*, plus rarement *uviforme et réniforme*, et très-souvent *cristallisé*. Ses formes sont :

a. Le *prisme à 6 faces*, *équiangle parfait* ; il est quelquefois creux vers sa base.

b. Le même prisme *tronqué sur tous ses bords*.

c. Le même prisme *tronqué seulement sur ses bords terminaux*.

d. Le même prisme *terminé par un pointement à 6 faces*, *placées sur les faces latérales* (*).

e. Le *prisme à 6 faces*, *dont les faces latérales sont convergentes vers une des deux extrémités*.

f. La *pyramide à 6 faces*, *parfaite*. (Cette forme est très-rare.)

Ces cristaux sont ordinairement *petits* ou *très-petits*, rarement *de moyenne grandeur*, tantôt *isolés*, tantôt *grouppés les uns sur les autres*. Il y a aussi des cristaux *extrêmement petits*, qui recouvrent d'autres minéraux comme une enveloppe mousseuse.

La surface des cristaux est *lisse* et *éclatante*, ou quelquefois *peu éclatante*.

(*) Les angles entre les faces du prisme et celles du pointement sont égaux et de 130° 53′ (Haüy). (*Voyez* ci-dessus la note sur la forme *c* du plomb blanc.)

PLOMB VERT. A l'intérieur, le plomb vert est toujours *peu éclatant*. C'est un *éclat gras*.

Sa cassure tient le milieu entre la *cassure inégale, à grains fins*, et la cassure *esquilleuse*; quelquefois elle semble devenir *un peu conchoïde*.

Ses fragmens sont *indéterminés*, à *bords peu aigus*.

Il est communément plus ou moins *translucide*, quelquefois *seulement sur les bords*, très-rarement *demi-diaphane*; il donne une *raclure* d'un *blanc verdâtre*.

Il est *tendre*; — *aigre*; — *très-facile à casser*; — *pesant*.

Pes. spéc. Brisson, 60,76. Klaproth, 6,270. Hauy, 6,909 à 6,9411.

Caractères chimiques.

Le plomb vert, traité au chalumeau, ne pétille pas; il blanchit et se fond assez facilement en un globule grisâtre, dont la surface est polyédrique, mais sans que le plomb se réduise à l'état métallique, même sur un charbon. Le plomb vert se dissout dans les acides, quelquefois difficilement, sans effervescence.

Parties constituantes.

Klaproth est le premier qui ait fait connaître que le plomb vert était un phosphate de plomb natif, dans la proportion de 7,312 de plomb et 1,875 d'acide phosphorique. Il a analysé le plomb vert du Brisgaw. (*Voyez* les remarques ci-après.) PLOMB VERT.

Gissement et localités.

Le plomb vert se rencontre dans des filons, plutôt dans les montagnes primitives que dans les montagnes stratiformes. Il n'est jamais en quantité considérable; il est presque toujours accompagné de galène, de plomb blanc et d'ocre de fer. Le quartz, le spath pesant et le spath calcaire forment assez ordinairement sa gangue.

On en trouve en Bohême, en Saxe (Freyberg, Zschopau), en Bavière, en Sibérie, dans le Brisgau, en France (Lacroix, Erlenbach, Huelgoët, etc.), en Écosse, au Pérou, etc.

Il passe quelquefois au plomb terreux jaune.

REMARQUES.

On rencontre, dans les ouvrages des minéralogistes, l'indication de plusieurs mines de plomb, que l'on reconnaît évidemment composées de phosphate de plomb, et qui auraient dû par conséquent être citées dans la synonymie du plomb vert. Néanmoins, comme il a été dit ci-dessus que la mine de plomb bleue et la mine de plomb brune devaient être aussi regardées comme des variétés ou du moins des sous-espèces du plomb vert, on a été embarrassé de décider à laquelle de ces trois espèces ces différentes mines devaient être rapportées. De ce nombre sont plusieurs des *oxides de plomb spatique blanc* et *gris* de Deborn, etc.

PLOMB VERT. On a trouvé à Pont-Gibaut en France une substance d'un vert jaunâtre, sous forme tuberculeuse, presque stalactiforme, ayant la surface lisse et brillante : elle a été analysée par Fourcroy, qui a reconnu que c'était un plomb vert mélangé d'arsenic à l'état d'acide. Le citoyen Haüy l'a nommée *plomb phosphaté arsenié*, t. 3, p. 496.

SEPTIÈME ESPÈCE.

ROTHES-BLEYERZ. — LA MINE DE PLOMB ROUGE OU LE PLOMB ROUGE.

PLUMBUM MINERALISATUM RUBRUM.

Id. Emm. T. 2, p. 399. — Wid. p. 861. — Lenz, T. 2, p. 219. — W. P. T. 1, p. 127. — M. L. p. 500. — *Minera plumbi rubra*, Wall. T. 2, p. 309. — *Oxide de plomb spathique rouge*, D. B. T. 2, p. 376. — *Oxide rouge de plomb*, Lam. T. 1, p. 287. — *Red lead spar*, Kirw. T. 2, p. 214. — *Plomb chromaté*, Haüy, T. 3, p. 467.

Caractères extérieurs.

SA couleur est un *rouge aurore* qui passe au *rouge hyacinthe*.

On le trouve très-rarement *en masse*, quelquefois *disséminé* ou *superficiel*, le plus souvent *cristallisé*.

Ses formes sont :

a. Le *prisme à 4 faces, un peu obliquangle, assez large, parfait.*

b. Le même *prisme terminé par une face oblique.* PLOMB ROUGE.

c. Le même *prisme terminé par un biseau.*

d. Le même *prisme ayant ses bords latéraux tronqués.*

e. Le même *prisme terminé par un pointement à 3 faces* (?) (Widenmann et Lenz.)

f. Le *prisme à 6 faces*, ayant communément 2 *faces plus larges* et 4 *plus étroites*, *opposées* ou réciproquement (*).

Les cristaux sont communément de moyenne grosseur, accolés latéralement : leur forme est en

---

(*) J'ai réuni ici toutes les formes indiquées par les auteurs allemands, qui sont tous à peu près d'accord. Le citoyen Haüy en décrit deux principales, qui sont, 1°. un *prisme à 4 faces*, *rectangulaire*, *terminé par un pointement à 4 faces placées sur les faces latérales ;* 2°. le même *prisme ayant ses bords latéraux tronqués*, la face de troncature étant beaucoup plus inclinée sur une des deux faces adjacentes, que sur l'autre. — Ce sont les figures 40 et 41, pl. 67 de son *Traité.*

On voit que ces deux formes diffèrent spécialement par le pointement à 4 faces, que les Allemands n'ont pas observé, et en outre parce que le prisme est *rectangulaire* et non *un peu obliquangle.* Mais cette différence peut très-bien s'accorder ; car lorsque les bords latéraux sont tronqués, le prisme paraît réellement obliquangle.

Le citoyen Haüy fait mention de quelques autres formes mal déterminées, qui rentrent un peu dans celles indiquées ci-dessus. — Il n'y a très-ordinairement que deux bords latéraux tronqués ; ce qui donne la forme *f.*

PLOMB ROUGE. général mal déterminée, et on a souvent peine à la reconnaître.

Leurs faces latérales sont légérement *striées en longueur.*

La surface extérieure est *lisse* et *éclatante*, ou même *très-éclatante.*

A l'intérieur, le plomb rouge est *peu éclatant*, ou tout au plus *éclatant.* C'est un éclat ordinaire.

Sa cassure est *inégale*, *à petits grains* ou *à grains fins*, passant quelquefois à la cassure *conchoïde à petites cavités*; rarement elle paraît *lamelleuse*, *indéterminée.*

Ses fragmens sont *indéterminés*, *à bords un peu obtus.*

Le plomb rouge est *translucide.* Quelques cristaux sont *demi-diaphanes.*

Il donne une *raclure d'un jaune orangé.*

Il est *tendre*; — *aigre*; — *très-facile à casser*; — *très-pesant.*

Pes. spéc. 6,0269.

Caractères chimiques.

Le plomb rouge pétille un peu au chalumeau, noircit et se fond en une scorie noirâtre. Avec le borax, il se réduit en partie à l'état métallique, et le colore en vert. Il ne fait point effervescence avec les acides.

Parties

Parties constituantes.

Le citoyen Vauquelin a reconnu dans le plomb rouge un métal à l'état d'acide. Il a donné à ce métal le nom de *chrome*, d'un nom grec qui signifie *couleur*, à cause des belles couleurs de ses oxides. On a vu à l'article de l'émeraude, du béril et du rubis, que le chrome est la matière qui les colore.

Le plomb rouge est donc composé de

Oxide de plomb.....	63,96 à	65,12
Acide chromique.....	36,40 à	34,88
	100,361	100

Dans le Mémoire qu'il a publié à ce sujet, et que l'on peut voir dans le n°. 34 du *Journal des Mines*, Vauquelin s'attache à démontrer que le plomb rouge ne peut contenir les substances que les anciennes analyses avaient indiquées.

REMARQUES.

Le plomb rouge est un des minéraux les plus rares; il a été trouvé près d'Ekatharinenbourg, en Sibérie, dans un des filons de la mine de Bérézof. Lehmann l'a fait connaître en 1766. Il est accompagné communément de galène, de quartz et d'un minéral qui a l'aspect du plomb vert, et qui a été d'abord donné pour tel, mais que Vauquelin a reconnu pour être aussi du plomb rouge dans un état d'altération, le chrome n'y étant plus qu'à l'état d'oxide. Les formes cristallines

PLOMB ROUGE. de ce plomb vert paraissaient rentrer dans celles du plomb rouge.

Ce sont des pyrites hépatiques aurifères, qui forment l'objet de l'exploitation de Bérézof.

HUITIÈME ESPÈCE.

GELBES-BLEYERZ. — LA MINE DE PLOMB JAUNE OU LE PLOMB JAUNE.

PLUMBUM MINERALISATUM FLAVUM.

Id. Emm. T. 2, p. 403. — Wid. p. 864. — Lenz, T. 2, p. 222. — W. P. T. 1, p. 127. — M. L. p. 501. — *Oxide de plomb spathique jaune*, D. B. T. 2, p. 379. — *Plomb jaune*, Lam. T. 1, p. 303. — *Yellow lead spar.* Kirw. T. 2, p. 212. — *Plomb molybdaté*, Haüy. T. 3, p. 498.

Caractères extérieurs.

SA couleur est un *jaune de cire* plus ou moins foncé, qui passe tantôt au *jaune citron*, tantôt au *jaune orange*, quelquefois au *jaune de miel* sale.

Il se trouve très-rarement *en masse*, mais le plus souvent *cristallisé*. Ses formes sont :

a. La *table à 4 faces rectangulaires.*

b. Le *cube parfait* à faces *plates* ou un peu *convexes.* Il est *tronqué* quelquefois sur les bords *terminaux.*

c. La *table à 4 faces*, *portant un biseau sur chacune de ses faces terminales.*

C'est le passage à la forme suivante. Les 4 *angles terminaux* sont quelquefois *tronqués*, ce qui donne la *table à 8 faces, portant 4 biseaux sur 4 des faces terminales* alternativement. PLOMB JAUNE.

d. L'*octaèdre*, un peu obtusangle, soit *parfait*, soit *tronqué*, tantôt sur le *sommet*, tantôt aussi sur les *angles latéraux*, et quelquefois sur les *bords latéraux*, un peu obliquement vers la base commune (*).

Les cristaux sont toujours *petits* ou *très-petits*, rarement de *moyenne grandeur*, souvent *grouppés les uns au travers des autres*, et présentant des formes *cellulaires*.

Leur surface est *lisse* et *éclatante*, souvent même *très-éclatante*.

A l'intérieur, le plomb jaune est *éclatant*; c'est *l'éclat de la cire*.

Sa cassure est *conchoïde*, *à petites cavités*; elle paroît quelquefois se rapprocher de la cassure *lamelleuse*.

Ses fragmens sont *indéterminés*, *à bords assez aigus*.

Il est presque toujours *translucide*, ou tout au moins *sur les bords*, dans les morceaux un peu épais.

(*) L'octaèdre de la variété *d* est la forme primitive, d'après le citoyen Haüy. L'angle que forment entr'elles les deux pyramides est de 76° 40'.

PLOMB JAUNE. Il est *tendre ; — aigre ; — très-facile à casser — pesant.*

Pes. spéc. 5,486.

Caractères chimiques.

Le plomb jaune pétille et éclate très-fortement au chalumeau ; il se fond ensuite en un globule d'un gris noirâtre, parsemé de plomb métallique ; traité avec le verre de borax, lui donne une couleur d'un blanc bleuâtre ; il noircit lorsqu'on l'expose à la vapeur du sulfure d'ammoniac ; il est insoluble à froid dans l'acide nitrique.

Parties constituantes.

C'est à Klaproth que l'on doit la connaissance de la composition chimique du plomb jaune : il a reconnu que le plomb y était uni à l'acide molybdique. Cette analyse, répétée par Macquart sous les yeux de Vauquelin, a donné le résultat suivant :

Plomb.............	58.74	*Journal des Mines*, n°. 17, p. 32.
Acide molybdique...	28	
Oxigène...........	4.76	
Carbonate de chaux..	4.50	
Silice.............	4	
	100	

Gissement et localités.

Le plomb jaune n'est connu que depuis quelques

années ; il a été trouvé à Bleiberg en Carinthie ; sa gangue est une pierre calcaire ; il est accompagné quelquefois de plomb blanc, de plomb terreux jaune, plus rarement de galène, de plomb vert et de spath fluor ; il na jamais été trouvé qu'en petite quantité, et il devient beaucoup plus rare à présent. PLOMB JAUNE.

On en a trouvé depuis à Freudenstein, près de Freyberg en Saxe ; à Annaberg en Autriche et à Reczbanya en Hongrie.

NEUVIÈME ESPÈCE.

NATURLICHER BLEIVITRIOL. — LE VITRIOL DE PLOMB NATIF.

Id. Emm. T. 2, p. 413, et T. 3, p. 366. — Wid. p. 870. — Lenz, T. 2, p. 224. — *Native vitriol of lead*, Kirw. T. 2, p. 211. — *Sulfate de plomb*, Lam. T. 1, p. 211. — *Plomb sulfaté*, Haüy, T. 3, p. 503.

Caractères extérieurs (*).

SA couleur est le *blanc de neige* ou le *blanc grisâtre* ou *jaunâtre*.

(*) Les auteurs allemands paraissent avoir peu connu jusqu'ici le vitriol de plomb. La seule description que j'aie trouvée, est rapportée par Emmerling, d'après Karsten : elle est fort incomplète, surtout relativement aux formes cristallines. J'ai suppléé à ce défaut en faisant usage des descriptions qu'en ont données les citoyens Lamétherie et Haüy, dans leurs ouvrages cités ci-dessus.

VITRIOL DE PLOMB NATIF.

On le trouve *cristallisé*. Ses formes sont :

a. L'*octaèdre irrégulier*; la *jointure* ou *la base commune* et *rectangulaire*; elle est à deux *bords* opposés, *obtus*, et deux autres *aigus* (*).

b. L'*octaèdre irrégulier*, dont *le sommet se termine en une ligne* dans le sens des angles obtus de la base (cette forme est très-commune).

c. L'*octaèdre irrégulier* (*a* ou *b*), *tronqué sur les bords obtus de la base commune*.

d. Le cristal *c portant sur chacun des angles de la base commune un biseau dont les faces sont placées sur les bords latéraux des pyramides*.

e. Le cristal *d* ayant en outre *le bord propre de chaque biseau, et les bords aigus de la jointure commune tronqués* (**).

Les faces des cristaux sont *lisses* et *éclatantes* à l'intérieur : le vitriol de plomb est *éclatant*; c'est *l'éclat du verre*.

La cassure est *compacte*.

(*) Il s'agit ici des angles que forment les faces d'une pyramide sur celles de l'autre. Ils sont de 109° 18', et de 78° 28', d'après le citoyen Haüy. (*Voyez* le tome 1 de cet ouvrage, page 92, dans la note.)

(**) Cette forme peut être considérée comme *un prisme court à 8 faces, dont deux plus larges, terminé à chaque extrémité par un pointement à 4 faces placées sur les 4 faces latérales, les angles terminaux du prisme qui correspondent aux bords latéraux du pointement étant tronqués*.

Il est *translucide*; — *demi-dur*, passant au *tendre*; — *facile à casser*; — *pesant*.

VITRIOL DE PLOMB NATIF.

Pes. spéc. 3,2150. LAMÉTHERIE.

Caractères chimiques.

Le vitriol de plomb se réduit très-facilement en plomb métallique par la simple exposition à la flamme d'une bougie.

REMARQUE.

Ce minéral a été trouvé dans l'île d'Anglesey; il est disséminé sur une mine de fer brune, mélangée de pyrites cuivreuses. C'est M. Withering qui l'a fait connaître le premier. Il a été analysé par Klaproth, et reconnu pour un vitriol ou sulfate de plomb natif. C'est encore un minéral assez rare. M. Proust l'a aussi trouvé en Espagne, dans les mines de l'Andalousie. (*Journ. de Phys.* 1787, tome 1, page 394.)

DIXIÈME ESPÈCE.

BLEYERDE. — LE PLOMB TERREUX.

PLUMBUM OCHRACEUM ARGILLIFORME.

Id. Emm. T. 2, p. 406, 409 et 412. — Wid. p. 867. — Lenz, T. 2, p. 226 et suiv. — M. L. p. 503 et suiv. — *Earthy lead ore*, Kirw. T. 2, p. 105.

M. Werner formait autrefois trois espèces de plomb terreux, le rouge, le gris, le jaune; il les a réunies depuis sous une seule espèce, qu'il partage en deux sous-

PLOMB TERREUX.

espèces, *friable* et *endurci*. C'est ainsi qu'elles ont été indiquées dans le tableau de classification du premier volume. On va suivre la même distribution dans leur description. On m'a cependant assuré qu'il avoit fait dernièrement un nouveau changement, qui consiste en ce qu'il a rétabli comme sous-espèces les trois subdivisions anciennes, rouge, gris et jaune. Au reste, cela ne peut influer sur les descriptions suivantes.

Ire. SOUS-ESPÈCE.

ZERREIBLICHE BLEYERDE. — LE PLOMB TERREUX FRIABLE.

Plumbum ochraceum argilliforme friabile.

Caractères extérieurs.

SA couleur est tantôt le *jaune de soufre* ou le *jaune d'ocre*, tantôt le *gris jaunâtre* ou le *gris de fumée*, tantôt le *rouge brunâtre*.

Le plomb terreux friable est composé de *parties pulvérulentes*, *fines*, *mattes*, le plus souvent *incohérentes*.

Il est *tachant*; — *maigre au toucher*; — *assez pesant*.

REMARQUES.

Le plomb terreux friable se rencontre en plusieurs endroits; le jaune se trouve dans la mine d'Isaac, près de Freyberg en Saxe; quelquefois à la Croix en Lorraine, en Écosse, en Pologne et en Sibérie; le gris se trouve à Bleystadt et Mies en Bohême, à Zschopau et Freyberg en Saxe, à Tarnowitz en Siléſie; enfin, la variété rouge à Kall dans le duché de Julliers. PLOMB TERREUX.

Il se rencontre toujours, ou à la surface, ou dans de petites cavités d'autres minéraux, surtout des autres mines de plomb.

IIᵉ. SOUS-ESPÈCE.

FESTE BLEYERDE. — LE PLOMB TERREUX ENDURCI.

Plumbum ochraceum argilliforme indratum.

Verhartete bleyerde, Wid. p. 868.

Caractères extérieurs.

SA couleur présente les mêmes variétés que la sous-espèce précédente.

On le trouve *en masse* et *disséminé.*

Il est *mat*, néanmoins il présente souvent des petits points brillans qui paraissent provenir d'un mélange de plomb blanc.

Sa cassure est communément *inégale*, *à petits grains* ou *à grains fins*, ou quelquefois elle passe à la cassure *terreuse.*

Ses fragmens sont *indéterminés*, *à bords obtus.*

Il est *opaque.*

La couleur de sa raclure est toujours un peu *plus claire.*

Il est *tendre*, passant quelquefois au *très-tendre*

PLOMB TERREUX.

et même au *friable* ; — il est *maigre au toucher* ; — *pesant.*

Caractères chimiques.

Le plomb terreux, en général, se réduit facilement au chalumeau, en donnant une scorie noirâtre ; il fait toujours un peu d'effervescence avec les acides.

Il paraît que c'est une argile plus ou moins mélangée d'oxide de plomb et d'un peu d'oxide de fer. On n'en a pas encore donné d'analyse exacte ; d'ailleurs, il est probable qu'elle varierait beaucoup dans ses résultats.

REMARQUES.

Le plomb terreux endurci se rencontre en plusieurs endroits : la variété jaune a été trouvée à Andreasberg et Zellerfeld au Hartz, à la Croix en Lorraine, en Sibérie, dans le Derbyshire, etc. ; la variété grise a été trouvée à Johann-Georgen-Stadt en Saxe, à Zellerfeld au Hartz, à Eichelberg dans le palatinat ; en Pologne, en Bavière, en Silésie, etc. : enfin, la variété rouge a été trouvée à Kall dans le duché de Julliers.

La variété grise se rencontre tantôt dans des filons, tantôt en petites couches alternantes avec de l'argile et de la galène ; à Eichelberg, elle est disséminée dans du grès : les deux autres se trouvent disséminées, soit dans d'autres mines de plomb, soit dans de l'argile.

APPENDICE.

Quelques minéralogistes ont cité du *plomb corné* ou

muriate de plomb natif; mais il ne paraît pas jusqu'ici que son existence ait été suffisamment constatée. PLOMB TERREUX.

Quant au *plomb natif*, on a prétendu en avoir trouvé en plusieurs endroits ; mais il a été reconnu que tous ces plombs natifs étaient des produits d'une fusion artificielle. Ils se sont presque toujours rencontrés dans le voisinage de quelqu'ancienne fonderie. Cependant M. Ratké, savant Danois, en a trouvé dans les laves de l'île de Madère ; il est en petites masses contournées qui ont la densité, la ductilité et tous les autres caractères du plomb métallique. On peut donc regarder ce dernier comme étant véritablement l'ouvrage de la nature, et dès-lors on ne peut plus refuser au *plomb natif* une place dans la nomenclature oryctognostique. (*Extrait du Traité de Min. de Haüy, tom.* 3, *pag.* 453.)

HUITIÈME GENRE.

LE GENRE ÉTAIN.

PREMIÈRE ESPÈCE.

ZINNKIES. — LA PYRITE D'ÉTAIN OU L'ÉTAIN PYRITEUX.

STANNUM MINERALISATUM PYRITACEUM.

Id. Emm. T. 2, p. 418. — Wid. p. 875. — Lenz, T. 2, p. 236. — *Tin pyrites*, Kirw. T. 2, p. 200. — *Or massif natif*, D. B. T. 2, p. 250. — *Étain sulfuré*, *ibid.* — *Id.* Lam. T. 1, p. 279. — *Id.* Haüy, T. 4, p. 154.

Caractères extérieurs.

SA couleur est un *gris d'acier* qui passe toujours plus ou moins au *jaune de laiton* ou au *jaune de bronze*.

On ne l'a trouvé jusqu'ici qu'*en masse* ou *disséminé*.

A l'intérieur, il est *éclatant* ou *peu éclatant*, d'un *éclat métallique*.

Sa cassure est *inégale*, à grains de différentes grosseurs, quelquefois *conchoïde*, *à petites cavités* : en quelques endroits elle paraît devenir un peu *lamelleuse*.

Ses fragmens sont *indéterminés*, *à bords assez obtus*.

Il est *demi-dur*, passant au *tendre*; — *aigre*; —*facile à casser*; —*pesant*. ÉTAIN PYRITEUX.

Pes. spéc. 4,350, d'après KLAPROTH.

Parties constituantes.

Étain	34	KLAPROTH.
Soufie	25	
Cuivre	36	
Fer	3	
Substances pierreuses	2	
	100	

Caractères chimiques.

L'étain pyriteux, traité au chalumeau, donne une odeur sulfureuse, et se fond facilement en une scorie noirâtre sans se réduire.

Il communique une couleur jaune au verre de borax.

REMARQUES.

L'étain pyriteux a été trouvé à Wheal-Rock, dans le Cornouailles, dans un filon d'environ neuf pieds d'épaisseur, composé principalement de pyrites cuivreuses.

Cette substance minérale est encore très-rare. On a prétendu en avoir trouvé en Sibérie : on en avait même envoyé à Bergmann, qui en fit l'analyse; mais on a reconnu depuis que ce sulfure d'étain était artificiel.

SECONDE ESPÈCE.

ZINNSTEIN. — LA PIERRE D'ÉTAIN OU LA MINE D'ÉTAIN COMMUNE.

STANNUM OCHRACEUM ANDROGYNEUM.

Id. Emm. T. 2, p. 420. — Wid. p. 880. — Lenz, T. 2, p. 231. — W. P. T. 1, p. 171. — M. L. p. 505. — *Stannum arsenico et ferro mineralisatum*, Wall. T. 2, p. 319 et suiv. — *Common tin stone*, Kirw. T. 2, p. 197. — *Oxide d'étain*, Lam. T. 1, p. 274. — *Étain vitreux*, D. B. T. 2, p. 238. — *Étain oxidé*, Haüy, T. 4, p. 137.

Caractères extérieurs.

SA couleur ordinaire est le *noir brunâtre*, qui passe au *brun de gérofle*, au *brun noirâtre*, *rougeâtre* ou *jaunâtre*, quelquefois au *jaune de vin*, au *gris de fumée*, au *gris jaunâtre*, et jusqu'au *blanc grisâtre* : il y a une variété d'un *rouge de sang*, mais qui pourrait bien n'être pas naturelle : il paraît qu'elle doit sa couleur à l'action du feu.

On la trouve souvent *en masse* : le plus souvent elle est *disséminée en parties assez fines*, quelquefois en *morceaux arrondis* ou *en grains*, et très-souvent *cristallisée*. Ses formes sont :

a. Le *prisme à 4 faces*, *rectangulaire*, *terminé par un pointement à 4 faces placées sur les faces latérales*.

b. Le cristal *a*, *tronqué*, soit *sur ses bords latéraux*, soit *sur ses bords terminaux*, soit *sur ses angles*, soit enfin *sur les bords latéraux du pointement*.

MINE D'ÉTAIN COMMUNE.

c. Le cristal *a*, *portant un biseau sur ses bords latéraux* (quelquefois le *bord du biseau est tronqué*).

d. Le *prisme à 4 faces, rectangulaire, terminé par un pointement à 8 faces placées deux à deux sur les faces latérales*, et s'y réunissant *sous un angle très-obtus : le sommet de ce pointement est remplacé par un autre pointement à 4 faces, qui correspondent aux bords latéraux obtus du premier pointement.*

e. Le cristal *d*, dans lequel *les bords latéraux du second pointement sont tronqués.*

f. Le *prisme à 4 faces, rectangulaire, terminé par un pointement à 4 faces placées sur les bords latéraux:* les *bords latéraux du prisme* sont souvent *tronqués* ou *remplacés par un biseau.*

g. Le cristal précédent *ayant les bords entre les faces latérales du prisme et celles du pointement, tronqués.*

h. La *pyramide à 4 faces, double, parfaite* ou l'*octaèdre parfait* (il est très-rare).

i. L'*octaèdre parfait, tronqué sur les bords de la base commune ;* les *bords de la troncature* sont aussi quelquefois *tronqués :* cette forme rentre dans la variété *a.*

k. Le *prisme à 8 faces ayant ses bords terminaux tronqués.*

l. Un *cristal double*, composé de deux cristaux *i*,

MINE D'ÉTAIN COMMUNE.

engagés l'un dans l'autre obliquement par un de leurs sommets, de manière à former d'un côté un angle rentrant : c'est ce qu'on a appelé *visirgraupen* (*).

Les cristaux varient beaucoup en grandeur, quelquefois *très-petits*, rarement *grands*, presque toujours *grouppés* ensemble au milieu de leur gangue, souvent assez confusément.

La surface des cristaux est le plus souvent *lisse*, plus rarement *striée*, tantôt *éclatante*, tantôt *très-éclatante*.

A l'intérieur, la mine d'étain commune est *éclatante* ou souvent *peu éclatante*; c'est un éclat qui varie entre l'*éclat vitreux* et l'*éclat gras*.

Sa cassure est le plus souvent *inégale*, *à petits grains* ou *à grains fins*; mais elle passe tantôt à la cassure *conchoïde*, tantôt à la cassure *lamelleuse*.

Ses fragmens sont *indéterminés*, à *bords peu aigus*.

Elle est souvent composée de *pièces séparées*, qui sont *grenues*, *à gros grains* ou *à petits grains*, rarement *testacées*.

Elle varie depuis l'*opaque* jusqu'au *demi-diaphane*; elle donne une raclure d'un *gris clair*.

(*) La mine d'étain commune se présente très-souvent en cristaux doubles. C'est le plus ordinairement la variété *i* qui se trouve ainsi maclée; mais presque toutes les autres ont été également observées dans des cristaux doubles.

Elle

MINE D'ÉTAIN COMMUNE.

Elle est *dure ; — aigre ; — facile à casser ; — froide au toucher ; — très-pesante.*

Pes. spéc. 6,300 à 6,989, GELLERT.

Caractères chimiques.

La mine d'étain commune pétille et éclate au chalumeau, perd sa couleur, et se réduit en partie à l'éclat métallique, surtout en la traitant sur un support de charbon.

Parties constituantes.

Klaproth a analysé la mine d'étain d'Alternon dans le Cornouailles, et l'a trouvée composée de

Étain	77,50
Fer	0,25
Silice	0,75
Oxigène	21,50
	100

Usage.

La mine d'étain commune est exploitée pour en extraire l'étain : c'est la seule substance minérale d'où l'on retire ce métal.

L'étain est un des métaux les plus utiles, à raison de ce qu'il résiste assez bien à l'altération, et de ce que, lorsqu'il est oxidé, il n'a pas d'action nuisible sur l'économie animale, comme le cuivre et le plomb ; aussi l'emploie-t-on principalement à la construction de différens ustensiles de ménage, et

MINE D'ÉTAIN COMMUNE.

à recouvrir les vases de cuivre et de fer, destinés à un usage domestique.

On le mêle avec le cuivre dans la fabrication des cloches, cet alliage étant plus dur et plus sonore que le cuivre même. L'étain est encore employé à l'état d'oxide dans la teinture et dans d'autres arts chimiques; enfin, l'étamage des glaces n'est peut-être pas un des usages les moins précieux de ce métal.

Gissement et localités.

La mine d'étain commune se trouve en quelques endroits de la Saxe, de la Bohême, de l'Angleterre et aux Indes orientales; elle y est souvent en grandes masses qui sont exploitées très-avantageusement, et néanmoins on peut dire en général que c'est un minéral assez rare, en ce qu'il est très-peu répandu dans la nature, et qu'il y a des pays entiers, tels que la France entr'autres, où on en trouve à peine quelques traces.

C'est principalement dans les montagnes primitives et surtout dans les roches de granit, de gneis, de schiste micacé et de porphyre, que l'on trouve la mine d'étain commune, soit en masse, soit en filons, soit même disséminée dans les couches de la montagne, ou y formant des couches particulières.

Les montagnes stratiformes ou secondaires ne contiennent point de mine d'étain, mais on la rencontre assez fréquemment dans les terrains d'alluvion. MINE D'ETAIN COMMUNE.

La mine d'étain des montagnes primitives est ordinairement accompagnée de quartz, de mica, de lithomarge, de talc, de stéatite, de spath fluor, de chlorite, de topase, d'apatite, de wolfram, etc.

Remarques.

Ce que l'on a appelé *zinnspath*, *weisszinnerz*, *weisse-zinngraupen*, *étain spathique* ou *étain blanc*, est une substance d'un blanc grisâtre, qui accompagne quelquefois la mine d'étain, et dans laquelle on a découvert une nouvelle substance métallique connue sous les noms de *tungstène* ou de *schéelin* : il en sera question ci-après.

Les mineurs allemands se servent de plusieurs noms pour distinguer les minerais d'étain. *Zinnstein* désigne proprement la mine en masse ; *zinnzwitter*, celle disséminée dans la roche ; *zinngraupen*, la mine en cristaux ; et enfin *zinnsand* ou *seifenzinn*, la mine en grains, qui se trouve dans les ravins et les terrains d'alluvion.

TROISIÈME ESPÈCE.

KORNISCHES-ZINNERZ. — LA MINE D'ÉTAIN GRENUE OU L'ÉTAIN GRENU.

STANNUM OCHRACEUM CORNUBIENSE.

Id. Emm. T. 2, p. 427. — W. P. T. 1, p. 183. — *Holz-zinn*, Wid. p. 877. — *Id.* Lenz, T. 2, p. 234. — *Woodtin ore*, Kirw. T. 2, p. 198. — *Mine d'étain ferrugineuse*, Lam. T. 1, p. 281. — *Étain limoneux*, D. B. T. 2, p. 248. — *Mine d'étain mamelonnée ou en stalactites*, R D. L. T. 3, p. 428. — *Etain oxidé concrétionné*, Haüy, T. 4, p. 147.

Caractères extérieurs.

SA couleur est un *brun de cheveux*, tantôt *clair*, tantôt *foncé*, qui passe quelquefois au *gris jaunâtre* ou presqu'au *jaune isabelle:* un même morceau réunit quelquefois plusieurs de ces couleurs en petites *bandes parallèles* un peu *courbes*.

On ne l'a trouvé jusqu'ici qu'en petits morceaux, soit *arrondis*, soit encore un peu *anguleux :* quelques-uns néanmoins conservent leur forme première, qui est *réniforme ;* mais ils sont très-rares.

Leur surface extérieure est un peu *rude*, et communément *peu éclatante*.

A l'intérieur, l'étain grenu n'est que *brillant;* c'est un *éclat ordinaire*, un peu *soyeux*.

Sa cassure est *fibreuse*, *à fibres droites très-fines*, et le plus souvent *divergente en faisceaux*.

Ses fragmens sont tantôt *indéterminés*, tantôt *esquilleux* ou *cunéiformes*. ÉTAIN GRENU.

Il est communément composé de *pièces séparées*, qui sont *grenues*, à *gros* et *très-gros grains*, et ayant leurs surfaces *miroitantes* : celles-ci sont souvent de nouveau composées de *pièces séparées*, *testacées*, *minces*, *concentriques*; quelquefois aussi il ne présente pas en pièces séparées.

Sa *raclure* est d'un *gris jaunâtre*.

Il est *dur*, néanmoins un peu attaqué par la lime; — *aigre*; — *facile à casser*; — *très-pesant*.

Pes. spéc. BRUNNICK, 5,800. KLAPROTH, 6,450.

Caractères chimiques.

L'étain grenu, traité au chalumeau, devient d'abord d'un rouge brunâtre, puis pétille et éclate assez fortement; mais il est infusible et irréductible, soit sans addition, soit avec le borax.

Parties constituantes.

Klaproth a analysé l'étain grenu, et l'a trouvé composé de 63 parties d'étain, avec du fer et de l'arsenic.

Gissement et localités.

On n'a encore trouvé ce minéral que dans le Cornouailles, dans les paroisses de Colomb, Saint-Denis et Roach. Il s'y rencontre dans un terrain

ÉTAIN GRENU.

d'alluvion, et paraît avoir été déposé à la manière des stalactites; il est accompagné de mine d'étain commune.

Remarques.

L'hématite brune a beaucoup de ressemblance avec l'étain grenu, mais on peut l'en distinguer facilement par plusieurs de ses caractères extérieurs, et surtout par sa pesanteur spécifique, celle de l'étain grenu surpassant de beaucoup celle de l'hématite.

On lui a donné les noms de *holz-zinn*, *woodtin* ou *étain ligniforme*, en raison de ce que sa contexture fibreuse ressemble assez à celle du bois.

Appendice.

Quelques minéralogistes ont parlé d'un *étain natif*; mais on est fort en droit de soupçonner que cet étain, qu'on a cité comme tel, était un produit de l'art. En effet, celui trouvé dans le Cornouailles était presqu'à la surface de la terre. Celui annoncé, il y a quelques années, en France, dans le département de la Manche, a été reconnu comme étant le résidu de quelque travail métallurgique. Quant à l'étain natif trouvé en Bohême, dans une mine d'étain, au milieu d'une gangue pierreuse, il paraissait plus difficile de ne pas le regarder comme produit par la nature; néanmoins on a eu lieu de soupçonner qu'il a été déposé par la fusion d'un peu de mine d'étain, occasionnée par les feux qu'on allumait autrefois dans la mine pour attendrir la roche, comme on le fait souvent encore aujourd'hui.

NEUVIÈME GENRE.

LE GENRE BISMUTH.

PREMIÈRE ESPÈCE.

GEDIEGEN WISMUTH. — LE BISMUTH NATIF.

WISMUTHUM NATIVUM.

Id. Emm. T. 2, p. 434. — Wid. p. 887. — Lenz, T. 2, p. 239. — W. P. T. 1, p. 183. — M. L. p. 513. — *Wismuthum nativum*, Wall. T. 2, p. 205. — *Native bismuth*, Kirw. T. 2, p. 264. — *Bismuth natif*, D. B. T. 2, p. 214. — *Id.* Lam. T. 1, p. 331. — *Id.* Haüy, T. 4, p. 184.

Caractères extérieurs.

SA couleur est un *blanc d'argent*, qui tire toujours plus ou moins vers le *rouge*; sa surface est communément *bigarrée* (*gorge de pigeon* ou rarement *queue de paon*) : on le trouve très-rarement *en masse*; le plus souvent il est *disséminé* ou *superficiel*, *en barbe de plume* (*feder wismuth*), ou tricoté, ou très-rarement *cristallisé*.

Ses formes sont :

a. De très-petites tables à 4 faces.

b. De très-petits cubes.

A l'extérieur comme à l'intérieur, il est *éclatant* ou *très-éclatant*; c'est *l'éclat métallique*.

BISMUTH NATIF.

Sa cassure est *parfaitement lamelleuse*, *à lames droites*, quelquefois un peu *rayonnée*.

Ses fragmens sont *indéterminés*, *à bords peu aigus*: il est communément composé de *pièces séparées*, *grenues*, *à petits grains*, rarement *à gros grains*.

Il est *tendre*; — *assez doux*, presque *ductile*; — assez *difficile à casser*; — *très-pesant*.

Pes. spéc. du bismuth fondu, 9,670 à 9,822.

Caractères chimiques.

Le bismuth natif fond très-facilement à une très-faible chaleur, souvent à la flamme d'une bougie; il se réduit au chalumeau très-promptement, sur-tout si on le traite sur un support de charbon; mais si l'on pousse le feu, il se volatilise entiérement, et laisse une espèce de fumée blanchâtre sur le charbon.

Il se dissout très-bien dans l'acide nitrique avec effervescence; mais si on ajoute de l'eau, il s'en précipite sous la forme d'une poussière blanche.

Parties constituantes.

Le bismuth natif est du bismuth pur; cependant il est souvent allié d'un peu de cobalt et d'arsenic (*).

(*) C'est ce qui a donné lieu à plusieurs minéralogistes de faire une espèce particulière sous le nom de *bismuth arsenical*.

Usage.

On extrait quelquefois le bismuth du minerai qui contient le bismuth natif : ce métal est trop peu employé pour qu'il puisse donner lieu à une exploitation importante : on s'en sert quelquefois pour souder, pour étamer les glaces, pour affiner l'or et l'argent. Il entre à l'état d'oxide dans la composition du fard blanc et de l'encre sympathique.

Gissement et localités.

Le bismuth est un des métaux les plus rares dans la nature ; c'est à l'état de bismuth natif qu'il se présente le plus souvent : le kupfernikel, le cobalt blanc, le cobalt gris l'accompagne ordinairement ; quelquefois la blende noire, l'argent natif et rarement la galène ; le quartz, le spath calcaire et le spath pesant lui servent de gangue ; il n'a été trouvé jusqu'ici que dans les montagnes primitives, en filons ; cependant on en a cité disséminé dans une wacke, mais c'était très-probablement une wacke en filon.

On trouve du bismuth natif en Bohême (Joachims-Thal), en Saxe (Freyberg, Marienberg, Annaberg, Johann-Georgen-Stadt), à Biber, dans le pays de Hanau ; à Wittichen et Reinerzau, en Suabe, en Suède, en Transilvanie, en France dans les mines de Bretagne, etc.

SECONDE ESPÈCE.

WISMUTH GLANZ. — LA GALÈNE DE BISMUTH OU LE BISMUTH SULFURÉ.

WISMUTHUM MINERALISATUM GALENARE.

Id. Emm. T. 2, p. 438. — Wid. p. 890. — Lenz, T. 2, p. 241. — W. P. T. 1, p. 187. — M. L. p. 516. — *Galena wismuthi*, Wall. T. 2, p. 206. — *Minera wismuthi cinerea..... versicolor..... martialis*, *id.* p. 207 et 208. — *Sulphurated bismuth*, Kirw. T. 2, p. 266. — *Bismuth sulfuré*, D. B. T. 2, p. 217. — *Id.* Lam. T. 1, p. 333. — *Id.* Haüy, T. 4, p. 190.

Caractères extérieurs.

SA couleur tient le milieu entre le *gris de plomb* et le *blanc d'étain* ; sa surface est quelquefois *jaunâtre* ou *bigarrée.*

On le trouve, ou *en masse*, ou *disséminé*, ou plus rarement *en petits cristaux prismatiques subulés*, le plus souvent *implantés.*

A l'intérieur, il est tantôt *éclatant*, tantôt *très-éclatant* ; c'est un *éclat métallique*

Sa cassure est *rayonnée*, à *rayons larges* ou *étroits*; elle passe quelquefois à la cassure *lamelleuse.*

Ses fragmens sont *indéterminés*, à *bords peu aigus.*

Il se présente quelquefois *en pièces séparées*, *gre-*

nues, alongées, à gros grains ou *à petits grains.* (La cassure est alors lamelleuse.) BISMUTH SULFURÉ.

Il est *un peu tachant; — très-tendre; — facile à casser; — assez doux; — pesant.*

Caractères chimiques.

Le bismuth sulfuré se fond au chalumeau très-facilement, en dégageant une odeur sulfureuse. Si on continue de chauffer, il se volatilise presqu'entiérement, sans qu'on puisse le réduire à l'état métallique.

Parties constituantes.

D'après l'analyse de Sage, le bismuth sulfuré est une combinaison de bismuth et de soufre avec un peu de fer : il contient environ 60 pour 100 de bismuth.

Gissement et localités.

Le bismuth sulfuré est très-rare; il est ordinairement accompagné de bismuth natif, et il a les mêmes gissemens.

On en trouve en Bohême (Joachims-Thal), en Saxe (Johann-Georgen-Stadt, Schwarzenberg, Altenberg), à Riddarhyttan en Suède.

REMARQUES.

L'argent molybdique, wasserblei-silber de Deborn, est, d'après Klaproth, un bismuth sulfuré ou peut-être un

BISMUTH SULFURÉ. bismuth natif, mélangé de soufre; car il contient 95 de bismuth sur 5 seulement de soufre.

On a donné le nom de *bismuth sulfureux* à une variété de bismuth natif, ainsi mélangé accidentellement d'un peu de soufre.

TROISIÈME ESPÈCE.

WISMUTH OKKER. — L'OCRE DE BISMUTH.

WISMUTHUM OCHRACEUM.

Id. Emm. T. 2, p. 440. — Wid. p. 891. — Lenz, T. 2, p. 243. — W. P. T. 1, p. 188. — M. L. p. 517. — *Ochra wismuthi*, Wall. T. 2, p. 209. — *Ocre de bismuth*, D. B. T. 2, p. 194. — *Oxide de bismuth*, Lam. T. 1, p. 332. — *Bismuth ochre*, Kirw. T. 2, p. 265.

Caractères extérieurs.

SA couleur est un *gris jaunâtre* qui passe quelquefois au *gris de cendre*, ou au *vert-serin*, ou au *jaune de paille.*

On la trouve très-rarement en *masse*, mais le plus souvent *disséminée* ou à la surface d'autres minéraux.

A l'intérieur, elle est toujours plus ou moins *brillante*; c'est un *éclat ordinaire.*

Sa cassure est, ou *inégale à grains fins*, ou très-souvent *terreuse.*

Ses fragmens sont *indéterminés*, à *bords assez obtus.*

Elle est *tendre*, souvent *très-tendre* et même *friable*; — *aigre*; — *facile à casser*; — *pesante*. OCRE DE BISMUTH.

Caractères chimiques.

Traitée au chalumeau sur un support de charbon, elle se réduit très-facilement à l'état métallique, et se comporte ensuite comme le bismuth natif. Elle fait effervescence avec les acides.

Gissement et localités.

Cette substance minérale est extrêmement rare. C'est principalement auprès de Schneeberg en Saxe qu'elle a été trouvée : elle s'y rencontre avec du bismuth natif, et à sa surface. On en a trouvé aussi à Joachims-Thal en Bohême, et en Suabe, mais plus rarement.

REMARQUES.

Ce minéral paraît être un oxide de bismuth, combiné avec un peu d'acide carbonique: on n'en a pas encore donné d'analyse plus exacte.

Il a été souvent confondu avec le *fer terreux vert*. (*Voyez* ci-dessus, page 290.) L'essai au chalumeau suffit pour les distinguer.

Deborn a décrit des cristaux cubiques d'un jaune verdâtre, qu'il rapporte à cette espèce. On s'est assuré que c'était de l'*urane micacé*.

DIXIÈME GENRE.

LE GENRE ZINC.

PREMIÈRE ESPÈCE.

BLENDE. — LA BLENDE.

ZINCUM MINERALISATUM BLENDA.

Id. Emm. T. 2, p. 443. — Wid. p. 893. — Lenz, T. 2, p. 245. — *Pseudo galena*, Wal. T. 2, p. 218 à 222. — *Blende*, Kirw. T. 1, p. 237. — *Blende*, D. B. T. 2, p. 157. — *Id.* Lam. T. 1, p. 314. — *Zinc sulfuré*, Haüy, T. 4, p. 167.

Werner et tous les minéralogistes allemands partagent l'espèce blende en trois sous-espèces, la blende jaune, la noire et la brune.

Ire. SOUS-ESPÈCE.

GELBE BLENDE. — LA BLENDE JAUNE.

Zincum mineralisatum blenda flava.

Id. Emm. T. 2, p. 443. — Wid. p. 898. — Lenz, T. 2, p. 245. — W. P. T. 1, p. 188. — M. L. p. 520.

Caractères extérieurs.

SA couleur est un *jaune de soufre foncé*, qui passe tantôt au *vert-olive* ou au *vert d'asperge*, tantôt au *rouge-hyacinthe* ou au *rouge-brunâtre*.

On la trouve, ou *en masse*, ou *disséminée*, ou quelquefois *cristallisée*; mais ses cristaux sont toujours grouppés très-confusément, en sorte qu'il est difficile de déterminer leur forme. Cependant elle paraît être le *cube* ou l'*octaèdre tronqué sur les angles* ou *les bords*. (*Voyez* d'ailleurs les sous-espèces suivantes.) BLENDE.

La surface des cristaux est *lisse*, et communément *très-éclatante* ou même *miroitante*, quelquefois néanmoins *peu éclatante*.

A l'intérieur, la blende jaune est toujours *très-éclatante*; c'est un éclat qui tient de l'*éclat du diamant*, et passe à l'*éclat vitreux*.

Sa cassure est parfaitement *lamelleuse*, *à lames droites*, dans six directions différentes. (*Clivage sextuple.*)

Ses fragmens sont communément *indéterminés*, *à bords assez aigus*, ou très-rarement ils affectent la forme *dodécaèdre* (*).

Elle se présente communément en *pièces séparées*, *à gros* et *très-gros grains*, rarement *à petits grains*.

Elle n'est le plus souvent que *translucide*, mais quelquefois aussi *demi-diaphane* et même *diaphane*.

(*) C'est le résultat du clivage complet, dont il vient d'être parlé. On peut aussi, en supprimant certains clivages, obtenir des rhomboïdes, des octaèdres et des tétraèdres. (*Voyez* Haüy, tome 4, page 178.)

BLENDE. Elle donne une *raclure* d'un *gris jaunâtre* passant au *vert*.

Elle est *demi-dure ; — aigre ; — facile à casser ; — pesante.*

Pes. spéc. 4,044, GELLERT. 4,1665, HAUY.

Caractères chimiques.

La blende jaune pétille au chalumeau, devient un peu grisâtre ; mais on ne peut la fondre, pas même avec le borax.

Parties constituantes.

Zinc	64	Blende de Scharfenberg, d'après BERGMANN.
Soufre	20	
Fer	5	
Acide fluorique	4	
Eau	6	
Silice	1	
	100	

Caractères physiques.

La plupart des variétés de blende jaune deviennent phosphorescentes par le frottement, dans l'obscurité, et dégagent une odeur hépatique.

Gissement et localités.

La blende jaune se trouve en Saxe, en Bohême, au Hartz, en Norwége, en Transilvanie, en Hongrie.

Elle

Elle est presque toujours accompagnée de galène, de fahlerz, de pyrites, de quartz et de spath calcaire, quelquefois d'argent natif ou d'argent vitreux. BLENDE.

La blende jaune est plus rare que les sous-espèces suivantes ; elle passe quelquefois à la blende brune.

IIe. SOUS-ESPÈCE.

BRAUNE BLENDE. — LA BLENDE BRUNE.

Zincum mineralisatum blenda bruna.

Id. Emm. T. 2, p. 447. — Wid. p. 896. — Lenz, T. 2, p. 247. — W. P. T. 1, p. 191. — M. L. p. 521.

Caractères extérieurs.

SA couleur est un *brun-rougeâtre* ou *jaunâtre*, qui passe quelquefois, soit au *rouge-hyacinthe* ou au *rouge-brunâtre*, soit au *brun-noirâtre* ; sa surface est quelquefois *bigarrée.*

On la trouve *en masse* ou *disséminée*, ou quelquefois *cristallisée* ; ses formes sont :

a. La *pyramide à 3 faces*, *simple*, *ayant quelquefois des faces convexes* ; elle a souvent ses *angles tronqués.*

b. L'*octaèdre*, ou *parfait*, ou ayant ses *bords* ou ses *angles tronqués.*

c. Le *prisme à 4 faces*, *rectangulaire*, *terminé*

BLENDE. *à son extrémité par un pointement à 4 faces placées sur les bords latéraux* (*).

(*) On reconnaît facilement dans cette forme, le dodécaèdre rhomboïdal, qui est la forme primitive de la blende. J'en ai conservé la description telle que je l'ai trouvée dans Emmerling; mais on aurait pu considérer cette forme autrement, ainsi qu'il a été fait, pour la même forme, dnas le grenat (t. 1, p. 194). On aurait pu l'indiquer comme étant — *un prisme à six faces, terminé à chaque extrémité par un pointement obtus à trois faces placées sur les bords latéraux en alternant, trois de ces bords latéraux supportant le pointement supérieur, et les trois autres le pointement inférieur.* — Je préfère cette description, parce qu'elle conduit à celle d'une forme un peu compliquée, dont les auteurs allemands n'ont point parlé, quoiqu'elle soit assez ordinaire à la blende, et qu'elle ait été décrite par Romé de Lisle (t. 3, p. 69 et 70, et pl. 1, fig. 29 et 30). Le cit. Haüy l'a aussi parfaitement développée (t. 4, p. 171 et suiv., fig. 198 et 199). Je vais tâcher de la faire sentir, en employant la méthode descriptive de M. Werner. On verra qu'elle ne diffère de la forme ci-dessus (quant à la forme principale), que par la position des pointemens qui correspondent *aux mêmes bords latéraux.* C'est pour cela que le cit. Haüy a donné à cette variété le nom de *transposée.*

Prisme à six faces, terminé à chaque extrémité par un pointement obtus à trois faces placées sur 3 bords latéraux en alternant, les mêmes bords supportant l'un et l'autre pointement. Cette forme a 12 *bords tronqués;* savoir: 1°. *les 3 bords latéraux du prisme, qui ne supportent pas les pointemens;* 2°. *les 3 bords latéraux d'un des pointemens, et,* 3°. *les 6 bords de jointure du second pointement avec le prisme.* Chaque troncature est un triangle isocèle fort aigu; la base

Les cristaux sont quelquefois de *moyenne grandeur*, souvent aussi *petits* et *très-petits*, communément *grouppés* très-confusément. BLENDE.

A l'extérieur, ils sont *éclatans* ou *très-éclatans*, rarement *peu éclatans*; la surface est alors *drusique*.

A l'intérieur, la blende brune varie depuis le *très-éclatant* jusqu'au *peu éclatant*, et même au *peu brillant*; c'est un éclat entre l'*éclat vitreux* et l'*éclat gras*.

Sa cassure est toujours *lamelleuse*, *à lames droites*, rarement *à lames courbes*; dans six directions différentes (*clivage sextuple*).

Ses fragmens sont le plus souvent *indéterminés*, *à bords assez aigus*, mais quelquefois ils tendent à la forme *dodécaèdre*. (*Voyez* la note sur cet objet, à la première sous-espèce.)

---

de celles du prisme correspond à la base de celles des bords latéraux du pointement, et les bases des 6 troncatures sur la jointure du second pointement, se joignent deux à deux sur les bords du prisme, qui sont tronqués.

Il y a des cristaux de cette forme, qui ont en outre 4 troncatures; savoir : une sur le sommet du pointement dont les bords latéraux ne sont point tronqués, et une sur les 3 angles des bords latéraux du prisme, qui supportent l'autre pointement. Ces troncatures sont des triangles équilatéraux.

J'ai joint cette forme aux cristaux de blende brune, parce qu'elle avait quelque rapport avec le dodécaèdre qui y était indiqué; mais elle appartient, je crois, plus ordinairement aux cristaux de blende noire.

BLENDE. Elle se présente quelquefois en *pièces séparées*, *grenues*, à grains de différentes grosseurs.

Elle est communément *translucide*, au moins *sur les bords*, quelquefois *opaque*; les cristaux seuls sont *diaphanes*.

Elle donne une raclure d'un *gris-jaunâtre* passant au *brun*.

Elle est *demi-dure*, passant au *tendre*; — *aigre*; — *facile à casser*; — *pesante*.

Pes. spéc. 4,000, GELLERT.

Caractères chimiques.

Elle se comporte, au chalumeau, comme la sous-espèce précédente.

Parties constituantes.

Zinc	44	Blende de Sahlberg en Suède, d'après BERGMANN.
Soufre	17	
Fer	5	
Silice	24	
Argile	5	
Eau	5	
	100	

Gissement et localités.

La blende brune se trouve en Saxe, en Bohême, au Hartz, en Suède, en Hongrie, en Transilvanie, en Angleterre, en France, etc. Elle est accompagnée ordinairement de galène, de pyrites, de fahlerz, ou plus rarement de fer spathique, d'argent natif et d'argent vitreux; sa gangue est presque toujours le spath calcaire, le spath fluor et le spath pesant. BLENDE.

IIIe. SOUS-ESPÈCE.

SCHWARZE BLENDE. — LA BLENDE NOIRE.

Zincum mineralisatum blenda nigra.

Id. Emm. T. 2, p. 451. — Wid. p. 893. — Lenz, T. 2, p. 249. — W. P. T. 1, p. 193. — M. L. p. 523.

Caractères extérieurs.

SA couleur est tantôt le *noir parfait*, tantôt le *noir-brunâtre*; elle passe quelquefois au *rouge de sang*. A la surface et dans les fentes, elle est souvent *irisée* : on la trouve *en masse*, ou *disséminée*, ou *cristallisée*.

Ses formes sont :

a. La *pyramide à 3 faces*, *simple* (comme dans la sous-espèce précédente).

b. L'*octaèdre tronqué sur ses angles ou sur ses bords.*

c. Des *petits prismes en forme d'aiguille.* (*Voyez* les cristaux de la sous-espèce précédente.)

Les cristaux sont quelquefois de *moyenne grandeur*, tellement *grouppés*, qu'on a souvent beaucoup de peine à reconnaître leur forme.

Leur surface est communément *lisse* et *éclatante*, ou même *très-éclatante*.

BLENDE. A l'intérieur, la blende noire est *très-éclatante*, quelquefois seulement *éclatante* ; c'est un *éclat* qui tient de l'*éclat du diamant.*

Sa cassure est toujours plus ou moins *lamelleuse*, *à lames droites*, rarement *à lames courbes.* Il y a six sens de lames, comme dans les sous-espèces précédentes.

Ses fragmens sont *indéterminés*, *à bords assez aigus.*

Elle se présente en *pièces séparées*, *grenues*, *à grains de différentes grosseurs.*

Elle est le plus souvent *opaque*, ou rarement *translucide* (surtout la variété rouge).

Elle donne une raclure d'un *blanc-rougeâtre* tirant au *gris.*

Elle est *demi-dure*, passant au *tendre* ; — *aigre* ; — *facile à casser* ; — *pesante.*

Parties constituantes.

Zinc	45	D'après Bergmann.
Soufre	29	
Fer	9	
Plomb	6	
Silice	4	
Eau	6	
Arsenic	1	
	100	

C'est une blende de Danemora en Suède, que Bergmann a analysée. Il paraît que le plomb provient d'un peu de galène qui y était mélangée accidentellement, ainsi que la silice. BLENDE.

Pour les caractères chimiques, *voyez* ceux de la première sous-espèce.

Gissement et localités.

La blende noire se trouve en plusieurs endroits, en Saxe, en Bohême, en Bavière, au Hartz, en Norwége, en Hongrie, en Suède, en Angleterre, en France, etc. Elle est accompagnée communément de galène et de pyrites; souvent aussi de plusieurs espèces de mines d'argent, de fer spathique, de fer magnétique, de mine d'étain, etc. Sa gangue est la même que celle de la blende brune.

REMARQUES.

La blende est une substance minérale des plus communes dans les filons métalliques, mais néanmoins elle ne s'y rencontre jamais en assez grande abondance pour être exploitée. Aussi c'est de la calamine que l'on retire communément le zinc que l'on emploie dans le commerce; cependant on extrait aussi du zinc par sublimation, en traitant certaines galènes mélangées de blende pour en obtenir le plomb.

Le citoyen Hecht fils a décrit, dans le *Journal des Mines* (n°. 49, p. 13), une variété de zinc sulfuré ou blende, qui diffère totalement des sous-espèces précédentes, et dont je pense que l'on doit former une sous-espèce particulière que l'on pourrait appeler *blende compacte*. Je vais en donner ici une courte description, d'a-

BLENDE. près le Mémoire du citoyen Hecht, et d'après les échantillons qu'il a envoyés à Paris.

Caractères extérieurs. Sa couleur est *un noir de fer*, passant au *gris*. Il y a quelques parties *jaunâtres*. — On la trouve *en masses stalactiformes*, dont la surface supérieure est *tuberculeuse*, et l'inférieure est *cellulaire*. — Les surfaces naturelles sont *mattes*. — A l'intérieur, elle est *peu brillante* et presque *matte*; cependant il y a des parties qui sont *un peu éclatantes*. — Elle est composée de *pièces séparées, testacées, concentriques*. — La cassure (dans le sens des pièces séparées) est *conchoïde*; la cassure en travers est *fibreuse, à fibres très-minces, divergentes en faisceaux*. — Les fragmens sont *indéterminés, à bords assez aigus*. — Elle est *opaque*. — Sa raclure est d'un *brun rougeâtre*. — Elle est *demi-dure*; — *aigre*; — *cassante*; — *médiocrement pesante*. — *Pes. spéc.* 3,6344.

Caractères chimiques. La blende compacte, traitée au chalumeau sur un charbon, décrépite, jaunit, brûle avec une flamme bleue et une fumée blanche, et répand une odeur de gaz acide sulfureux. — Elle est composée, d'après l'analyse du citoyen Hecht, de 62 centièmes de zinc, 21 de soufre, 5 de plomb, 3 de fer, 2 d'alumine, 1 d'arsenic et 4 d'eau : il y a eu 2 centièmes de perte. — Lorsqu'on la gratte dans l'obscurité, elle n'est point phosphorescente comme la blende jaune, mais elle dégage comme elle l'odeur hépatique.

On serait tenté, au premier abord, de prendre cette substance pour certaines hématites, ou même, à la couleur près, pour une malachite. Le citoyen Hecht observe avec raison qu'elle a beaucoup de rapport avec un minéral trouvé à Raibel en Carinthie, qui n'est connu que par une note de M. Widenmann (Wid. p. 906), sur l'espèce calamine à laquelle il le rapporte. — Ce minéral est d'un *brun de foie*, passant au *brun rougeâtre* et au *gris de fumée*. — Il est *réniforme*, composé de *pièces séparées, testacées*. — Sa cassure est *fibreuse* ; — il est *mat* ou *très-peu brillant* ; — *opaque*, etc. — Il dégage une odeur hépatique quand on le traite avec l'acide nitrique. BLENDE.

La blende compacte a été trouvée dans le comté de Geroldseck en Brisgaw, dans un filon composé principalement de galène et de spath pesant. La partie du filon où elle se rencontre, est composée d'argile, au milieu de laquelle elle forme une couche de 3 à 6 centimètres (1 à 2 pouces) d'épaisseur.

SECONDE ESPÈCE.

GALMEI. — LA CALAMINE.

ZINCUM MINERALISATUM CALAMINA.

Werner partage cette espèce en deux sous-espèces, la calamine commune et la calamine lamelleuse.

Ire. SOUS-ESPÈCE.

GEMEINER GALMEI. — LA CALAMINE COMMUNE.

Zincum mineralisatum calamina vulgaris.

Id. Emm. T. 2, p. 454. — Lenz, T. 2, p. 250. — *Galmei*, Wid. p. 904. — *Lapis calaminaris*, Wall. T. 2. — *Compact calamine*, Kirw. T. 2, p. 234. — *Calamine*, D. B. T. 2, p. 168. — *Id.* Lam. T. 2, p. 322. — *Zinc oxidé concrétionné*, Haüy, T. 4, p. 159.

Caractères extérieurs.

SA couleur est un *blanc grisâtre*, *jaunâtre* ou *rou-*

CALAMINE. *geâtre*, ou le *blanc de lait*; quelquefois le *gris de fumée* ou le *gris de cendre*, le *jaune de paille* ou le *jaune d'ocre*; elle passe aussi au *brun jaunâtre*, ou très-rarement au *vert de montagne pâle*. Un même morceau réunit souvent plusieurs de ces couleurs.

On la trouve quelquefois *en masse* ou *disséminée*; le plus souvent elle est en morceaux *cellulaires*, *cariés*, *uviformes* ou *stalactiformes*, souvent aussi elle est *superficielle*.

Elle est *matte* à l'intérieur comme à l'extérieur.

Sa cassure est toujours *compacte*, tantôt *terreuse*, tantôt *inégale*, *à petits grains* et *à grains fins*, passant quelquefois à la cassure *esquilleuse*.

Ses fragmens sont *indéterminés*, *à bords assez obtus*.

Elle est quelquefois composée de *pièces séparées*, *testacées*, *courbes*, *minces*, *ondulées*. (Cette variété n'est pas commune.)

Elle est parfaitement *opaque*; elle varie depuis le *demi-dur* jusqu'au *friable*.

Elle est *facile à casser*; — *aigre*; — quelquefois *un peu tachante* (lorsqu'elle est très-tendre).

Elle est tantôt *pesante*, tantôt *médiocrement pesante*.

Caractères chimiques.

La calamine commune pétille et éclate au chalumeau lorsqu'on la chauffe trop rapidement. Elle est infusible par elle-même ; si on pousse le feu très-vivement, elle donne une flamme bleuâtre. CALAMINE.

Parties constituantes.

Oxide de zinc.........	84	D'après BERGMANN.
Silice................	12	
Fer...................	3	
Argile................	1	
	100	

Usage.

La calamine commune est employée lorsqu'elle a été purifiée et calcinée à la fabrication de laiton, qui est un alliage de zinc et de cuivre. On n'en retire presque jamais le zinc pur, dont les usages, dans les arts, sont très-peu nombreux. Cependant il est employé par les Chinois, sous le nom de *toutenague*. Sa propriété de brûler avec une flamme blanche très-éclatante le rend aussi fort utile dans la composition des fusées volantes et autres artifices (*).

Gissement et localités.

La calamine en général ne se rencontre que dans quelques montagnes stratiformes particulières, souvent en couches entières. Elle est presque toujours

(*) *Voyez* ci-dessus, p. 212, ce que l'on appelle *mine de laiton* naturelle.

CALAMINE. accompagnée d'ocre de fer, auquel elle paraît devoir ses variétés de couleurs, et très-souvent aussi de galène, de plomb blanc, de plomb noir, de mine de fer brune, de spath calcaire et d'argile endurcie.

La calamine commune se trouve en Bohême, en Pologne, en Bavière, au Tirol, en Carinthie, en Sibérie, en Westphalie, en Angleterre, en France, etc.

IIe. SOUS-ESPÈCE.

FLÆTTRIGER GALMEI. — LA CALAMINE LAMELLEUSE.

Zincum mineralisatum calamina lamellosa.

Id. Emm. T. 2, p. 458. — *Spathiger galmei*, Lenz, T. 2, p. 252. — *Zink spath*, Wid. p. 901. — *Striated calamine*, Kirw. T. 2, p. 236. — *Calamine*, Lam. T. 1, p. 322. — *Zinc oxidé cristallisé*, Haüy, T. 4, p. 161.

Caractères extérieurs.

SA couleur ordinaire est le *gris jaunâtre* ou le *gris de fumée*; quelquefois le *blanc grisâtre* ou *jaunâtre*, le *jaune isabelle* ou le *jaune d'ocre*, plus rarement le *blanc verdâtre* ou *bleuâtre*, ou le *brun rougeâtre*.

On la trouve rarement *en masse*, ou *disséminée*, ou *stalactiforme*; le plus souvent elle est *réniforme*, en *couche* (croûte) *superficielle drusique*, ou *cristallisée*.

Ses formes sont :

a. Des petites tables à 4 faces, rectangulaires, alongées, soit *parfaites*, soit *portant un biseau aigu sur les plus petites faces latérales*; souvent aussi les angles du biseau sont plus ou moins tronqués.

b. Des petits ou *très-petits cubes à faces plates* ou *convexes*, tantôt *parfaits*, tantôt *tronqués sur les angles* (*).

Les cristaux sont rarement *isolés*, mais le plus souvent réunis en *grouppes globuleux* ou *uviformes*, *en boules*, *en boutons* ou *en faisceaux*.

A l'extérieur, ils sont *éclatans*.

A l'intérieur, la calamine lamelleuse varie de l'*éclatant* au *brillant*; c'est un *éclat nacré*, qui tient un peu de l'*éclat vitreux*.

Sa cassure est communément *rayonnée*, à *rayons divergens*, *en étoiles* ou *en faisceaux*, quelquefois *lamelleuse* ou *inégale*, à *grains fins*.

Ses fragmens sont *indéterminés*, à *bords assez obtus*.

Elle paraît composée de *pièces séparées*, *grenues*; ce qui est l'effet de la réunion des cristaux.

(*) Quelques auteurs indiquent encore *la pyramide à trois faces, simple*; (?) *le prisme à six faces*, *la table à six faces*.... Ces deux derniers cristaux rentrent dans les précédens. On peut ajouter néanmoins le *prisme à six faces*, *dont deux plus larges*, *terminé de chaque côté par un biseau dont les faces sont placées sur les bords latéraux qui réunissent de chaque côté deux petites faces.*

CALAMINE. Elle n'est communément que *translucide*, souvent même seulement *sur les bords*; les cristaux néanmoins sont quelquefois *demi-diaphanes* ou *diaphanes*.

Elle est *demi-dure*; — passant au *dur*; — *aigre*; — *facile à casser*; — médiocrement *pesante*.

Pes. spéc. 3,5236, HAUY.

Caractères chimiques.

Elle blanchit au chalumeau sans pétiller, comme la calamine commune; mais elle est également infusible, soit sans addition, soit avec le borax: elle ne fait point effervescence avec l'acide nitrique, mais elle s'y dissout en gelée.

Parties constituantes.

Silice..................	52	D'après PELLETIER.
Oxide de zinc.........	36	
Eau....................	12	
	100	

Caractères physiques.

Le citoyen Haüy a observé que la calamine lamelleuse devient électrique par chaleur, comme la tourmaline.

Gissement et localités.

La calamine lamelleuse accompagne la calamine commune, dont elle tapisse les cavités: son gissement présente les mêmes circonstances : elle est beaucoup moins commune. CALAMINE.

On en trouve en Carinthie (Bleiberg et Raibel), en Brisgaw (Hofsgrund près de Freyberg), en Stirie (Ternitz), en Angleterre (dans le Sommerset), à Brilon près de Cologne, en Pologne, etc.

Remarques.

La calamine lamelleuse a été souvent confondue avec les zéolites.

Quelques minéralogistes, et Widenmann entr'autres, en font une espèce distincte de la calamine commune, sous le nom de *zinkspath*.

Je n'ai point rapporté ci-dessus une analyse de Bergmann, citée généralement comme appartenant à la calamine lamelleuse ; il en résulterait que la calamine serait un *carbonate de zinc*, ce qui est trop contradictoire avec l'analyse de Pelletier, qui décide que c'est un *oxide de zinc*. Cette différence entre ces deux analyses de calamineadon né li eu à différentes opinions de la part des minéralogistes, dont plusieurs ont fait une espèce particulière du *carbonate de zinc* ou *zinc aéré*. D'autres ont pensé que ce prétendu carbonate de zinc n'était autre chose qu'un oxide de zinc ou calamine mélangée d'un peu de carbonate de chaux ; cependant, si cela était, l'analyse faite par Bergmann aurait donné des indices de chaux, et d'ailleurs Vauquelin a reconnu aussi de véritables carbonates de zinc natif..... On pourrait peut-être tout accorder, en admettant qu'il a pu arriver dans la nature, ce qui a lieu lorsqu'on fabrique de l'oxide de zinc dans les laboratoires. Bergmann avertit (*Opuscules*, t. 2,

CALAMINE. Dissert. 22, §. 3) qu'il y a des cas où cet oxide de zinc fait effervescence avec les acides, et passe, au moins en partie, à l'état de carbonate de zinc..... Au reste, il est très-possible qu'il existe de véritable *carbonate de zinc natif;* mais il n'est pas encore assez connu jusqu'ici, et ni M. Werner ni M. Haüy ne l'ont point admis dans leur nomenclature minéralogique.

ONZIÈME

ONZIÈME GENRE.

LE GENRE ANTIMOINE.

PREMIÈRE ESPÈCE.

GEDIEGEN SPIESGLAS. — L'ANTIMOINE NATIF.

ANTIMONIUM NATIVUM.

Id. Emm. T. 2, p. 464. — Wid. p. 909. — Lenz, T. 2, p. 255. — W. P. T. 1, p. 197. — *Regulus antimonii nativus*, Wall. T. 2, p. 196. — *Native antimony*, Kirw. T. 2, p. 245. — *Antimoine natif*, D. B. T. 2, p. 137. — *Id.* Lam. T. 1, p. 338. — *Id.* Haüy, T. 4, p. 252.

Caractères extérieurs.

SA couleur est le *blanc d'étain parfait*, mais la surface, exposée à l'air, est souvent un peu *grisâtre* ou *jaunâtre*.

On le trouve *en masse*, *disséminé* et *réniforme*.

Il est toujours *très-éclatant* (et même *miroitant*); c'est un *éclat métallique parfait*.

Sa cassure est *lamelleuse*, *à lames plates* ou rarement *un peu courbes* (*).

(*) Emmerling ajoute que le clivage paraît quadruple; ce qui indique la forme octaèdre. Le citoyen Haüy a observé que l'antimoine était divisible à la fois parallélement aux faces d'un octaèdre régulier et à celles d'un dodécaèdre rhomboïdal. T. 4, p. 254.

ANTIMOINE NATIF.

Ses fragmens sont *indéterminés, à bords peu aigus.*

Il est communément composé de *pièces séparées, grenues, à gros grains* ou *à petits grains*, ou rarement (et dans un sens inverse des premières) de *pièces séparées, testacées, minces, courbes.*

Il est *demi-dur*, passant au *tendre*; — *doux*; — *assez facile à casser*; — *très-pesant.*

Pes. spéc. Antimoine fondu, 6,7021.

Caractères chimiques.

L'antimoine natif, traité au chalumeau, se fond très-facilement en un globule métallique, qui dégage, comme l'arsenic, une fumée ayant l'odeur de l'ail : on a cru long-tems que cette odeur était due à un mélange d'arsenic; mais Vauquelin a reconnu depuis que l'antimoine, par lui-même, avait cette propriété, quoique plus faiblement que l'arsenic.

Parties constituantes.

L'antimoine natif n'est pas toujours de l'antimoine pur : on y a trouvé quelquefois un peu d'arsenic, même jusqu'à quinze centièmes. La variété *testacée* d'Allemont est dans ce cas.

Localités.

L'antimoine natif n'a encore été trouvé qu'en deux endroits, à Sahlberg en Suède, où on l'a découvert en 1748 : sa gangue est une pierre calcaire. A Allemont en France, où le citoyen Schreiber l'a découvert il y a environ vingt ans, il y est accompagné d'autres mines d'antimoine et de cobalt. ANTIMOINE NATIF.

REMARQUES.

L'antimoine natif est encore un minéral fort rare : celui que l'on avait indiqué à Andreasberg, n'est autre chose qu'un argent arsenical; et le prétendu antimoine natif de Fatzebay en Transilvanie est le *weissgolderz* ou *or blanc*, dans lequel Klaproth a reconnu le nouveau métal *tellurium*. Ces deux substances ont en effet assez de ressemblance avec l'antimoine natif.

L'antimoine employé dans les arts s'extrait de l'antimoine gris, qui est l'espèce suivante. Ce métal a la propriété de donner aux alliages de plomb ou d'étain, dans lesquels on le fait entrer, beaucoup de dureté : c'est ce qui le fait employer dans la composition des caractères d'imprimerie et des miroirs d'optique. La médecine fait beaucoup d'usage des préparations d'antimoine, principalement comme vomitifs et purgatifs. Ses oxides sont employés comme matières colorantes, principalement dans les teintes brunes, jaunes et orangées.

SECONDE ESPÈCE.

GRAU-SPIESGLAS-ERZ. — L'ANTIMOINE GRIS.

ANTIMONIUM MINERALISATUM GRISEUM.

Id. Emm. T. 2, p. 468. — Wid. p. 912. — Lenz, T. 2, p. 257. — *Antimonium sulfure mineralisatum*, Wall. T. 2, p. 196. — *Sulphurated antimony*, Kirw. T. 2, p. 246. — *Antimoine sulfuré*, D. B. T. 2, p. 139. — *Idem*, Lam. T. 1, p. 341. — *Id.* Haüy, T. 4, p. 264.

Werner partage cette espèce en quatre sous espèces.

ANTIMOINE GRIS.

Ire. SOUS-ESPÈCE.

DICHTES GRAU-SPIESGLAS-ERZ. — L'ANTIMOINE GRIS COMPACTE.

Antimonium mineralisatum griseum densum.

W. Emm. T. 2, p. 468. — Wid. p. 912. — Lenz, T. 2, p. 257. — W. P. T. 1, p. 197. — *Minera antimonii solida*, Wall. T. 2, p. 198. — *Compact sulphurated antimony*, Kirw. T. 2, p. 247.

Caractères extérieurs.

SA couleur est un *gris de plomb* fauve, qui passe quelquefois au *gris d'acier*.

On le trouve ou *en masse* ou *disséminé*.

A l'intérieur, il est *éclatant* ou *peu éclatant*, d'un *éclat métallique*.

Sa cassure est *inégale*, *à petits grains* ou *à grains fins*.

Ses fragmens sont *indéterminés*, *à bords assez obtus*.

Il est quelquefois composé de *pièces séparées*, *grenues*, *à petits grains*.

Il est *tendre*, passant au *très-tendre*; — *très-peu aigre*; — *facile à casser*; — *un peu tachant*; — *il prend de l'éclat par la raclure*; — *il est pesant*.

Caractères chimiques.

L'antimoine gris compacte se fond très-facilement

au chalumeau, donne une fumée blanche et une odeur sulfureuse : si on continue de chauffer, il se volatilise peu à peu en entier, sans laisser aucun autre résidu qu'une poussière blanchâtre sur le charbon ; il se fond même à la flamme d'une bougie ; il est composé de soufre et d'antimoine, comme la troisième sous-espèce. ANTIMOINE GRIS.

Remarque.

Cette sous-espèce est beaucoup plus rare que les autres. Elle se rencontre ordinairement dans leur voisinage : on l'a trouvée à Braunsdorf en Saxe, à Goldkronach dans la principauté de Bareith, à Majurka en Hongrie, en Auvergne, etc. Elle est souvent accompagnée de quartz et de fer spathique.

IIe. SOUS-ESPÈCE.

BLATTRIGES GRAU-SPIESGLAS-ERZ. — L'ANTIMOINE GRIS LAMELLEUX.

Antimonium mineralisatum griseum lamellosum.

Id. Emm. T. 2, p. 470. — Lenz, T. 2, p. 258. — W. P. T. 1, p. 197. — *Foliated sulphurated antimony*, Kirw. T. 2, p. 248.

Caractères extérieurs.

Sa couleur se rapproche plus du *gris d'acier* que du *gris de plomb*.

On le trouve *en masse* ou *disséminé*.

ANTIMOINE GRIS.

A l'intérieur il est *éclatant* ou *très-éclatant ;* c'est un *éclat métallique* parfait.

Sa cassure est *lamelleuse* (le *clivage* est *simple*) ; elle passe quelquefois à la cassure *rayonnée.*

Ses fragmens sont *indéterminés , à bords assez obtus.*

Il se présente communément en *pièces séparées , grenues , alongées , à gros grains* ou *à petits grains.*

Il est *tendre ; — aigre ; — facile à casser ; — tachant ; — pesant.*

Remarques.

Il se comporte, au chalumeau, comme la sous-espèce précédente.

Il se rapproche beaucoup de la suivante, surtout lorsque sa cassure devient rayonnée ; aussi Widenmann les a-t-il réunies toutes deux.

L'antimoine gris lamelleux se trouve à Goldkronach dans la princiqauté de Bareith, à Braunsdorf en Saxe, à Stollberg au Hartz, à Nagyag en Transilvanie. Il est communément accompagné des deux sous-espèces suivantes, d'antimoine rouge et presque toujours de quartz.

IIIe. SOUS-ESPÈCE.

STRAHLIGES GRAU-SPIESGLAS-ERZ. — L'ANTIMOINE GRIS RAYONNÉ.

Antimonium mineralisatum griseum radiatum.

Id. Emm. T. 2, p. 471. — Wid. p. 914. — Lenz, T. 2, p. 259. — W. P. T. 1, p. 198. — *Minera antimonii striata*, Wall. T. 2, p. 196. — *Striated sulphurated antimony*, Kirw. T. 2, p. 249.

Caractères extérieurs.

ANTIMOINE GRIS.

SA couleur est la même que celle des sous-espèces précédentes, du moins dans la cassure ; mais sa surface est souvent d'une couleur *bleu d'azur*, ou *irisée*, ou *d'acier trempé.*

On le trouve, ou *en masse*, ou *disséminé*, ou très-souvent *cristallisé.* Ses formes sont :

a. Des cristaux *subulés* ou *aciculaires*, souvent même presque *capillaires.*

b. Le *prisme à 6 faces*, soit *parfait*, soit *terminé à son extrémité par un pointement à 6 faces placées sur les faces latérales.*

c. Le *prisme à 4 faces obliquangles*, *terminé par un pointement un peu aigu à 4 faces*, *placées sur les faces latérales ; les bords latéraux obtus* sont quelquefois, ou *tronqués*, ou *remplacés par un biseau*, ou *arrondis.*

Les cristaux *b* et *c* varient beaucoup en grandeur : il y a des cristaux *grands* et d'autres *très-petits ;* ils ne sont presque jamais *isolés*, mais au contraire réunis ordinairement, ainsi que ceux de la variété *a* en *grouppes divergens*, *en faisceaux*, quelquefois *entrelacés.*

Leur surface est *striée en longueur*, et communément *très-éclatante.*

A l'intérieur, l'antimoine gris rayonné est tantôt *très-éclatant*, tantôt *peu éclatant ;* c'est un *éclat métallique.*

ANTIMOINE GRIS.

Sa cassure est toujours *rayonnée à rayons droits*, tantôt *parallèles*, tantôt *divergens* en *étoiles* ou en *faisceaux*, tantôt *entrelacés*. Ces rayons sont quelquefois *très-larges* (*) (la cassure devient *lamelleuse*), souvent aussi *très-petits* (la cassure devient *fibreuse*).

Ses fragmens sont *indéterminés*, *à bords peu aigus*.

Il se présente en *pièces séparées*, *scapiformes*, *minces*, quelquefois *grenues*.

Il est *tendre*; — *peu aigre* et *presque doux*; — *facile à casser*; — *pesant*.

Pes. spéc. BERGMANN, 4,200. HAUY, 4,132 à 4,5165.

Parties constituantes.

Antimoine..	74	D'après l'analyse de BERGMANN (**).
Soufre.....	29	

Ses caractères chimiques sont les mêmes que ceux de la première sous-espèce.

REMARQUES.

L'antimoine gris rayonné est la mine d'antimoine la plus commune; c'est aussi celle qui fait l'objet des exploitations pour en extraire ce métal.

On en trouve en Saxe (Braunsdorf, Voigtsberg, Roch-

(*) C'est ce qu'on a appelé *antimoine spéculaire*.

(**) Il y en a une variété qui est argentifère; elle se trouve à Himmelfurst, près Freyberg en Saxe: on l'a nommée quelquefois *argent gris antimonial*. Il y a aussi en Hongrie de l'*antimoine gris aurifère*.

litz) ; en Hongrie (Kremnitz, Schemnitz, Felsobania, Majurka) ; en France (le Poitou, l'Auvergne, Allemont) ; en Suabe, en Toscane (Pereta) ; en Suède (Sahlberg) ; au Hartz (Stollberg) ; en Angleterre, en Espagne, etc.

C'est de Felsobania en Hongrie et de l'Auvergne que proviennent les plus beaux échantillons cristallisés ; ils se rencontrent dans les filons des montagnes primitives.

C'est le quartz qui l'accompagne le plus ordinairement, ainsi que le spath fluor, le spath pesant, le thonschiefer, la pierre calcaire compacte, les pyrites de fer, l'ocre d'antimoine, etc.

IVe. SOUS-ESPÈCE.

FEDER-ERZ. — L'ANTIMOINE EN PLUMES.

Antimonium mineralisatum griseum plumosum.

Id. Emm. T. 2, p. 474. — Wid. p. 916. — Lenz, T. 2, p. 260. — W. P. T. 1, p. 201. — *Minera antimonii plumosa*, Wall. T. 2, p. 197. — *Plumose antimonial ore*, Kirw. T. 2, p. 250.

Caractères extérieurs.

SA couleur est un *gris d'acier* qui passe au *noir grisâtre*, au *gris de plomb* ou *au gris de fumée*. Il a quelquefois des *couleurs superficielles bleues*, *brunes* ou *bigarrées*, comme *l'acier trempé*.

On le trouve communément en *petits cristaux capillaires*, qui sont tellement *entrelacés*, qu'ils forment une espèce d'*enveloppe superficielle* sur d'autres

ANTIMOINE GRIS.

minéraux; quelquefois ils sont si serrés, qu'ils semblent former une seule masse.

Ces grouppes de cristaux capillaires sont *peu éclatans* à l'extérieur, et seulement *brillans* à l'intérieur; c'est un *éclat demi-métallique*.

Sa cassure est *fibreuse*, à *fibres très-minces*, *entrelacées*.

Ses fragmens sont *indéterminés*, à *bords obtus*.

Il est *très-tendre*; — presque *friable*; — *aigre*; médiocrement *pesant*.

Caractères chimiques.

Traité au chalumeau, l'antimoine en plumes donne une fumée blanchâtre qui colore le charbon. Il se fond ensuite en une scorie noire.

Parties constituantes.

D'après Bergmann, l'antimoine en plumes est un sulfure d'antimoine mélangé d'arsenic, de fer, et accidentellement d'un peu d'argent. Aussi l'a-t-on appelé quelquefois *mine d'argent en plumes*, *silberfeder-erz* ou *argent antimonial*.

Gissement et localités.

L'antimoine en plumes se trouve assez fréquemment auprès de Freyberg en Saxe, dans les filons qui tiennent du weissgultigerz, ainsi qu'à Braunsdorf. On en a trouvé aussi à Stollberg au Hartz, à

Schemnitz en Hongrie. Le quartz, le braunspath, le spath calcaire, la galène, la pyrite de fer, la blende noire, l'accompagnent ordinairement; rarement aussi le weisserz. En général on peut dire que c'est une substance minérale peu commune.

TROISIÈME ESPÈCE.

ROTH-SPIESGLAS-ERZ. — L'ANTIMOINE ROUGE.

ANTIMONIUM MINERALISATUM RUBRUM.

Id. Emm. T. 2, p. 477. — Wid. p. 918. — Lenz, T. 2, p. 261. — W. P. p. 202. — *Minera antimonii colorata*, Wall. T. 2, p. 199. — *Red antimonial ore*, Kirw. T. 2, p. 250. — *Antimoine rougeâtre, minéralisé par le soufre*, Lam. T. 1, p. 343. — *Antimoine hydrosulfuré*, Haüy, T. 4, p. 276.

Caractères extérieurs.

Sa couleur est un *rouge cerise* plus ou moins *foncé*, qui, à l'extérieur, paraît *brun*, *rougeâtre* ou *bleuâtre*.

On le trouve rarement en *masse* ou *disséminé*; le plus souvent il est en *cristaux capillaires grouppés en faisceaux* ou *entrelacés*.

A l'extérieur comme à l'intérieur, l'antimoine rouge est *peu éclatant*; c'est un *éclat vitreux*.

Sa cassure est *fibreuse*, à *fibres minces*, *divergen-*

ANTIMOINE ROUGE. *tes*, en *faisceaux* ; elle passe quelquefois à la cassure *rayonnée à rayons étroits*.

Ses fragmens sont *indéterminés*, à *bords obtus*, souvent un peu *esquilleux*.

Il est *très-tendre*, presque *friable* ; — *aigre* ; — *facile à casser* ; — *médiocrement pesant*.

Caractères chimiques.

L'antimoine rouge fond au chalumeau très-facilement, donne une faible odeur de soufre, et se volatilise peu à peu : il dépose une poudre blanche dans l'acide nitrique.

Parties constituantes.

L'antimoine rouge est regardé comme étant de même nature que le kermès minéral artificiel, qui, d'après le citoyen Bertholet, est un *oxide d'antimoine hidro-sulfuré rouge*. Le citoyen Sage l'avait appelé *kermès minéral natif*. Il serait donc composé d'oxide d'antimoine, de soufre et d'hydrogène. Il serait bien à desirer que cette substance fût plus commune, et que les chimistes pussent nous en donner une analyse plus exacte.

Localités.

On l'a trouvé à Braunsdorf en Saxe, à Malaska et Kremnitz en Hongrie, à Allemont en France.

Il accompagne ordinairement l'antimoine gris, quelquefois l'antimoine natif (Allemont) ou l'antimoine blanc (Braunsdorf). ANTIMOINE ROUGE.

QUATRIÈME ESPÈCE.

WEISS-SPIESGLAS-ERZ. — ANTIMOINE BLANC.

ANTIMONIUM MINERALISATUM ALBUM.

Id. Emm. T. 2, p. 480. — Wid. p. 920. — Lenz, T. 2, p. 263. — W. P. T. 2, p. 203. — *Muriated antimony*, Kirw. T. 2, p. 251. — *Muriate d'antimoine*, D. B. T. 2, p. 147. — *Antimoine muriatique*, Lam. T. 1, p. 348. — *Antimoine oxydé*, Haüy, T. 4, p. 273.

Caractères extérieurs.

SA couleur varie du *blanc de neige* au *blanc jaunâtre*, au *grisâtre* et jusqu'au *gris de cendre*.

On le trouve très-rarement en *masse*, souvent *superficiel* (*en fibres divergentes en étoiles*), souvent aussi *cristallisé en tables à 4 faces rectangulaires*, tantôt *minces* et *alongées*, tantôt *plus épaisses*, et passant à la forme du *cube* ou du *prisme à 4 faces*.

Les cristaux sont *petits* ou *très-petits*, souvent *réunis par leurs faces latérales en forme de gerbes*.

Les cristaux sont *lisses*, *striés en longueur* et *très-éclatans*.

ANTIMOINE BLANC.

A l'intérieur, l'antimoine blanc est *éclatant*; c'est un éclat entre l'*éclat du diamant* et l'*éclat nacré*.

Sa cassure est *lamelleuse*, à *lames droites*.

Ses fragmens sont *indéterminés*, à *bords peu aigus*.

Les cristaux sont plus ou moins *translucides*.

Il est *tendre*, passant au *très-tendre*; — *aigre*; — *facile à casser*; — *pesant*.

Caractères chimiques.

Traité au chalumeau, l'antimoine blanc en cristaux pétille et éclate (ce qui n'arrive pas lorsqu'on l'a d'abord pulvérisé); il fond ensuite très-facilement, donne une fumée blanche qui blanchit le support de charbon, et se volatilise peu à peu entiérement en continuant le feu. Il est fusible à la flamme d'une bougie.

REMARQUES.

L'antimoine blanc est une substance minérale fort rare. C'est principalement à Przibram en Bohême qu'il a été trouvé; il est en tables quadrangulaires, éclatantes, réunies en faisceaux sur de la galène. On en a cité aussi à Braunsdorf en Saxe, à Malaska en Hongrie; enfin on a rapporté aussi à cette espèce un antimoine blanc trouvé avec de l'antimoine natif, sur la montagne des Chalanches près d'Allemont en Dauphiné, décrit par Mongez dans le *Journal de Physique* (1783, t. 2, p. 67). Ce dernier est en fibres très-déliées, réunies en faisceaux divergens comme la zéolithe rayonnée. Les minéralogistes français et allemands indiquent assez généralement ces quatre localités de l'antimoine blanc.

ANTIMOINE BLANC.

Cependant cette réunion de la substance trouvée en Bohême, avec celle du Dauphiné, n'est point du tout conforme aux résultats de l'analyse, Klaproth ayant reconnu la première pour un *muriate d'antimoine*, et Vauquelin n'ayant trouvé dans la seconde qu'un *oxide d'antimoine* mélangé d'un peu de fer et de silice, sans la moindre trace d'acide muriatique. Comme on ne peut supposer qu'il y ait eu erreur dans ces analyses, relativement à la présence de l'acide muriatique, on doit, je pense, en conclure que l'on doit former de ces minéraux deux espèces différentes. On objectera peut-être qu'ils ont beaucoup de rapports dans leurs caractères ; cela est vrai sans doute, mais n'en était-il pas de même de la zéolite rayonnée et de la zéolite lamelleuse de Werner, que le citoyen Haüy a distinguées sous les noms de *mésotype* et de *stilbite* ? (*Voyez* le T. 1, p. 307 et 308.)

CINQUIÈME ESPECE.

SPIESGLAS OKKER. — L'OCRE D'ANTIMOINE.

ANTIMONIUM OCHRACEUM.

Id. Emm. T. 2, p. 485. — Wid. p. 925. — M. L. p. 534. — Lenz, T. 2, p. 264. — *Antimonial ochre*, Kirw. T. 2, p. 252.

Caractères extérieurs.

SA couleur est un *jaune de paille*, passant au *jaune citron* ou au *gris jaunâtre*.

OCHRE. D'ANTIMOINE

On le trouve en *masse*, *disséminé*, et en *couche superficielle* plus ou moins épaisse sur de l'antimoine gris.

Il est *mat*.

Sa cassure est *terreuse*, à *grains fins*.

Il est *tendre*, souvent *très-tendre* et même *friable*; — *doux*; — *pesant*.

Caractères chimiques.

L'ocre d'antimoine est infusible au chalumeau; il blanchit, dégage une fumée blanchâtre qui s'attache en partie au support de charbon; enfin, il se volatilise, mais toujours sans se fondre; il bouillonne avec le borax, et se réduit au moins en partie à l'état métallique.

Remarques.

Ce n'est que depuis quelques années que Werner a admis dans sa minéralogie cette substance; elle est jusqu'ici très-rare : on l'a trouvée à Braunsdorf, près de Freyberg, et en Hongrie; elle est accompagnée toujours d'antimoine gris et quelquefois d'antimoine rouge.

On ne l'a point encore analysée.

APPENDICE.

OCRE D'ANTIMOINE.

APPENDICE.

GELB SPIESGLASERZ. — LA MINE D'ANTIMOINE JAUNE.

ANTIMONIUM MINERALISATUM FLAVUM.

Id. Emm. T. 2, p. 483. — Wid. p. 924. — D. B. T. 2, p. 149. — Lenz, T. 2, p. 265. — Kirw. T. 2, p. 252.

Caractères extérieurs. Sa couleur est un *jaune de cire*, qui passe quelquefois au *blanc jaunâtre* ou au *jaune orange ;* elle est souvent *noirâtre à la surface.* — On ne l'a encore trouvée jusqu'ici que *cristallisée*, tantôt en *prismes aciculaires*, *striés en longueur*, *entrelacés ;* tantôt en *tables à quatre faces.* — Elle est *éclatante* à l'intérieur comme à l'extérieur. — Elle est *tendre ;* — *douce ;* — *flexible ;* — *pesante.*

Caractères chimiques. Au chalumeau, la mine d'antimoine jaune se fond assez facilement en une scorie noire, grisâtre, friable, qui enveloppe un grain d'antimoine métallique ; elle ne donne point de fumée, ne brûle point et ne se volatilise point.

Werner n'a pas encore admis cette espèce dans sa minéralogie ; et en effet, c'est un minéral qui n'est connu que d'après ce que le comte de Razumousky et Deborn en ont dit : le premier l'a découvert dans les montagnes du Faucigny, près de Servoz en Savoie ; il croit que c'est un *phosphate d'antimoine.* Deborn au contraire le regarde comme un *muriate d'antimoine* et de plomb : on en a trouvé aussi à Malaska en Hongrie ; il accompagne d'autres mines d'antimoine.

DOUZIÈME GENRE.

LE GENRE COBALT.

WEISSER SPEISKOBOLT (*). — LE COBALT BLANC.

COBALTUM MINERALISATUM ALBUM.

Id. Emm. T. 2, p. 496. — Wid. p. 928. — Lenz, T. 2, p. 271. — W. P. T. 1, p. 204. — *Minera cobalti sulphurea*, Wall. T. 2, p. 178. (*Voyez* les remarques à la fin de cette espèce, et celles qui terminent le cobalt éclatant.)

Caractères extérieurs.

SA couleur (dans une cassure fraîche) est le *blanc d'étain*; mais sa surface extérieure est communément *jaunâtre*, *bleuâtre*, *rougeâtre* ou *grisâtre*, ou *bigarrée* comme l'*acier trempé*.

On le trouve en *masse*, *disséminé*, *réniforme* et rarement *cristallisé*, *en petites tables à 4 faces*, ou en petits cristaux mal déterminés, dont la forme paraît être le *cube* ou l'*octaèdre* (**).

(*) Ce mot signifie proprement, cobalt semblable au *speis*: on entend par *speis*, en terme de fondeur, une fonte métallique non encore épurée et cassante.

(**) C'est d'après Emmerling que j'ai rapporté cette cristallisation. Widenmann n'indique que les cristaux en tables, et il n'en est nullement question dans le muséum de Leske et dans le catalogue de Pabst.

A l'extérieur, ils sont communément *peu éclatans*; à l'intérieur, le cobalt blanc est *éclatant*; c'est un *éclat métallique*. COBALT BLANC.

Sa cassure est *inégale*, à *petits grains* et à *grains fins*.

Ses fragmens sont *indéterminés*, à *bords assez aigus*.

Lorsqu'il est en *masse*, il se présente en *pièces séparées*, *grenues*, à *petits grains* ou à *grains fins*.

Il prend de l'*éclat* par la raclure.

Il est *dur*; — *aigre*; — *facile à casser*; — *très-pesant*.

Caractères chimiques.

Le cobalt blanc se fond au chalumeau très-facilement, en dégageant une fumée épaisse et une forte odeur arsenicale; il donne un grain métallique blanc; il colore en bleu le verre de borax.

Gissement et localités.

Le cobalt blanc se trouve en Norwége, en Suède (Tunaberg); en Saxe (Annaberg); en Souabe et en Stirie, mais en petite quantité, et il est encore fort rare. En Saxe et en Norwége, il se rencontre dans des couches de glimmerschiefer, avec du cobalt terreux rouge, du quartz, de la hornblende, des pyrites, etc.

REMARQUES.

Cette espèce n'est admise que depuis quelques années

COBALT BLANC. dans la nomenclature minéralogique de Werner : on ne l'a point analysée, ainsi on ne peut prononcer sur sa véritable nature : on est également embarrassé pour connaître sous quel nom elle a été indiquée par les minéralogistes. Les auteurs allemands s'accordent assez à y rapporter la *mine de cobalt sulfureuse* de Cronstedt, Wallerius, Deborn et autres ; mais il faudrait que l'on fût un peu plus assuré qu'on a toujours décrit sous ce nom la même substance : on a aussi rapporté à cette espèce le prétendu *cobalt natif*.

Le cobalt blanc pourrait, je pense, être réuni au *cobalt éclatant* : les variations qui les distinguent étant peu importantes et dues peut-être à quelque mélange accidentel, M. Kirwan en a agi ainsi dans sa minéralogie (t. 2, p. 273), et le *cobalt gris* du citoyen Haüy comprend ces deux espèces. (*Voyez* les remarques sur le cobalt éclatant.)

SECONDE ESPÈCE.

GRAUER SPEISKOBOLT. — LE COBALT GRIS.

COBALTUM MINERALISATUM CHALYBEUM.

Id. Emm. T. 2, p. 493. — Wid. p. 930. — Lenz, T. 2, p. 267. — *Minera cobalti cinerea*, Wall. — *Dull grey cobalt ore*, Kirw. T. 2, p. 271. (*Voyez* les remarques sur l'espèce suivante.)

Caractères extérieurs.

SA couleur est un *gris d'acier clair*, qui passe quelquefois au *blanc d'étain* ; sa surface est ordinairement d'un *noir grisâtre* ou *bigarrée* comme l'*acier trempé*. COBALT GRIS.

On le trouve, ou en *masse*, ou *disséminé*, quelquefois *réniforme* ou *uviforme*, très-rarement en *lames miroitantes* (*).

A l'intérieur, le cobalt gris est *très-brillant*, d'un *éclat métallique*, mais ce n'est que dans une cassure fraîche.

Sa cassure est le plus souvent *unie*, passant quelquefois à la cassure *inégale* ou très-rarement à la cassure *conchoïde*.

Ses fragmens sont *indéterminés*, à *bords assez aigus*.

Il se présente quelquefois en *pièces séparées, grenues*, à *petits grains* ou à *grains fins*.

Il prend de l'*éclat* par la raclure.

Il est *demi-dur*, passant au *dur*; — *aigre*; — *facile à casser*; — *très-pesant*.

Caractères chimiques.

Traité au chalumeau sans addition, il donne une fumée et une odeur arsenicale, mais sans se fondre ; traité avec le borax, il le colore en bleu et se réduit en un globule métallique.

Parties constituantes.

D'après l'analyse de Klaproth, il est composé de

(*) Les minéralogistes allemands n'indiquent aucune cristallisation. (*Voyez* l'espèce suivante.)

COBALT GRIS. cobalt, d'arsenic et de fer; quelquefois un peu mélangé de nikel et d'argent.

Gissement et localités.

On trouve le cobalt gris en Saxe (Schneeberg, Annaberg, Freyberg, Johann-Georgen-Stadt); en Bohême (Joachims-Thal); en France (Allemont); en Norwége, en Souabe (Wittichen); en Hongrie (Schmœlnitz); en Stirie, en Angleterre, etc.

Il est plus rare que le cobalt éclatant, dont il est presque toujours accompagné, et avec lequel on le confond très-souvent. Le cobalt rouge, le kupfernikel, l'ocre de nikel, le bismuth natif, se trouvent aussi assez ordinairement dans son voisinage. Il est quelquefois mélangé de mines d'argent.

Il donne, lorsqu'il est pur, un très-beau smalt; aussi est-il quelquefois un objet d'exploitation.

(*Voyez* les remarques à la fin de l'espèce suivante.)

TROISIÈME ESPÈCE.

GLANZ KOBOLT. — LE COBALT ÉCLATANT.

COBALTUM MINERALISATUM NITIDUM.

Id. Emm. T. 2, p. 488. — Wid. p. 926. — Lenz, T. 2, p. 269. — W. P. T. 1, p. 204. — *Minera cobalti tessularis*, Wall. T. 2, p. 176. — *Minera cobalti cristallisata*, *ib.* T. 2, p. 179. — *Bright white cobalt ore*, Kirw. T. 2, p. 273. (*Voyez* les remarques.)

COBALT ÉCLATANT.

Caractères extérieurs.

SA couleur (dans une cassure fraîche) est le *blanc d'étain*, mais à sa surface il est communément *grisâtre*, ou *jaunâtre*, ou quelquefois *bigarré.*

On le trouve *en masse*, *disséminé*, *superficiel*, *réniforme*, *uviforme*, *globuleux*, *tricoté*, en *lames miroitantes*, *carié* ou enfin *cristallisé.*

Ses formes sont :

a. Le *cube parfait à faces plates ou convexes.*

b. Le *cube tronqué sur tous ses angles ; ce qui forme le passage du cube à l'octaèdre.* Les bords sont aussi quelquefois tronqués.

c. L'*octaèdre ayant ses angles tronqués* (*).

(*) On peut ajouter aussi les variétés suivantes, d'après le citoyen Haüy, tome 4, pages 207 et 208.

d. Le dodécaèdre à faces pentagonales.

e. Le dodécaèdre, ayant six bords de jointures entre les pentagones tronqués. Ce sont les faces du cube.

f. L'icosaèdre. (*Voyez* la figure 1 de la planche du premier volume.)

g. L'icosaèdre, ayant six bords de jointures entre les triangles tronqués. Ce sont les mêmes troncatures que dans la variété *e* ci-dessus.

h. L'octaèdre, terminé par une ligne. Cette *ligne terminale est tronquée.*

J'ai supprimé la 4e. variété décrite par Emmerling, qui est un prisme à 6 faces, terminé par un *pointement à 4 faces ;* probablement il y aura eu quelqu'erreur dans la manière de considérer ce cristal.

COBALT ÉCLATANT.

Les cristaux sont de *moyenne grandeur*, ou *petits*, quelquefois *très-petits.*

Leur surface est communément *lisse* et *très-éclatante*, rarement *un peu drusique* (*).

A l'intérieur, il est *éclatant* ou peu *éclatant*; c'est un *éclat métallique.*

Sa cassure est communément *inégale*, *à petits grains* ou *à grains fins*; dans quelques variétés, elle est *rayonnée* ou *fibreuse*, *à fibres divergentes*, *en étoiles* ou *en faisceaux.*

Ses fragmens sont *indéterminés*, *à bords peu aigus.*

Lorsqu'il est en masse, il se présente en *pièces séparées grenues*, ou quelquefois en *pièces séparées testacées courbes*, ou rarement *plates* en *zigzag.*

Il est *dur*, passant au *demi-dur*; — il est *aigre*; — *facile à casser*; — *très-pesant.*

Caractères chimiques.

Traité au chalumeau, le cobalt éclatant brûle d'abord avec une petite flamme blanche, dégage ensuite une vapeur blanchâtre, qui a une très-forte odeur d'ail; il noircit, devient attirable à l'aimant, et est presque infusible; traité avec le borax, il le colore en bleu.

(*) Il y a des stries dans trois sens différens sur les 6 faces des cubes ou leurs analogues dans les autres cristaux.

Parties constituantes.

Le cobalt éclatant cristallisé de Tunaberg est composé :

	D'après KLAPROTH, (T. 2. p. 302 et 307.)	D'après TASSAERT, (Ann. de Chim. n°. 82.)
Cobalt	44	36.66
Arsenic	55.5	49.00
Soufre	0.5	6.50
Fer	0	5.66
Perte		2.18
	100	100

Usages.

C'est cette espèce de mine de cobalt qui est exploitée le plus ordinairement, pour l'employer dans la fabrication de la belle couleur bleue, connue sous le nom de *smalt*, dont on fait tant d'usage dans les manufactures de porcelaine et dans les verreries, ainsi que dans la peinture : c'est un oxide de cobalt, mêlé par la fusion avec une matière vitrifiable.

Les autres espèces de mines de cobalt sont aussi quelquefois exploitées pour le même usage. Jusqu'ici on n'a point encore employé le cobalt à l'état métallique.

Gissement et localités.

Le cobalt éclatant est la plus commune de toutes les mines de cobalt ; elle est presque toujours accompagnée de kupfernikel, d'ocre de nikel, de

COBALT ÉCLATANT. cobalt terreux rouge et autres mines de cobalt; quelquefois aussi d'argent vitreux, d'argent rouge et d'argent natif, de pyrites arsenicales et cuivreuses, d'arsenic natif, etc.

On en trouve en Bohême (Joachims-Thal); en Saxe (Annaberg, Marienberg, Freyberg); en Silésie; en Angleterre (le Cornouailles); au Hartz (Andreasberg); dans la Hesse (Riechelsdorf, Biber); en Suède (Tunaberg); en Suabe (Wittichen); en Norwége (Modum); en Stirie, en Espagne, en Thuringe, etc. En Silésie, en Suède et ailleurs, le cobalt éclatant se rencontre dans des couches de montagnes primitives. Dans la Hesse, le Mansfeld et la Thuringe, il est en filons dans des montagnes secondaires.

Remarques.

Il a déjà été dit à la fin de la première espèce, combien il était difficile de citer avec certitude les minéralogistes qui en ont parlé. On est également embarrassé pour déterminer exactement la synonymie du *cobalt gris* et du *cobalt éclatant*.

J'ai cité, d'après les auteurs allemands, des synonymies de Wallerius; mais je suis persuadé que toutes les variétés de chacune de ces espèces ne se rapportent pas aux mêmes espèces de Werner. — M. Kirwan a suivi la division de Karsten, dans le muséum de Leske. — Romé Delisle a décrit (t. 3, p. 123) une *mine de cobalt arsenicale*, qui pourrait être rapportée au cobalt gris de Werner, en observant cependant qu'il indique des cristaux cubiques, tandis qu'on n'a point cité de cobalt gris cristallisé. — La *mine de cobalt arsenico-sulfureuse* du même (t. 3, p. 129) correspond au cobalt éclatant. — Le *cobalt arsenical* et le *cobalt blanc* de Deborn (t. 2, p. 176 et 180) sont les mêmes espèces que celles de Romé Delisle, citées ci-dessus. — Le citoyen Lamétherie (t. 1, p. 373) a tout réuni sous une seule espèce. — Enfin, le citoyen Haüy a formé deux espèces, 1°. le *cobalt arsenical* (t. 4, p. 200); c'est le cobalt gris de Werner, en observant qu'il y a des variétés cristallisées qui se rapportent au cobalt éclatant; 2°. le *cobalt gris*, qui est le cobalt éclatant de Werner.

COBALT ÉCLATANT.

Ces différentes manières dont les minéralogistes ont partagé ces deux espèces, prouvent qu'elles ont de grands rapports. Cependant le citoyen Haüy (t. 4, p. 206 et 209) a fixé des distinctions assez essentielles entre son *cobalt arsenical* et son *cobalt gris*. — Ce dernier a une cassure lamelleuse : la forme de ses cristaux ne s'écarte point du cube et de l'octaèdre; sa pesanteur spécifique est de 7.7207. — Le *cobalt arsenical* au contraire a une cassure grenue : la forme de ses cristaux dérive, il est vrai, également du cube et de l'octaèdre, mais elle en prend différentes modifications (dodécaèdre pentagonal, icosaèdre, etc.), et précisément les mêmes que la pyrite martiale : on y retrouve les mêmes stries sur les faces du cube; sa pesanteur spécifique varie entre 6.3391 et 6.4509.

Le citoyen Haüy conclut de ce rapprochement, et surtout de l'analyse du cobalt cristallisé de Tunaberg par Tassaert, qui y a reconnu environ $\frac{1}{16}$ de soufre et $\frac{1}{17}$ de fer, qu'il serait possible que la présence du fer sulfuré ait imprimé à cette mine de cobalt (qui est son cobalt gris) le caractère de cristallisation de la pyrite martiale.

COBALT ÉCLATANT. Cependant, d'un autre côté, Klaproth n'a trouvé dans les cristaux cobaltiques de Tunaberg, que $\frac{1}{100}$ de soufre et point de fer ; ce qui semble contradictoire. (?)

On ne peut que desirer, avec le citoyen Haüy, que de nouvelles analyses éclaircissent ces difficultés, et qu'elles nous apprennent jusqu'à quel point les trois espèces de mines de cobalt qui viennent d'être décrites, sont chimiquement différentes, essentiellement ou accidentellement.

Dans quelques tableaux de classification, on trouve ces trois espèces réunies par une accolade, précédée de ces mots : *sippschaft des speiskobolt*, *famille du speiskobolt*; ce qui prouve qu'on a toujours reconnu entr'elles une grande ressemblance. Il n'est peut-être pas impossible que l'analyse chimique rende quelque jour cette réunion plus nécessaire et plus étroite....(??)

QUATORZIÈME ESPÈCE.

SCHWARZER ERDKOBOLT. — LE COBALT TERREUX NOIR.

COBALTUM OCHRACEUM NIGRUM.

Id. Emm. T. 2, p. 498. — Wid. p. 932. — Lenz, T. 2, p. 272. — *Black cobalt ochre*, Kirw. T. 2, p. 275. *Oxide de cobalt noir*, D. B. T. 2, p. 190. — *Cobalt oxidé noir*, Haüy, T. 4, p. 214.

Werner partage cette espèce en deux sous-espèces, ainsi qu'il suit :

COBALT TERREUX NOIR.

Ire. SOUS-ESPÈCE.

SCHWARZER KOBOLT-MULM. — LE COBALT TERREUX NOIR FRIABLE.

Cobaltum ochraceum nigrum friabile.

Id. Emm. T. 2, p. 498. — Lenz, T. 2, p. 272. — W. P. T. 1, p. 205. — *Zerreiblicher schwarzer erdkobolt*, Wid. p. 933. — *Ochra cobalti nigra*, Wall. T. 2, p. 183.

Caractères extérieurs.

SA couleur est un *noir brunâtre*, rarement le *noir bleuâtre* ou *grisâtre.*

Il est composé de *parties pulvérulentes*, un peu *grossières*, plus ou moins *agglutinées.*

Il est *un peu tachant ; — il prend de l'éclat par la raclure ; — il est maigre au toucher ; — léger.*

(*Voyez* pour tout le reste, à la fin de la deuxième sous-espèce.)

IIe. SOUS-ESPÈCE.

VERHÆRTETER SCHWARZER ERDKOBOLT. — LE COBALT TERREUX NOIR ENDURCI.

Cobaltum ochraceum nigrum induratum.

Id. Emm. T. 2, p. 499. — Wid. p. 933. — Lenz, T. 2, p. 273. — *Minera cobalti scoriformis*, Wall. T. 2, p. 180.

Caractères extérieurs.

SA couleur est communément le *noir bleuâtre*,

COBALT TERREUX NOIR.

quelquefois *grisâtre* ou *brunâtre* (le brun provient d'un mélange d'ocre de fer).

On le trouve *en masse*, *disséminé* ou *superficiel*, quelquefois *uviforme*, *réniforme*, *veiné* ou *carié*, ou enfin *portant des empreintes de cristaux* de quartz.

A l'intérieur, il est *mat* ou *très-peu brillant*; c'est un *éclat ordinaire*; sa cassure est *terreuse*, *à grain fin* ou *un peu conchoïde*.

Ses fragmens sont *indéterminés*, *à bords obtus*.

Il est rarement composé de *pièces séparées*; elles sont *testacées*, *minces*, *courbes*, *parallèles* à la surface extérieure.

Il prend de l'éclat par la raclure; c'est un *éclat gras*.

Il est *tendre*, quelquefois *très-tendre*, quelquefois aussi *demi-dur*; — il est *un peu aigre*; — *très-facile à casser*; — *médiocrement pesant*.

Pes. spéc. GELLERT, 2,019 à 2,425.

Caractères chimiques.

Le cobalt terreux noir, traité au chalumeau, donne une faible odeur arsenicale, et ne se fond pas sans addition : on le réduit en partie avec le verre de borax qu'il colore en bleu.

Parties constituantes.

On n'a pas encore fait d'analyse exacte du cobalt noir : on croit assez généralement qu'il est composé d'oxide de cobalt, de fer et d'arsenic.

Gissement et localités.

Les deux sous-espèces de cobalt terreux noir se trouvent toujours ensemble; la seconde néanmoins est beaucoup plus rare que la première : elles sont ordinairement accompagnées des espèces suivantes, de quelques mines d'argent, de plusieurs mines de cuivre, d'ocre de fer, etc.

On en trouve en Saxe (Schneeberg, Kamsdorf), en Thuringe (Saalfeld), en Souabe (Wittichen), dans la Hesse, le Palatinat, le Salzbourg, le Tirol, etc.

REMARQUES.

Le *schlackenkobolt* est une variété de cobalt terreux noir endurci, à cassure conchoïde : le cobalt gris reçoit aussi quelquefois cette dénomination.

Le *kürrekobolt* est un quartz ou un hornstein coloré par un mélange de cobalt terreux noir friable : un spath pesant, ainsi mélangé, a reçu en quelques endroits ce nom de spiegelkobolt.

Le *cobalt merde d'oie* est la même chose que la mine d'argent désignée sous ce nom, et décrite à la suite du genre argent. (*Voyez* p. 156.)

On a appelé *sandkobolt* ou *koboltsanderz*, ou *cobalt sablonneux*, un sable mélangé de quelques parties de mine de cobalt.

CINQUIÈME ESPECE.

BRAUNER ERDKOBOLT. — LE COBALT TERREUX BRUN.

COBALTUM OCHRACEUM BRUNUM.

Id. Emm. T. 2, p. 503. — Wid. p. 935. — Lenz, T. 2, p. 274. — W. P. T. 1, p. 205.

Caracteres extérieurs.

SA couleur est un *brun de foie clair* ou *foncé*, qui passe quelquefois au *gris* ou au *jaune*, ou même au *noir*; ce qui rentre dans l'espèce précédente.

On le trouve ou *en masse* ou *disséminé*.

Il est toujours *mat*.

Sa cassure est toujours *terreuse*, *à grains fins*.

Ses fragmens sont *indéterminés*, *à bords obtus*; *il prend un éclat gras par la raclure*.

Il est *très-tendre*, presque *friable*; — il est *doux* ou du moins *peu aigre*; — *très-facile à casser*; — *médiocrement pesant*, presque *léger*.

REMARQUES.

Le cobalt terreux brun paraît former le passage de l'espèce précédente à celles qui suivent; elles sont liées l'une à l'autre par des transitions successives.

On croit qu'il est composé d'oxide de cobalt et de fer.

On en trouve en assez grande quantité à Saalfeld en Thuringe,

Thuringe, à Kamsdorf en Saxe, dans des filons de montagnes stratiformes, à Alpirspach dans le Wirtemberg, dans des montagnes primitives; il est accompagné d'autres espèces de cobalt terreux, surtout du rouge et du noir. COBALT TERREUX BRUN.

SIXIÈME ESPÈCE.

GELBER ERDKOBOLT. — LE COBALT TERREUX JAUNE.

COBALTUM OCHRACEUM FLAVUM.

Id. Emm. T. 2, p. 504. — Wid. p. 936. — Lenz, T. 2, p. 275. — *Ochra cobalti lutea et alba*, Wall. T. 2, p. 183. — *Yellow cobalt ochre*, Kirw. T. 2, p. 277.

Caractères extérieurs.

Sa couleur est un *jaune de paille sale*; elle passe souvent au *gris jaunâtre* ou au *blanc jaunâtre* (*).

On le trouve le plus souvent *en masse* ou *disséminé*, ou à la surface d'autres minéraux; il est quelquefois *carié* ou *fendillé*.

A l'intérieur, il est *mat*.

Sa cassure est *terreuse*, *à grains fins*.

Ses fragmens sont *indéterminés*, *à bords obtus*.

Il prend un éclat gras par la raclure.

Il est *très-tendre*, passant au *friable*; — *un peu*

(*) C'est ce qu'on a appelé *cobalt blanc*.

COBALT TERREUX JAUNE.

doux ; — très-facile à casser ; — médiocrement pesant, presque *léger*.

Caractères chimiques.

Le cobalt terreux jaune, traité au chalumeau, donne une faible odeur arsenicale; il est infusible, sans addition; il colore fortement le borax en bleu.

REMARQUES.

Cette mine de cobalt est une des plus rares; c'est une de celles qui fournissent le plus beau smalt : malheureusement elle est presque toujours mélangée d'autres substances, surtout avec l'espèce suivante et les autres cobalts terreux. L'ocre de nikel, l'azur de cuivre et le vert de cuivre ferrugineux l'accompagnent aussi quelquefois.

On la regarde comme un oxide de cobalt : on l'a trouvée à Saalfeld en Thuringe, à Alpirspach dans le Wirtemberg, à Allemont en Dauphiné.

Le *cobalt vert*, indiqué par quelques minéralogistes, est un mélange de vert de cuivre ou d'ocre de nikel, avec un peu d'oxide de cobalt.

SEPTIÈME ESPÈCE.

ROTHER ERDKOBOLT. — LE COBALT TERREUX ROUGE.

COBALTUM OCHRACEUM RUBRUM.

Id. Emm. T. 2, p. 506. — Wid. p. 938. — Lenz, T. 2, p. 276. — *Flos cobalti*, Wall. T. 2. — *Red cobalt ore*, Kirw. T. 2, p. 278. — *Oxide de cobalt rouge*, D. B. T. 2, p. 185. — *Fleurs de cobalt*, R. D. L. T. 3, p. 145. — *Cobalt arseniaté* ou *arseniate de cobalt*, Lam. T. 1, p. 370. — *Cobalt arseniaté*, Haüy, T. 4, p.

Werner partage cette espèce en deux sous-espèces, ainsi qu'il suit :

Ire. SOUS-ESPÈCE.

KOBOLTBLUTHE. — FLEURS DE COBALT OU COBALT TERREUX RAYONNÉ ROUGE.

Cobaltum ochraceum rubrum radiatum.

Id. Emm. T. 2, p. 507. — Wid. p. 939. — Lenz, T. 2, p. 277. — W. P. T. 1, p. 206.

Caractères extérieurs.

SA couleur ordinaire est un *rouge fleur de pêcher*, passant quelquefois au *rouge cramoisi* ou au *rouge gorge de pigeon*. Lorsqu'il a été long-tems exposé à

COBALT TERREUX ROUGE.

l'air, sa couleur passe d'abord au *brun*, puis au *gris*, puis au *blanc*.

On le trouve rarement *en masse* ou *disséminé*, très-rarement *uviforme* ou *réniforme*, le plus souvent *superficiel* et en *petites druses* de cristaux, dont les formes sont :

a. Des *tables à 4 faces rectangulaires, portant un biseau sur leurs faces terminales.*

b. De *petits prismes à 4 faces, parfaits, aciculaires.*

c. De *petites pyramides à 6 faces doubles, assez aiguës :* 2 des faces latérales sont constamment plus petites que les 4 autres qui se réunissent 2 à 2 sous un angle très-obtus (*).

Les cristaux sont toujours *petits* ou *très-petits*, rarement déterminables en ce qu'ils sont toujours *réunis étroitement en faisceaux* ou en *grouppes globuleux*.

La surface extérieure des cristaux est *lisse* et *éclatante*, quelquefois *très-éclatante*.

A l'intérieur, il varie du *peu éclatant* au *brillant*.

Sa cassure est communément *rayonnée*, *à rayons droits*, *divergens*, *en étoiles* ou *en faisceaux* ; elle

---

(*) Les deux premières formes indiquées plus haut se trouvent dans le muséum de Leske ; la troisième n'est citée que d'après Emmerling et Widenmann. Werner n'en indique aucune dans le catalogue de Pabst. — Romé Delisle a aussi indiqué des prismes tétraèdres à sommets dièdres ou tétraèdres ; ce qui peut très-bien rentrer dans la forme *a*.

passe très-souvent à la cassure *fibreuse* ; la cassure des cristaux est *lamelleuse*. COBALT TERREUX ROUGE.

Ses fragmens sont tantôt *indéterminés*, tantôt *esquilleux* ou *cunéiformes*.

Il est rarement composé de *pièces séparées*; elles sont *grenues*, *à gros grains* ou *à petits grains*.

Il est *translucide*; les cristaux sont quelquefois presque *demi-diaphanes*.

Il est *tendre*, passant au *très-tendre* ; — *aigre* ; — *facile à casser*; — *médiocrement pesant*.

Caractères chimiques.

Traité au chalumeau, il devient d'un gris noirâtre, donne une très-faible odeur arsenicale presque sans fumée; il est infusible sans addition; il donne au borax une très-belle couleur bleue.

Gissement et localités.

On en trouve à Schneeberg et Annaberg en Saxe, à Saalfeld en Thuringe, à Riechelsdorf dans la Hesse, à Wittichen et Alpirspach en Souabe, etc. (*Voyez* la sous-espèce suivante.)

IIe. SOUS-ESPÈCE.

KOBOLTBESCHLAG. — LE COBALT TERREUX ROUGE, PULVÉRULENT.

Cobaltum ochraceum rubrum, terrosum.

Id. Emm. T. 2, p. 509. — Wid. p. 938. — Lenz, T. 2, p. 276.

COBALT TERREUX ROUGE.

Caractères extérieurs.

SA couleur est un *rouge fleur de pêcher*, qui passe au *rouge de rose* ou au *blanc rougeâtre.*

On le trouve communément *en couche superficielle très mince*, quelquefois *disséminé*, très-rarement *en masse* ou en petits morceaux *uviformes.*

Il est *mat* ou *très-peu brillant*; sa cassure est *terreuse*, *à grains fins.*

Ses fragmens sont *indéterminés*, *à bords très-obtus.*

Il prend un peu d'*éclat* par la raclure.

Il est *très-tendre*, passant au *friable*; — il est *doux*; — *très-facile à casser*; — *léger.*

Caractères chimiques.

Il se comporte au chalumeau, comme la sous-espèce précédente.

Gissement et localités.

On le trouve en Bohême (Joachims-Thal), en Saxe (Schneeberg, Annaberg), en France (Allemont), en Norwége, en Souabe, en Thuringe, dans la Hesse, etc.

Cette sous-espèce est beaucoup plus commune que la précédente, qu'elle accompagne toujours; elles se trouvent dans le voisinage des autres mines de cobalt, souvent avec de l'ocre de nikel, du kupfernikel, du bismuth natif, du fahlerz, du vert de cuivre et de l'azur de cuivre.

Parties constituantes.

Le cobalt terreux rouge est regardé généralement comme une combinaison de cobalt avec l'acide arsenique; cependant on n'en a pas encore d'analyse exacte. On croit qu'il est le produit de la décomposition des mines de cobalt arsenicales, qui sont les trois premières espèces ci-dessus.

APPENDICE.

NATURLICHER KOBOLTVITRIOL. — LE VITRIOL OU SULFATE DE COBALT NATIF.

On a trouvé à Herrengrund, près de Neusohl en Hongrie, une substance saline, en masse stalactiforme, d'un rouge de rose pâle translucide : on lui a reconnu tous les caractères d'un sulfate, et on a cru d'abord que c'était un sulfate de manganèse, puis un sulfate de cobalt.

Klaproth a analysé cette substance et confirmé cette dernière opinion. Ayant dissout ce sel dans l'eau et y ayant versé un alkali, il a obtenu un précipité bleuâtre, qui, traité avec le borax, lui donnait une couleur bleue de saphir. Il en a formé avec l'acide muriatique, une encre sympathique. (Klaproth, t. 2, p. 320.)

TREIZIÈME GENRE.

LE GENRE NIKEL.

PREMIÈRE ESPÈCE.

KUPFERNIKKEL. — LE KUPFERNIKEL.

NICCOLUM MINERALISATUM CUPREUM.

Id. Emm. T. 2, p. 513. — Wid. p. 943. — Lenz, T. 2, p. 280. — W. P. T. 1, p. 206. — *Niccolum ferro et cobalto..... mineralisatum..... cuprum niccoli*, Wall. T. 2, p. 188. — *Sulphurated nickel*, Kirw. T. 2, p. 286. — *Kupfernikel*, R. D. L. T. 3, p. 135. — *Id.* Lam. T. 1, p. 384. — *Nikel métallique*, D. B. T. 2, p. 108. — *Nikel arsenical*, Haüy, T. 3, p. 503.

Caractères extérieurs.

SA couleur est un *rouge de cuivre pâle*, qui passe toujours plus ou moins au *jaune*, ou au *blanc*, ou au *gris*.

On le trouve *en masse*, ou *disséminé*, ou très-rarement *tricoté*, ou *en buissons*.

Il est *éclatant* ou *peu éclatant*; c'est un *éclat métallique*.

Sa cassure est tantôt *inégale*, *à petits grains* ou *à gros grains*; quelquefois *conchoïde*, très-rarement *unie* ou *rayonnée*.

Ses fragmens sont *indéterminés*, *à bords assez aigus*.

Il se présente rarement *en pièces séparées* ; elles sont, ou *grenues*, *à petits grains*, ou plus rarement encore *testacées*, *courbes*, *concentriques*. KUPFER-NIKEL.

Il est *demi-dur*, passant au *dur* (*) ; — *aigre* ; — *assez difficile à casser* ; — *très-pesant*.

Pes. spéc. GELLERT, 7,560. HAUY, 6,648.

Caractères chimiques.

Traité au chalumeau, le kupfernikel dégage une fumée et une odeur arsenicale très-forte. Il se fond ensuite, quoiqu'un peu difficilement, en une scorie mêlée de quelques grains métalliques. Sa dissolution dans les acides est verte.

Parties constituantes.

D'après les expériences de Bergmann, le kupfernikel est un sulfure de nikel mélangé de fer, d'arsenic et de cobalt (**).

Gissement et localités.

Le kupfernikel se rencontre dans des filons des

(*) Il fait feu avec l'acier, et dégage une odeur arsenicale.

(**) Le citoyen Vauquelin pense que c'est l'arsenic qui est ici la partie constituante la plus essentielle; que le soufre, le fer et le cobalt ne s'y rencontrent qu'accidentellement. C'est d'après cela que le citoyen Haüy a donné au kupfernikel le nom de *nikel arsenical*.

KUPFER-NIKEL. montagnes primitives et stratiformes, presque toujours dans le voisinage de quelques mines de cobalt, avec lesquelles il paraît avoir beaucoup de rapports géologiques. Il est aussi souvent accompagné de quelques mines d'argent riches.

On en trouve en Bohême (Joachims-Thal), en Saxe (Schneeberg, Annaberg, Johann-Georgen-Stadt, Freyberg, etc.), en Thuringe (Saalfeld), au Hartz (Andreasberg), dans la Hesse (Biber, Riechelsdorf), en Souabe (Wittichen), en France (Allemont), en Espagne, en Angleterre, en Stirie, etc. Sa gangue ordinaire est le quartz, le spath pesant et le spath calcaire.

Remarques.

On n'a encore fait dans les arts aucun usage du nikel, ni à l'état métallique, ni à l'état d'oxide : il n'y a que les chimistes qui aient cherché à extraire ce métal en décomposant le kupfernikel.

Le nikel métallique paraît posséder, comme le fer, la propriété magnétique. On avait pensé que ce phénomène était dû à la présence du fer ; mais le citoyen Haüy l'a observé constamment avec des barreaux de nikel épurés avec tout le soin possible par le citoyen Vauquelin.

SECONDE ESPÈCE.

NIKKEL-OKKER. — L'OCRE DE NIKEL.

NICCOLUM OCHRACEUM.

Id. Emm. T. 2, p. 516. — Wid. p. 945. — Lenz, T. 2, p. 282. — W. P. T. 1, p. 207. — *Flos niccoli*, Wall. T. 2, p. 300. — *Nickel ochre*, Kirw. T. 2, p. 283. *Oxide de nikel*, D. B. T. 2, p. 210. — *Id.* Lam. T. 1, p. 383. — *Nikel oxidé*, Haüy, T. 3, p. 516.

Caractères extérieurs.

SA couleur est un *vert de pomme* plus ou moins vif, qui passe tantôt au *vert de pré*, tantôt au *blanc verdâtre*.

Elle a une consistance *friable*, et se trouve communément *disséminée*, en forme d'*efflorescence* (ou *moisissure*, *Beschlag*), à la surface d'autres minéraux.

Elle est composée de *parties pulvérulentes*, *incohérentes* ou *un peu agglutinées*.

Elle est *tachante*; — *maigre au toucher*; — *légère*.

Caractères chimiques.

L'ocre de nikel, traitée au chalumeau sans addition, n'éprouve aucun changement; elle colore

OCRE DE NIKEL. le verre de borax en un rouge jaunâtre : sa dissolution dans les acides est d'une couleur verte.

Remarques.

C'est principalement sur le kupfernikel et sur quelques mines de cobalt, que l'on trouve l'ocre de nikel, qui y est produite probablement par la décomposition ; elle a les mêmes gissemens que ces différentes substances : on en trouve aussi sur l'argent merde d'oie.

On n'en a pas encore fait d'analyse exacte qui puisse décider si c'est un oxide de nikel pur ou s'il est mélangé d'acide carbonique.

C'est l'oxide de nikel qui est la matière colorante de la chrysoprase de Kosemutz. On le trouve aussi d'après Klaproth, en proportion assez considérable, jusqu'à 0,15 dans une terre verte qui accompagne cette chrysoprase. M. Karsten pense que l'on doit en faire une espèce particulière parmi les pierres siliceuses ; il lui a donné le nom de *pimelite*, à cause de son onctuosité (*Minéralogische Tabellen*, p. 28, et Klaproth, t. 2, p. 139).

On a quelquefois désigné l'ocre de nikel sous le nom de *cobalt terreux vert :* on l'a aussi appelée *fleurs vertes de nikel*, *carbonate de nikel.*

Appendice.

1°. L'existence du *nikel natif* (*gediegener nikkel*) est encore contestée. Deborn en parle dans le catalogue de Baab, t. 2, p. 209. Il a été trouvé à Joachims-Thal en Bohême : sa couleur est jaunâtre dans une cassure fraîche, mais elle devient, à l'air, d'un gris de cendre ; il se trouve en tables rhomboïdales, accolées les unes aux autres : sa cassure est lamelleuse ; il est aigre. Cette mine, suivant Bergmann, est une union du nikel natif avec le fer ; elle ne donne point d'odeur arsenicale ou sulfureuse par la calcination.

OCRE DE NIKEL.

2°. Le *nikel arseniaté*, annoncé par Gmelin, Chem. ann. 1794, n'est rapporté par aucun auteur allemand : probablement il aura été considéré comme n'étant qu'un mélange accidentel de nikel et d'acide arsenique.

QUATORZIÈME GENRE.

GENRE MANGANÈSE.

PREMIÈRE ESPÈCE.

GRAU-BRAUNSTEIN-ERZ. — LE MANGANÈSE GRIS.

MAGNESIUM OCHRACEUM CHALYBEUM.

Id. Emm. T. 2, p. 522. — Lenz, T. 2, p. 284. — *magnesia fuliginosa*, Wall. T. 1, p. 342. — *Grey ore of manganese*, Kirw. T. 2, p. 291. — *Oxide de manganèse*, D. B. T. 2, p. 125 et suiv. — *Id.* Lam. T. 1, p. 390. *Manganèse oxidé*, Haüy, T. 4, p. 243 et suiv.

Werner partage cette espèce en quatre sous-espèces, comme on va le voir. Emmerling est le seul auteur qui ait adopté cette division. Widenmann et Lenz y font tous deux des modifications, qui seront indiquées dans des remarques à la fin de l'espèce.

Ire. SOUS-ESPÈCE.

STRAHLIGES GRAU-BRAUNSTEIN-ERZ. — LE MANGANÈSE GRIS RAYONNÉ.

Magnesium ochraceum chalybeum radiatum.

Id. Emm. T. 2, p. 522. — Lenz, T. 2, p. 285. — W. P. T. 1, p. 216. — *Strahliger braunstein*, Wid. p. 948. — *Striated grey ore of manganese*, Kirw. T. 2, p. 291.

MANGANÈSE GRIS.

Caractères extérieurs.

Sa couleur est *un gris d'acier* plus ou moins foncé, qui souvent passe au *noir de fer.*

On le trouve *en masse* ou *disséminé*, rarement *réniforme* ou *cristallisé.*

Ses formes sont :

a. Le *prisme à 4 faces, un peu obliquangle, terminé par un biseau placé sur les bords latéraux aigus.*

b. Le même *prisme terminé par un pointement à 4 faces placées sur les faces latérales.* Les bords latéraux obtus sont quelquefois tronqués.

c. De *petits prismes minces, aciculaires, grouppés en faisceaux et entrelacés.*

Les *faces latérales* des cristaux sont toujours *striées en longueur* et *éclatantes* ou *très-éclatantes.*

A l'intérieur, le manganèse gris rayonné est *éclatant* ou *peu éclatant ;* c'est un *éclat métallique parfait.*

Sa cassure est toujours *rayonnée, à rayons étroits*, rarement *larges*, tantôt *divergens en étoiles* ou *en faisceaux*, tantôt *parallèles.*

Ses fragmens sont *esquilleux* ou *cunéiformes*, rarement *indéterminés.*

Il se présente souvent en *pièces séparées, grenues, à gros grains alongés.*

Sa raclure est *noire* et n'a plus d'éclat.

MANGANÈSE GRIS.

Il est *tachant* (*) ; — *tendre* ; — *aigre* ; — *facile à casser* ; — *médiocrement pesant.*

Pes. spéc. GELLERT, 4,325. HAUY, 3,7076 à 4,756.

Parties constituantes.

Les citoyens Cordier et Beaunier, ingénieurs des mines, ont analysé différentes mines de manganèse qui se rapportent à cette sous-espèce, et peut-être à la suivante. Voici les résultats de leurs analyses. (J. d. M. n°. 58, p. 778.)

	Manganèse de Tholey, en France.	Manganèse d'Allemagne.	Manganèse de Piémont.
Oxide de manganèse jaune.	45.5	45.5	44
Oxigène..............	38	36.5	42
Oxide de fer brun......	2	0	3
Carbone..............	0	0	1.5
Carbonate de chaux.....	0	8.5	0
Baryte...............	1.5	3	0
Silice................	7.5	7	5
Perte................	5.5	0.5	4.5
	100	101	100

Les caractères chimiques, le gissement, seront indiqués à la fin de la dernière sous-espèce.

(*) Les traces qu'il laisse sur le papier sont noirâtres, et n'ont pas le brillant métallique, comme celles de l'antimoine gris.

IIe.

MANGANÈSE GRIS.

IIe. SOUS-ESPÈCE.

BLÆTTRIGES GRAU-BRAUNSTEIN-ERZ.
— LE MANGANÈSE GRIS LAMELLEUX.

Magnesium ochraceum chalybeum.

Id. Emm. T. 2, p. 525. — W. P. T. 1, p. 218. — Variété du *Strahliger braunstein*, Wid. p. 948. — *Id.* Lenz, T. 2, p. 284.

Caractères extérieurs.

SA couleur est la même que celle de la sous-espèce précédente.

On le trouve en masse, *disséminé* ou *cristallisé en tables à 4 faces rectangulaires*, qui sont *très-petites*, souvent peu déterminables, *groupées en druses, en faisceaux* ou sous forme prismatique.

Leur surface est *éclatante*.

A l'intérieur, le manganèse gris lamelleux varie entre l'*éclatant* et le *peu éclatant*; c'est toujours un *éclat métallique*.

Sa cassure est toujours *lamelleuse*, assez imparfaitement néanmoins. (La surface de la cassure présente des stries comme la sous-espèce précédente.)

Ses fragmens sont *indéterminés*.

Il se présente en *pièces séparées, grenues, à petits* ou *très-petits grains*.

MANGANÈSE GRIS.

Il donne une *raclure noire* et *matte.*

Il est *tachant ; — tendre ; — aigre ; — facile à casser*, encore plus que la sous-espèce précédente ; — *médiocrement pesant.*

(*Voyez* la sous-espèce précédente pour les parties constituantes, et pour tout le reste la dernière sous-espèce.)

IIIe. SOUS-ESPÈCE.

DICHTES GRAU-BRAUNSTEIN-ERZ. — LE MANGANÈSE GRIS COMPACTE.

Magnesium ochraceum chalybeum densum.

Id. Emm. T. 2, p. 527. — W. P. T. 1, p. 219. — Var. du *schwarz-braunstein-erz*, Wid. p. 948. — Lenz, T. 2, p. 286. — *Indurated grey ore of manganèse*, Kirw. T. 2, p. 249.

Caractères extérieurs.

SA couleur est un *gris d'acier*, passant au *noir bleuâtre.*

On le trouve *en masse*, ou *disséminé*, ou en *morceaux anguleux*, ou *uviforme*, *réniforme*, *en buissons*, *dendritique* ou *tuberculeux.*

Son éclat extérieur est accidentel.

A l'intérieur, il est plus ou moins *brillant.* C'est un *éclat métallique.*

Sa cassure est *inégale*, *à petits grains* ou *à grains fins*, passant quelquefois à la cassure *unie* ou à la cassure *conchoïde.*

Ses fragmens sont *indéterminés*, *à bords peu aigus*. MANGANÈSE GRIS.

Il se présente rarement en *pièces séparées* ; elles sont *testacées*, *courbes*.

La couleur de sa raclure est peu différente de sa couleur principale.

Il est plus ou moins *tachant* ; — *demi-dur* ; — passant quelquefois au *tendre* ; — souvent aussi au *dur* ; — *aigre* ; — *facile à casser* ; — *pesant*.

Parties constituantes.

Je rapporte à cette sous-espèce les quatre analyses suivantes de manganèses de France, publiées par les citoyens Cordier et Beaunier, ingénieurs des mines (J. de M. n°. 58, p. 778). Les deux dernières ont été faites par Dolomieu et Vauquelin.

	Manganèse de St. Micaud.	Manganèse de Périgueux.	Manganèse de la Romanèche.	Manganèse de Laveline.
Oxide de manganèse jaune	35	50	50	65
Oxigène	33	17	33.7	17
Oxide de fer brun	18	13.5	0	0
Carbone	0	0	0.4	0
Chaux souillée de magnésie, d'oxides de fer et de manganèse	7	6	0	0
Carbonate de chaux	0	0	0	7
Baryte	4	5	14.7	9
Silice	3	7	1.2	6
Perte	0	1.5	0	6
	100	100	100	100

Voyez à la fin de la sous-espèce suivante.

MANGANÈSE GRIS.

IVe. SOUS-ESPÈCE.

ERDIGES GRAU-BRAUNSTEIN-ERZ. — LE MANGANÈSE GRIS TERREUX.

Magnesium ochraceum chalybeum friabile.

Id. Emm. T. 2, p. 529. — *Erdiger braunstein*, Wid. p. 953. — *Ochre of manganese*, Kirw. T. 2, p. 293.

Caractères extérieurs.

SA couleur varie entre le *gris d'acier* et le *noir brunâtre.*

Il est communément *en masse* ou *disséminé*, quelquefois *superficiel* et *dendritique.*

Il est tantôt *mat*, tantôt *un peu brillant*, d'un *éclat métallique.*

Sa cassure est *terreuse*, à *grains fins.*

Ses fragmens sont *indéterminés*, à *bords obtus.*

Il est *très-tachant*; — *très-tendre*, souvent même *friable*, car il est composé de *parties écailleuses très-fines* plus ou moins *agglutinées*; — il est *maigre au toucher*; — *médiocrement pesant.*

Parties constituantes.

Cette sous-espèce a les mêmes parties constituantes que la précédente; cependant l'oxide de fer paraît y être bien plus abondant.

Nota. Tout ce qui suit est relatif au manganèse gris en général. MANGANÈSE GRIS.

Caractères chimiques.

Le manganèse gris, traité au chalumeau, est infusible ; il se calcine et devient d'un brun noirâtre. Traité avec le verre de borax, il lui donne une couleur violette.

Usages.

Le manganèse gris est employé dans les verreries, pour purifier la matière du verre de toutes les substances qui la colorent ; c'est ce qui lui avait fait donner le nom de *savon des verriers.* On s'en sert pour obtenir le gaz oxigène. C'est en le mêlant avec le sel marin, que l'on prépare l'acide muriatique oxigéné. Ces différens usages sont dus à la propriété qu'a le manganèse gris de céder ou d'absorber de l'oxigène avec la plus grande facilité. Les chimistes seuls ont cherché à en extraire quelquefois le manganèse métallique, qui n'est d'aucune utilité dans les arts.

Gissement et localités.

Toutes les sous-espèces de manganèse gris se trouvent communément dans le voisinage les unes des autres. Elles se rencontrent en filons ou en masses, le plus souvent dans les montagnes primitives, surtout les deux premières sous-espèces.

MANGANÈSE GRIS.

On en trouve en assez grande quantité dans plusieurs endroits de la Saxe, de la Bohême, de la Bavière, de la Hongrie; en France, en Angleterre, en Piémont, etc.

Le manganèse gris terreux accompagne presque toujours le fer spathique, les mines de fer brune et rouge.

REMARQUES.

On a dû voir que je n'ai rapporté qu'un très-petit nombre de synonymies pour chaque sous-espèce. J'ai pris ce parti pour éviter de faire des rapprochemens inexacts entre les sous-espèces de M. Werner et celles des autres minéralogistes, ceux même qui ont suivi sa méthode en général s'en étant écartés par rapport aux mines de manganèse. Ce qui va suivre pourra éclaircir en partie ces difficultés.

M. Widenmann réunit le manganèse gris lamelleux au manganèse gris rayonné, et le manganèse gris compacte au manganèse noir; il forme une espèce du *manganèse terreux*, qui réunit le manganèse gris terreux de Werner et une autre sous-espèce, sous le nom de *braunstein-schaum*, littéralement *écume de manganèse;* elle se trouve à Huttenberg en Carinthie, sur du fer spathique et de l'hématite brune. Il prétend qu'elle se distingue de l'eisenrahm brun, en ce qu'elle donne au borax une couleur violette, au lieu que l'eisenrahm brun le colore en un vert jaunâtre; néanmoins il paraît d'après Reuss et Emmerling, qu'on a regardé son *braunstein-schaum* comme devant rentrer dans le manganèse gris terreux, ou comme étant un vrai eisenrahm brun.

M. Lenz suit à peu près la même marche que M. Widenmann, si ce n'est qu'il donne au manganèse terreux le nom de *schwarzer wad*, *wad noir*; ce qui correspond au *black wad* des Anglais, dont il sera question ci-après, et qu'il désigne le *braunstein-schaum* sous le nom de *schuppiger braunstein-kalk*, *oxide de manganèse écailleux*.

M. Kirwan s'est peu écarté de M. Werner, si ce n'est qu'il a réuni les deux premières sous-espèces en une seule.

Deborn et Lamétherie regardent toutes les sous-espèces du manganèse gris, et les deux espèces suivantes, comme n'étant que des variétés du manganèse oxidé.

Le citoyen Haüy ne reconnaît également qu'une seule espèce de mine de manganèse, qu'il nomme *manganèse oxidé*, et dont il décrit plusieurs variétés. — Son *manganèse oxidé métalloïde* correspond aux deux premières sous-espèces de manganèse gris. — Son *manganèse oxidé noir concrétionné* et *barytifere*, son *manganèse oxidé brun massif*, correspondent au manganèse gris compacte.

Ce qu'on appelle en France *pierre de Périgueux* est un manganèse gris compacte; il se trouve à Suquet, près de Périgueux.

Le *wat* ou *blackwad* des Anglais paraît être un manganèse gris terreux; d'autres le rapportent au manganèse noir: on le trouve dans le Devonshire; on l'a nommé aussi *manganèse inflammable*, parce que, mélangé avec une huile grasse, il produit une inflammation; il contient, d'après l'analyse de Wedgwood, 0,43 de manganèse, 0,43 de fer et 0,04 de plomb. On dit qu'il est employé comme matière colorante dans quelques peintures grossières. M. Werner en avait fait d'abord une sous-espèce particulière (Cat. de Pabst, t. 1, p. 221).

Beaucoup de minéralogistes rangent le manganèse gris terreux de Werner parmi les mines de fer terreuses; et

MANGANÈSE GRIS.

en effet, sa grande ressemblance avec le eisenrham brun, la quantité de fer dont il est mélangé, son gissement habituel avec les mines de fer terreuses, pourraient faire croire que ce n'est qu'un *eisenrham brun*, très-mélangé de manganèse, d'autant plus que l'on a vu ci-dessus que les mines de fer rouges et brunes en contiennent aussi beaucoup.

SECONDE ESPÈCE.

SCHWARZ-BRAUNSTEIN-ERZ. — LE MANGANÈSE NOIR.

MAGNESIUM OCHRACEUM NIGRUM.

Id. Emm. T. 2, p. 532. — W. P. T. 1, p. 220.

Caractères extérieurs.

SA couleur est un *noir grisâtre*, passant au *noir de fer*. Sa surface est communément d'un *noir parfait* ou *brunâtre*.

On le trouve *en masse*, ou *disséminé*, ou *cristallisé en doubles pyramides à 4 faces un peu aiguës, groupées par rangs.*

La surface des cristaux est *lisse*, et tantôt *éclatante*, tantôt *peu éclatante.*

A l'intérieur, il est *peu éclatant* (*).

Sa cassure est *imparfaitement lamelleuse, à lames un peu courbes.* (Le clivage est simple.)

(*) Emmerling ajoute : *C'est l'éclat du diamant.*

Ses fragmens sont *indéterminés, à bords obtus.* MANGANÈSE NOIR.

Il se présente en *pièces séparées, grenues, à petits grains* et à *grains fins.*

Sa raclure est *matte* et d'un *brun rougeâtre.*

Il est *tendre;* — *aigre;* — *facile à casser;* — *pesant.*

Remarques

Cette description est entiérement tirée d'Emmerling: celles des autres minéralogistes allemands sont fort différentes. Emmerling a soin d'en avertir, et il ajoute que le vrai manganèse noir est encore très-rare et très-peu connu, et que la plupart des substances indiquées sous ce nom sont, ou du manganèse gris compacte, ou de la mine de fer brune; il se fonde sur le catalogue de Pabst, par Werner, qui ne cite qu'un seul morceau de manganèse noir, provenant d'Ehrenstock en Thuringe, où il se rencontre en couche superficielle, crustacée et drusique sur du manganèse gris, rayonnée: il dit aussi qu'il s'en trouve en Piémont. On sent bien que je n'ai pu, d'après cela, citer avec certitude aucune synonymie.

Sa dissolution dans l'acide muriatique est sans couleur.

TROISIÈME ESPÈCE.

ROTH-BRAUNSTEIN-ERZ. — LE MANGANÈSE ROUGE.

MAGNESIUM OCHRACEUM RUBRUM.

Id. Emm. T. 2, p. 534. — Wid. p. 957. — *Manganèse oxidé blanc et rose silicifère*, Haüy, T. 4, p. 247.

MANGANÈSE ROUGE.

Caractères extérieurs.

SA couleur est un *rouge de rose*, qui souvent passe au *blanc de neige* (*) ou au *blanc rougeâtre.* (L'exposition à l'air ou à la lumière du soleil la fait pâlir.) La surface est quelquefois *brunâtre* ou *jaunâtre*, du moins dans certaines parties.

On le trouve, ou en *masse*, ou *disséminé*, ou *uviforme*, *réniforme*, *carié*, ou enfin *cristallisé.*

Ses formes sont :

a. Le *rhomboïde très-applati* (ils sont réunis en *groupes globuleux*, souvent assez confusément).

b. De *très-petites pyramides.*

c. De *très-petits cristaux lenticulaires.*

La surface des cristaux est *lisse.*

Le manganèse rouge est *mat*, ou tout au plus *un peu brillant*, très-rarement *un peu éclatant* (l'éclat varie suivant la cassure).

Sa cassure est tantôt *inégale*, à *petits grains*, passant à la cassure *esquilleuse*; tantôt *unie*; alors elle paraît devenir un peu *conchoïde* ou *imparfaitement lamelleuse.*

Ses fragmens sont *indéterminés*, à *bords assez aigus.*

Il se présente quelquefois en *pièces séparées*, *testacées*, *courbes*, *minces.*

(*) C'est le *manganèse blanc*, *weisser-braunstein-erz*, dont plusieurs minéralogistes ont fait une espèce particulière.

MANGANÈSE ROUGE.

Il est plus ou moins *translucide sur les bords.*

Il est *demi-dur*, passant quelquefois au *dur* (ce qui paraît provenir d'un mélange de silice); — *aigre*; — *facile à casser*; — *médiocrement pesant.*

Caractères chimiques.

Traité au chalumeau, le manganèse rouge est infusible sans addition; il devient d'un noir grisâtre; il colore le verre de borax en un bleu violet, qui passe au rouge cramoisi.

Parties constituantes.

Manganèse	35.17	D'après l'analyse de RUPRECHT.
Fer	7.14	
Silice	55.06	
Argile	1.56	
Eau	0.78	

Gissement et localités.

Le manganèse rouge est une substance très-rare: on le trouve en Transilvanie, à Kapnik, Offenbanya, et surtout à Nagyag, où il fait partie de la gangue d'un filon aurifère, de celui qui tient l'or blanc et la mine connue sous le nom d'or de Nagyag: il est accompagné principalement de fahlerz, de galène, de blende, de pyrites, etc. (*).

(*) Emmerling et Widenmann annoncent qu'on en a aussi trouvé à Sainte-Marie-aux-Mines en Alsace, à Sem dans le

MANGANÈSE ROUGE.

Remarques.

Le manganèse rouge paraît avoir beaucoup de rapports avec le braunspath, avec lequel on le confond souvent.

On lui a donné quelquefois le nom de *lufisaüres braunstein*, *magnesium aeratum* (*Bergmann*, Opusc. trad. fr., t. 2, p. 456), *manganèse carbonaté*. On est étonné, d'après cela, de ne pas trouver l'acide carbonique dans l'analyse de Ruprecht : peut-être n'est-ce qu'un braunspath très-chargé de manganèse. (??)

Appendice.

1°. Le *manganèse granatiforme, granatfœrmiges braunsteinerz*, a été indiqué dans le tableau de classification, d'après M. Reuss. M'étant assuré depuis que M. Werner n'a pas admis cette sous-espèce dans sa classification, je n'en donnerai point ici de description. D'ailleurs, celles que l'on trouve dans Emmerling, t. 3, p. 368, ne laisse aucun doute que cette substance ne soit une variété de grenat, pénétrée de beaucoup d'oxide de manganèse : sa forme cristalline est *la pyramide double à 8 faces, terminée de chaque côté par un pointement à 4 faces*, comme la var. c des cristaux de grenat (t. 1, p. 194) ; sa pesanteur spécifique, de 3600, est dans les limites de celles du grenat. Tous les autres caractères peuvent très-bien aussi

---

comté de Foix, ainsi qu'à Kremnistz en Hongrie. (?) On a cité aussi un *manganèse rouge* trouvé en Piémont, mais c'est une substance tout-à-fait différente. (*Voyez* ci-après l'Appendice.)

convenir au grenat : il se fond au chalumeau en un globule d'un noir verdâtre ; avec le borax, il donne un vert d'un vert olive, etc. D'après l'analyse de Klaproth, cette substance est composée de 0,35 d'oxide de manganèse, 0,14 d'oxide de fer, 0,35 de silice et 0,14 d'alumine ; elle a été trouvée disséminée dans un granit à gros grains, près d'Aschaffenbourg en Franconie. MANGANÈSE ROUGE.

2°. Le citoyen Lapeyrouse a découvert dans les mines de fer de Sem, vallée de Vicdessos, une substance qu'il a annoncée comme étant du *manganèse natif* (J. d. Ph. 1786, t. 1, p. 68) ; elle était en petites masses tuberculeuses ; leur cassure était lamelleuse, ayant l'éclat métallique : malheureusement on n'en a pas trouvé une assez grande quantité pour que les chimistes aient pu s'assurer plus positivement si le manganèse y était entiérement dépourvu d'oxigène.

3°. On a trouvé à Saint-Jean de Gardonenque, dans les Cévennes, un oxide de manganèse terreux, d'un brun noirâtre, très-tendre et néanmoins cohérent, très-tachant, ayant cela de particulier, qu'il est *extrêmement léger* et qu'il affecte la forme de prismes ; ce qui est l'effet d'un retrait : c'est le citoyen Chaptal qui l'a fait connaître. Le citoyen Haüy a décrit cette substance sous le nom de *manganèse oxidé noir pseudo-prismatique* : l'oxide de manganèse y est très-pur.

4°. Il a été dit ci-dessus que le *manganèse rouge du Piémont* était fort différent du manganèse rouge de Werner. Voici la description de cette substance :

Sa couleur est un *rouge cerise foncé*, passant au *violet* ou au *brun noirâtre*. — On le trouve *en masses*, qui sont des faisceaux de *cristaux prismatiques*, *obliquangles*, ou des réunions de *pièces séparées*, *scapiformes*, *minces*, *droites*. — Sa cassure (dans le sens des

MANGANÈSE ROUGE.

pièces séparées) est *rayonnée, à rayons droits un peu divergens;* mais (en travers) elle est *grenue.* — Il est *assez éclatant* dans la cassure rayonnée, mais seulement *brillant* ou même mat dans la cassure grenue; c'est un *éclat vitreux,* passant à *l'éclat soyeux.* — Il est *opaque; — dur; — aigre,* assez facile à casser; — *médiocrement pesant.* — Pes. spéc. 3.320, d'après M. de Saussure; j'ai obtenu un résultat à peu près semblable. — Traité au chalumeau, il se boursoufle d'abord et se change ensuite en une scorie d'un gris noirâtre attirable à l'aimant, et finit par donner un verre brun un peu translucide; il colore en violet le verre de borax; — il contient, d'après l'analyse du chevalier Napione, 0.26 de silice, 0.23 de chaux, environ 0.01 d'alumine, 0.45 d'oxide de manganèse mêlé d'oxide de fer, et 0.03 d'eau et d'acide carbonique.

Le chevalier Napione est le premier qui ait fait connaître cette substance (*Mém. de l'Acad. de Turin*, 1788, p. 308). M. de Saussure en a aussi parlé (*Voyages*, §. 1896, t. 4, p. 78). Le citoyen Haüy l'a indiquée (t. 4, p. 248) sous le nom de *manganèse oxidé violet silicifère.* — On l'a trouvée dans les mines de Saint-Marcel, dans la vallée d'Aoste en Piémont.

En suivant certaines analogies de la nomenclature minéralogique de Werner, on pourrait former de ce minéral une espèce sous le nom de *manganèse scapiforme, stangliches braunstein-erz....* Mais peut-être au reste ferait-on beaucoup mieux de regarder le manganèse comme étant ici une partie constituante accidentelle, comme le fer l'est dans certains grenats et dans beaucoup d'autres minéraux; et alors, en rapprochant certains caractères de ce minéral avec ceux de la rayonnante commune ou de la trémolithe commune, je serais bien tenté de croire que c'est une variété de l'une ou l'autre de ces deux espèces mélangées d'oxide de manganèse : il en a tout-à-fait la contexture, et j'ajouterai que les prismes rhomboïdaux m'ont paru lamelleux, parallélement à l'axe, et qu'ayant cherché à mesurer leur angle obtus, j'ai trouvé très-sensiblement 124 à 126°.... (?)

MANGANÈSE ROUGE.

QUINZIÈME GENRE.

LE GENRE MOLYBDÈNE.

ESPÈCE UNIQUE.

WASSERBLEY. — LE MOLYBDÈNE SULFURÉ.

MOLYBDÆNUM GALENARE.

Id. Emm. T. 2, p. 541. — Wid. p. 962. — Lenz, T. 2, p. 295. — W. P. T. 1, p. 221. — *Ferrum molybdæna pura membranacea nitens*, Wall. T. 2, p. 249. — *Molybdena*, Kirw. T. 2, p. 322. — *Sulfure de molybdène*, D. B. T. 2, p. 119. — *Molybdène sulfuré*, Lam. T. 1, p. 397. — *Id.* Haüy, T. 4, p. 289.

Caractères extérieurs.

SA couleur est toujours un *gris de plomb parfait.*

On le trouve communément en *masse* et *disséminé*, quelquefois en *lames*, et très-rarement *cristallisé*, en *tables à 6 faces équiangles parfaites* (*).

(*) M. Esmark a observé en Norwége une autre forme de molybdène sulfuré. C'est *une pyramide à 6 faces, double, ayant ses sommets fortement tronqués*; mais il soupçonne, avec raison, que ce n'est autre chose qu'une réunion de tables à 6 faces, dont celles du milieu sont plus larges. Les faces latérales des pyramides sont striées en largeur, et peu éclatantes; les faces qui remplacent les sommets, sont très-éclatantes. — M. Schmeisser a aussi décrit, dans sa Minéralogie, des *prismes à 6 faces, terminés par un pointement à 6 faces.*

Ces

Ces cristaux sont *petits* ou rárement de *moyenne grandeur*, toujours *implantés :* leurs faces latérales sont *éclatantes*. MOLYBDÈNE SULFURÉ.

A l'intérieur, le molybdène sulfuré est *éclatant* ou *peu éclatant ;* c'est un *éclat métallique parfait*.

Sa cassure est *lamelleuse*, à *lames courbes*.

Ses fragmens sont *indéterminés*, à *bords assez obtus*, quelquefois en forme de *plaques*.

Il se présente communément en *pièces séparées*, *grenues*, à *grains de différentes grosseurs*, quelquefois difficiles à distinguer.

Il est entiérement *opaque ;* — *très-tachant* et *écrivant* (*) ; — *très-tendre ;* — *doux ;* — *peu difficile à casser ;* — *flexible* dans les lames minces, mais *non-élastique ;* — *très-onctueux au toucher ;* — *pesant*.

Pes. spéc. 4,569 à 4,738.

Caractères chimiques.

Le molybdène sulfuré est infusible au chalumeau; il donne l'odeur sulfureuse. L'acide nitreux le change en un oxide blanc, qui est l'acide molybdique.

Parties constituantes.

C'est Schéele qui a reconnu le premier que cette

(*) *Voyez* ci-dessus, p. 78, à l'article Graphite, la manière de le distinguer du molybdène sulfuré.

MOLYBDÈNE SULFURÉ. substance minérale était composée de soufre et d'un métal particulier à l'état d'acide ; ce qui a été confirmé depuis par Pelletier et Klaproth. Voici les résultats de leurs analyses.

	PELLETIER.	KLAPROTH.
Acide molybdique.....	45	 60
Soufre...............	55	 40

On peut consulter le Mémoire de Pelletier à ce sujet, dans le *Journal de Physique*, décembre 1789.

On n'a fait jusqu'ici aucun usage de cette substance ni du métal qu'elle renferme.

Gissement et localités.

On a trouvé le molybdène sulfuré en Bohême (Schlackenwald, Zinnwald), en Saxe (Altenberg, Geier, Schneeberg, etc.), en Suède (Norberg), en France (le Tillot dans les Vosges, Chamouni au pied du Mont-Blanc), en Islande, etc.

Il se rencontre toujours dans des montagnes primitives, en nids ou en rognons, assez communément dans le voisinage des mines d'étain : il en est très-souvent accompagné, ainsi que de wolfram, de quartz, d'arsenic natif, de spath fluor, de spath pesant, etc.

SEIZIÈME GENRE.

LE GENRE ARSENIC.

PREMIÈRE ESPÈCE.

GEDIEGENES ARSENIK. — L'ARSENIC NATIF.

ARSENICUM NATIVUM.

Id. Emm. T. 2, p. 548. — Wid. p. 965. — Lenz, T. 2, p. 299. — W. P. T. 1, p. 207. — *Arsenicum nativum*, Wall. T. 2, p. 161. — *Arsenic testacé*, D. B. T. 2, p. 194. — *Native arsenik*, Kirw. T. 2, p. 255. — *Arsenic natif*, Lam. T. 1, p. 353. — *Id.* Haüy, T. 4, p. 220.

Caractères extérieurs.

SA couleur (dans une cassure fraîche) est un *gris de plomb très-clair*, qui souvent passe au *blanc d'étain*; mais bientôt sa surface devient *jaune*, puis d'un *gris noirâtre*, et passe enfin au *noir grisâtre*.

On le trouve *en masse* ou plus rarement *disséminé*, souvent *réniforme*, *uviforme*, *criblé*, *carié*, *en plaques*, *portant des empreintes*, ou très-rarement *tricoté*.

Sa surface est *rude* ou *grenue*, toujours *matte* ou *peu brillante*.

A l'intérieur (dans une cassure fraîche), il est *peu éclatant*, d'un *éclat métallique*.

Ee 2

ARSENIC NATIF. Sa cassure est tantôt *inégale*, *à petits grains* ou *à grains fins* (elle passe quelquefois à la cassure *unie*); tantôt *imparfaitement lamelleuse*, à *lames courbes*; tantôt *rayonnée* à *rayons droits*, *divergens*, *en faisceaux*.

Ses fragmens sont *indéterminés*, *à bords assez obtus*, quelquefois en forme de plaques.

Il est assez communément composé de *pièces séparées*, *testacées*, *concentriques*, *réniformes*.

Il prend de l'*éclat* par la raclure.

Il est *demi-dur*; — *doux*; — *très-facile à casser*.

Il rend un son assez clair lorsqu'on le frappe avec un corps dur.

Lorsqu'on le frotte un peu fortement, il donne une odeur d'ail.

Il est *très-pesant*.

Pes. spéc. 5,724 à 5,763, BRISSON. L'arsenic fondu, 8,308, d'après BERGMANN.

Caractères chimiques.

L'arsenic natif, traité au chalumeau sans addition, se fond assez facilement en dégageant une fumée blanche qui a une odeur d'ail, brûle ensuite avec une flamme bleuâtre, et se volatilise entièrement. Il se dépose sur le charbon ou sur les corps froids que l'on présente à sa vapeur, une poussière blanche, qui est de l'oxide d'arsenic.

Parties constituantes.

L'arsenic n'est pas toujours très-pur dans l'arsenic natif. Outre un peu de fer dont il n'est jamais exempt, il est quelquefois mélangé accidentellement d'une petite quantité d'or ou d'argent.

Gissement et localités.

On trouve de l'arsenic natif en Bohême (Worlick, Joachims-Thal), en Saxe (Freyberg, Annaberg, Schneeberg, Marienberg, Johann-Georgen-Stadt), au Hartz (Andreasberg), en Carinthie (Seltspach, Geisberg), en Souabe (Wittichen, Alpirspach), en Transilvanie (Nagyag), en France (Sainte-Marie-aux-Mines), etc.

Il se rencontre uniquement dans des filons des montagnes primitives. Les minéraux qui l'accompagnent le plus ordinairement, sont, l'argent rouge, le réalgar, la galène, l'argent natif, le cobalt éclatant, le kupfernikkel, le fer spathique, le fahlerz, les pyrites; enfin, le quartz, le spath pesant, le spath calcaire et le spath fluor, etc.

REMARQUES.

L'arsenic natif a été désigné quelquefois sous les noms d'*arsenic spéculaire*, *scherbenkobolt*, *næpf.lkobolt*, *læffenkobolt* ou *cobalt testacé*, *fliegenstein*, etc.

On n'a fait jusqu'ici aucun usage de l'arsenic à l'état métallique, soit natif, soit artificiel.

SECONDE ESPÈCE.

ARSENIK-KIES. — LA PYRITE ARSENICALE.

ARSENICUM MINERALISATUM PYRITACEUM.

Id. Emm. T. 2, p. 552. — Wid. p. 968. — Lenz, T. 2, p. 301. — *Minera arsenici alba*;..... id..... *cristallisata*, Wall. T. 2, p. 165 et 166. — *Arsenical pyrites* ou *marcassites*, Kirw. T. 2, p. 256. — *Pyrite blanche arsenicale*, R. D. L. T. 3, p. 27. — *Pyrite arsenicale* ou *mispikel*, D. B. T. 2, p. 197. — *Id.* Lam. T. 2, p. 361. — *Fer arsenical*, Haüy, T. 4, p. 57.

Werner partage cette espèce en deux sous-espèces.

Ire. SOUS-ESPÈCE.

GEMEINER ARSENIK-KIES. — LA PYRITE ARSENICALE COMMUNE.

Arsenicum mineralisatum pyritaceum vulgare.

Id. Emm. T. 2, p. 553. — Wid. p. 968. — Lenz, T. 2, p. 301. — W. P. T. 1, p. 212.

Caractères extérieurs.

SA couleur (dans une cassure fraîche) est le *blanc d'argent*; mais sa surface est communément *jaunâtre*, ou *grisâtre*, ou *bleuâtre*, quelquefois *irisée*.

On la trouve *en masse*, *disséminée* ou assez souvent *cristallisée*.

Ses formes sont :

a. Le *prisme à 4 faces, parfait, un peu obliquangle.*

b. Le même *prisme, terminé à chaque extrémité par un biseau obtus dont les faces sont placées sur les bords latéraux aigus* (*).

c. Le même *prisme ayant ses faces latérales cilindriques*, tantôt *concaves*, tantôt *convexes.*

d. L'*octaèdre très-aigu* (**).

e. Des cristaux *lenticulaires.*

Les cristaux sont communément de *moyenne grandeur*, ou *petits*, quelquefois *très-petits* ou *aciculaires.*

Les *faces latérales* des prismes sont toujours *lisses* et *éclatantes*, souvent *très-éclatantes.* Les *faces du biseau* sont *striées en travers.*

A l'intérieur, la pyrite arsenicale commune est *éclatante*; c'est l'*éclat métallique.*

Sa cassure est toujours *inégale*, *à grains assez gros* ou *à petits grains.*

Ses fragmens sont *indéterminés*, *à bords assez aigus.*

Il se présente quelquefois en *pièces séparées*, *sca-*

(*) Les angles inférieurs des faces du biseau sont quelquefois tronqués.

(**) Cette forme n'est autre chose que la forme *b*, dans laquelle le prisme étant très-court, les deux biseaux se joignent.

PYRITE ARSENICALE. *piformes*, *droites*, *minces* ou *épaisses*, ou rarement en *pièces séparées*, *grenues*, *à petits grains* ou *à grains fins*.

Elle est *dure*; — *aigre*; — *assez difficile à casser*; — elle donne une très-forte odeur d'ail lorsqu'on la frotte ou lorsqu'on la frappe avec le marteau; — elle est *pesante*.

Pes. spéc. GELLERT, 5,753. HAUY, 6,5223.

Caractères chimiques.

Traitée au chalumeau, la pyrite arsenicale commune dégage une fumée blanche, ayant l'odeur d'ail: l'arsenic se volatilise sous forme d'une fumée épaisse qui dépose sur les corps froids une poussière blanche, qui est de l'oxide d'arsenic; il reste une terre brune et rouge, infusible, qui est de l'oxide de fer.

Parties constituantes.

On n'a pas encore d'analyse bien exacte de cette substance: on sait seulement, d'après Bergmann et Kirwan, qu'elle est composée d'arsenic de fer et de soufre. (*Voyez* les Remarques.)

Usages.

C'est de la pyrite arsenicale que l'on extrait l'oxide blanc d'arsenic par sublimation, en traitant les mines d'étain et autres auxquelles elle est mélangée: on l'emploie aussi pour faire du réalgar artificiel.

Gissement et localités.

La pyrite arsenicale commune se trouve en Bohême (Schlackenwald, etc.), en Saxe (Freyberg, Munzig, Ehrenfriedersdorf, Geier, Altenberg), en Silésie (Reichenstein), etc.

Elle se rencontre dans des montagnes primitives, soit en filons, soit disséminée dans les roches.

Les minéraux qui l'accompagnent le plus ordinairement, sont la mine d'étain commune, la galène; plus rarement la blende noire, le fer spathique, la pyrite cuivreuse; enfin, le quartz, le spath fluor et le spath calcaire.

A Reichenstein, elle se trouve dans une serpentine.

REMARQUES.

Les minéralogistes allemands rapportent à cette espèce le *minera arsenici cinerea* de Wallerius, qui est la *mine d'arsenic grise* ou *pyrite d'orpiment* de quelques auteurs; d'autres la regardent comme une variété de pyrite martiale, et elle a été donnée comme telle ci-dessus, p. 232.

Le citoyen Haüy l'avait d'abord décrite sous le nom de *fer arsenic sulfuré*, dans son extrait (J. d. M., n°. 31, p. 538); il l'a rangée dans son Traité, à la suite du *fer arsenical*, sous le nom de *fer arsenical pyriteux*. On doit soupçonner avec le citoyen Haüy, que ce minéral est un passage entre la pyrite arsenicale et la pyrite martiale. Il n'est donc pas étonnant qu'on l'ait réuni sou-

PYRITE ARSENICALE.

vent à l'une ou à l'autre de ces espèces ; il en existe deux analyses faites par Vauquelin (J. d. M., n°. 19, p. 3), dont voici les résultats.

Arsenic..........	38.8	 4
Fer.............	19.7	.... 25.7
Soufre..........	15.3	 20
Silice...........	12	.... 44.3
Perte...........	14.2	 6
	100	100

Le citoyen Vauquelin attribue la perte à la volatilisation d'une partie du soufre et de l'arsenic.

Les parties constituantes sont, à la vérité, semblables ; mais leurs proportions sont bien différentes ; aussi je crois que la première appartient à une véritable *pyrite arsenicale*, et la seconde à une *pyrite martiale*.

IIe. SOUS-ESPÈCE.

WEISSERZ (*). LA PYRITE ARSENICALE ARGENTIFÈRE.

Arsenicum mineralisatum pyritaceum argentiferum.

Id. Emm. T. 2, p. 557. — Wid. p. 970. — Lenz, T. 2, p. 303. — W. P. T. 1, p. 216. — *Minera argenti arsenicalis*, Wall. T. 2, p. 340. — *Fer arsenical argentifère*, Haüy, T. 4, p. 63.

Caractères extérieurs.

SA couleur est un *blanc d'étain* passant toujours

(*) Littéralement *mine blanche*.

plus ou moins au *blanc d'argent*. La surface devient toujours *jaunâtre* (plus que la *pyrite arsenicale commune*). PYRITE ARSENICALE.

On la trouve rarement *en masse*, le plus souvent elle est *disséminée* et *cristallisée* en *petits* et *très-petits prismes à 4 faces aciculaires*.

A l'extérieur, elle est *éclatante* ; — à l'intérieur, *peu éclatante* ; c'est un *éclat métallique*.

Sa cassure est *inégale*, à *petits grains* ou *à grains fins*.

Ses fragmens sont *indéterminés*, *à bords peu aigus*.

Elle se présente en *pièces séparées*, *grenues*, *à petits grains* et *à grains fins*.

Remarques.

Tous les autres caractères extérieurs de la pyrite arsenicale argentifère, et ses caractères chimiques, sont les mêmes que ceux de la sous-espèce précédente ; elle ne diffère dans ses parties constituantes que par le mélange d'une petite quantité d'argent, qui varie de 1 à 10 centièmes, et pour lequel elle est souvent exploitée.

On en trouve en Saxe, à Freyberg et Braunsdorf, où elle est exploitée comme mine d'argent ; elle est accompagnée ordinairement de pyrite arsenicale commune, d'argent rouge, de galène, de pyrite cuivreuse, etc.

La pyrite arsenicale argentifère a été quelquefois indiquée comme une variété de l'*argent arsenical* (D. B., t. 2, p. 418, var. *B. b* et *B. b.* 1). — On l'a aussi nommée *pyrite blanche argentifère* ou *mine d'argent blanche*.

TROISIÈME ESPÈCE.

RAUSCHGELB. — LE RÉALGAR.

ARSENICUM MINERALISATUM RISIGALLUM.

Id. Emm. T. 2, p. 559. — Wid. p. 972. — Lenz, T. 2, p. 306.

Werner partage cette espèce en deux sous-espèces.

Ire. SOUS-ESPÈCE.

GELBES RAUSCHGELB. — LE RÉALGAR JAUNE.

Arsenicum mineralisatum risigallum flavum.

Id. Emm. T. 2, p. 559. — Wid. p. 972. — Lenz, T. 2, p. 306. — W. P. T. 1, p. 210. — *Arsenicum..... auripigmentum*, Wall. T. 2, p. 163. — *Orpiment*, Kirw. T. 2, p. 260. — *Orpiment, orpin*, R. D. L. T. 3, p. 39. — *Id.* Lam. T. 1, p. 357. — *Oxide d'arsenic sulfuré jaune*, D. B. T. 2, p. 202. — *Arsenic sulfuré jaune*, Haüy, T. 4, p. 234.

Caractères extérieurs.

SA couleur ordinaire est un beau *jaune-citron* qui souvent passe, d'un côté, au *jaune de soufre* ou au *jaune d'or* et au *jaune de miel*, et de l'autre au *rouge-aurore*.

On le trouve *en masse*, *disséminé*, *superficiel* et *cristallisé*.

Ses formes sont :

a. Le *prisme à 4 faces, obliquangle, terminé par un biseau dont les faces correspondent aux bords latéraux obtus.*

b. Le *prisme à 4 faces, obliquangle, court, terminé par un pointement à 4 faces placées sur les faces latérales;* les bords obtus du pointement sont arrondis, quelquefois aussi les bords latéraux aigus du prisme sont remplacés par un biseau. RÉALGAR.

c. L'*octaèdre aigu* (*).

Les cristaux sont ordinairement *petits* ou *très-petits*, *groupés* ensemble si confusément, qu'il est rare de pouvoir bien déterminer leur forme.

Les faces des prismes sont *lisses;* celles des biseaux et des pointemens sont *striées à stries très-fines.*

A l'extérieur, ils sont *éclatans* ou *peu éclatans.*

A l'intérieur, le réalgar jaune est *très-éclatant.* Son éclat varie entre l'*éclat gras*, l'*éclat métallique* et l'*éclat du diamant.*

Sa cassure est toujours *lamelleuse*, *à lames un peu courbes.* Le clivage paraît simple.

Ses fragmens sont *indéterminés*, *à bords obtus*, ou quelquefois *en forme de plaques.*

Lorsqu'il est en masse, il est composé de *pièces séparées*, *grenues*, à grains de différentes grosseurs.

Il est *translucide*, quelquefois seulement sur les bords; les lames minces sont *demi-diaphanes.*

Sa raclure est de même couleur, seulement un peu *plus claire.*

(*) Il est sensiblement le même que celui de soufre.

RÉALGAR.

Il est *très-tendre ; — doux ; — flexible* (sans être *élastique*) dans les lames minces ; — *facile à casser ; — médiocrement pesant.*

Pes. spéc. 3,315, BERGMANN. 3,521, GELLERT.

Caractères chimiques.

Le réalgar jaune, traité au chalumeau, donne une flamme bleuâtre, une fumée blanche à odeur d'ail et de soufre, et se volatilise en un oxide blanc qui se dépose sur les corps froids et sur le support de charbon. Il laisse ordinairement un résidu terreux, à moins qu'il ne soit très-pur.

Parties constituantes.

Le réalgar jaune est un sulfure d'arsenic dans la proportion de $\frac{1}{10}$ de soufre, suivant Kirwan, et de $\frac{1}{4}$ suivant Westrumb (*).

Usage.

Le réalgar jaune fournit à la peinture à l'huile une belle couleur jaune, connue sous le nom d'*orpin* ou d'*orpiment ;* mais celui qu'on emploie, est presque toujours artificiel.

Gissement et localités.

On trouve du réalgar jaune dans le Bannat (Moldawa), en Natolie, en Servie, en Transilvanie

(*) L'arsenic y est toujours un peu oxidé.

(Nagyag, Ohlalapos), en Hongrie (Felsobanya, Taioba près Neushol), en Walachie, etc. RÉALGAR.

Il paraît appartenir à une formation secondaire, car on le trouve toujours dans des montagnes stratiformes. Il est ordinairement accompagné d'argile, de quartz, etc. et quelquefois de réalgar rouge.

IIe. SOUS-ESPÈCE.

ROTHES RAUSCHGELB. — LE RÉALGAR ROUGE.

Arsenicum mineralisatum risigallum rubrum.

Id. Emm. T. 2, p. 562. — Wid. p. 975. — Lenz, T. 2, p. 308. — W. P. T. 1, p. 210. — *Arsenicum..... risigallum*, Wall. T. 2, p. 163. — *Réalgar*, Kirw. T. 2, p. 261. — *Réalgar, sandarac, rubine d'arsenic*, D. B. T. 2, p. 199. — *Id.* et *soufre rouge des volcans*, R. D. L. T. 3, p. 33. — *Arsenic sulfuré*, Lam. T. 1, p. 358. — *Arsenic sulfuré rouge*, Haüy, T. 4, p. 226.

Caractères extérieurs.

SA couleur est un *rouge-aurore* vif, qui passe quelquefois, d'un côté, au *rouge-écarlate*, et de l'autre au *jaune-orangé*.

On le trouve rarement *en masse*; le plus souvent il est *disséminé* ou *superficiel* (quelquefois *terreux*), ou très-souvent *cristallisé*.

Sa forme est :

RÉALGAR. *a*. Le *prisme à 4 faces, obliquangle*, soit *parfait*, soit *ayant ses bords latéraux obtus, tronqués ou remplacés par un biseau* (*).

Les cristaux sont presque toujours *petits* ou *très-petits*, quelquefois *aciculaires*, et en général peu faciles à déterminer.

Leur surface est toujours *striée en longueur*, tantôt *éclatante*, tantôt *très-éclatante*.

A l'intérieur, le réalgar rouge varie de l'*éclatant* au *peu éclatant*; c'est un éclat entre l'*éclat vitreux* et l'*éclat gras*.

Sa cassure est *inégale, à gros grains* ou *petits grains*; elle passe quelquefois à la cassure *conchoïde*.

Ses fragmens sont *indéterminés, à bords obtus*.

Il n'est communément que *translucide*, quelquefois *demi-diaphane*, souvent aussi *opaque*.

Sa raclure est d'un *jaune-orangé*, presque d'un *jaune-citron*.

Il est *très-tendre*; — *un peu aigre*; — *facile à casser*; — *médiocrement pesant*.

Pes. spéc. BERGMANN, 3,225.

Caractères chimiques.

Il se comporte au chalumeau comme le réalgar jaune,

(*) Le citoyen Haüy a rapporté à cette sous espèce toutes les cristallisations indiquées pour la précédente. On peut y ajouter encore, d'après lui, *le prisme à 4 faces, obliquangle, ayant ses bords et ses angles terminaux tronqués* (fig. 214).

jaune, si ce n'est que la flamme est plus bleue, et que l'odeur sulfureuse est plus sensible. RÉALGAR.

Ses parties constituantes sont aussi les mêmes, suivant Westrumb; cependant on croit assez généralement qu'il contient un peu plus de soufre.

Gissement et localités.

On trouve du réalgar rouge dans le Bannat, en Bohême (Joachims-Thal), en Saxe (Schneeberg, Johann-Georgen-Stadt, Ehrenfriedersdorf), au Hartz (Andreasberg), en Souabe, en Transilvanie (Nagyag), en Tirol (Inspruck), en Hongrie (Felsobania, Taioba), et dans le voisinage des volcans, comme près de l'Etna et du Vésuve; à la Guadeloupe, etc.

C'est principalement dans les montagnes primitives qu'il se rencontre. Les substances minérales qui l'accompagnent le plus ordinairement, sont l'arsenic natif, l'argent rouge, la galène, quelquefois le cobalt éclatant, la pyrite martiale, le fahlerz, le quartz, le spath pesant, le spath calcaire, etc.

REMARQUE.

Le réalgar rouge est en usage en peinture; mais celui qu'on emploie est artificiel.

QUATRIÈME ESPÈCE.

NATURLICHER ARSENIK-KALK. — L'ARSENIC OXIDÉ NATIF.

ARSENICUM OCHRACEUM ALBUM.

Id. Emm. T. 2, p. 566. — Wid. p. 977. — Lenz, T. 2, p. 304. — *Arsenicum nativum album*, Wall. T. 2, p. 160. — *Native calx of arsenic*, Kirw. T. 2, p. 258. — *Oxide blanc d'arsenic*, Lam. T. 1, p. 355. — *Arsenic oxidé*, D. B. T. 2, p. 204. — *Id.* Haüy, T. 4, p. 225.

Caractères extérieurs.

SA couleur la plus ordinaire est le *blanc de neige* ou le *blanc jaunâtre*, quelquefois le *blanc rougeâtre* ou *verdâtre*. Elle passe aussi au *gris de fumée clair.*

On le trouve le plus souvent *superficiel* à l'état terreux, et *friable* sur d'autres minéraux, plus rarement *endurci*, soit *uviforme*, soit *cristallisé.*

Ses formes sont :

a. De très-petits *cristaux capillaires groupés en faisceaux* ou *entrelacés.*

b. De *très-petits octaèdres* à peine déterminables.

c. Des *tables à 4 faces très-petites.*

Il est tantôt *un peu éclatant*, tantôt *brillant*, souvent *mat.*

Sa cassure est tantôt *terreuse*, tantôt *fibreuse*, *à fibres très-fines*, *divergentes en faisceaux.*

L'arsenic oxidé cristallisé paraît *translucide*, mais à l'état terreux il est toujours *opaque*. ARSENIC OXIDÉ NATIF.

Il est *très-tendre*, souvent même *friable* ; — *aigre* ; — il a une saveur *acide douce* ; — il est *médiocrement pesant*.

Pes. spéc. 3,706, MUSCHENBROEK.

Caractères chimiques.

Traité au chalumeau, l'arsenic oxidé natif donne une fumée blanche et une odeur d'ail : il brûle ensuite avec une flamme bleuâtre et se volatilise entiérement, mais plus lentement que l'arsenic métallique. Il est dissoluble dans l'eau et dans les acides. C'est un oxide d'arsenic pur, ou tout au plus mélangé accidentellement d'un peu de terre.

Usages.

L'arsenic oxidé est employé dans beaucoup d'opérations en petit sur les métaux, dans la verrerie, la teinture, etc. Il est connu dans le commerce sous le nom d'*arsenic*. On a proscrit l'usage qu'on en faisait autrefois en médecine, cette substance étant un des poisons les plus violens.

Ce n'est pas celui de la nature que l'on emploie ; il est trop peu abondant : on en fabrique artificiellement en sublimant les pyrites arsenicales et quelques mines métalliques mélangées d'arsenic, principalement celles d'étain et de cobalt. Cette fabri-

ARSENIC OXIDÉ NATIF.

cation même n'est jamais l'objet principal d'une exploitation, l'usage de l'arsenic oxidé étant très-peu étendu.

Gissement et localités.

L'arsenic oxidé natif est fort rare ; il se rencontre en très-petite quantité dans le voisinage de l'arsenic natif et de quelques mines de cobalt.

On en trouve en Bohême (Joachims-Thal), en Saxe (Raschau), dans la Hesse (Riechesldorf), en Transilvanie (Salatna), en Hongrie (Schmœlnitz), etc.

DIX-SEPTIÈME GENRE.

GENRE SCHEELIN.

PREMIÈRE ESPÈCE.

SCHWERSTEIN. — LA PIERRE PESANTE OU LE TUNGSTÈNE.

SCHEELIUM OCHRACEUM ALBUM.

Id. Emm. T. 2, p. 570. — Lenz, T. 2, p. 310. — W. P. T. 1, p. 222. — *Weisser tungstein*, Wid. p. 980. — *Minera ferri lapidea gravissima*, Wall. T. 2, p. 254. — *Tungsten*, Kirw. T. 2, p. 314. — *Wolfram de couleur blanche*, R. D. L. T. 3, p. 264. — *Tungstate calcaire*, *mine d'étain blanche*, D. B. T. 2, p. 230. — *Tungstène*, Lam. T. 1, p. 402. — *Scheelin calcaire*, Haüy, T. 4, p. 320.

Caractères extérieurs.

SA couleur ordinaire est un *blanc grisâtre* ou *jaunâtre*, qui passe assez souvent au *gris jaunâtre*. Sa surface est quelquefois d'un *gris de perle foncé* ou d'un *brun jaunâtre*.

On le trouve communément *en masse* ou *disséminé*, rarement *cristallisé*, et toujours *en octaèdres réguliers*, soit *parfaits*, soit portant *un faible biseau sur les bords de la base commune*; quelquefois aussi l'octaèdre se termine en une ligne.

TUNGSTENE. Les cristaux sont de *moyenne grandeur* ou *petits*.

Leur surface est *lisse* et *éclatante* ou *très-éclatante*, rarement *drusique* (dans les petits cristaux). Les faces des biseaux sont *striées en travers*.

A l'intérieur, le tungstène est *éclatant* ou *très-éclatant* ou *peu éclatant* ; c'est un éclat *gras* qui passe à l'*éclat du diamant*.

Sa cassure est *lamelleuse*, à *lames droites dans plusieurs sens différens* (*). Quelquefois aussi elle est *conchoïde* et presqu'*inégale*.

Ses fragmens sont *indéterminés*, *à bords peu aigus*.

Il se présente quelquefois en *pièces séparées*, *grenues*, à *gros grains* ou *petits grains*.

Il est toujours plus ou moins *translucide* ; — *demi-dur*, passant au *tendre* ; — *aigre* ; — *facile à casser* ; — *très-pesant*.

Pes. spéc. BRISSON, 6,0665.

Caractères chimiques.

Le tungstène, traité au chalumeau sans addition, pétille et perd sa transparence, mais il est entièrement infusible ; il en est de même avec le borax. Pulvérisé et mis en digestion avec de l'acide nitrique ou muriatique, il laisse un résidu d'un jaune citron, qui est l'acide tungstique des chimistes.

(*) Le citoyen Haüy a observé qu'on obtenait également des lames, parallélement aux faces d'un cube, et parallélement à celles d'un octaèdre régulier.

Parties constituantes.

Le tungstène a été regardé long-tems comme une mine d'étain : on lui donnait le nom d'*étain blanc*, *weisser zinnstein*, *zinngraupen*, *etc.* C'est à Scheele que l'on doit la connaissance de sa véritable nature. Il a reconnu que c'était une combinaison de la chaux avec un métal particulier à l'état d'acide. Les chimistes ont conservé à ce métal le nom de la pierre dans laquelle il s'est rencontré pour la première fois, et cette pierre est devenue pour eux un sel métallique sous le nom de *tungstate de chaux.* Mais les minéralogistes ont cru devoir changer ces dénominations qui entraînaient quelque confusion, surtout dans la langue allemande, et on a donné au métal le nom de *scheel* ou *scheelin*, en l'honneur de celui qui l'a découvert. Néanmoins M. Werner a conservé au tungstate de chaux le nom de *schwerstein* qu'on lui donnait en Saxe. Voici les proportions de chaux et d'acide tungstique dans le tungstène.

	D'après SCHEELE.	D'après DELHUYART.
Acide tungstique...	43,75	 68
Chaux............	56,25	 30
	100	98

Gissement et localités.

Le tungstène est un minéral très-rare : on en a trouvé à Schlackenwald en Bohême, à Ehren-

TUNGSTÈNE. friedersdorf en Saxe, à Riddarhyttan et Bisberg en Suède ; il est communément accompagné de mine d'étain, de quartz, de mica, de stéatite, de talc, etc.

SECONDE ESPÈCE.

WOLFRAM (*). — LE WOLFRAM.

SCHEELIUM OCHRACEUM SPUMA LUPI.

Id. Emm. T. 2, p. 574. — Wid. p. 983. — Lenz, T. 2, p. 312. — W. P. T. 1, p. 223. — *Magnesia cristallina..... spuma lupi*, Wall. T. 2, p. 344. — *Wolfram*, Kirw. T. 2, p. 316. — *Id.* D. B. T. 2, p. 227. — *Idem*, Lam. T. 1, p. 404. — *Scheelin ferruginé*, Haüy, T. 4, p. 314.

Caractères extérieurs.

SA couleur est le *noir brunâtre*, presque le *noir parfait*. Sa surface présente souvent les *couleurs bigarées de l'acier trempé*.

On le trouvè *en masse*, ou *disséminé*, ou *en lames*, ou *cristallisé*.

Ses formes sont :

a. Le *prisme à 6 faces*, *dont deux opposées très-larges*, *deux autres plus étroites*, *et deux autres très-étroites*. Il est terminé par un *pointement assez aigu*

(*) Littéralement l'*écume de loup*.

à 4 faces, dont deux plus larges sont placées sur les faces larges du prisme, et les deux autres sur les bords latéraux qui séparent deux faces étroites. *Le pointement se termine en une ligne* qui est quelquefois remplacée par un biseau placé sur les faces larges. WOLFRAM.

b. La *table à 4 faces, rectangulaire, ayant deux faces terminales opposées, remplacées par un biseau, et ses angles tronqués.*

c. La *table à 4 faces, rectangulaire, un peu alongée, ayant deux de ses bords latéraux* (les plus longs) *tronqués;* les *faces terminales* sont *striées en longueur* et un peu *convexes* et *cilindriques* (*).

Les cristaux sont de *moyenne grandeur* ou même

(*) Ces formes cristallines ont été données d'après les minéralogistes allemands. On doit y joindre celles décrites par le citoyen Haüy, dans le *Journal des Mines*, n°. 19, page 8, et dans son Traité, tome 4, page 316.

d. La table à 4 faces, rectangulaire, alongée, ayant sur chacun des 4 bords terminaux, un biseau dont les faces sont placées sur les deux faces latérales; quelquefois les 4 bords latéraux alongés sont tronqués.

e. Le prisme à 4 faces, obliquangle, terminé par un biseau dont les faces sont placées sur les bords latéraux aigus; les bords du biseau sont tronqués.

Ce n'est pas que je ne croie que la forme *d* n'ait quelque ressemblance avec les formes *b* et *c;* mais les modifications de la forme principale sont différentes, ou du moins elles ont été considérées différemment.

WOLFRAM. *grands*, rarement *petits*, quelquefois *isolés*, le plus souvent *groupés*, et très-rarement de forme bien déterminée.

A l'extérieur, le wolfram est *peu éclatant*; à l'intérieur, il est *éclatant* ou *très-éclatant* : c'est un *éclat ordinaire* qui se rapproche beaucoup de l'*éclat métallique*.

Sa cassure principale est (en longueur) *lamelleuse*, *à lames droites*, mais en travers elle est *inégale*, *à gros grains* et *à petits grains*.

Les fragmens sont *indéterminés*, *à bords peu aigus*.

Il se présente quelquefois en *pièces séparées*, *testacées*, *courbes*, *concentriques*, *droites* ou *en zigzag*, ayant leurs faces de jointure striées : on en trouve aussi en *pièces séparées*, *grenues*, *à gros grains* ou *à grains alongés*.

Il est toujours *opaque*.

Il donne une *raclure d'un brun rougeâtre foncé*.

Il est *tendre*; — *aigre*; — *facile à casser*; — *très-pesant*.

Pes. spéc. 7,130, GELLERT. 7,119, KIRWAN.

Caractères chimiques.

Il pétille au chalumeau, et est infusible même avec le borax.

WOLFRAM.

Parties constituantes.

	D'après DELHUYART.	D'après WIEGLEB.	D'après KLAPROTH.	D'après VAUQUELIN.
xide tungstique....	65	35.75	46.9	67
xide de manganèse.	22	32		6.25
xide de fer......	13.5	11	31.2	18
ilice..........				1.50
erte...........		21.25	21.9	7.25
	100.5	100	100	100

Gissement et localités.

Le wolfram est assez rare : on en trouve en Bohême (Zinnwald, Graupen, Schlackenwald), en Saxe (Ehrenfriedersdorf, Geyer, Altenberg), en Angleterre (Poldice dans le Cornouailles). On en a découvert aussi en France, à Saint Léonard, dans le département de la Haute-Vienne. (*Voyez Journal des Mines*, n°. 4, p. 23.)

Le wolfram se rencontre dans des montagnes primitives, ordinairement accompagné de quartz et de mines d'étain.

REMARQUE.

On n'a fait encore aucun usage du wolfram ni du métal qu'il renferme ; il était regardé autrefois comme une mine de manganèse et de fer.

DIX-HUITIÈME GENRE.

LE GENRE URANE (*).

PREMIÈRE ESPÈCE.

PECHERZ. — LE PECHERZ OU L'URANE NOIR.

URANIUM MINERALISATUM NIGRUM.

Schwarz-uran-erz, Emm. T. 2, p. 580. — *Pech-blende*, Wid. p. 987. — *Id.* Lenz, T. 2, p. 319. — W. P. T. 1, p. 170. — M. L. p. 477. — *Pechblende* ou *blende de poix*, D. B. T. 2, p. 159. — *Mine d'uranit sulfureux*, Lam. T. 1, p. 408. — *Sulphurated uranit*, Kirw. T. 2, p. 305. — *Urane oxydulé*, Haüy, T. 4, p. 280.

Caractères extérieurs.

SA couleur la plus ordinaire est le *noir parfait*, le *noir de fer* et le *noir brunâtre*, rarement *grisâtre* ou *bleuâtre ;* quelquefois sa surface est *bigarée comme l'acier trempé.*

On le trouve, ou *en masse*, ou *disséminé*, quelquefois *cellulaire*, rarement *réniforme* ou *uviforme.*

A l'intérieur, il varie du *brillant* à l'*éclatant ;* il est très-rarement *mat*, ce qui est toujours l'effet d'une décomposition ; c'est un éclat *demi-métallique.*

(*) J'ai substitué le nom d'urane à celui d'uranite, que l'on trouve dans le tableau de classification, ce changement d'ailleurs peu important étant généralement adopté.

Sa cassure est tantôt imparfaitement *conchoïde*, *à petites cavités*; tantôt *inégale*, *à gros grains* ou *à petits grains*. URANE NOIR.

Ses fragmens sont *indéterminés*, à *bords peu aigus*.

Il se présente quelquefois *en pièces séparées*, *grenues*, *à gros grains* ou *à petits grains*.

Sa raclure est *noire*; — il est entièrement *opaque*; — *demi-dur*, passant au *tendre*; — *très-aigre*; — *facile à casser*; — *très-pesant*.

Pes. spéc. KLAPROTH, 7,500. HAUY, 6,5304.

Caractères chimiques.

L'urane noir est infusible au chalumeau sans addition : il donne avec le borax un verre opaque, d'un gris sale; il se dissout dans l'acide nitrique, en dégageant du gaz nitreux, en laissant un résidu qui est du soufre.

Parties constituantes.

C'est dans cette substance que Klaproth a découvert pour la première fois le métal nouveau auquel il a donné le nom d'uranium ou urane. D'après son analyse, l'urane noir de Joachims-Thal en Bohême contient:

Urane peu oxidé..	86.50	KLAPROTH, T. 2, p. 221.
Plomb sulfuré.....	6	
Silice............	5	
Oxide de fer.....	2.50	
	100	

URANE NOIR. Klaproth avait fait précédemment une autre analyse, d'où il avait conclu que l'urane noir était un sulfure d'urane ; mais par celle qui vient d'être rapportée, il a reconnu que le soufre ne provenait que du sulfure de plomb, et que l'urane était dans cette mine, ou à l'état métallique, ou tout au moins uni à très-peu d'oxigène ; ce qui rend parfaitement raison du gaz nitreux qui se dégage avec l'acide nitrique.

Gissement et localites.

On trouve l'urane noir à Joachims-Thal en Bohême, à Johann-Georgen-Stadt et Schneeberg en Saxe ; il se rencontre communément dans le voisinage des deux espèces suivantes, la galène, la pyrite cuivreuse : l'ocre de fer, l'argile endurcie, le braunspath, l'argent vitreux et quelques mines de cobalt sont les substances qui l'accompagnent le plus ordinairement.

REMARQUE.

On regardait autrefois cette substance comme une mine de zinc ; c'est ce qui lui a fait donner le nom de *pechblende* : sa cassure et sa pesanteur spécifique, et surtout cette terre d'un jaune citron (l'urane terreux) qui l'accompagne toujours, avaient fait soupçonner à Werner que c'était plutôt une mine de fer ou peut-être une espèce de wolfram ; enfin, les analyses de Klaproth ont fixé sa véritable place.

SECONDE ESPÈCE.

URAN-GLIMMER. — L'URANE MICACÉ.

URANIUM MINERALISATUM VIRIDE.

Grün-uran-erz, Emm. T. 2, p. 584. — Wid. p. 990. *Chalkolith*, W. P. T. 1, p. 290. — *Id.* M. L. p. 195. — *Muriate de cuivre* et *cuivre corné*, D. B. T. 2, p. 344. *Oxide de bismuth jaune-verdâtre*, *ibid.* p. 219. — *Micaceous uranitic ore*, Kirw. T. 2, p. 304. — *Oxide d'uranit avec cuivre*, Lam. T. 1, p. 410. — *Urane oxidé*, Haüy, T. 4, p. 283.

Caractères extérieurs.

Sa couleur ordinaire est le *vert émeraude* ou le *vert de pré* plus ou moins foncé. Elle passe quelquefois au *blanc d'argent*, ou au *vert-serin*, ou au *jaune-verdâtre*. Il y a aussi, quoique rarement, des variétés d'un *jaune* entre le *jaune de soufre* et le *jaune de cire*.

On le trouve rarement en *couches superficielles*, le plus souvent il est *cristallisé*.

Ses formes sont :

a. La table à 4 faces, *rectangulaire*, plus ou moins épaisse, soit *parfaite*, soit *portant un biseau sur ses faces terminales* ; ce qui la fait ressembler à un *octaèdre* ayant deux sommets opposés fortement tronqués.

URANE MICACÉ

b. Le *cube parfait.*

c. Le *prisme à 6 faces*, dont deux opposées plus petites, *terminé par un biseau dont les faces sont placées sur ces deux plus petites faces latérales.*

Les cristaux sont *petits* ou *très-petits*; les tables sont *groupées* tantôt *en gerbes*, tantôt sous *forme cellulaire*; les prismes seuls sont souvent *isolés.*

La surface des tables et des cubes est *lisse*; celle des prismes est *striée en longueur* ou rarement *drusique.*

A l'extérieur, l'urane micacé est *éclatant* ou *très-éclatant.*

A l'intérieur, il est *éclatant*; c'est un *éclat nacré* qui souvent passe à l'*éclat demi-métallique.*

Sa cassure paraît être *lamelleuse*, *à lames droites* dans un seul sens.

Il est le plus souvent *translucide* ou rarement *demi-diaphane.*

Il donne une raclure, tantôt d'un *blanc verdâtre*, tantôt d'un *jaune de soufre.*

Il est *tendre*, quelquefois *très-tendre*; — *très-peu aigre*; — *facile à casser*; — *médiocrement pesant.*

Pes. spéc. 3,1212, CHAMPEAUX.

Caractères chimiques.

L'urane micacé se dissout dans l'acide nitrique sans effervescence; il lui communique une couleur d'un jaune citrin.

Parties

Parties constituantes.

D'après Klaproth, l'urane micacé est un urane oxidé, mélangé d'un peu de cuivre.

Gissement et localités.

L'urane micacé se trouve dans le Bannat (Saska), en Saxe (Johann-Georgen-Stadt, Eibenstock), en Angleterre (Karrarach dans le Cornouailles), dans le Wirtemberg (Reinerzau); enfin, le citoyen Champeaux, ingénieur des mines, en a trouvé derniérement en France, à Saint-Symphorien près d'Autun. Il est d'un beau jaune verdâtre, cristallisé en grandes lames, groupés en gerbes et sous forme cellulaire; il était en filons dans une roche feldspathique.

Dans ses autres gissemens on rencontre presque toujours l'urane micacé avec les deux autres mines d'urane. Les mines de fer compacte, brune et rouge, le quartz, le hornstein, l'argile endurci, l'accompagnent assez ordinairement, et plus rarement le cobalt terreux noir et jaune (Reinerzau), et l'olivenerz (Karrarach). En Saxe il se trouve dans des roches de glimmerschiefer, de schiste micacé ou de granite, et toujours dans des montagnes primitives.

REMARQUE.

L'urane micacé a été regardé long-tems comme un *mica vert* ou comme un *plomb vert*. Le célèbre Bergmann

URANE MICACÉ. avait cru y reconnaître du cuivre uni à l'acide muriatique, et il a été considéré comme tel, jusqu'aux analyses de Klaproth.

TROISIÈME ESPÈCE.

URAN-OKKER. — L'OCRE D'URANE.

URANIUM OCHRACEUM.

Id. Emm. T. 2, p. 589. — Lenz, p. 316. — Wid. p. 992. — *Uranitic ochre*, Kirw. T. 2, p. 303.

Caractères extérieurs.

SA couleur est un *jaune-citron*, qui passe tantôt au *jaune-orange* et au *rouge-aurore*, tantôt au *jaune de soufre* et au *vert-serin*, quelquefois au *jaune d'ocre.*

On la trouve *en masse*; le plus souvent elle est *disséminée* ou *superficielle*, rarement en petites ramifications *réniformes.*

Elle est *matte*, ou rarement *peu éclatante*, lorsqu'elle est cohérente.

Sa cassure est *terreuse*; elle passe quelquefois un peu à la cassure *lamelleuse.*

Ses fragmens sont *indéterminés*, *à bords obtus.*

Elle est *opaque*; — *tendre*, quelquefois *très-tendre* ou même *friable*; — la raclure est *de même couleur*, excepté dans la variété rouge (elle est alors *plus claire*); — elle est *aigre*; — *un peu tachante*; — *maigre* au toucher; — *pesante.*

Parties constituantes.

L'ocre d'urane est, d'après Klaproth, de l'oxide d'urane, très-pur dans la variété jaune, et mélangé d'un peu de fer dans les autres (*).

REMARQUES.

L'ocre d'urane a été trouvée à Joachims-Thal en Bohême et à Johann-Georgen-Stadt en Saxe ; elle était accompagnée des deux espèces précédentes : on a trouvé aussi dans son voisinage une substance minérale qui a beaucoup de ressemblance avec la mine de cuivre panachée, mais que l'on croit être aussi une mine d'urane. M. Karsten l'a décrite dans les Mémoires de la société des Naturalistes de Berlin (t. 10, p. 180).

Sa couleur est le *bleu d'indigo* : — on la trouve *disséminée* et en *couches superficielles* ; — elle est *matte* en quelques endroits et *brillante* dans d'autres ; c'est l'*éclat métallique* ; — sa cassure est *terreuse* ; — elle n'est presque point *tachante* ; — *elle prend beaucoup d'éclat par la raclure* ; c'est *l'éclat métallique*..... etc. (?)

(*) Pourquoi, d'après cette analyse, n'a-t-on pas fait de l'ocre d'urane une sous-espèce de l'urane micacé ?

DIX-NEUVIÈME GENRE.

LE GENRE MENAK. (*Titane* des chimistes.)

Dans le tableau de classification j'avais suivi M. Reuss, pour les espèces de ce genre métallique; les trois espèces qui y sont dénommées, sont en effet reconnues par Werner; mais j'ai appris depuis qu'il avait substitué le nom de *ruthil* à celui de *nadelstein*, et qu'il avait ajouté une quatrième espèce sous le nom d'*iserine*.

Le genre menak comprend donc quatre espèces, le *menakanite*, le *ruthile*, le *nigrine* et l'*iserine*.

PREMIERE ESPÈCE.

MÆNAKAN. — LE MENAKANITE.

(*Voyez*, pour la synonymie, les remarques.)

Caractères extérieurs.

SA couleur est un *noir grisâtre* tirant au *noir de fer*.

Il se trouve en *grains arrondis*, *fort petits*, *isolés*.

Sa surface est *rude* et *un peu brillante*.

A l'intérieur, il est *éclatant*; c'est un éclat *demi-métallique*.

Sa cassure est *imparfaitement lamelleuse*.

Il est *tendre*, passant au *demi-dur*; — *aigre*; — *pesant*.

Pes. spéc. 4,427.

Il est attirable à l'aimant.

MENAKANITE

Caractères chimiques.

Traité au chalumeau sans addition, le menakanite est infusible ; il ne décrépite point ; il donne au borax une couleur verte qui passe au brun.

REMARQUE.

Le menakanite a reçu ce nom, parce qu'il a été trouvé près de Menakan, dans le Cornouailles : il s'y rencontre sous forme de sable : il y est assez abondant. M. Gregor le fit connaître il y a environ dix ans (*), et y reconnut la présence d'un métal nouveau. Klaproth l'ayant analysé depuis, a obtenu le résultat suivant :

Oxide de titane............	45.25	KLAPROTH, T. 2, p. 226.
Oxide de fer.............	51	
Silice.....................	3.50	
Oxide de manganèse.......	0.25	
	100	

On voit donc que le menakanite est une oxide de titane, mélangé de fer ; aussi le citoyen Haüy l'a désigné sous le nom de *titane oxidé ferrifère* (t. 4, p. 305).

Je crois devoir rapporter à cette espèce plusieurs autres minéraux dans lesquels on a aussi reconnu du titane, quoique je ne sois pas bien assuré que ce soit l'opinion de M. Werner.

1°. Le minéral trouvé à Ohlapian en Transilvanie, analysé par Klaproth (t. 2, p. 235), sous le nom de *eisen-titan* ou *titane ferruginé* ; il contient 0.84 d'oxide de titane, 0.14 d'oxide de fer et 0.02 d'oxide de manganèse. Les caractères qu'il en donne, diffèrent très-peu de ceux

(*) *Journal de Physique*, 1791, tome 2, p. 72.

MENAKANITE. indiqués ci-dessus. Ce minéral était sous forme de sable. (*Voyez* aussi Emmerling, t. 3, p. 381.)

2°. Le minéral trouvé à Spessart, près d'Aschaffenbourg en Franconie, analysé par Klaproth (t. 2, p. 232), sous le nom de *titan-eisen* ou *fer titanié* ; il diffère peu du menakanite du Cornouailles ; cependant il paraît plus pesant et plus dur, et sa cassure est inégale : il contient 0.78 d'oxide de fer et 0.22 d'oxide de titane. (*Voyez* Emm., t. 3, p. 384.)

Il me paraît impossible de séparer ces deux minéraux du menakanite : leur composition chimique et leurs caractères ont ensemble une conformité trop marquée.

Klaproth a aussi retiré de l'oxide de titane des grains de fer magnétique, qu'on trouve mélangés avec les hyacinthes de Ceilan.

On a aussi trouvé en Norwége une substance qui était une composition semblable d'oxide de titane et de fer.

SECONDE ESPÈCE.

RUTHIL. — LE RUTHILE.

Nadelstein du tableau de classification, T. 1, p. 148. — *Id.* Reuss, p. 24. — *Titanerz*, Emm. T. 3, p. 373. — *Rother schorl*, Klap. T. 1, p. 233. — *Schorl cristallisé opaque rouge....* D. B. T. 1, p. 168 — *Sagénite* ou *schorl rouge*, Desauss. T. 4, §. 1894. — *Titanite*, Kirw. T. 2, p. 329. — *Schorl rouge*, J. d. M. n°. 15, p. 1 et 10. — *Oxide rouge de titanium*, Lam. T. 1, p. 414. — *Crispite*, *id.* T. 2, p. 233. — *Titane oxidé*, Haüy, T. 4, p. 296.

Caractères extérieurs.

SA couleur est un *rouge de sang*, passant au *brun rougeâtre* ou au *rouge de cuivre.*

On ne l'a trouvé jusqu'ici que *cristallisé*.

Ses formes sont :

a. Le *prisme à 4 faces, un peu obliquangle*.

b. Le *même prisme, ayant ses bords latéraux tronqués* ; ce qui donne le prisme à 8 faces.

On observe souvent des *cristaux doubles*. Ce sont des prismes *a* ou *b* réunis suivant une direction constante un peu oblique à la base, de manière à former d'un côté un angle saillant, et de l'autre un angle rentrant. Ces angles correspondent aux bords obtus.

c. Des *cristaux aciculaires* (*) ou *capillaires*. Les prismes sont communément *isolés*, quelquefois *implantés*. Les cristaux capillaires sont *groupés* ou *entrelacés en forme de réseaux* (**) à la surface d'autres minéraux.

La surface est *striée en longueur*, et plus ou moins *éclatante*. A l'intérieur, le ruthile est *éclatant* ; c'est un *éclat demi-métallique*, passant à l'*éclat du diamant*.

La cassure en longueur est *lamelleuse* ; celle en travers est un peu *conchoïde*, passant à la cassure *inégale*.

(*) De là le nom de *nadelstein*, de *nadel*, *aiguille*.

(**) Ils sont disposés presque toujours suivant trois directions différentes, se coupant sous l'angle de 60 degrés. Cette forme réticulaire a porté M. Desaussure à donner à ce minéral le nom de *sagénite*, de *sagena*, qui désigne une espèce de *filet*.

RUTHILE. Il est communément *opaque*; les cristaux minces sont quelquefois *translucides*.

Il est *dur*; — *assez facile à casser*; — *aigre*; — *pesant*.

Pes. spéc. R. de Hongrie, 4,180, KLAPROTH. — *Id.* 4,102, HAUY. — R. de France, 4,246, HAUY.

Caractères chimiques.

Le ruthile, traité au chalumeau, perd sa transparence, devient grisâtre et est infusible sans addition. Il se fond assez facilement avec le borax, en un verre bulleux d'un jaune tirant au brun.

Parties constituantes.

C'est Klaproth qui a découvert le premier un métal nouveau dans cette substance minérale rangée autrefois parmi les pierres. Il a nommé ce métal *titanium* ou *titane*, et les chimistes ont adopté ce nom.

Klaproth a analysé successivement les ruthiles de Hongrie, d'Espagne et de Franconie; Vauquelin celui de France, et ils ont eu pour résultat constant, que ce minéral était un oxide de titane. (*Voyez* Klap. T. 1, p. 233; T. 2, p. 223 et 224; et J. des M., n°. 15, p. 1 et 10.)

Gissement et localités.

Le ruthile a été trouvé près de Boinik et Rhonitz

en Hongrie; à Cajuelo, près de Buitrago, dans la Nouvelle-Castille, en Espagne; à Aschaffenbourg en Franconie; à Saint-Yrieix (département de la Haute-Vienne), en France; au mont Saint-Gothard et en plusieurs autres endroits de la chaîne des Alpes. RUTHILE.

Le ruthile de Hongrie a été connu le premier; il se rencontre dans une montagne de gneiss, en cristaux engagés dans du quartz. — Celui d'Espagne a un gissement semblable. — Celui de Franconie était en cristaux dans un granit. — Celui de France se trouve en cristaux isolés, la plupart arrondis dans un terrain d'alluvion : on n'a pu découvrir encore leur situation primitive. — Le ruthile du Saint-Gothard affecte principalement la forme capillaire; ses réseaux triangulaires sont appliqués sur de l'adulaire, du quartz, souvent même sur des lames intérieures. La même variété a été trouvée près de Salzbourg.

Remarque.

Le ruthile a été employé comme matière colorante brune, dans quelques manufactures de porcelaine.

TROISIÈME ESPÈCE.

NIGRIN. — LE NIGRINE.

Id. Reuss, p. 24. — *Titanit.* Emm. T. 3, p. 379. — *Id.* Klap. T. 1, p. 245. — *Titanitic siliceous ore*, Kirw. T. 2, p. 331. — *Titanium avec chaux et silice*, Lam. T. 1, p. 415. — *Titane siliceo-calcaire*, Haüy, T. 4, p. 307.

Caractères extérieurs.

SA couleur est le *noir brunâtre foncé*, passant au *brun de cheveux ;* tantôt le *blanc jaunâtre*, passant au *jaune isabelle* et quelquefois au *brun violet.*

On le trouve *disséminé*, quelquefois *informe*, le plus souvent *cristallisé.*

Ses formes sont :

a. Le *prisme à 4 faces*, *obliquangle* (136°.), *terminé à chaque extrémité par un biseau placé sur les bords latéraux obtus.*

b. La même forme, *ayant* en outre *un biseau sur chacun des angles terminaux aigus.*

c. Le *prisme à 4 faces*, *obliquangle*, *ayant ses angles terminaux obtus*, *tronqués* (un peu obliquement), *et ses angles terminaux aigus* également *tronqués.* (Cette dernière troncature est presque verticale ; sa forme est un triangle fort aigu ; souvent un des bords latéraux de cette troncature est tronqué par une autre facette triangulaire, aiguë, dont le sommet part de celui du premier triangle.) NIGRINE.

d. La forme *c ayant* en outre *les quatre bords terminaux du prisme tronqués*, sous deux inclinaisons sensiblement différentes, les deux bords opposés ayant la même.

Les cristaux (principalement les variétés *b*, *c* et *d*) sont quelquefois très-applatis et accolés deux à deux par une face latérale, de manière à former d'un côté un angle saillant très-aigu, et de l'autre un angle rentrant; ce qui présente assez la forme d'une *gouttière.*

La surface des cristaux est *lisse.*

A l'extérieur, les variétés brunes sont *éclatantes;* c'est un *éclat vitreux* passant à l'*éclat gras:* les autres sont *très-éclatantes*, d'un *éclat vitreux.*

A l'intérieur, le nigrine est *éclatant;* les variétés brunes ne le sont que dans la cassure principale.

La cassure est *lamelleuse*, souvent assez imparfaitement.

Les fragmens sont *indéterminés*, *à bords aigus.*

Les variétés noires et brunes sont *opaques*, *les* autres *translucides*, et quelquefois *diaphanes.*

Il est *demi-dur;* — *facile à casser;* — *médiocrement pesant.*

Pes. spéc. N. de Passaw, 3,510, KLAPROTH.

Remarques.

Le nigrine a été ainsi nommé, probablement en raison de la couleur noire qu'il affecte dans le lieu où il a été trouvé d'abord, près de Passaw en Bavière : il y est en cristaux de la variété *a*, disséminé dans une roche primitive, composée principalement de feldspath blanc verdâtre, et mélangé de quartz, de mica, de hornblende et de stéatite ; c'est M. le professeur Hunger qui l'a fait connaître. M. Klaproth a ensuite déterminé sa composition chimique, comme on le verra ci-après.

On l'a trouvé depuis parmi des minéraux rapportés d'Arendal en Norwége ; il est en cristaux (var. *b*) d'un blanc jaunâtre et jaune isabelle, rarement brun. M. Albigaard en a donné l'analyse.

Ce sont les deux seuls endroits où l'on avait jusqu'ici découvert le nigrine : ce sont les seuls cités dans le traité du citoyen Haüy.

Mais derniérement le cit. L. Cordier, ingénieur des mines, examinant les cristaux d'un autre minéral décrit par le citoyen Haüy sous le nom de *sphène*, t. 3, p. 114, reconnut que sa cristallisation avait beaucoup d'analogie avec celle du nigrine (ce sont les formes *c* et *d*) ; enfin il a constaté l'identité de ces deux substances par l'analyse chimique.

Ce nigrine a été d'abord découvert par M. Vizard, auprès du Saint-Gothard. M. Desaussure l'a décrit dans son *Voyage des Alpes*, §. 1921 ; il a fait connaître le premier ces cristaux groupés en forme de *gouttière*, indiqués ci-dessus ; il lui avait donné le nom de *rayonnante en gouttières :* on les avait aussi appelés *schorls violets.*

Le citoyen L. Cordier a aussi reconnu du nigrine cristallisé et informe dans des roches du Mont-Rose et du

Mont-Blanc, dans celles qu'il a recueillies en Limousin et même en Égypte. NIGRINE.

Une partie des cristaux décrits sous le nom de *pictite* par Lamétherie, t. 2, p. 282, ont été reconnus pour être du nigrine.

D'après le succès des recherches du citoyen L. Cordier, on a lieu de croire que le nigrine est un minéral beaucoup moins rare qu'on ne l'a cru jusqu'ici, et qu'on le trouvera dans beaucoup de roches primitives de la plus ancienne formation, qui paraissent être son gissement habituel.

La pesanteur spécifique du nigrine du Saint-Gothard est, d'après L. Cordier, de 2,237.

Le nigrine, traité au chalumeau sans addition, brunit et se fond à peine sur les bords. Avec le borax, il donne un verre brun, quelquefois un peu violet.

Voici les résultats des différentes analyses du nigrine, indiquées ci-dessus.

	Nigrine de Passaw. KLAPROTH.	Nigrine d'Arendal. ALBIGAARD.		Nigrine du S. Gothard. L. CORDIER.
Oxide de titane...	33	58	74	33.3
Silice..........	35	22	8	28
Chaux..........	33	20	18	32.2
Perte..........				6.5
	100	100	100	100

C'est en raison de ces analyses que le citoyen Haüy a donné au nigrine le nom de *titane siliceo-calcaire*.

M. Karsten a indiqué sous le nom de *nigrine* le minéral trouvé à Ohlapian en Transilvanie, et qui a été rangé ci-dessus avec le menakanite ; il a conservé à l'espèce dont il est ici question, le nom de *titanit* que lui a donné Klaproth.

QUATRIÈME ESPÈCE.

ISERIN. — L'ISERINE.

Je ne connais cette substance minérale que par une très-courte description qui m'a été envoyée de Freyberg, par le citoyen Daubuisson. Son nom d'*iserine* provient de ce qu'elle se trouve dans le sable d'une petite rivière de Bohême, nommée *Iser*.

Sa couleur est un *noir de fer tirant au brun*.

Il se trouve *en grains plus ou moins arrondis*, dont la surface est *un peu rude* et *brillante*.

A l'intérieur, les grains sont *éclatans*; leur cassure est *conchoïde*.

Les fragmens sont *indéterminés*, *à bords aigus*.

Ils sont *durs*; — *aigres*; — *pesans*.

Les grains d'iserine se distinguent des grains de eisensand ou fer magnétique sabloneux (*voyez* ci-dessus, p. 241), par une couleur plus brune, une surface un peu plus brillante, une plus grande dureté, et en outre parce qu'ils ne sont point attirables à l'aimant.

Je ne connais point l'analyse d'après laquelle on a rangé l'iserine parmi les mines de titane : ne pourrait-il pas être réuni au menakanite ?

VINGTIÈME GENRE.

LE GENRE SILVANE (*) (*Tellure* des chimistes.)

Ce genre métallique n'est point dans le tableau de classification, M. Werner l'ayant admis nouvellement dans l'oryctognosie ; il comprend plusieurs espèces autrefois rangées parmi les mines d'or, parce qu'elles étaient exploitées pour en extraire l'or qui y est communément mélangé avec le silvane ou tellure, l'existence de ce nouveau métal n'ayant pas encore été reconnue ; elles étaient alors réunies sous deux espèces, le *nagiagerz* et le *schrifterz*, que l'on trouve placées dans le tableau de classification, dans le genre or, et dont néanmoins la description n'a pas été donnée à la suite de celle de l'or natif, à raison de la distribution nouvelle.

Mais depuis que M. Klaproth a déterminé exactement la composition chimique de ces différentes substances minérales, on en a distingué quatre espèces, le *silvane natif*, le *silvane graphique*, le *silvane blanc* et le *silvane lamelleux :* les deux premières étaient réunies sous le nom de *schrifterz* ou *or graphique*, et les deux autres étaient connues sous le nom de *mine d'or de nagyag*, *nagiagerz*.

(*) Ce nom de *silvane* ou *sylvane* provient de celui de *Transilvanie*, pays où les minéraux qui contiennent ce métal ont été trouvés.

PREMIÈRE ESPÈCE.

GEDIEGEN SILVAN. — LE SILVANE NATIF.

Var. du *weiss-golderz*, Emm. T. 2, p. 125. — *Id.* Wid. p. 673. — *Gemeines weiss-golderz*, Lenz, T. 2, p. 69. — *Sylvanite*, Kirw. T. 2, p. 324. — *Or blanc de Fatzebay*, D. B. T. 2, p. 469. — *Tellure natif aurifère et ferrifère*, Haüy, T. 4, p. 325.

Caractères extérieurs (*).

Sa couleur est un *blanc d'étain*, passant au *blanc d'argent*.

On le trouve *en masse* et *disséminé*.

A l'intérieur, il est *éclatant*; c'est l'*éclat métallique*.

Sa cassure est *lamelleuse*.

Il présente des *pièces séparées*, *grenues*, *à grains très-petits*.

Il est *tendre*; — *un peu ductile*; — *pesant*.

Remarques.

Le silvane natif est proprement la substance à laquelle on avait donné les noms de *aurum paradoxum*, *aurum problematicum*, *or problématique*; il n'a été trouvé jusqu'ici qu'à Fatzebay en Transilvanie, dans les mines dites de

(*) Cette description m'a été envoyée de Freyberg par le citoyen Daubuisson.

Maria

Maria Loretto, de Maria Hülfe et de Sigismond. Il y est devenu très-rare : on l'exploitait pour en retirer l'or qu'il contient ; il s'y rencontre en filons dans une montagne de formation intermédiaire ou de transition, composée principalement de couches de grauwacke et de calcaire de transition. M. J. Esmark, à qui nous devons ces détails (*), avait pensé que ce minéral n'était que de l'antimoine natif; et en effet, il en a tout-à-fait l'apparence ; mais en l'observant avec soin, on reconnaît que la couleur du silvane natif est plus claire, que ses pièces séparées sont plus petites et qu'il est moins pesant. SILVANE NATIF.

C'est dans ce minéral que M. Müller soupçonna le premier, en 1783, l'existence du métal nouveau, nommé depuis *tellure* par M. Klaproth. Voici le résultat de l'analyse qui en a été faite par ce dernier chimiste.

Tellure.....	92.6	NEUEN SCHRIFTEN, T. II, p. 89 (**).
Fer........	7.2	
Or.........	0.2	

(*) *Voyez* l'extrait de son *Voyage minéralogique en Hongrie et en Transilvanie*. (*N. Berg. Journal*, t. 2, p. 1, et *J. d. M.* n°. 47, p. 813.)

(**) Cette analyse est donnée ici telle qu'elle est rapportée par M Karsten dans son *Mineralog. Tabell.*, page 57, n'ayant pas été à portée de consulter le Mémoire même de M. Klaproth. Dans l'extrait de ce Mémoire, qui a été inséré dans le *Journal des Mines*, n°. 38, page 150, on trouve pour l'or problématique une analyse tout-à-fait différente (tellure, 25.5 ; fer, 72 ; or, 2.5). Étant obligé de choisir entre l'une ou l'autre, j'ai cru devoir préférer celle rapportée par M. Karsten, d'autant plus qu'il m'a semblé que si l'autre

SECONDE ESPÈCE.

SCHRIFTERZ. — LE SILVANE GRAPHIQUE.

Id. Reuss, p. 20. — Emm. T. 3, p. 405. — Karst. Min. Tab. p. 56. — Esmark, N. Bergm. Journ. T. 2, p. 10. — Var. du *Weiss-golderz*. *Ib.* T. 2, p. 114. — *Id.* Wid. p. 673. — *Prismatisches Weiss-golderz*. Lenz, T. 2, p. 68. — *Or blanc d'Offenbanya, or graphique, aurum graphicum.* D. B. T. 2. p. 470. — *Tellure natif..... graphique.* Haüy, T. 4, p. 327.

Caractères extérieurs.

Sa couleur est *un blanc d'étain*, passant quelquefois au *jaune* ou au *gris de plomb.*

On le trouve *cristallisé* en très-petits cristaux, dont la forme paraît être *un prisme à 4 ou 6 faces, un peu applati.* M. Esmark dit avoir observé des *pointemens à 4 faces, placés sur les faces latérales.*

Ces cristaux sont groupés par rangées. On observe quelquefois que plusieurs prismes alongés et aciculaires sont disposés parallélement sans se toucher, et se terminent par une extrémité à un autre

---

eût été la véritable, on n'eût pas appelé silvane natif une substance dans laquelle ce métal eût été mélangé avec près des trois quarts de fer.

Le silvane natif, traité au chalumeau sur un charbon, brûle avec une flamme assez vive, et se volatilise en une fumée blanchâtre qui répand une odeur désagréable, assez semblable à celle des raves.

prisme qu'ils coupent à angle droit ; ce qui a quelque ressemblance avec des lignes d'écriture. C'est de cette disposition singulière que sont venus les noms de *or graphique*, *schrifterz*, *schreibgold*, *karactergold*, *silvane graphique*. SILVANE GRAPHIQUE.

Ces groupes de cristaux sont appliqués à la surface, et quelquefois dans l'intérieur d'autres minéraux, et *disséminés*.

A l'extérieur, le silvane graphique est *lisse* et *éclatant ;* c'est un *éclat métallique*.

La cassure en longueur est *lamelleuse* et *très-éclatante*. Celle en travers est *inégale*, à *grains fins* et *peu éclatante*.

Il est *tendre ;* — *un peu tachant ;* — *facile à casser ;* — *pesant*.

Pes. spéc. 5.723. MULLER.

REMARQUES.

Le silvane graphique n'a été trouvé jusqu'ici qu'à Offenbanya en Transilvanie. Il s'y rencontre en filons, dans une montagne composée de porphire à base de siénite (*sienit porphir*) et de pierre calcaire grenue ; elle y est principalement accompagnée de pyrites martiales, de fahlerz et de blende. On l'exploite pour en retirer l'or qui y est mélangé en assez grande proportion, comme on le voit dans l'analyse suivante de Klaproth, rapportée *J. d. M.*, n°. 38, p. 150.

Tellure......	60
Or..........	30
Argent......	10
	100

SILVANE GRAPHIQUE.

Ses caractères chimiques diffèrent peu de ceux du silvane natif.

On a quelquefois désigné cette mine sous le nom de *or bismuthifère*, parce que M. Gehrard avait cru y reconnaître du bismuth.

TROISIÈME ESPÈCE.

WEISS-SILVANERZ. — LE SILVANE BLANC.

Var. du *Nagyagerz*, Emm. T. 2, p. 121. — *Id.* Wid. p. 671. — Var. du *Blatterérz*, Lenz, T. 2, p. 66. — *Gelberz*, Karsten, Miner. Tabell. p. 56. — *Mine jaune de Nagyag.* J. d. M. n°. 38, p. 150. — *Or gris jaunâtre*, D. B. T. 2, p. 464. — *Tellure natif aurifère et plombifère*, Haüy, T. 4, p. 327.

Caractères extérieurs (*).

Sa couleur est un *blanc d'argent*, tirant au *jaune de laiton*, et quelquefois au *gris*.

Il se trouve *disséminé* et *cristallisé* en *aiguilles* qui paraissent être des *prismes à 4 faces*. Ces cristaux sont enchâssés dans une gangue.

A l'extérieur, il est *éclatant*; à l'intérieur, *peu éclatant*. C'est l'*éclat métallique*.

Sa cassure principale est *lamelleuse*; celle en travers est *inégale*.

Il est *tendre*; — *un peu ductile*; — *pesant*.

Le silvane blanc se trouve presque toujours avec le silvane lamelleux. (*Voyez* l'espèce suivante.)

SILVANE BLANC.

Remarques.

Je n'ai rien changé à la description précédente, qui m'a été envoyée de Freyberg par M. Daubuisson. J'avoue que je trouve qu'elle établit une grande ressemblance entre le *silvane blanc* et le *silvane graphique*, du moins suivant la description que j'ai donnée de ce dernier, et que j'ai faite d'après celles d'Emmerling, d'Esmark (*voyez* les citations), et d'après les échantillons que j'ai vus à Paris, principalement d'après celui qui existe dans la collection du citoyen Dedrée, qui m'a paru très-bien caractérisé.

Le silvane blanc contient, d'après l'analyse de Klaproth, *J. d. M.*, n°. 38, p. 150.

Tellure......	45
Or..........	27
Plomb.......	19.5
Argent......	8.5, et un atome de soufre.
	100.

On l'exploite avec l'espèce suivante, pour en retirer l'or et l'argent qu'ils contiennent.

QUATRIÈME ESPÈCE.

NAGYAGERZ. — LA MINE DE NAGYAG OU LE SILVANE LAMELLEUX.

Nagyagerz, Emm. T. 2, p. 121. — *Id.* Wid. p. 671. — *Blättererz*, Lenz, T. 2, p. 66. — *Id.* Karsten, Min. Tabell. p. 56. — *Or gris lamelleux*, D. B. T. 2, p. 463. — *Mine d'or feuilletée grise de Nagyag*, J. d. M. n°. 38, p. 150. — *Mine d'or de Nagyag*, Lam. T. 1, p. 110. — — *Tellure natif aurifère et plombifère*, Haüy, T. 4, p. 327.

Caractères extérieurs.

Sa couleur varie entre le *gris de plomb* et le *noir de fer.*

On le trouve *en lames* qui sont réunies *en masses* ou *disséminées*, ou rarement cristallisé en *tables à 6 faces* (*) *minces*, un peu alongées, groupées sous forme *cellulaire.*

La surface des lames est *lisse* et *éclatante.*

A l'intérieur, le silvane lamelleux est *très-éclatant*, d'un *éclat métallique.*

Sa cassure est *lamelleuse*, *à lames plates* ou *un peu courbes.*

Ses fragmens sont *en forme de plaques* minces, rarement indéterminés.

Il présente quelquefois (lorsqu'il est en masse)

(*) N'est-ce pas plutôt à 8 faces?

des *pièces séparées*, *grenues*, *à gros* et *très-gros grains*. SILVANE LAMELLEUX.

Il est *un peu tachant*; — *tendre*; — *un peu ductile*; — *flexible* dans les lames minces; — *pesant*.

Pes. spéc. 8,919. MULLER.

Caractères chimiques.

Le silvane lamelleux étant traité au chalumeau sur un charbon, le soufre et le tellure se volatilisent en dégageant une fumée blanchâtre et une odeur qui approche de celle des raves. On obtient un grain métallique, environné d'une scorie jaunâtre.

Parties constituantes.

Tellure	33	D'après KLAPROTH, J. d. M. n°. 38, p. 150.
Plomb	50	
Or	8.5	
Argent et cuivre	1	
Soufre	7.5	

REMARQUES.

Le silvane lamelleux n'a encore été trouvé qu'à Nagyag en Transilvanie, où il est exploité pour en extraire l'or qu'il contient : de là le nom de *mine d'or de Nagyag*, sous lequel il a été connu jusqu'à présent.

Il se rencontre, ainsi que l'espèce précédente, dans un filon, où il est accompagné principalement de manganèse rouge, de quartz, de fahlerz, de pyrites aurifères, etc.

Le *cottonerz* ou *kottonerz* est cité par Deborn, t. 2, p. 466, comme étant une mine d'or grise de Nagyag décomposée; d'autres l'indiquent comme étant une variété

SILVANE LAMELLEUX.

de l'or blanc qui constitue les deux premières espèces ci-dessus. (??)

On a pu observer que, dans les quatre espèces de mines de silvane qui viennent d'être décrites, ce métal est à l'état natif; c'est d'après cette considération que le citoyen Haüy les a toutes réunies sous une seule espèce, qu'il nomme *tellure natif*. Il me semble qu'il ne serait pas tout-à-fait contraire aux principes de classification de M. Werner, de les rapprocher ainsi et d'en faire des sous-espèces d'une même espèce. (?)

APPENDICE.

J'AVAIS annoncé dans l'Introduction, §. 28, que l'on trouverait à la suite de chaque classe un appendice qui contiendrait les descriptions des espèces nouvelles non encore comprises dans la nomenclature de M. Werner.

Mais j'ai pensé depuis qu'il valait mieux réunir toutes ces additions à la fin de l'Oryctognosie; j'ai évité par là de rien préjuger sur l'adjonction d'une espèce à une classe plutôt qu'à une autre; peut-être aussi que l'on aimera mieux trouver réunis ensemble, à la fin de l'ouvrage, tous ces minéraux nouveaux, moins connus que les autres, et par cela même plus intéressans.

Je dois commencer cet Appendice général par indiquer les changemens que M. Werner a faits à sa nomenclature pendant l'impression de cet ouvrage; peut-être desirerait-on que je donnasse en entier son dernier tableau minéralogique de 1801, tel que je l'ai reçu de Freyberg; mais j'ai craint de trop augmenter ce dernier volume. D'ailleurs, on verra que les changemens qui ont été faits, sont en très-petit nombre, et que les principes de classification restent toujours les mêmes.

Il y a, dans ce nouveau tableau, quelques additions d'espèces et sous-espèces nouvelles : on en trouvera ci-après la description, ou au moins du plus grand nombre; quant aux autres, elles seront seulement accompagnées d'une note.

Dans le GENRE SILICEUX, à la suite du grenat, il faut placer :

Granatit.	*Grenatite.*
Pyrop.	*Pyrope.*

Dans l'espèce quartz on trouve l'*améthyste* partagée en deux sous-espèces, la *commune* et la *fibreuse:* on a déjà parlé de ce changement, t. 1, p. 242.

Le *lazulite* de Klaproth, décrit t. 1, p. 315, ne s'y trouve pas.

Le GENRE ARGILEUX est ordonné un peu différemment : le *jaspe* et les espèces qui suivent, jusqu'au feldspath inclusivement, sont à la tête de ce genre, et précèdent l'*alumine pure* et autres.

Au lieu du spath adamantin, on trouve deux espèces :

Demant spath.	*Spath adamantin.*
Corund.	*Corindon* (*).

(*) On avait déjà annoncé ci-dessus (t. 1, p. 356) ce changement, d'après M. Reuss. La première espèce est le véritable spath adamantin de la Chine, qui est d'un brun de cheveux foncé, et qui cristallise quelquefois en pyramide à 6 faces, aiguë.

Le *corund* est le spath adamantin qui provient du Bengale et du Carnate, dont la couleur la plus ordinaire est un gris verdâtre ou gris de perle.

Il est certain que ces deux substances ont des différences marquées ; mais il me semble qu'elles ne devraient constituer que des sous-espèces, d'autant plus que leurs formes cristallines sont les mêmes. Au reste, d'ici à quelque tems il se pourrait que ni l'une ni l'autre ne constituassent plus des espèces, et qu'elles fussent réunies au moins comme sous-espèces au saphir. Il y a déjà long-tems que plusieurs minéralogistes avaient soupçonné leur identité ; mais j'ai ouï dire que M. de Bournon en avait trouvé des preuves évidentes dans les nombreux corindons et saphirs de la collection de M. Gréville, et qu'il devait publier un Mémoire à ce sujet.

Le *jaspe* contient deux sous-espèces nouvelles :

Opal jaspis.	*Jaspe opale.*
Agat jaspis.	*Jaspe agate.*

L'*argile commune* se divise en six sous-espèces, parmi lesquelles il y en a trois nouvelles :

Leim.	*Glaise.*
Pfeifenthon.	*Argile à pipe.*
Bünterthon.	*Argile panachée* (*).

Le *bildstein* de Klaproth ne s'y trouve pas. Probablement M. Werner a continué de le considérer comme une variété de stéatite.

Dans le GENRE MAGNÉSIEN, entre le bol et le meerschaum, il faut placer :

Natürliche talkerde.	*Magnésie native.*

Entre la serpentine et le talc :

Schillerstein (**).

Dans le GENRE CALCAIRE, entre le braunspath et la pierre puante, il faut placer :

Raütenspath (***).

(*) Je n'ai point de descriptions de ces trois nouvelles sous-espèces d'*argile ;* mais je pense que la glaise désigne un dépôt d'alluvion communément friable. L'*argile panachée* me paraît être une sorte d'argile endurcie, diversement colorée ; le *fruchtstein* de Saxe (*voyez* t. I, p. 327) est probablement de cette espèce. Quant à l'*argile à pipe*, son nom indique assez son usage et sa nature : elle faisait autrefois partie de l'argile à potier.

(**) J'ignore ce que M. Werner a voulu désigner par ce nom. L'analogie qu'il a avec celui de *schillerspath* (*voyez* t. I, p. 421) me ferait croire que c'est le même minéral.(?)

(***) Ce nom signifie littéralement *spath rhomboïdal*. Je

Schaalstein.	*Pierre calcaire testacée.*

Entre la marne et le schiste marno-bitumineux :

Kalktuf.	*Tuf calcaire* (*).

Après la sélénite :

Wurfelspath.	*Spath cubique.*

Dans le GENRE BARYTIQUE il y a une sous-espèce nouvelle de *spath pesant*, sous le nom de :

Saülenspath.	*Spath pesant prismatique.*

Elle est placée avant le spath de Boulogne.

Dans le GENRE STRONTIANIEN la *célestine* est partagée en deux sous-espèces :

Fasriger celestin.	*Célestine fibreuse.*
Blättriger celestin.	*Célestine lamelleuse* (**).

Dans le GENRE DES BITUMES il y a un changement assez notable ; on trouve d'abord les espèces suivantes :

Braunkohle.	*Braunkohle.*
Bituminöses holz.	*Bois bitumineux.*
Erdkohle.	*Houille terreuse.*
Moorkohle.	*Moorkohle.*
Gemeiner braunkohle.	*Braunkohle commun.*
Steinkohle.	*Houille.*
Pechkohle.	

crois que c'est le nom substitué au bitterspath, car ce dernier ne se trouve plus dans la classification. (?)

(*) On a pu voir (t. 1, p. 553) dans les Remarques, que j'avais reconnu la nécessité d'admettre cette espèce parmi les pierres calcaires. J'ai donné un précis de ses caractères.

(**) J'avais déjà indiqué ces deux sous-espèces et même une troisième sous le nom de *célestine compacte*. (*Voyez* t. 1, p. 641, dans les Remarques.)

Glanzkohle.
Stangenkohle.
Schieferkohle.
Kennelkohle.
Blätterkohle.

Mineralisches holzkohle.	*Charbon de bois fossile* (*).

Les autres bitumes suivent sans aucun changement.

Parmi les mines d'OR on ne trouve plus qu'une seule espèce, l'*or natif*, ainsi qu'il a été annoncé ci-dessus, p. 94.

Parmi les mines d'ARGENT, on ne trouve ni l'*argent bismuthifère* ni le *graugültigerz* (**).

Dans le genre CUIVRE, M. Werner a ajouté deux espèces avant l'olivenerz.

Kupfersmaragd.	*Cuivre smaragdiforme* (***).
Kupferglimmer.	*Cuivre micacé* (****).

(*) On voit qu'il y a eu trois sous-espèces de houille retranchées, dont deux forment, sous le nom de *braunkohle*, une espèce à part, à laquelle on a réuni le *bois bitumineux* et une autre sous-espèce, l'*erdkohle*, qui est peut-être le bois bitumineux terreux. (?) Quant à la troisième, le *grobkohle*, j'ignore si M. Werner l'a réunie à une autre sous-espèce, ou si c'est là ce qu'il a voulu désigner par son *Mineralisches holzkohle*, dont je n'ai aucune description. (?)

(**) Ce dernier est réuni au *schwarzgültigerz*; j'avais annoncé ci-dessus que je croyais que ces deux espèces n'étaient qu'un même minéral.

(***) Le cuivre smaragdiforme est la dioptase du citoyen Haüy. On en trouvera la description ci-après.

(****) Cette substance est un des cuivres arseniatés trouvés dans le Cornouailles : elle sera décrite sous le nom de

L'olivenerz se partage en deux sous-espèces :

Fasriger olivenerz. *Olivenerz fibreux.*

Blättriger olivenerz. *Olivenerz lamelleux* (*).

Parmi les mines de FER, on trouve une nouvelle sous-espèce de *pyrite*, sous le nom de

Zellkies. *Pyrite cellulaire.*

Et une nouvelle sous-espèce de fer argileux, sous le nom de

Jaspisartiger thon eisenstein. *Fer argileux jaspoïde.*

Parmi les mines de PLOMB, le *plomb terreux* est sous-divisé en trois sous-espèces :

Gelbe bleierde. *Plomb terreux jaune.*

Graue bleierde. *Plomb terreux gris.*

Rothe bleierde. *Plomb terreux rouge* (**).

Dans le genre MANGANÈSE on ne trouve pas l'espèce *manganèse granatiforme.* (*Voyez* ci-dessus, p. 428.)

Dans le genre ARSENIC, l'*arsenic oxidé natif* est désigné sous le nom de

Arsenic blüthe. *Fleurs d'arsenic.*

Les espèces du genre MENAK sont au nombre de quatre.

Menakan. *Menakanite.*

---

cuivre arseniaté, avec l'olivenerz et les autres espèces qui présentent cette même composition chimique.

(*) L'olivenerz a été déjà décrit ci-dessus, p. 208 ; mais je serai forcé d'en donner une nouvelle description sous le nom de *cuivre arseniaté.* On verra quels sont les motifs qui nécessitent ce changement de dénomination.

(**) On peut voir ci-dessus, page 327, que cette division existait déjà. Au reste, les descriptions qui ont été données comprennent ces trois sous-espèces.

Ruthil.	*Ruthile.*
Nigrin.	*Nigrine.*
Iserin.	*Iserine* (*).

Enfin, il y a un vingtième genre métallique, sous le nom de SILVANE; il comprend quatre espèces :

Gedigen silvan.	*Silvane natif.*
Schrifterz.	*Silvane graphique.*
Weiss silvanerz.	*Silvane blanc.*
Nagiagerz.	*Silvane lamelleux* (**).

L'ordre qui sera suivi parmi les minéraux qui vont être décrits, est assez indifférent. Je me contenterai de réunir ensemble les substances pierreuses, et les substances métalliques viendront ensuite.

Parmi ces minéraux, il y en a qui forment des espèces nouvelles; mais il y en a d'autres qui doivent être réunis à des espèces déjà décrites, et dont néanmoins j'ai cru devoir faire mention; enfin, il y en a d'autres qui sont très-peu connus et sur lesquels il était nécessaire de donner quelque notice, quoiqu'on ne puisse encore prononcer sur la place qu'ils doivent occuper dans la nomenclature.

J'ai employé dans toutes ces descriptions la méthode de M. Werner, comme je l'ai annoncé dans l'Introduction, p. 51.

(*) *Voyez* ci-dessus, p. 468.

(**) *Voyez* ci-dessus, p. 479 et suiv.

GRANATIT. — GRENATITE.

Grenatite, Desauss. §. 1900. — *Id.* Lam. T. 2, p. 290. — *Staurolithe*, *ib.* p. 287. — *Id.* Karsten, Min. Tabell. p. 22. — *Schorl cruciforme* ou *pierre de croix*, Var. 1. R. D. L. T. 2, p. 434. — *Id.* D. B. T. 1, p. 168. — *Staurotide*, Haüy, T. 3, p. 93.

D'APRÈS une description de cette espèce, que j'ai reçue de Freyberg, j'ai vu que M. Werner n'a entendu y comprendre que le minéral trouvé au Saint-Gothard et décrit par Desaussure ; mais comme il n'y a plus aucun doute que les *pierres de croix* de Bretagne ne doivent être rapportées à la même espèce, comme l'a fait le cit. Haüy, j'ai dû nécessairement donner une autre description de la grenatite, qui s'appliquât à l'un et à l'autre.

Car. ext. Sa couleur est un *brun rougeâtre* ou *noirâtre*, plus ou moins foncé ; la surface est souvent *grisâtre.* — On la trouve toujours *cristallisée ;* sa forme est *un prisme à 6 faces, dont* 4 communément *plus larges* (rarement *plus étroites*) *se joignent deux à deux sous deux angles plus obtus opposés* (129°.). Ce prisme est tantôt *parfait*, tantôt *portant une troncature sur les angles qui terminent les deux bords obtus opposés.* On trouve très-souvent des *cristaux doubles* (*) formés par deux prismes, se traversant l'un l'autre sous forme de *croix ;* tantôt sous un angle droit, tantôt obliquement. Dans le premier cas, le croisement

(*) Ce sont principalement parmi les grenatites de Bretagne : ils sont très-rares parmi celles du Saint-Gothard ; cependant j'en ai observé qui présentaient l'un et l'autre croisement.

se

se fait de manière que ce sont les bords plus obtus qui se réunissent au centre de la croix ; dans le second cas, ce sont deux des bords moins obtus : l'angle de croisement dans ce cas est de 60°. ; il y a aussi des croisemens obliques triples. La surface est tantôt *lisse* et *assez éclatante*, tantôt *un peu inégale* et *peu éclatante*. A l'intérieur la grenatite est *éclatante* ou *peu éclatante* : son éclat varie entre *l'éclat vitreux* et *l'éclat gras* ; — sa cassure est *imparfaitement lamelleuse*, parallélement à l'axe ; dans d'autres sens elle est *inégale à très-petits grains*, ou quelquefois *un peu conchoïde* ; — elle est souvent *opaque*, quelquefois *translucide*, très-rarement *demi-diaphane* ; — *aigre* ; — *dure* ; — *médiocrement pesante*. — Pes. spéc. 3.286. Haüy. GRENATITE.

Car. chim. La grenatite, traitée au chalumeau, est infusible ; seulement elle se fritte un peu à la surface ; — celle de Bretagne, analysée par Vauquelin, a donné pour résultat 0,33 de silice, 0,44 d'alumine, 0,0384 de chaux, 0,13 d'oxide de fer et 0,01 d'oxide de manganèse : il y a eu 5,16 de perte. La grenatite du Saint-Gothard a donné le même résultat (*J. d. M.*, n°. 53, p. 453).

On a trouvé la grenatite, 1°. au Saint-Gothard ; elle s'y rencontre en petits cristaux empâtés dans un schiste micacé ; ils sont accompagnés de cyanite. 2°. En Bretagne, dans la commune de Baud, près de Quimper, et dans la commune de Corray ; elle s'y trouve en cristaux de moyenne grandeur, isolés au milieu d'une argile un peu micacée, qui paraît être le produit de la décomposition de quelque roche primitive. 3°. En Espagne, auprès de Saint-Jacques de Compostelle, dans une roche primitive. — On l'a aussi trouvée dans la partie méridionale des montagnes des Alpes, du côté de Nice.

PYROP. — PYROPE.

Car. ext. Sa couleur est un *rouge de sang*, qui paraît d'un *jaune orange* lorsqu'on l'expose à la lumière. — Il ne se trouve jamais *cristallisé*, mais seulement *en grains*, soit *anguleux*, soit *arrondis*, la plupart *petits*. — A l'intérieur il est *très-éclatant*, d'un *éclat vitreux*. — Sa cassure est parfaitement *conchoïde*. — Il est *diaphane*, mais la couleur obscure le fait quelquefois paraître *opaque*; — il est *dur*, résistant à la lime ; — médiocrement pesant.

Le pyrope est ce qu'on appelait autrefois *grenat de Bohême*. M. Werner a trouvé qu'il différait trop du grenat dans tous ses caractères, et principalement par sa couleur, sa transparence et son défaut de cristallisation, pour ne pas en faire une espèce à part. Je pense, d'après cela, qu'on doit rapporter au pyrope l'analyse du grenat de Bohême par Klaproth, citée t. 1, p. 196.

Le pyrope se trouve principalement en Bohême : il y est disséminé dans des terrains d'alluvion : on en a aussi observé en Saxe, dans des serpentines et des traps secondaires.

OPALJASPIS. — JASPE-OPALE.

Car. ext. Sa couleur varie entre le *rouge écarlate*, le *rouge de brique*, le *rouge de sang*, le *rouge brunâtre* et le *brun noirâtre*, rarement le *jaune d'ocre*; tantôt la couleur est uniforme, tantôt elle est mélangée et présente des dessins *veinés* et *tachetés*. — Il se trouve en masse. — Il est très-*éclatant*; c'est un éclat entre l'*éclat vitreux* et l'*éclat gras*. — Sa cassure est *conchoïde*; les fragmens sont *très-aigus.* — Il est *opaque* ou *translucide sur les bords ;* — *dur*, passant au *semi-dur ;* — *facile à casser ;* — *médiocrement pesant*, approchant du *léger*. JASPE OPALE.

Cette sous-espèce de jaspe forme le passage à l'opale; il s'en rapproche beaucoup par tous ses caractères; il se rencontre en nids dans une espèce de porphyre, auprès de Tokai en Hongrie : on en appporte quelquefois de très-beaux morceaux de Constantinople.

AGAT JASPIS. — JASPE-AGATE.

Car. ext. SES couleurs ordinaires sont le *blanc jaunâtre* et le *blanc rougeâtre*, passant au *rouge de chair.* Le blanc jaunâtre passe au *jaune de paille* et au *jaune isabelle.* Ces couleurs réunies présentent des dessins *rubanés* ou *zonaires.* — On le trouve, soit *en masse*, soit *en couches.* — Sa cassure est *matte*, *conchoïde*, *applatie*, passant quelquefois à la *terreuse à grains fins.* — Il présente des *pièces séparées testacées.* — Il est *opaque* ou rarement *translucide sur les bords ;* — *dur*, mais cédant à la lime : on le trouve dans des boules d'agate.

NATURLICHE TALKERDE. — MAGNÉSIE NATIVE.

Car. ext. SA couleur est un *gris jaunâtre* tacheté de *noir.* — Elle se trouve *en masses*, quelquefois *tuberculeuses.* — Sa surface est *inégale* et *matte.* — Sa cassure est *conchoïde*, *applatie*, passant à l'*écailleuse* ou bien à la *terreuse.* — Ses fragmens sont *indéterminés*, *à bords assez aigus.* — Elle est *opaque ;* — *tendre* et *très-tendre ;* — *médiocrement facile*

MAGNÉSIE NATIVE. *à casser;* — *un peu onctueuse.* — Elle *happe à la langue.* — Elle est *médiocrement pesante.*

C'est au docteur Mittchel, savant minéralogiste anglais, que l'on doit la connaissance de cette substance minérale. D'après l'analyse qu'il en a faite, elle est composée uniquement de magnésie pure et d'acide carbonique, à peu près en parties égales; — elle a été trouvée à Roubschitz en Moravie, dans une roche de serpentine; elle était accompagnée de *meerschaum.* On a déjà vu ci-dessus, t. 1, p. 463, que le *meerschaum* contenait 1.17 centièmes de magnésie et 5 d'acide carbonique; ce qui établit beaucoup de rapport entre ces deux substances minérales; aussi M. Werner a-t-il placé la *magnésie native* à côté du *meerschaum.*

SCHAALSTEIN. — PIERRE CALCAIRE TESTACÉE.

Car. ext. La couleur ordinaire du schaalstein est le *blanc grisâtre*, quelquefois le *blanc jannâtre*, *verdâtre* et *rougeâtre.* — Il se trouve *en masse.* — Il est *éclatant*, d'un *éclat nacré.* — Sa cassure est *imparfaitement lamelleuse.* — Il présente des *pièces séparées testacées* très-minces, dont la réunion forme des *pièces séparées scapiformes épaisses*, dans plusieurs directions. — Il est *translucide;* — *semi-dur;* — *médiocrement pesant.*

Ce minéral a été trouvé dans le bannat de Temeswar: il accompagnait des minerais de cuivre.

WURFELSPATH. — SPATH CUBIQUE.

Il a été question ci-dessus, t. 1, p, 609, et t. 2, p. 23, d'une substance trouvée à Hall en Tirol, que l'on a désignée d'abord sous le nom de *muriacite*, et que Klaproth a reconnue pour un mélange de gypse et de sel marin. — C'est ce minéral dont M. Werner a fait depuis peu une espèce particulière sous le nom de *wurfelspath* ou *spath cubique*. SPATH CUBIQUE.

Car. ext. Sa couleur ordinaire est le *blanc de lait*, quelquefois le *blanc grisâtre*, *jaunâtre* ou *rougeâtre*. — Il se trouve *en masses*. — Il est *très-éclatant*; c'est un éclat *nacré*. — Sa cassure est *lamelleuse* dans trois sens différens, se coupant à angles droits. — Il présente de *petites pièces séparées grenues*, *à gros grains* ou *à petits grains*. — Il est *translucide*; — *tendre*, *très-facile à casser*; — *médiocrement pesant*.

On a vu ci-dessus, t. 2, p. 23, l'analyse que M. Klaproth a donnée de cette substance. Il est à croire que l'échantillon qu'il aura analysé, n'était pas bien pur, car dans une substance tout-à-fait semblable, trouvée en Suisse, le citoyen Vauquelin n'a trouvé uniquement que 0,4 de chaux et 0,6 d'acide sulfurique, sans aucune trace de sel marin ou d'acide muriatique. — Le spath cubique semblerait donc devoir être regardé comme un sulfate de chaux ou gypse; mais si l'on considère qu'il en diffère par beaucoup de caractères extérieurs, et entre autres très-essentiellement par son triple clivage rectangulaire, tandis que celui du gypse est oblique et n'a pas lieu également dans les trois directions, que d'ailleurs il ne s'exfolie pas au chalumeau comme le gypse, on est forcé de convenir que ce sont deux espèces minérales distinctes. La chimie d'ailleurs vient à l'appui de cette opinion, en ce qu'on n'a pas trouvé d'eau dans sa composition, tandis que le gypse en contient toujours au moins un cinquième.

Ces considérations ont été très-bien exposées par le

SPATH CUBIQUE. citoyen Haüy (*Traité de Min.* t. 4, p. 348 et suiv.) : il a donné à ce minéral le nom de *chaux sulfatée anhydre*, c'est-à-dire, *privé d'eau*, en raison de sa composition. Il est à croire que les chimistes trouveront par la suite plusieurs occasions de reconnaître combien la présence ou l'absence de l'eau (dite *eau de cristallisation*) peut influer sur la nature d'un composé.

SAULENSPATH. — SPATH PESANT PRISMATIQUE.

Ce minéral se trouve dans quelques filons de la Saxe : il est connu depuis long-tems, et on le regardait comme une variété de spath pesant commun ; mais depuis M. Werner a pensé qu'il devait constituer une sous-espèce particulière : voici la description qu'il en donne.

Car. ext. Sa couleur dominante est le *gris*, qui varie entre le *gris verdâtre* ou *jaunâtre*, le *gris de cendre clair*, le *gris de fumée*, le *gris de perle*, passant, soit au *rouge de chair*, soit au *bleu d'indigo pâle* : on a souvent plusieurs couleurs sur le même échantillon. — On le trouve le plus souvent *cristallisé* ; sa forme principale est un *prisme à 4 faces un peu obliquangles, terminé par un biseau dont les faces sont placées sur les bords latéraux aigus* ; une des faces de ce biseau est quelquefois très-grande et fait même disparaître l'autre. Il y a des cristaux dans lesquels les extrémités des bords latéraux obtus ont une troncature qui, lorsqu'elle est forte, produit avec les faces du biseau *un pointement à 4 faces placées sur les bords latéraux* ; souvent aussi deux bords latéraux opposés sont tronqués ; ce qui produit un prisme à 6 faces. — Les cristaux sont de *moyenne grandeur* ; ils sont *implantés* sur une gangue, et se traversent et se croisent dans différens sens. — Ils sont *éclatans* et *très-éclatans ;* c'est un *éclat nacré.* — La cassure est *lamelleuse* et présente un *clivage triple*, comme le spath pesant commun. (*Voyez* t. 1, p. 629.) — Le saülenspath en masse présente des *pièces séparées grenues, à gros grains* et *à petits grains.* — Il est toujours *translucide :* les cristaux sont souvent *demi-diaphanes.* — Il est *très-facile à casser ;* — *pesant.* — Dans tous ses autres caractères il ne diffère pas du spath pesant commun. SPATH PESANT PRISMATIQUE.

APLOME.

Id. Haüy, T. 4, p. 336.

Car. ext. SA couleur est un *vert jaunâtre*, passant au *brun.* — Il se trouve *cristallisé* en *dodécaèdres rhomboïdaux*, comme le grenat. — Ses cristaux sont groupés ou empâtés dans une gangue. — Leurs faces sont *striées en travers.* — Il est *éclatant.* — Sa cassure est *inégale*, passant à la *conchoïde.* — Il est *opaque* ou rarement *translucide ;* — *dur ;* il raie le quartz. — Il est *difficile à casser ;* — *aigre ;* — *médiocrement pesant.* — Pes. spéc. 3.444. Haüy.

Cette substance ressemble parfaitement à un grenat; mais le citoyen Haüy a jugé qu'elle devait en être distinguée en raison des stries transversales que l'on observe sur ses faces, et qui indiquent une forme primitive cubique, tandis que celle du grenat est dodécaèdre. — Il lui a donné le nom d'*aplome*, qui veut dire *simple*, parce que sa forme dodécaèdre est dérivée du cube par une des lois les plus *simples* de décroissement qui aient été observées.

Ce minéral existe dans beaucoup de collections parmi les grenats. Certains grenats d'un vert jaunâtre, de Schwarzenberg en Saxe, sont des aplomes.

COCCOLITH. — COCCOLITHE.

Id. J. de Ph. an 8, T. 2, p. 242. — Karsten, Min. Tabell. p. 20. — Haüy, T. 4, p. 355.

Car. ext. La couleur de ce minéral est un *vert de pré*, qui passe au *vert-olive* ou au *vert noirâtre.* — On le trouve *en masses*, qui sont formées par la réunion de *pièces séparées*, *grenues*, *à petits grains* (*), faciles à séparer. Ces grains sont anguleux, et paraissent avoir eu quelque tendance à cristalliser. — Ils sont *assez éclatans*, d'un *éclat vitreux.* — Leur cassure est *lamelleuse* dans deux sens différens, qui paraissent perpendiculaires entre eux. — La cassure des masses est *grenue.* — La coccolithe est *dure;* elle raie le verre. — Les grains sont souvent *translucides.* — Elle est *facile à casser;* — *médiocrement pesante.* — Pes. spéc. 3,373. Haüy.

Car. chim. La coccolithe est très-difficile à fondre au chalumeau sans addition. — Elle a été analysée par Vauquelin, qui a obtenu pour résultat, sur 100 parties, 50 de silice, 24 de chaux, 10 de magnésie, 7 de fer oxidé, 3 de manganèse oxidé et 15 d'alumine. Il y a eu 4.5 de perte.

Localités. Ce minéral a été découvert dans des filons auprès d'Arandal en Norvège : on en a aussi trouvé à Nérike en Suède, et dans les mines de fer d'Hellesta et d'Assébo en Sudermanie.

J'ai cru devoir rapporter ici la description de cette

(*) La ressemblance de ces grains à de petits *noyaux* a donné lieu à ce nom de *coccolithe*, qui signifie *pierre à noyaux*.

substance ; néanmoins je doute qu'on la laisse subsister long-tems comme espèce particulière, et il y a tout lieu de croire, comme le citoyen Haüy l'a soupçonné, qu'elle devra être réunie à l'*augite* (t. 1, p. 179). On peut s'assurer facilement de leurs rapports en comparant leurs divisions mécaniques, leurs caractères chimiques et surtout leurs parties constituantes. COCCOLITHE.

CRYOLITH. — CRYOLITHE.

Id. J. d. Ph. an 8, T. 2, p. 245. — *Id.* Karsten, Min. Tabell. p. 28 et 73. — *Alumine fluatée alkaline*, Haüy, T. 2, p. 398.

Car. ext. SA couleur est un *blanc grisâtre.* — Elle paraît se trouver *en masse.* — Elle est *éclatante* dans le sens de ses lames ; c'est l'*éclat vitreux.* — Sa cassure est *lamelleuse* dans trois directions qui paraissent rectangulaires ; une surtout est très-nette. Le citoyen Haüy a reconnu aussi d'autres directions de lames qui coupent celles-ci diagonalement. — Elle est *très-translucide* (*) ; — *demi-dure.* — Elle est rayée par le spath fluor. — Elle donne une *raclure d'un blanc de neige.* — Elle est *médiocrement pesante.* — Pes. spéc. Haüy, 2.949 ; Karsten, 2.957.

Car. chim. La cryolithe, traitée au chalumeau, fond du premier coup de feu (**) ; elle se durcit ensuite, et

---

(*) Si on la plonge dans l'eau, elle devient *diaphane.*

(**) C'est en raison de cette grande fusibilité, que M. Albigaard, à qui on doit la découverte de cette pierre, l'a nommée *cryolithe*, de κρυος, *glace*, parce qu'elle fond comme de la *glace.*

CRYOLITHE. se change en une scorie qui a un peu de causticité. Elle se dissout dans l'acide sulfurique avec effervescence, et en dégageant des vapeurs blanches qui corrodent le verre. — Ses parties constituantes sont :

	D'après KLAPROTH.	D'après VAUQUELIN.
Acide fluorique et eau...	40.5	 47
Soude................	36	 32
Alumine..............	23.5	 21
	100	100

Localités. Ce minéral a été rapporté du Groënland à Copenhague, il y a plusieurs années : on n'a aucune connaissance de son gissement.

DIALLAGE.

Id. Haüy, T. 3, p. 125. — *Smaragdite*, Desaussure, §. 1313. A. — *Id.* Lam. T. 2, p. 362. — *Feldspath vert*, R. D. L. T. 2, p. 544. — *Schorl feuilleté verdâtre......* D. B. T. 1, p. 380.

Il a déjà été parlé ci-dessus (t. 1, p. 423) de ce minéral à l'occasion de la *hornblende du Labrador*, avec laquelle il m'a paru avoir les plus grands rapports ; et en effet, il est impossible de séparer ces deux substances. La description qui a été donnée de la hornblende du Labrador, convient parfaitement à la *diallage* ou *smaragdite* des Alpes, telle qu'elle est décrite par Desaussure, si ce n'est que la couleur ne varie que du vert au gris.

J'ai cru néanmoins devoir placer de nouveau ici ce minéral, quoiqu'il ait déjà été décrit, parce que, d'après l'observation du citoyen Haüy, il doit être séparé de la hornblende, en ce qu'il présente un clivage double sensiblement rectangulaire, dont les lames ne sont bien nettes que dans un seul sens, tandis que le clivage double de la hornblende est également marqué dans les deux sens, et qu'ils se joignent sous l'angle de 124°. — On peut encore ajouter qu'elle se fond au chalumeau, en verre noir, tandis que la diallage donne un verre transparent d'un vert grisâtre ou même sans couleur. DIALLAGE.

La diallage a été trouvée auprès de Turin en Piémont, dans les cailloux roulés du lac de Genève; en Corse, etc. — Elle s'y rencontre dans des roches primitives. Celles de Piémont et de Genève sont empâtées dans une masse très-dure, qui est un véritable jade ou *néphrite* de Werner. Celle de Corse a aussi quelquefois la même gangue. Le *verde di Corsica duro* des marbriers italiens est une roche de ce genre.

DIASPORE.

Id. Haüy, T. 4, p. 358.

On ne connaît ce minéral que par les recherches du citoyen Lelièvre, et par ce que le citoyen Haüy en a dit dans son Traité.

Il est de couleur *grise*; — *assez éclatant*, d'un *éclat nacré*. — Sa cassure est *lamelleuse*, *à lames un peu courbes*, faciles à séparer; elle paraît être également lamelleuse dans un autre sens sous l'angle de 130°. — Il est *dur*. — Il raie le verre. — Il pétille à la flamme d'une bougie et se disperse entièrement (*). Le citoyen Vauquelin l'a

---

(*) C'est de là que le citoyen Haüy a fait le nom de *diaspore*.

DIASPORE. analysé, et y a trouvé 80 parties d'alumine, 17 d'eau et 3 de fer. — Sa pes. spéc. est, d'après le citoyen Haüy, de 3.4324.

DIPYRE.

Id. Haüy, T. 3, p. 242. — *Leucolite de Mauléon*, Lam. T. 2, p. 275.

Car. ext. Sa couleur est un *blanc grisâtre* ou *rougeâtre*, qui passe au *rouge de rose* faible. — On le trouve, soit *disséminé* en petites masses *fasciculaires*, soit en petits *cristaux prismatiques*. — Il est *éclatant*, *d'un éclat vitreux*. — Sa cassure en longueur est *lamelleuse*. Le citoyen Haüy a observé des indices de lames parallélement aux faces du prisme hexaèdre régulier. — Il est *demi-dur*; — *facile à casser*; — *médiocrement pesant*. — Pes. spéc. 2.630. Haüy.

Car. chim. Le dipyre est fusible au chalumeau avec bouillonnement. Il contient, d'après le citoyen Vauquelin, 60 de silice, 24 d'alumine, 10 de chaux, 2 d'eau : il y a eu 4 centièmes de perte. — Sa poussière, jetée sur un charbon ardent, donne une légère lueur phosphorique dans l'obscurité.

Ce minéral a été trouvé auprès de Mauléon dans les Pyrénées : il étoit disséminé dans une masse de stéatite.

EUCLASE.

Id. Haüy, T. 2, p. 531. — Lam. T. 2, p. 254.

Car. ext. Sa couleur est un *vert-de-mer* très-clair. — On la trouve *cristallisée*; sa forme principale ou dominante est *un prisme à 4 faces obliquangles* (133°.), mais elle n'est jamais parfaite : il y a *un biseau sur chacun des bords latéraux*, et en outre *une troncature* sur le bord du biseau des bords latéraux aigus. La terminaison du prisme est fort compliquée : on peut la considérer comme formée principalement par *trois pointemens à 4 faces*, placés les uns sur les autres, correspondans aux faces latérales ; mais ces pointemens sont modifiés par *une suite de biseaux qui remplacent leurs bords latéraux obtus* : il y a aussi un *biseau* (à faces triangulaires) entre ceux-ci et le biseau sur les bords latéraux obtus du prisme, et enfin *une troncature* sur chacun des bords supérieurs des troncatures sur les bords latéraux aigus du prisme (*). — Elle est *éclatante*, d'un *éclat vitreux*. — Sa cassure, dans la EUCLASE.

(*) On peut consulter, par rapport à la forme de l'euclase, la figure qu'en a donnée le citoyen Haüy, pl. 45 ; car la forme en est si composée, que quelque soin que j'aie mis à cette description, je n'ose espérer qu'on la trouve facile à suivre. Un crystal semblable, à peu près de la grosseur d'une noisette, existe dans la belle collection du citoyen Dedrée, qui a été et sera encore souvent citée par les minéralogistes, tant à cause du grand nombre de minéraux précieux et souvent uniques qu'elle renferme, qu'en raison de ce qu'elle est toujours ouverte aux amateurs qui desirent la consulter.

La forme de ce crystal a, au premier aspect, quelque analogie avec certaines topases dont le sommet est surchargé de facettes, et dont les bords latéraux sont biselés. Mais l'euclase en diffère essentiellement en ce que l'angle du prisme est de 133°. au lieu de 124°., et en ce qu'elle n'est pas lamelleuse perpendiculairement à l'axe, comme la topase. (Haüy.)

EUCLASE. direction de l'axe, est *parfaitement lamelleuse*, parallélement à la petite diagonale de la base du prisme. Elle est également *lamelleuse*, mais *très-imparfaitement*, parallélement à la grande diagonale. La cassure transversale est un peu *conchoïde*. — L'euclase est *diaphane* et donne une *double image*. — Elle est *dure*. — Elle raie le quartz; — *très-facile à casser* (*); — *aigre*; — *médiocrement pesante*. — Pes. spéc. 3.0625. Haüy.

Car. chim. Traitée au chalumeau, l'euclase perd d'abord sa transparence, puis se fond en émail blanc. Elle a été analysée par le citoyen Vauquelin, qui a obtenu :

Silice..........	35	à	36
Alumine........	18	à	19
Glucyne........	14	à	15
Fer.............	2	à	3
Perte..........	31	à	27
	100		100

Ce minéral est si rare, que l'on n'a pu en employer qu'une très-petite quantité à cette analyse. Le citoyen Vauquelin pense que la perte considérable qu'il a eue, est due en partie à l'eau de cristallisation, dont la présence est indiquée par l'opacité que prend l'euclase au chalumeau, et peut-être aussi à un alkali.

L'euclase a été rapportée du Pérou par Dombey : les cristaux étaient isolés de toute espèce de gangue.

(*) C'est ce que désigne le nom d'*euclase*.

DIOPTASE.

Id. Haüy, T. 3, p. 136. — *Émeraudine*, Lam. T. 2, p. 230.

Car. ext. Sa couleur est le *vert-émeraude.* — On la trouve *cristallisée* sous la forme d'*un prisme à 6 faces, terminé par un pointement un peu aigu à 3 faces placées sur trois bords latéraux en alternant.* — Elle est *éclatante ;* c'est un *éclat vitreux.* — Sa cassure est *lamelleuse* dans trois sens différens, parallèles aux bords latéraux du pointement. — Elle est *translucide*, passant au *demi-diaphane ;* — *demi-dure.* — Pes. spéc. 3.3. Haüy.

Car. chim. Ce minéral est infusible au chalumeau sans addition; il brunit seulement, et la flamme prend une couleur verte un peu jaunâtre. Fondu avec le borax, il donne un bouton de cuivre. Le citoyen Vauquelin, à qui nous devons ces caractères, a cherché à connaître, au moins par aperçu, la composition de ce minéral, dont il n'avait que 4 grains. Il a obtenu 28 de silice, 28 d'oxide de cuivre, et 43 de carbonate de chaux.

La dioptase provient de la Sibérie; ses cristaux sont déposés sur une gangue qui contient de la malachite.

M. Estner a regardé la dioptase comme un *vert de cuivre* (*kupfergrün*) cristallisé. (*Voyez* t. 3, p. 612.)

Je crois aussi que le *kupfersmaragd* de M. Werner, indiqué au commencement de cet Appendice, est la dioptase.

FELDSPATH APYRE.

Le citoyen Haüy a désigné sous ce nom (t. 4, p. 362) un minéral particulier trouvé d'abord dans le Fo-

FELDSPATH APYRE.

rez par M. de Bournon, et ensuite en Espagne, dans le royaume de Castille. Plusieurs minéralogistes en avaient déjà fait mention, en le regardant tantôt comme un corindon, tantôt comme un feldspath (Bournon, *J. de Ph.*, 1789, t. 1, p. 453. — Lamétherie, *ib.*, an 6, p. 386). Sa couleur est un *brun rougeâtre sale* qui passe au *violet.* — On le trouve toujours avec des indices de cristallisation, mais peu déterminés; cependant sa forme paraît être un *prisme à 4 faces rectangulaires.* — Il est *très-peu éclatant*, d'un *éclat gras.* — Sa cassure est *lamelleuse* en longueur, mais en travers elle est *un peu écailleuse.* — Il est translucide sur les bords; — *très-dur.* — Il raie le quartz et même quelquefois le spinelle; — *difficile à casser;* — *médiocrement pesant.* — Pes. spéc. 3.165. Haüy. — Il est absolument infusible au chalumeau sans addition.

Le citoyen Haüy compare successivement ce minéral au corindon et au feldspath, et après avoir observé qu'il se rapproche du premier par sa dureté et son infusibilité, et du second par sa forme, il conclut qu'il est impossible de prononcer définitivement sur la nature de cette pierre : il lui a laissé provisoirement le nom de feldspath en y ajoutant le mot *apyre*, qui désigne son infusibilité.

GADOLINITE.

Id. Haüy, T. 3, p. 141. — *Id.* Chem. Annal. 1796.

Car. ext. Sa couleur est un *noir parfait*, passant dans quelques parties au *noir brunâtre.* — On la trouve *en masse.* — Elle est *éclatante*, d'un *éclat vitreux.* — Sa cassure est *conchoïde.* — Elle est *dure.* — Elle raie un peu le quartz; — *opaque;* — *aigre;* — *facile à casser;* — *pesante.* — Pes. spéc. Haüy, 4.0497.

Car. chim. Pulvérisée et chauffée avec de l'acide nitrique

trique étendu d'eau, elle se convertit en une gelée épaisse d'un gris jaunâtre ; — au chalumeau, elle décrépite, prend une couleur rouge blanchâtre ; mais elle reste infusible, si ce n'est lorsqu'on chauffe de petits fragmens ; ils donnent un verre spongieux ; traitée avec le borax, elle se fond en un verre jaune de topase. — On a découvert dans ce minéral une terre particulière, à laquelle on a donné le nom d'*yttria* : voici le résultat de deux analyses qui en ont été faites. GADOLINITE.

EKEBERG.	
Yttria	47.5
Silice	25
Fer	18
Alumine	4.5
Perte	5
	100

VAUQUELIN.	
Yttria	35
Silice	25.5
Fer	25.0
Oxyde de manganèse.	2
Chaux	2
Eau et ac. carbon.	10.5
	100

La *gadolinite*, ainsi nommée parce que c'est le professeur *Gadolin* qui le premier a reconnu sa nature, a été trouvée auprès de *Ytterby* en Suéde, d'où on a fait le nom d'*yttria*. — Elle attire l'aiguille aimantée.

KOUPHOLITE.

Id. Haüy, T. 4, p. 373.

On a donné ce nom à un minéral qui se présente sous formes de *petites lames* ou *paillettes d'un blanc jaunâtre*, *un peu éclatantes*, *d'un éclat nacré* ; elles sont *groupées* ensemble et paraissent tendre à la *forme rhomboïdale*. Le citoyen Haüy avait depuis long-tems soupçonné que c'était une variété de *mésotype* (*voyez* t. 1, p. 308), ou plutôt de *prehnite* (t. 1, p. 295). Des observations récentes du

KOUPHOLITE. citoyen Lelièvre ont enfin décidé la question et réuni la koupholite à la prehnite ; il a trouvé des morceaux plus caractérisés, dans lesquels on reconnaît visiblement la prehnite. D'ailleurs, tous les caractères chimiques et physiques de la prehnite se retrouvent dans la koupholite. Je pense que, d'après les principes de M. Werner, on pourrait en former une sous-espèce sous le nom de *prehnite en paillettes*, *schuppiger prehnit*. — Ce minéral provient des Pyrénées.

MACLE.

Id. Haüy, T. 3, p. 267. — *Macle basaltique* ou *schorl en prismes quadrangulaires rhomboïdaux*, R. D. L. T. 2, p. 440. — *Crucite*, Lam. T. 2, p. 292. — *Chiastolith*, Karsten, Min. Tab. p. 28.

Car. ext. LA macle est composée de deux substances distinctes, ayant des caractères différens ; l'une est d'un *blanc jaunâtre* ou *grisâtre sale* ; l'autre est d'un *noir grisâtre*, passant au *noir bleuâtre*. — On la trouve *cristallisée*, sous la forme de *prismes à 4 faces* (*) : leur sommet est toujours rompu ; ce qui donne lieu d'observer la dispo-

---

(*) Romé de Lisle dit que ces prismes sont obliquangles sous les angles de 85°. et 95°. Le citoyen Haüy avertit, avec raison, que l'incidence n'est pas facile à mesurer, à cause de la netteté des pans. J'ai cherché à vérifier l'observation de Romé de Lisle, et j'ai remarqué qu'il y avait beaucoup de déviation dans la cristallisation ; ce qui donne lieu à une obliquité variable ; mais les cristaux les plus lamelleux et dont les angles étaient les plus vifs m'ont donné constamment, au goniomètre, un angle de 90°. (?)

sition symmétrique respective des deux substances dont la réunion compose la macle ; la partie blanche est extérieure ; la partie noire forme au centre un petit prisme parallèle au premier ; elle se prolonge néanmoins toujours vers la surface par quatre lignes très-minces, dont chacune joint un angle du prisme intérieur avec celui du prisme extérieur qui l'avoisine ; quelquefois aussi cette même partie noire forme à l'extrémité de ces lignes, et par conséquent à chacun des quatre angles du prisme blanc principal, un petit prisme semblable ; enfin il y a des cristaux dans lesquels on observe une suite de petites lignes noires qui partent des faces du prisme intérieur, et qui se dirigent vers celles du prisme extérieur en sillonnant la partie blanche : la partie noire est ordinairement la moins abondante. — Les cristaux sont de *moyenne grandeur* ou *petits*, généralement fort alongés, toujours empâtés dans une gangue. — La partie blanche est quelquefois *un peu éclatante* à l'extérieur ; à l'intérieur elle est *peu éclatante*, passant au *brillant ;* c'est un *éclat gras*. La partie noire n'est que *peu brillante*. — La cassure de la partie blanche est *lamelleuse* (quelquefois très-imparfaitement) dans deux sens parallèles aux faces du prisme (*) ; MACLE.

(*) Le citoyen Haüy a observé quatre autres sens de lames, dont deux sont verticaux et parallèles aux diagonales de la base du prisme, et dont les deux autres sont obliques et interceptent deux angles opposés. — Il arrive aussi souvent que les prismes se cassent en travers. Cette cassure est *unie ;* mais elle paraît plutôt due à des fissures qu'à une direction naturelle de lames ; elle n'est pas éclatante. Son inclinaison ne paraît pas constante, et son obliquité contribue beaucoup à faire paraître le prisme obliquangle.

MACLE. celle de la partie noire est *terreuse :* — l'une et l'autre sont un *peu onctueuses au toucher* (surtout dans les variétés d'Espagne) ; — leur raclure est blanche ; — elles sont *tendres :* la partie blanche l'est beaucoup moins ; elle devient même quelquefois *demi-dure* quand elle est lamelleuse. — La macle est *peu facile à casser ; — médiocrement pesante.* — Pes. spéc. 2.944.

Car. chim. La partie blanche de la macle donne une scorie blanche ; la partie noire donne un verre noir.

La macle a été trouvée, 1°. en France, auprès de Saint-Brieux en Bretagne : ce sont les cristaux les plus longs et les plus lamelleux ; ils sont empâtés dans un thonschiefer. 2°. Aux Pyrénées, dans la vallée de Barèges, les cristaux sont petits, empâtés dans un thonschiefer qui recouvre immédiatement le granit. 3°. En Espagne, auprès de Saint-Jacques de Compostelle : celles-ci sont en cristaux assez gros, arrondis, peu lamelleux. La partie blanche ressemble à une stéatite compacte.

On l'a souvent appelée *pierre de croix* ou *macle de Bretagne.*

MADREPORSTEIN. — MADRÉPORITE.

Id. Journal de Moll. T. 1, p. 293. — *Id.* Haüy, T. 4, p. 378.

Car. ext. SA couleur est dans certaines parties d'un *noir un peu grisâtre*, dans d'autres d'un *gris de cendres* (suivant que l'on observe, ou la cassure en travers, ou les surfaces latérales des pièces séparées). — On le trouve *en morceaux arrondis*, souvent très-gros (vingt à trente livres), qui sont composés de *pièces séparées, scapiformes, minces* (une ligne), *arrondies*, tantôt *parallèles*, tantôt *di-*

vergentes en faisceaux (*). — La cassure en travers des pièces séparées est *unie*, passant à la *conchoïde*, *peu éclatante*, d'un *éclat gras*, passant *à l'éclat soyeux* ; la cassure en longueur est *rayonnée* et *matte*. — Le madréporite est *opaque* ; — *demi-dur*, passant au *tendre* ; — *facile à casser* ; — *médiocrement pesant*. — Sa raclure est grise. MADRÉPORITE.

Car. chim. Le madréporite se dissout avec effervescence dans l'acide nitrique ; il contient, suivant M. Schroll, 0,63 de carbonate de chaux, 0,10 d'alumine, 0,13 de silice, 0,11 de fer : on a obtenu le même résultat à l'École des Mines de Paris.

Ce minéral a été trouvé par M. le baron de Moll, dans la vallée de Rüssbach, principauté de Salzbourg ; il était en morceaux arrondis et hors de place : on n'a pu découvrir son gissement. Toute la vallée est entourée de montagnes calcaires stratiformes, remplies de pétrifications ; ce qui, joint à l'aspect particulier de cette pierre, a pu faire croire que c'était un madrépore ; d'autres avaient pensé que c'était un basalte ; mais sa composition calcaire détruit cette supposition. On est à peu près d'accord aujourd'hui de regarder le madréporite comme une pierre calcaire ; mais je pense que, d'après les principes de M. Werner, on ne pourra se dispenser d'en faire une espèce particulière du genre calcaire ; car elle diffère de la pierre calcaire beaucoup plus que le bitterspath, le braunspath et autres qui en ont été séparées.

(*) C'est de cette contexture particulière, assez semblable, au premier coup d'œil, à celle de certains *madrépores*, qu'est venu son nom de *madreporstein*, *madréporite*.

MALACOLITH. — MALAÇOLITHE.

Id. Haüy, T. 4, p. 379. — *Sahlite*, Dandrada, J. de Ph. an 8, T. 2, p. 241.

Car. ext. Sa couleur est un *vert grisâtre* qui tire au *vert de poireau pâle.* — On la trouve *en masses* et *cristallisée*, sous la forme de *prismes à 6 faces*, *ayant deux bords latéraux opposés*, *tronqués*; elle est *un peu brillante*, d'un *éclat de cire.* — Sa cassure en longueur est *lamelleuse dans 3 différens sens.* — Elle est *translucide sur les bords*; — *tendre*; — elle raie à peine le verre; — *très-douce au toucher* (*). Pes. spéc. 32,307.

Car. chim. Le citoyen Lelièvre a fondu la malacolithe au chalumeau en un verre bulleux. M. Dandrada l'avait annoncée infusible. — Elle contient, d'après l'analyse du citoyen Vauquelin, 0,53 de silice, 0,20 de chaux, 0,19 de magnésie, 0,03 d'alumine, et 0,04 d'oxides de fer et de manganèse.

Ce minéral a été trouvé d'abord en Suède, dans les mines d'argent de *Sahla* en Westermanie (de là le nom de *Sahlite*). On l'a retrouvée depuis à Buoen près d'Auen en Norwège.

Le citoyen Haüy a fait différens rapprochemens entre la malacolithe et l'augite. Il a observé que sa forme cristalline, son clivage triple, ses parties constituantes et la manière dont elle se comporte au chalumeau, s'accordaient assez bien avec les mêmes caractères dans l'augite. (*Voyez* t. 1, p. 179.) Néanmoins, ayant reconnu

(*) De là le nom de *malacolithe* que lui a donné M. Abilgaard.

en même tems que ces deux pierres différaient par beaucoup d'autres caractères apparens, quoique moins essentiels, il a cru devoir suspendre son jugement. MALACOLITHE.

MÉIONITE.

Id. Haüy, T. 2, p. 586. — *Hyacinthe blanche de Somma*, R. D. L. T. 2, p. 290. — *Hyacinthine* de Somma, Lam. T. 2, p. 326.

Car. ext. Sa couleur est un *blanc grisâtre*. — On la trouve *cristallisée*. — Sa forme principale est *un prisme à 4 faces, rectangulaire, dont les bords latéraux sont toujours tronqués* (ce qui donne le *prisme à 8 faces*); il est terminé par *un pointement obtus à 4 faces placées sur les bords latéraux*. Quelquefois les bords des troncatures qui remplacent les bords latéraux, sont tronqués; ce qui donne un *prisme à 16 faces*. Les bords entre le pointement et les faces latérales sont aussi quelquefois tronqués. — Les cristaux sont *petits, accolés* latéralement et par rangées sur une gangue. — La méionite est *éclatante*, d'un *éclat vitreux*. — La cassure en longueur est *lamelleuse*, parallèlement aux 4 faces du prisme; celle en travers est un peu conchoïde. — Elle est *demi-diaphane*, mais parsemée de petites fissures; — *demi dure*; elle raie le verre.

Car. chim. La méionite est très-facile à fondre au chalumeau: elle donne un verre blanc spongieux.

Cette substance n'a encore été trouvée que parmi les produits volcaniques du Vésuve, auprès du mont Somma. Ses cristaux adhèrent communément à des fragmens de pierre calcaire grenue, qui n'ont point été modifiés par le feu des volcans.

On l'a long-tems regardée comme une hyacinthe, puis

MÉIONITE. comme une vésuvienne ; mais le citoyen Haüy a prouvé que sa cristallisation ne pouvait être rapportée à celle de ces deux pierres, quoiqu'elle en ait d'abord l'apparence.

MÉLILITE.

Id. Lam. T. 2, p. 273. — *Id.* Fleuriau de Bellevue, J. de Ph. Frimaire an 9, p. 455.

Car. ext. SA couleur varie depuis le *jaune de vin* ou le *jaune de miel*, jusqu'au *rouge-hyacinthe* : la surface est souvent recouverte d'une ocre ferrugineuse rouge. — On la trouve *cristallisée*. Ses formes sont, 1°. le *cube*, quelquefois tronqué sur ses bords, ou plus souvent sur deux bords opposés seulement ; 2°. *un prisme à 4 faces obliquangles* (environ 115°.), *terminé de chaque côté par un biseau* dont les faces sont placées sur les bords latéraux obtus : ces bords obtus sont quelquefois tronqués. — Les cristaux sont petits et très-petits. — Ils sont *un peu éclatans* ; — *demi-diaphanes* ; — *peu durs*. — Leur cassure ne paraît pas *lamelleuse*, mais plutôt *grenue*.

Car. chim. Cette pierre, traitée au chalumeau, est très-difficile à fondre ; néanmoins elle finit par donner un verre verdâtre, transparent, sans bulles. — Réduite en poudre, elle forme une gelée avec l'acide nitrique. — Elle n'est point pyro-électrique.

Ce minéral se trouve à l'intérieur, et surtout à la surface des fentes de quelques laves des environs de Rome, et principalement dans celle de *Capo di bove*, que l'on exploite en plusieurs endroits pour en tirer des pavés connus sous le nom de *selce romano*.

C'est le citoyen Lamétherie qui le premier a décrit

cette pierre. Il lui a donné le nom de *mélilite*, d'après sa couleur. MÉLILITE.

Les cristaux de mélilite sont accompagnés d'autres cristaux en prismes à 6 faces, semblables à ceux de népheline ou sommite, qui seront décrits ci-après. Mais le citoyen Fleuriau de Bellevue a observé qu'ils en différaient sensiblement, en ce que la népheline est bien plus difficile à fondre, et surtout qu'elle ne forme pas, comme ces cristaux, gelée avec les acides. Elle a aussi un éclat plus vif, une cassure plus nette. Il a proposé, en attendant un nouvel examen, de les désigner sous le nom de *pseudo-népheline* ou *pseudo-sommite*.

MICARELLE.

Id. Haüy, T. 4, p. 384.

ON a vu ci-dessus, t. 1, p. 458, que M. Kirwan avait désigné sous ce nom la pinite des Allemands.

M. Albigaard, de Copenhague, a donné plus récemment ce nom de micarelle à une pierre qui provient des environs d'Arendal en Norwège; elle est cristallisée en *prismes à 4 faces rectangulaires, ayant leurs bords latéraux tronqués*; elle est composée de lames parallèles aux faces latérales. Elle est assez éclatante, à peu près comme des paillettes blanches de mica. — Sa pesanteur spécifique est de 2.6953.

M. Manthey a observé avec raison que cette substance avait les plus grands rapports avec la scapolithe. Je pense qu'il sera difficile de ne pas les réunir. (*Voyez* ci-après la description de cette substance.)

NÉPHELINE.

Id. Haüy, T. 3, p. 186. — *Sommite*, Lam. T. 2, p. 271. — *Schorl blanc volcanique* de Ferber et autres naturalistes.

Car. ext. SA couleur est un *blanc grisâtre*. — On la trouve *disséminée*, soit *en grains*, soit en *petits cristaux*, dont la forme principale est un *prisme à 6 faces*, ordinairement *parfait*, plus rarement *tronqué sur ses bords terminaux*. — Les faces latérales sont *lisses* et *éclatantes*, d'un *éclat vitreux*. — La cassure en longueur est *lamelleuse*, parallélement aux *faces du prisme*; en travers elle est *conchoïde* et *éclatante*. — Elle est *demi dure*, *translucide*, ou plus rarement *demi-diaphane*; — *facile à casser*. — Pes. spéc. 3.2474. Haüy.

Car. chim. La népheline, traitée au chalumeau, se fond, quoique difficilement, en un verre compacte. L'acide nitrique ne la dissout point, mais elle devient opaque et *nébuleuse* (*). — Elle contient, d'après l'analyse de Vauquelin, 46 de silice, 49 d'alumine, 2 de chaux et 1 d'oxide de fer : il y a eu 2 centièmes de perte.

La népheline se rencontre parmi les matières rejetées par le Vésuve; elle tapisse les cavités de certaines laves qui constituent la montagne de la *Somma*, d'où le citoyen Lamétherie l'avait d'abord nommée *sommite*. Elle y est mélangée avec des vésuviennes et des schorls noirs.

A la fin de l'article *mélilite* il est fait mention d'une substance qui a beaucoup de rapports avec la *népheline*. (*Voyez* ci dessus, p. 521.)

(*) C'est d'après cette propriété, que le citoyen Haüy lui a donné le nom de *népheline*.

PHARMACOLIT. — PHARMACOLITE.

Id. Karsten, Miner. Tabell. p. 36 et 75. — *Chaux arseniatée*, Haüy, T. 2, p. 293.

Car. ext. SA couleur ordinaire est un *blanc de neige.* — On la trouve, tantôt en *petits cristaux capillaires assez éclatans, réunis en faisceaux;* tantôt en masses *mamelonnées*, qui paraissent être également composées de cristaux capillaires étroitement réunis. — A l'intérieur, la pharmacolite est *peu éclatante* ou seulement *brillante;* c'est un *éclat soyeux.* — La cassure des masses mamelonnées est *fibreuse, à fibres divergentes en étoiles* ou *en faisceaux;* elle passe à la cassure *rayonnée.* — Elle présente des pièces séparées, grenues, *à gros grains* et *à petits grains.* — Les cristaux sont *translucides.* — Elle est *très-tendre;* — *facile à casser.*

Car. chim. La pharmacolite est dissoluble dans l'acide nitrique sans effervescence; elle dégage l'odeur d'ail lorsqu'on la traite au chalumeau : elle laisse un résidu qui ne se volatilise pas. — C'est M. Selb qui le premier reconnut qu'elle étoit une combinaison de chaux et d'acide arsenique avec un peu de cobalt. Elle a été depuis analysée par Klaproth, qui a obtenu le même résultat.

Ce minéral a été trouvé près de Wittichen en Souabe, dans un filon d'une roche primitive; il y est accompagné de spath pesant et de gypse. On en a aussi reconnu parmi des minéraux de Sainte-Marie-aux-Mines en France. — M. Karsten lui a donné le nom de *pharmacolite* ou *pierre empoisonnée*, parce qu'il renferme une grande quantité d'acide arsenique, dont la propriété vénéneuse est si active.

PICTITE.

CETTE substance a été ainsi appelée par le citoyen Lamétherie (*), du nom du professeur Pictet, qui l'a décrite le premier. (*J. de Ph.* 1787, t. 2, p. 368.) Il l'a trouvée dans quelques roches primitives auprès du Mont-Blanc ; elle y était déposée sur de la chlorite.

Sa couleur est un *brun rougeâtre*, passant au *violet.* — On la trouve *cristallisée ;* sa forme est un *prisme à 4 faces, un peu obliquangle* (72°.), *terminé par un pointement aigu à 4 faces, placées obliquement sur les faces latérales*, les bords de jointure étant fort inclinés vers les bords aigus. Le sommet du pointement est remplacé par un biseau faible, dont les faces se dirigent vers les bords latéraux obtus du prisme (**). — Les cristaux sont *petits* et *très-petits*, *implantés ;* leurs faces latérales sont *striées en travers* et *éclatantes*, d'un éclat vitreux. — La pictite est *peu dure* et *facile à casser.*

Traité au chalumeau, ce minéral ne se fond point entiérement ; sa surface prend seulement une espèce de vernis. Avec le borax il donne une masse spongieuse verdâtre.

(*) *Voyez* la Théorie de la Terre, t. 2, p. 282. Les cristaux dont a parlé le citoyen Lamétherie (*J. de Ph.* an 6, p. 454), sous le nom de *pictite*, se rapportent au sphêne du citoyen Haüy. (*Voyez* ci-dessus, l'article *nigrine.*)

(**) Ce pointement oblique, terminé par un petit biseau, donne au cristal la forme d'un *burin* à graver ; aussi M. Desaussure avait nommé ce minéral *rayonnante en burin* (§. 1922), parce qu'il a assez l'aspect du minéral qu'il a nommé *rayonnante en gouttieres.*

Jusqu'ici je ne vois pas que l'on puisse rapporter la pictite à aucune espèce connue. Elle a au premier aspect quelque ressemblance avec le thumerstein, le nigrine; mais, n'ayant vu qu'un seul échantillon de ce minéral, je ne puis rien prononcer à cet égard. PICTITE.

PLÉONASTE.

Id. Haüy, T. 3, p. 17. — *Ceylanite*, Lam. T. 2, p. 276.

Car. ext. SA couleur est tantôt un *noir parfait*, passant au *brun*; tantôt un *bleu clair* ou un *rouge de pourpre*. — On le trouve ou en *grains arrondis*, ou *cristallisé*. Voici quelles sont ses formes : 1°. l'*octaèdre régulier*; 2°. le *dodécaèdre rhomboïdal régulier*, comme celui du grenat : il provient de la troncature des douze bords de l'octaèdre; 3°. quelquefois les faces de l'octaèdre subsistent encore sous la forme de petits triangles équilatéraux; ce qui donne un *dodécaèdre ayant huit troncatures placées sur les angles* qui sont formés par la réunion de trois angles plans obtus; 4°. cette même forme a quelquefois, sur chacun des six autres angles formés par la réunion de quatre angles plans aigus, *un pointement à 4 faces placées sur les bords qui aboutissent à cet angle.* — Les cristaux sont tantôt *petits* et *isolés*, tantôt *très-petits* et *empâtés* dans une gangue. — La cassure est *conchoïde* et *éclatante*, d'un *éclat vitreux*. — Les cristaux non arrondis sont *éclatans*. — Le pléonaste est *opaque* ou *translucide*; mais ses fragmens, présentés à la lumière, sont *demi-diaphanes* et paraissent verts. — Il est *dur* (il raie le quartz); — *difficile à casser*; — *médiocrement pesant*. — Pes. spéc. 3.764. Haüy.

Car. chim. Le pléonaste est infusible au chalumeau

PLÉONASTE. sans addition. Il contient, d'après l'analyse de Collet-d'Escotils, alumine 0.16, magnésie 0.12, silice 0.02, oxide de fer 0.16. (*J. d. M.* n°. 30, p. 426.)

On a trouvé le pléonaste parmi les tourmalines que l'on rapporte de l'île de Ceylan. Il est souvent en fragmens informes et roulés. On l'a reconnu depuis en petits cristaux disséminés dans les cavités des laves du Vésuve; et, derniérement, le citoyen Louis Cordier en a observé de très-petits cristaux bleus dans presque toutes les roches volcaniques des environs de Closterlach sur les bords du Rhin.

Cette substance a de très-grands rapports avec le spinelle : il n'y a qu'un très-petit nombre de caractères dans lesquels ils présentent des différences; mais le citoyen Haüy a jugé qu'elles étoient assez essentielles pour que ces deux substances ne puissent pas être réunies en une seule espèce. (*Voyez* t. 3, p. 20.)

SCAPOLITH. — SCAPOLITHE.

Id. Dandrada, J. de Ph. an 8, T. 2, p. 246. — *Id.* Haüy, T. 4, p. 393. — *Rapidolithe*, Albigaard.

Car. ext. SA couleur est un *blanc grisâtre sale.* — On la trouve *cristallisée.* — Sa forme principale est *un prisme à 4 faces rectangulaires*, ayant ses bords latéraux tronqués. — Ses cristaux sont *petits* ou *très-petits*, quelquefois *aciculaires*, communément *alongés* (*), *entrelacés* confusément. — Leur surface est *striée en longueur* et *brillante.* — A l'intérieur, la scapolithe est un *peu écla-*

(*) De là les noms de *scapolithe* et *rapidolithe*, qui signifient *pierre à baguettes.*

tante; c'est un *éclat vitreux un peu gras.* — Sa cassure en longueur est *lamelleuse* dans deux sens différens, parallélement aux 4 faces de la forme principale. Celle en travers est également lamelleuse, perpendiculairement à l'axe. — La scapolithe est *translucide* ou rarement *demi-diaphane;* — *demi-dure.* — Elle raie le verre. Cependant il y a des variétés en partie décomposées, qui sont *tendres.* — Pes. spéc. 3.68 à 3.70. Dandrada. SCAPOLITHE.

Car. chim. La scapolithe, traitée au chalumeau, se boursouffle et se fond en un émail d'un blanc brillant. (Dandrada.)

Cette pierre a été trouvée dans des filons de mine de fer auprès d'Arendal en Norwège. Ses cristaux sont entremêlés de mica et de spath calcaire.

SEMELINE.

Id. Journal de Phys. Frimaire an 9, p. 448.

Car. ext. SA couleur est un *jaune-citron*, qui passe au *jaune de miel.* — On la trouve *cristallisée.* — La forme de ses cristaux, qui sont très-petits, paraît se rapporter à un *octaèdre rhomboïdal irrégulier oblique;* mais leur forme ordinaire est un *prisme à 4 faces*, *obliquangle*, dont les sommets sont remplacés par des *pointemens aigus à 4 faces*, ordinairement biselées sur leurs bords obtus. L'ensemble du cristal a beaucoup de ressemblance avec la graine du lin (*). — Elle est *très-éclatante;* — *demi-dure;* — *diaphane.*

La semeline se trouve dans les produits volcaniques des environs d'Andernach, sur les bords du Rhin.

(*) C'est là l'origine de son nom, *semen lini.*

GEHLINE. Elle est très-difficile à fondre au chalumeau; mais on obtient à la fin un verre bulleux qui a la propriété de prendre, par des coups de feu différens, différentes teintes de couleur, noir, bleu, jaune, blanc; ce qui annonce la présence d'une matière métallique.

C'est au citoyen Fleuriau de Bellevue que l'on doit la connaissance de ce minéral. Tous les détails ci-dessus sont extraits du Mémoire qu'il a publié dans le *Journal de Physique*.

SPINTHERE.

Id. Haüy, T. 4, p. 398.

Ce minéral est encore peu connu. Le citoyen Haüy en a trouvé quelques cristaux implantés sur des spaths calcaires du Dauphiné. Voici quelques-uns de ses caractères :

Sa couleur est *verdâtre*. Il se trouve cristallisé sous la forme d'une *pyramide à 4 faces, double, très-irrégulière, tronquée obliquement.* — Ces cristaux sont *très-petits*; ils ressemblent beaucoup, au premier coup d'œil, à des cristaux verts de thumerstein; ils sont *très-éclatans.* — Sa cassure est *lamelleuse.* — Il est *peu dur;* — *un peu translucide sur les bords.*

Ce minéral se fond au chalumeau assez facilement. On ne l'a point analysé.

TRIPHANE.

Id. Haüy T. 4, p. 407. — *Spodumène*, Dandrada, J. de Ph. an 8, T. 2, p. 240.

Car. ext. Sa couleur est un *blanc verdâtre*, qui passe au *vert de poireau.* — On le trouve en petites masses qui paraissent

paraissent présenter des indices de cristallisation. — Il est *assez éclatant*, d'un *éclat nacré*. — La cassure de ses masses est *rayonnée*; celle de chaque rayon (ou cristal) en particulier, en longueur, est *lamelleuse* dans trois sens différens, tous parallèles à l'axe, se coupant sous deux angles de 50°. et un de 80°.; ce qui donne quelquefois un prisme légérement obliquangle sous les angles, de 100°. et 80°. Il est *demi-dur*, passant au *dur*; — *aigre*; — *translucide sur les bords*; — *médiocrement pesant*. — Pes. spéc. 3.192, Haüy; 3.218, Dandrada. TRIPHANE.

Car. chim. Traité au chalumeau, le triphane se délite d'abord en petites lames jaunâtres, et finit par se fondre en un verre d'un blanc grisâtre transparent.

Ce minéral a été trouvé dans les mines d'Uton, près de Dalero en Suède; il paraît provenir d'un filon dans lequel il est mélangé avec du quartz gras et du mica noir.

WERNERITE (*).

Id. J. de Ph. an 8, T. 2, p. 244. — *Id.* Haüy, T. 3, p. 119.

Car. ext. SA couleur est entre le *vert-pistache* et le *jaune-isabelle*. — Elle se trouve *cristallisée*. — La forme prin-

---

(*) Il n'est pas besoin d'indiquer l'étymologie de ce mot: j'ai ouï dire que M. Werner n'en avait pas été satisfait. Je conçois que sa modestie ait pu rejeter cette espèce d'hommage que M. Dandrada lui a rendu, comme à un des premiers minéralogistes de l'Europe; mais l'approbation de tous les savans, et en particulier du citoyen Haüy, qui a adopté cette dénomination, a prouvé que M. Dandrada n'a été que l'interprète de l'opinion générale.

WERNERITE. cipale est un *prisme à 4 faces, rectangulaire, terminé par un pointement obtus à 4 faces placées sur les faces latérales :* les bords latéraux sont ordinairement *tronqués ;* ce qui donne le *prisme à 8 faces.* Les cristaux sont petits, accolés latéralement. — Il est tantôt *très-éclatant*, tantôt *peu éclatant*, d'un *éclat gras*, passant à l'*éclat nacré.* — Sa cassure est *lamelleuse*, à *lames courbes* dans deux directions, passant à la *cassure inégale.* — Il est *translucide ;* — *peu dur.* — Il raie le verre, est rayé par le feldspath. — Pes. spéc. 3.6063. Dandrada.

Car. chim. Traité au chalumeau, il bouillonne, et se fond facilement en un émail imparfait, blanc et opaque. Il n'a pas été analysé.

On trouve ce minéral dans les mines de fer de Northo et d'Ulrica en Suède, près d'Arandal en Norwège, et à Campolongo dans le val Levantine.

ZÉOLITHE EFFLORESCENTE.

Id. Haüy, T. 4, p. 410.

Le citoyen Gillet Laumont trouva il y a environ seize ans, dans la mine de plomb de Huelgoët en Bretagne, un minéral qui avait plusieurs des caractères de la zéolithe, mais qui avait la singulière propriété de s'exfolier et de se réduire ensuite en poussière par le simple contact de l'air : on lui donna le nom de *zéolithe de Bretagne* ou *zéolithe efflorescente.*

La difficulté de conserver cette substance dans les collections avait empêché d'en faire un examen plus approfondi, lorsque le citoyen Haüy, en ayant reçu des morceaux assez intacts, reconnut qu'elle affectait une forme cristalline, prismatique, tétraèdre, rectangulaire.

Enfin l'ingénieur des mines, Beaunier, ayant visité pendant l'été de 1801 les mines de Bretagne, y recueillit une assez grande quantité de cette zéolithe, et fut à portée d'en étudier les caractères dans son état primitif. Différentes circonstances l'ont empêché jusqu'ici de publier le résultat de ses recherches et d'y joindre une analyse chimique; mais il m'en a communiqué une partie et m'a permis d'en donner ici un précis; j'ai d'ailleurs observé moi-même, dans sa collection, des échantillons qui se sont jusqu'ici très-bien conservés. ZÉOLITHE EFFLORESCENTE.

Car. ext. Sa couleur, lorsqu'elle est intacte, est un *blanc grisâtre.* — On la trouve *en masses*, qui sont des *groupes irréguliers* de *cristaux entrelacés* : la forme de ces cristaux est un *prisme à 4 faces*, légérement *obliquangle* (93°.), *terminé par une base inclinée vers un des bords latéraux aigus* sous l'angle de 133°.; souvent l'angle aigu que fait cette base avec l'autre bord aigu est tronqué (sous l'angle de 119°); ce qui donne *un prisme à 4 faces, obliquangle, terminé par un biseau placé sur les bords latéraux aigus.* — Ces cristaux sont *petits*, assez *alongés.* — Leur faces latérales sont *striées en longueur* et *éclatantes* ; les faces du sommet sont aussi *éclatantes*, mais *lisses.* — La cassure est *lamelleuse*, parallélement aux faces latérales, et moins parfaitement parallélement à la base; ce qui donne un clivage triple. — Elle est *demi-diaphane*; — *demi-dure* (?); — *facile à casser.*

Tous ces caractères varient par l'exposition à l'air. — La masse est peu à peu désagrégée : le moindre ébranlement fait tomber les cristaux; — ceux-ci deviennent *opaques*, d'un *blanc de lait*, *éclatans*, *nacrés*; ils tombent en lames très-friables, qui peu à peu se réduisent en une poussière d'un *blanc de neige*, un peu *fibreuse* et brillante dans certaines parties.

ZÉOLITHE EFFLORESCENTE.

Ce minéral se fond au chalumeau en un émail blanc sans boursoufflement ; — il se résoud en gelée dans les acides.

Le citoyen Haüy a observé avec raison que cette substance avait quelque analogie avec la *mésotype* (*voyez* ci-dessus, t. 1, p. 307 et 308) ; mais d'après les caractères qui viennent d'être indiqués, il est impossible de ne pas en former une espèce particulière : en attendant, je lui ai conservé son nom de zéolithe efflorescente.

Elle constitue un petit filon qui avoisine le filon de galène, exploité à Huelgoët ; elle est mélangée avec un peu de spath calcaire.

ZELLKIES. — PYRITE CELLULAIRE.

CETTE sous-espèce de pyrites était autrefois comprise avec le *leberkies* (*voyez* au commencement de l'Appendice).

Car. ext. Sa couleur tient le milieu entre le *jaune de bronze* et le *gris d'acier* ; elle tire un peu au *vert*. — Elle se trouve *en masses* qui présentent des cellules, dont les parois sont tapissées de petits cristaux. — Elle est *peu éclatante*. — Sa cassure est *inégale*, *à grains fins*, passant quelquefois à la cassure *unie* ou à la cassure *conchoïde*.

Tous ses autres caractères se rapportent à ceux du *leberkies*.

JASPISARTIGER THONEISENSTEIN. — FER ARGILEUX JASPOIDE.

Car. ext. SA couleur ordinaire est le *brun rougeâtre*. — On le trouve *en masses*. — Il est *très-peu brillant*. — Sa cassure est *unie*, passant au *conchoïde*. — Les fragmens paraissent affecter la forme cubique ou rhomboïdale. — La raclure est d'une couleur *plus claire* que la masse. — Il est *semi-dur*, passant au *tendre ; — aigre ; — pesant.* FER ARGILEUX JASPOIDE.

Ce minéral forme une couche considérable dans une montagne de formation secondaire entre Vienne et la Hongrie ; il est plus dur que toutes les autres mines de fer argileux : M. Werner en a fait derniérement une sous-espèce particulière.

FER PHOSPHATÉ.

J. d. M. n°. 64, p. 295.

Car. ext. SA couleur est un *brun rougeâtre* très-foncé et passant au *noir.* — On le trouve *en masse.* — Sa surface est communément *terreuse* et *matte ;* ce qui est dû à une enveloppe d'ocre de fer jaunâtre. — A l'intérieur il est *un peu éclatant*, d'un *éclat demi-métallique*, passant à *l'éclat gras.* — Sa cassure est *compacte*, passant à la cassure *lamelleuse.* — Il est *opaque ; — demi-dur ; — peu facile à casser ; — aigre.* — Sa poussière est d'un rouge foncé, passant au brun. — Pes. spéc. 3.956.

Car. chim. Le fer phosphaté se fond très-facilement au chalumeau en un émail noir. — D'après l'analyse du citoyen Vauquelin, cette susbtance est une combinaison triple de 0,27 d'acide phosphorique, 0,31 d'oxide de fer et 0,42 d'oxide de manganèse. — On connaissait déjà la présence du phosphate de fer dans le fer limoneux, dans le fer terreux bleu, mais on ne l'avait jamais trouvé aussi pur, quoique cependant l'on pourrait peut-être encore regarder ce minéral comme un *phosphate de manganèse*, puisque ce métal y est le plus abondant. — Le fer phosphaté a été trouvé il y a un an auprès de Limoges.

FER CHROMATÉ.

Id. Haüy, T. 4, p. 129. — J. d. M. n°. 55, p. 519, et n°. 62, p. 97.

Car. ext. Sa couleur est un *brun grisâtre* ou *noirâtre*. — On le trouve *en masse*. — Il est *brillant* ou tout au plus *un peu éclatant* dans certains endroits; c'est *un éclat demi-métallique*. — Sa cassure est tantôt *compacte* et *inégale*, tantôt *imparfaitement lamelleuse*. — Sa raclure est d'un *gris cendré*. — Il donne l'odeur *argileuse* par l'expiration. — Il est *dur*; — *difficile à casser* (*); — *opaque*; — *pesant*. — Pes. spéc. 4.0326, Haüy.

Car. chim. Le fer chromaté est infusible au chalumeau sans addition, mais avec le borax il se fond en un verre d'une belle couleur verte. — Il contient, d'après l'analyse du citoyen Vauquelin, 0,43 d'acide chromique, 0,35 d'oxide de fer, 0,20 d'alumine et 0,02 de silice.

Le fer chromaté a été découvert en France par le citoyen Pontier, près de Cassin, département du Var, à quelques lieues au sud-ouest de Saint-Tropez : il y est mélangé en filons et en rognons dans des couches de serpentine : on en a aussi trouvé en Sibérie. — Celui de France existe en assez grande quantité, et l'on a lieu de croire qu'on trouvera le fer chromaté dans beaucoup d'autres endroits, d'autant plus que les chimistes ont reconnu que la couleur verte de plusieurs serpentines était due au chrome.

(*) Il y a des variétés qui se brisent facilement; mais c'est toujours dans des fissures.

D'après les essais du citoyen Vauquelin, l'oxide de chrome fournit une matière colorante d'un beau vert-émeraude très-solide, et qui résiste très-bien au feu; ce qui sera très-précieux pour les manufactures de porcelaines et les verreries : on peut en obtenir toutes les nuances de vert, en le mélangeant au plomb et à l'antimoine. FER CHROMATÉ

FER ARSENIATÉ (*).

Arseniate de fer, Bournon, J. d. M. p. 57. — *Wurfliches olivenerz*, *olivenerz cubique*, Karsten, J. de Ph. p. 342. — *Würfelerz* ou *mine cubique* de Gmelin.

Car. ext. SA couleur est un *vert-olive* foncé, passant quelquefois, tantôt au *jaune*, tantôt au *brun*. — On le trouve *cristallisé* sous la forme de *petits* ou *très-petits cubes* groupés entre eux sous forme *drusique*, et tapissant les parois des petits filons d'un quartz ferrugineux; ils sont presque toujours *parfaits* ou très-rarement *tronqués sur leurs angles*. — Leurs surfaces sont *lisses* et *éclatantes*; c'est un éclat entre l'*éclat gras* et celui du *diamant*. — Sa cassure est un peu *conchoïde*. — Il est *translucide*; — *demi-dur*, passant au *tendre*. — Il donne une poussière jaune. — Pes. spéc. 3.000, Bournon.

Car. chim. Traité au chalumeau, le fer arseniaté se boursouffle, dégage l'odeur d'arsenic, et finit par se fondre en un globule métallique d'un gris un peu jaunâtre.

(*) Cette espèce est la variété de olivenerz en cristaux cubiques, décrite ci-dessus. (*Voyez* l'article *cuivre arseniaté*.)

FER ARSENIATÉ. D'après l'analyse de M. Chenevix, ce minéral contient :

Acide arsenique	31
Oxide de fer	45.5
Oxide de cuivre	9
Silice	4
Eau	10.5
	100

Le fer arseniaté a été trouvé dans la mine de Muttrell, paroisse de Gwennap, dans le Cornouailles, dans des filons qui renferment des mines de cuivre, grise, vitreuse et pyriteuse, avec du mispikel et des oxides de fer : c'est M. Chenevix qui a fait connaître sa composition. (*Voyez* l'article *cuivre arseniaté.*)

M. Bournon décrit à la suite de cette espèce un autre minéral qu'il appelle *arseniate cupromartial;* en effet, l'analyse qu'en a faite M. Chenevix le rapproche beaucoup du fer arseniaté ; mais ses formes cristallines ont tant de rapports avec celles du cuivre arseniaté, que j'ai pensé qu'il était plus naturel de l'y réunir : on le trouvera ci-après sous le nom de *cuivre arseniaté ferrifère.*

CUIVRE ARSENIATÉ.

Ce minéral a déjà été décrit ci-dessus, p. 208, sous le nom de *olivenerz ;* mais les découvertes que l'on a faites depuis exigent que je reprenne en entier sa description.

Les analyses chimiques ont reconnu deux espèces distinctes parmi les minéraux qui étaient autrefois compris sous ce nom de *olivenerz :* l'un est composé d'arsenic et de fer, et l'autre d'arsenic et de cuivre ; le premier vient

CUIVRE ARSENIATÉ.

d'être décrit sous le nom de *fer arseniaté*, et il s'agit ici uniquement du *cuivre arseniaté* (*).

Deux minéralogistes célèbres se sont particuliérement occupés de déterminer ces deux espèces ; M. Karsten, dont le Mémoire, traduit en français, a paru dans le *Journal de Physique* (brumaire an 10, p. 342, et pluviôse an 10, p. 131), et M. de Bournon, qui a publié un autre Mémoire dans le *Journal des Mines* (n°. 61, p. 35, et *Journal de Physique*, germinal an 10, p. 299).

M. Karsten distingue sept sous-espèces de cuivre arseniaté ; il conserve le nom ancien de *olivenerz*. M. Bournon n'en décrit que quatre sous-espèces, sous le nom commun d'*arseniate de cuivre* (**) ; mais sa seconde espèce est suivie de cinq variétés qui correspondent à deux sous-espèces de M. Karsten, et il forme en outre une espèce à part d'un autre *arseniate* qu'il appelle *cupromartial*.

J'emprunterai de l'un et de l'autre les descriptions suivantes, en me conformant davantage au Mémoire de M. de Bournon, qui m'a semblé avoir été plus à portée d'observer des échantillons bien caractérisés.

Je partage donc le cuivre arseniaté en cinq sous-espèces ; 1°. *cuivre arseniaté octaèdre obtus ;* 2°. *cuivre arseniaté lamelliforme ;* 3°. *cuivre arseniaté octaèdre aigu ;* 4°. *cuivre arseniaté fibreux ;* 5°. *cuivre arseniaté prismatique triédre ;*

(*) J'ai supprimé entiérement le nom de *olivenerz*, ne sachant auquel des deux le conserver. Les dernières découvertes faites sur ces deux substances auront sans doute déterminé M. Werner à ce changement.

(**) J'ai préféré *cuivre arseniaté*, parce qu'il est plus régulier de placer le premier le nom qui détermine le genre. Cette dénomination est d'ailleurs conforme à celles adoptées par le citoyen Haüy.

CUIVRE ARSENIATÉ. 6°. enfin j'ajouterai, comme par appendice, le *cuivre arseniaté ferrifère* (*).

Ire. SOUS-ESPÈCE.

CUIVRE ARSENIATÉ OCTAÈDRE OBTUS.

Id. Bournon, p. 41. — *Oktaedriches olivenerz*, Karsten, J. d. Ph. p. 131.

Car. ext. SA couleur ordinaire est un beau *bleu-de-ciel* plus ou moins foncé, qui passe rarement au *bleu de Prusse*, plus souvent au *vert de pré* ou au *vert-pomme ;* mais ces couleurs vertes ne sont assez souvent que superficielles. — On le trouve *cristallisé* sous la forme d'un octaèdre obtus à base rectangulaire ; il est irrégulier : deux faces opposées se réunissent au sommet sous l'angle de 130°., et les deux autres sous l'angle de 115°. ; le sommet se termine souvent en une ligne dans le sens des faces les moins inclinées. Les faces sont lisses ou rarement légérement striées en travers. — Les cristaux sont *implantés* à la surface des cavités, d'une gangue de quartz ferrugineux. — Ils sont *éclatans*, d'un *éclat vitreux*. — La cassure est *lamelleuse*, parallélement aux faces. — Il est *translu-*

(*) Cette distribution, qui n'est peut-être pas la meilleure possible, diffère de celle de M. de Bournon, en ce qu'il a considéré ses différens arseniates comme des espèces, et que je les ai regardés au contraire comme sous-espèces d'une même espèce. Je me suis fondé sur l'identité de leur composition chimique ; mais au reste ces minéraux ont été jusqu'ici si rares (du moins en échantillons bien caractérisés), que l'on peut croire qu'il reste encore quelque chose à découvrir sur leur nature. Le citoyen Haüy prépare sur cet objet un Mémoire intéressant.

cide ; — demi-dur, passant au *tendre*. — Pes. spéc. 2.8819. Bournon. (*Voyez* les Remarques.) CUIVRE ARSENIATÉ.

IIe. SOUS-ESPÈCE.

CUIVRE ARSENIATÉ LAMELLIFORME.

Bournon, J. d. M., p. 43. — *Blättriges olivenerz* ou *olivenerz feuilleté*, Karsten, p. 348 (*).

Car. ext. SA couleur est un *vert-émeraude* foncé, qui passe quelquefois au *vert-de-gris*. — On le trouve *cristallisé* sous la forme de *tables à 6 faces, très-minces*, dont les bords terminaux sont inclinés, trois vers une des faces latérales et trois vers l'autre en alternant (*). — Les faces latérales sont *lisses* et *éclatantes*. — Les faces terminales sont *striées en longueur* et moins *éclatantes*. — Les tables sont appliquées l'une sur l'autre, et se laissent séparer comme des lames de mica ; ce qui détermine (pour les masses) une cassure *lamelleuse*. — Il est *translucide* : les lames minces sont *demi-diaphanes ; — tendre*. — Pes. spéc. 2.5488. (*Voyez* les Remarques.)

IIIe. SOUS-ESPÈCE.

CUIVRE ARSENIATÉ OCTAÈDRE AIGU.

Bournon, J. d. M. p. 43. — *Prismatisches olivenerz*, *olivenerz prismatique*, Karsten, J. de Ph. p. 344. — *Sphéroidisches olivenerz*, *olivenerz sphéroidal*, *ib.* (?)

Car. ext. SA couleur ordinaire est un *vert brunâtre* très-foncé ; quelquefois elle paraît noire. Il est souvent *irisé*.

(*) Ce minéral est le *kupferglimmer*, *cuivre micacé* de M. Werner, indiqué au commencement de cet Appendice. Il a été décrit par M. Estner comme un *cuivre muriaté*. (T. 3, p. 616.)

CUIVRE ARSENIATÉ

— On le trouve *cristallisé.* — Ses formes sont, 1°. un *octaèdre aigu à base rectangulaire ;* il est irrégulier, deux faces opposées se réunissant au sommet sous l'angle de 84°., et deux autres sous l'angle de 68°. ; *il se termine* presque toujours *en une ligne* en s'alongeant dans le sens des faces les moins inclinées : 2°. cet alongement est quelquefois si grand, qu'il en résulte *un prisme à 4 faces, obliquangle, terminé par un biseau placé sur les bords latéraux aigus :* 3°. la forme précédente est quelquefois fortement tronquée sur les bords latéraux obtus; ce qui produit *un prisme à 6 faces, très-applati, terminé par un biseau* placé sur les bords opposés qui séparent deux faces plus petites. — Les cristaux sont petits, tantôt *accolés* latéralement, tantôt *implantés.* — Ils sont *éclatans*, d'un *éclat gras ;* la cassure paraît *lamelleuse.* — Ils sont tantôt *demi-diaphanes*, tantôt *opaques ; — demi-durs.* — Pes. spéc. 4.2809.

C'est à la suite de cette sous-espèce que M. Bournon décrit cinq variétés : *capillaire indéterminé, capillaire déterminé, fibreux, amiantiforme, hématitiforme ;* les premières conservent en partie des traces de cristallisation et forment le passage aux suivantes. Ce sont ces variétés qui vont être décrites sous le nom de *cuivre arseniaté fibreux.* (*Voyez* les Remarques.)

IVe. SOUS-ESPÈCE.

CUIVRE ARSENIATÉ FIBREUX.

Fasriges olivenerz, Werner. — *Id.* Karsten, J. de Ph. p. 346. — *Nœdelfarmiges olivenerz, olivenerz aciculaire*, Karsten, *ib.*

Car. ext. SA couleur varie depuis le *vert-olive*, le *vert de pré*, le *vert brunâtre* ou *jaunâtre*, jusqu'au *brun de foie*, au *brun jaunâtre*, et même quelquefois au *blanc verdâtre clair ;* il présente quelquefois des reflets satinés. — On le trouve en masses mamelonnées, souvent hérissées de petits cristaux capillaires, ou quelquefois en faisceaux superficiels. — Il est *brillant* à l'intérieur, d'un *éclat soyeux.* — Sa cassure est *fibreuse, à fibres très fines, divergentes en faisceaux.* — Les masses mamelonnées présentent des pièces séparées, testacées, concentriques comme la malachite ou l hématite. — Ce minéral est *tendre;* — *opaque*, excepté dans les cristaux capillaires; — *pesant.* (*Voyez* les Remarques.) CUIVRE ARSENIATÉ.

Ve. SOUS-ESPÈCE.

CUIVRE ARSENIATÉ PRISMATIQUE TRIÈDRE.

Id. Bournon, J. d. M. p. 49.

Car. ext. SA couleur est le *vert-de-gris* foncé, passant au *vert bleuâtre.* — La surface est quelquefois noire. — On le trouve *cristallisé.* — Ses formes sont, 1°. *un prisme à 3 faces*, ayant assez souvent un de ses bords latéraux fortement tronqués; 2°. deux cristaux de cette forme se réunissent souvent par une de leurs faces latérales; ce qui donne *un prisme à 4 faces*, ou *un prisme à 6 faces* lorsqu'il y a une troncature; 3°. un *rhomboïde fort aigu*, dont les sommets sont souvent tronqués; 4°. lorsque cette troncature passe par les petites diagonales des rhombes, on a une sorte d'*octaèdre irrégulier*, dont l'axe est incliné sur la jointure commune (*). — Les cristaux sont *très-petits*, accolés latéralement. Souvent ils prennent la forme capillaire mamelonnée, comme la sous-espèce précédente. — Ce minéral est assez *éclatant;* — *demi-dur;* — sou-

(*) J'ai tâché de réunir sous ces quatre formes cristallines les principales variétés décrites par M. de Bournon; les autres ne m'ont paru être que des modifications de celles-ci.

CUIVRE ARSENIATÉ. vent *diaphane ;* — *pesant.* — Pes. spéc. 4.2809, Bournon. (*Voyez* les Remarques.)

VIe. SOUS-ESPÈCE.

CUIVRE ARSENIATÉ FERRIFÈRE.

Arseniate cupromartial, Bournon, J. d. M. p. 60. — *Strahliges olivenerz*, *olivenerz rayonné*, Karsten, p. 347. (?)

Car. ext. Sa couleur est un *bleu-de-ciel* très clair. — On le trouve cristallisé sous la forme de *prismes à 4 faces, très-obliquangles*, terminés à chaque extrémité par *un pointement aigu à 4 faces placées obliquemeut sur les faces latérales ;* les bords de jointure sont inclinés vers les bords latéraux aigus. Les bords latéraux obtus sont souvent fortement tronqués, et quelquefois les bords latéraux aigus, mais plus légérement. — Les cristaux sont *très-petits*, groupés en petites boules. — Ils sont *éclatans ;* — *demi-durs.* — Pes. spéc. 3.4003.

Cette sorte de cuivre arseniaté a de grands rapports avec la troisième sous-espèce. Sa cristallisation peut très-bien être rapportée aux variétés 2 et 3 de cette sous-espèce, en supposant que les faces du biseau soient remplacées chacune par un autre biseau.

C'est d'après cette ressemblance que j'ai rapproché ce minéral du cuivre arseniaté, différant en cela de M. Bournon, qui l'a placé après le fer arseniaté, en raison de l'analyse suivante que M. Chenevix en a donnée.

Silice	3
Acide arsenique	33.5
Oxide de fer	27.5
Oxide de cuivre	22.5
Eau	12

En effet, on ne peut nier que ce résultat ne soit plus analogue à celui obtenu par le même chimiste du fer arseniaté (*voy.* ci dessus, p. 536), qu'à ceux qu'il a obtenus des différens cuivres arseniatés, comme on le verra plus bas; mais les rapports de cristallisation avec le cuivre arseniaté me paraissent décisifs. CUIVRE ARSENIATÉ.

Ce minéral provient des mines de Tincrost et de Carrarach.

Remarques.

C'est M. Klaproth qui le premier a fait connaître l'existence du cuivre arseniaté, alors connu sous le nom de *olivenerz*. Le citoyen Vauquelin analysa ensuite la variété lamelliforme, et y trouva 39 d'oxide de cuivre, 43 d'acide arsenique et 17 d'eau.

Mais M. Chenevix, ayant analysé tous les minéraux que l'on réunissait alors sous le nom de *olivenerz*, a déterminé la véritable nature de chacun d'eux; et c'est d'après ses résultats que M. de Bournon a formé les deux espèces, *cuivre arseniaté* et *fer arseniaté*. On a vu ci-dessus la description et l'analyse du dernier : on va réunir ici celles de toutes les sous-espèces de cuivre arseniaté, à l'exception de celle de la sixième sous-espèce qui a été rapportée plus haut (*).

	Ire	IIe.	IIIe.	IVe.		Ve.
				Capillaire.	Hématitiforme.	
Acide arsenique..	14	21	39.7	29	29	30
Oxide de cuivre...	49	58	60	51	50	54
Eau............	35	21		18	21	16

(*) *Transactions philosophiques*. 1802.

CUIVRE ARSENIATÉ.

Traité au chalumeau, le cuivre arseniaté décrépite très-fortement et dégage l'odeur arsenicale. Il faut, pour le fondre, le broyer avec le borax : on obtient des globules de cuivre métallique.

Le cuivre arseniaté provient du Cornouailles. C'est dans la mine de Carrarach, et surtout dans celle de Huel-gorland, paroisse de Gwennap, et dans celle de Tincrost, paroísse d'Allogan, que ce minéral se rencontre. Il y existe dans des filons, dont la gangue principale est un quartz mélangé de différens minerais de cuivre que l'on exploite. On y trouve aussi de la mine de fer brune.

CUIVRE PHOSPHATÉ.

Phosphorsaüre-kupfer, Karsten.

LE citoyen Sage a analysé une mine de cuivre trouvée auprès de Nevers, dans laquelle il a reconnu la présence de l'acide phosphorique. (*Voyez* le *J. d. Ph.* 1793, t. 2, p. 333.) Il n'est point fait mention de ce minéral dans aucun ouvrage publié depuis, si ce n'est dans la *Théorie de la Terre*, de Lamétherie.

M. Klaproth a reconnu derniérement un autre minéral de même nature, trouvé à Rheinbreidbach auprès de Cologne. Voici la description qu'en a donnée M. Karsten.

Car. ext. Sa couleur, à l'extérieur, est un *noir grisâtre*; mais, à l'intérieur, c'est un *vert-émeraude* passant au *vert-de-gris*, un peu tacheté de noir. On le trouve ou *en masse*, ou *disséminé*, ou *cristallisé* en très-petits hexaèdres obliquangles à faces convexes. — Ces cristaux tapissent des cavités ; ils y forment des groupes uviformes et réniformes ; ils sont quelquefois si petits, qu'ils ressemblent à une moisissure. — La surface des cristaux est *drusique*.

— Ils

— Ils sont *très-éclatans*, d'un éclat entre l'*éclat vitreux* et celui *du diamant*. — A l'intérieur, ce minéral est *très-brillant*, d'un *éclat soyeux*. — Sa cassure est *fibreuse*, à *fibres très-fines*, *peu divergentes en faisceaux*. — Il est *opaque*. — Il donne une raclure *vert-pomme*. — Il est *tendre*, passant au *demi-dur*; — *assez doux*. CUIVRE PHOSPHATÉ.

Ce cuivre phosphaté était mélangé avec des malachites : sa gangue est un quartz blanc drusique.

CUIVRE MURIATÉ.

Id. Haüy, T. 3, p. 560. — *Salz-saure kupfer*, Karsten. — *Cuivre suroxigené vert*, Haüy, J. d. M. n°. 31, p. 519 (*).

Car. ext. SA couleur est un *vert* qui varie entre le *vert-émeraude* et le *vert de poireau*. — On le trouve ou *en masse*, ou *disséminé*, ou *cristallisé*, 1°. en *très-petits prismes à 6 faces*, *terminés par un biseau* dont les faces correspondent à deux faces latérales plus étroites ; 2°. en *très-petits prismes à 4 faces*, *obliquangles*, *terminés par un biseau* dont les faces sont placées sur les bords latéraux obtus. — La surface des cristaux est lisse et *très-éclatante*, d'un éclat qui tient de celui *du diamant*. — La cassure paraît *lamelleuse*, mais elle est difficile à déterminer. Les fragmens sont *indéterminés*, *à bords peu aigus*. — Il est *opaque* lorsqu'il est en masse : les cristaux sont un peu *diaphanes*. — Il est tendre. — Il donne une raclure d'un *vert-pomme pâle*. — Il est *pesant*.

(*) Le *cuivre muriaté*, décrit par M. Estner, t. 3, p. 616, est le *cuivre arseniaté lamelliforme*.

CUIVRE MURIATÉ. Ce minéral n'a encore été trouvé qu'au Chili, auprès de Remolinos. Plusieurs chimistes l'ont analysé, et y ont reconnu de l'acide muriatique et du cuivre. Le citoyen Vauquelin avait cru pendant quelque tems que cet acide muriatique provenait d'un mélange de muriate de soude; mais il a reconnu, par de nouveaux essais, que cet acide était réellement combiné avec le cuivre.

Ce minéral est soluble dans l'acide nitrique sans effervescence; sa poussière, jetée à travers la flamme, la colore en vert.

PLOMB ARSENIÉ.

Id. Haüy, T. 3, p. 464. — *Id.* Bulletin des Sciences, an 8, p. 92. — *Id.* J. d. M. n°. 55, p. 544.

Car. ext. SA couleur est un *jaune-citron*, passant quelquefois au *jaune verdâtre*. — On le trouve *disséminé*, tantôt à l'état *terreux*, tantôt en *filamens soyeux fasciculés*, tantôt en *très-petits cristaux* qui paraissent être des *pyramides à 6 faces doubles*. — Il est *mat* ou *très-peu brillant*, d'un *éclat soyeux*; — *très-tendre* et même *friable*.

Car. chim. Cette substance a été reconnue par les citoyens Lelièvre et Vauquelin, pour être une combinaison d'*oxide de plomb* et d'*oxide d'arsenic*. — Jetée sur les charbons, elle répand une forte odeur d'ail. La même chose a lieu lorsqu'on la traite au chalumeau, et l'on en obtient très-facilement un bouton de plomb métallique. Elle ne fait point d'effervescence sensible avec l'acide nitrique. Ces caractères suffisent pour distinguer essentiellement ce minéral de toutes les autres mines de plomb.

C'est au citoyen Champeaux, ingénieur des mines, qu'est due la découverte du plomb arsenié. Il l'a trouvé parmi des minéraux extraits d'un filon composé principalement de galène, exploité auprès de Saint-Prix, département de Saône et Loire. PLOMB ARSENIÉ.

M. Proust avait déjà parlé d'un *plomb vert arsenical* trouvé dans les mines d'Andalousie. (*Voyez J. de Ph.* 1787, t. 1, p. 394.) D'après la description qu'il en donne, il paraît que c'est une galène décomposée; mais M. Karsten a décrit sous le nom de *bleiniere*, *plomb réniforme*, une mine de plomb qui paraît absolument semblable à celle dont il est ici question, tant par ses caractères extérieurs, que par sa composition chimique. Elle provient des environs de Nertschink en Sibérie. M. Eindheim y a trouvé 0,35 de plomb, 0,25 d'arsenic, 0,14 de fer avec quelques parties terreuses et un peu d'argent. (*Min. Tabell.*, p. 50.)

PLOMB MURIATÉ. — HORNBLEI.

Karsten, Min. Tab. p. 78.

On a plus d'une fois cité du *plomb corné* ou *plomb muriaté*, sans que son existence ait jamais été parfaitement constatée. Les cristaux en double pyramide à 6 faces, trouvés à Przibram en Bohême, étaient du plomb blanc; mais M. Klaproth a analysé derniérement un minéral provenant du Derbyshire, dans lequel il a trouvé 0,55 de plomb et 0,45 d'acide muriatique.

La couleur de ce minéral varie entre le *vert d'asperge* et le *jaune de vin*. — On le trouve *en masse* et *cristallisé*;

PLOMB MURIATÉ. sa forme paraît être *cubique* (*). Sa surface extérieure est *peu éclatante ;* mais à l'intérieur il est *très-éclatant*, d'un *éclat de diamant*. -- Sa cassure est *lamelleuse* dans deux directions rectangulaires, mais en travers elle est *conchoïde*. — Il est *demi-diaphane ;* — *tenare ;* — *point aigre ;* — *pesant*. — Sa raclure est *matte* et d'un *blanc de neige*.

M. Flurl a trouvé aussi du plomb muriaté dans les montagnes de la Bavière, mais il n'est pas cristallisé. Il ressemble beaucoup à un plomb blanc mélangé d'argile grisâtre.

ANATASE.

Id. Haüy, T. 3, p. 129. — *Schorl octaèdre rectangulaire*, J. d. Ph. 1787, T 1, p. 386. — *Schorl bleu*, R. D. L. T. 2, p. 406. — *Oisanite*, Lam. T. 2, p. 269. — *Id.* Haüy, J. d. M. n°. 28, p. 273. — *Octaidrite*, Desaussure, §. 1901.

Car. ext. SA couleur ordinaire est un *gris d'acier*, qui, dans certaines directions, passe au *brun noirâtre* ou *rougeâtre :* il y a quelques variétés d'un *bleu d'indigo clair*. — On le trouve toujours *cristallisé ;* sa forme principale est un *octaèdre* alongé (**), dont la base est carrée. L'angle des deux pyramides, l'une sur l'autre, est de 137°. Le

---

(*) Je sais qu'on en a en Angleterre des cristaux très-bien déterminés. J'en ai vu un à Paris qui avait la forme d'un prisme à 6 faces, très-applati.

(**) C'est d'après cette forme *alongée* que le cit. Haüy lui a donné le nom d'*anatase*, qui signifie *étendu en longueur*.

sommet de l'octaèdre est assez ordinairement *parfait*, quelquefois *tronqué* ou remplacé par *un pointement un peu obtus, à 4 faces placées sur les faces latérales*. Quelquefois deux bords de ce pointement sont remplacés par un biseau. — Les cristaux sont *petits* et *très-petits*, *implantés* sur une gangue. — Leurs faces latérales sont *légérement striées en travers*. — L'anatase est *très-éclatante*; c'est l'*éclat métallique*, ou très-rarement l'*éclat vitreux*. — Sa cassure est *lamelleuse* dans le sens des 4 faces de l'octaèdre, et en même tems parallélement à la base cette division est mieux marquée. — Il est communément *opaque*, quelquefois *translucide*, très-rarement *demi-diaphane*. — Il est *dur*; — *aigre*; — *peu difficile à casser*; — *médiocrement pesant*. — Pes. spéc. 3,8571. Haüy. ANATASE.

Car. chim. L'anatase est infusible au chalumeau sans addition. Chauffé avec partie égale de borax, il se fond en un verre d'un vert d'émeraude, qui en refroidissant cristallise en aiguilles. En ajoutant encore du borax, on a un verre transparent rouge-hyacinthe, qui, chauffé de nouveau et par degrés, devient d'abord bleu et opaque, puis blanc, et enfin repasse au rouge-hyacinthe en reprenant sa transparence. Cette observation est due à M. Esmarck; elle a été depuis constatée par le citoyen Vauquelin.

Part. const. La manière singulière dont cette substance se comporte au chalumeau, ayant donné lieu au citoyen Vauquelin de soupçonner qu'elle contenait une substance métallique, il en a fait l'analyse, et a reconnu que l'anatase n'était que de l'oxide de titane. Ce résultat chimique, qui ôte l'anatase de la classe des pierres pour la placer parmi les métaux, semblerait devoir exiger aussi sa réunion avec le *ruthile* (p. 470); mais jusqu'ici leurs caractères minéralogiques, et surtout leurs formes cristallines,

ANATASE. ne paraissent pas faciles à ramener l'une à l'autre (*).

Loc. et giss. L'anatase n'a encore été trouvé qu'en France, près de Bourgdoisans, dans les montagnes du ci-devant Dauphiné. Il tapisse les cavités d'un filon qui traverse une roche primitive. Il est accompagné de petits cristaux de quartz et de feldspath.

COLUMBIUM.

On a donné ce nom à un nouveau métal que M. Hatchett a découvert dans un minéral qui existe dans le Muséum britannique. Voici la description de ce minéral.

Sa couleur extérieure est un *gris brunâtre foncé.* — A l'intérieur elle passe au *gris de fer.* — Il est en *masse* informe. — Il a un *éclat vitreux*, passant à l'*éclat métallique.* — Sa cassure en longueur est imparfaitement *lamelleuse ;* elle est *grenue, à grains fins* en travers. — Il est peu *dur* et *très-fragile.* — Il donne une raclure d'un *brun chocolat foncé.* — Sa pes. spéc. est de 5.918. — Il n'attire point l'aiguille aimantée. Il a beaucoup de ressemblance avec le fer chromaté de Sibérie.

M. Hatchett, ayant analysé ce minéral, a obtenu 0,21

(*) Le citoyen Haüy avait observé depuis long-tems que l'anatase avait la propriété de conduire l'électricité comme les substances métalliques, et cette analogie lui avait fait conjecturer qu'il devait renfermer quelque métal. Au reste, il s'est déjà présenté, dans le cours de cet ouvrage, plus d'une occasion de remarquer que les observations géométriques et physiques du citoyen Haüy sur les minéraux indiquaient souvent aux chimistes le résultat de leurs analyses. (*Voyez* t. 1, p. 644.)

d'oxide de fer, et 0.78 d'un oxide métallique blanc, auquel il a reconnu des propriétés qui ne peuvent appartenir à aucun des métaux connus.

Ce minéral se trouvoit dans le Muséum britannique, sans aucune indication de localité; mais il faisait partie d'une suite de minéraux envoyés de la province de Massachusset, dans l'Amérique septentrionale, par M. Winthrop. Il est donc probable qu'il provient de ce pays.

Je crois devoir ajouter une notice sur quelques autres minéraux qui ne me sont connus que par les descriptions qu'en ont données quelques minéralogistes, et dont je n'ai vu aucun échantillon.

Dans plusieurs Traités de minéralogie récens, il n'est point parlé de ces minéraux : peut-être qu'on les a réunis tacitement à quelque espèce connue; dans cette incertitude, je crois qu'on ne pourra me blâmer de les avoir rappelés à l'attention des minéralogistes.

Chusite. M. Desaussure, en visitant les volcans éteints du Prisgaw, a trouvé dans la colline de Limbourg un porphyre renfermant des petites masses mamelonnées d'un minéral d'un *jaune de cire verdâtre*, peu *éclatant*, *tendre*, *translucide*. Il se fond très-facilement, au chalumeau, en émail blanc (de là le nom de *chusite*). Il n'éprouve aucun changement dans les acides. (*J. de Ph.* 1794, p. 340.)

Limbilite. Le même porphyre renfermait, en très-grande quantité, une autre substance que M. Desaussure a appelée *limbilite*, du nom de la colline de Limbourg. Elle s'y trouve en *petits grains irréguliers*, souvent anguleux — Sa couleur est un *brun* ou *jaune de miel foncé*. — Sa cassure varie entre la *conchoïde* et l'*écailleuse*. — Elle est *brillante*; — *tendre*; — *facile à casser*; — *translucide sur les bords*. — Elle se fond, au chalumeau, en un émail noir, brillant, compacte; elle n'éprouve, dans les acides, aucun changement. (*J. de Ph.* 1794, p. 341.)

Sideroclepte. Ce minéral, décrit dans le même Mémoire, p. 344, a beaucoup de rapports avec la chusite. Il a cela de particulier, qu'il paraît d'abord infusible au chalumeau, mais qu'en le traitant sur une lame de cianite, il donne un verre transparent et sans couleur, parsemé de petites taches noires.

Ichtyophtalme. Ce minéral est d'un *blanc jaunâtre*; — *éclatant*, d'un *éclat nacré*; — *translucide*; — *dur*; il raie le verre, mais il est rayé par l'acier; — *difficile à casser*. — Il a une contexture *lamelleuse* dans plus de trois directions; ce qui annonce une tendance à prendre la forme cristalline. — Il se fond, au chalumeau, en émail blanc. — Nous ne connaissons cette pierre que d'après la lettre de M. Dandrada à M. Beyer. (*J. de Ph.* fructidor an 8, p. 242.) Elle se trouve à Uton en Suède : elle paraît avoir plusieurs des caractères du feldspath. (??) — Pesanteur spécifique, 2.491.

Allochroïte. Sa couleur est un *gris jaunâtre*, passant au *jaune de paille*. — Il est *peu éclatant*, d'un *éclat vitreux*; — *opaque*; — *dur*; il est difficilement rayé par le quartz. — Sa contexture paraît *schisteuse*. — Sa cassure est *inégale* ou *imparfaitement conchoïde*. — Sa pes. spéc. est 3.5754. — Il est infusible au chalumeau sans addition, et même avec le borax; avec le sel microcosmique il donne un émail dont la couleur varie du vert au jaune, et au blanc par le refroidissement; ce qui indique la présence de quelque substance métallique. Ce minéral se trouve près de Drammen en Norwège. (*J. de Ph.* fructidor an 8, p. 243.)

Indicolite. Sa couleur est un *bleu-indigo sombre*, passant au *bleu-de-ciel* dans une cassure fraîche. — Elle est *éclatante*, d'un *éclat vitreux*, passant à l'*éclat métallique*; — *opaque*; — *dure*; elle raie le quartz. — Elle cristallise en *prismes rhomboïdaux* minces, fortement striés en longueur. — Sa cassure en longueur est *rayonnée*; elle est *inégale* en travers. — Elle est infusible au chalumeau. (*J. d. Ph. ibid.* p. 242.)

Ce minéral se trouve à Uton en Suède; il ressemble beaucoup au lazulithe de M. Klaproth, décrit ci-dessus, t. 1, p. 316.

Pétalite. Sa couleur est *rougeâtre* ou d'un *blanc grisâtre*. — On la trouve en *masses*, qui sont des réunions de *pièces séparées, grenues*. — Elle est *peu éclatante*, d'un *éclat nacré*; — *translucide sur les bords*; — *peu dure*; elle raie le verre, mais non le feldspath. — Sa cassure est *lamelleuse*, à lames entrelacées. — Sa pes. spéc. est 2.620. — Elle est infusible sans addition; elle donne un verre blanc transparent avec le borax; réduite en poudre, elle se dissout un peu dans l'acide nitrique.

Cette pierre a été trouvée à différens endroits auprès de Niacoparberg en Suède. (*Ibid.* p. 244.)

L'*aphrizite*, décrite par M. Dandrada dans le même Mémoire, p. 243, est une tourmaline.

Marekanit. On a donné ce nom à un minéral trouvé par M. Pallas, près d'Okotsk en Sibérie, sur les bords de la rivière de *Marechanka.* Il est en morceaux arrondis (il paraît avoir eu originairement cette forme). — Sa surface est *lisse*, *éclatante*. — A l'intérieur, il est *très éclatant*, d'un *éclat vitreux*. — Sa cassure est parfaitement *conchoïde*. — Il est *demi-diaphane* ou seulement *translucide*; — *dur*; — *difficile à casser*; — *très-aigre*; — *médiocrement pesant*.

Cette substance a de grands rapports avec le *perlstein* ou l'*obsidienne*; mais M. Karsten a pensé qu'elle devait en être séparée. (*Min. Tabell.* p. 71.) Elle contient, suivant l'analyse de M. Lowitz, 74 de silice, 12 d'alumine, 3 de magnésie, 7 de chaux et 1 d'oxide de fer. (*Voyez* les nouveaux *Voyages* de Pallas.)

Tafelspath. M. Stutz a décrit sous ce nom un minéral qui provient de Dognatska dans le Bannat, qui est composé de petites tables hexaèdres, réunies et groupées ensemble de manière à former des pièces séparées, grenues, à gros grains. Leurs faces de séparation sont striées. Il contient, d'après M. Klaproth, 50 de silice, 40 de carbonate de chaux et 10 d'eau. Autant qu'on peut en juger, d'après cette analyse, ce minéral devrait être regardé comme un spath calcaire accidentellement mélangé de silice.

Skorza. Ce minéral est désigné sous ce nom par les habitans du pays où il se trouve, près de Muska en Transilvanie sur les bords de la rivière d'Arangos. Je n'en connais aucune description. M. Karsten (*Min. Tabell.* p. 72.) nous apprend seulement qu'il se trouve *en petits grains peu brillans, d'un vert serin*.

Il a fixé l'attention de M. Klaproth, qui y a trouvé 43 de silice, 21 d'alumine, 14 de chaux, 16,5 d'oxide de fer et 0.25 d'oxide de manganèse.

Sassolin. M. Karsten indique sous ce nom un sel trouvé près *Sasso* en Toscane, sur les bords d'une source chaude. M. Klaproth a reconnu que c'était de l'acide boracique natif, mélangé de 14 centièmes de matière étrangère, dont 0,11 de sulfate de manganèse, 0,03 de gypse, avec un peu d'alumine et d'oxide de fer.

Mascagnin. Ce sel, reconnu pour être un sulfate d'ammoniac natif, a été ainsi appelé du nom de M. Mascagni, qui l'a découvert sur les bords de quelques lacs de Toscane. (*Min. Tabell.* p. 75.)

M. Karsten a également donné le nom de *reussin* à un sel que M. Reuss a fait connaître, et qui est composé de 66.04 de sulfate de soude, 31.55 de sulfate de magnésie, 0.42 de sulfate de chaux et 2,19 de muriate de magnésie. Il me semble que ce sel doit être regardé comme un sulfate de soude mélangé.

M. Freiesleben a publié, dans les *Annales de Minéralogie* du baron de Moll (*), t. 3, p. 364, des descriptions détaillées de trois minéraux, dont deux méritent de trouver place ici; la troisième (sous le n°. 1, p. 365) se rapporte au *würfelspath* de M. Werner, déjà décrit ci-dessus.

Ces minéraux proviennent des montagnes du pays de Salzbourg. Le premier se trouve à Léogang, où il est mélangé avec du spath calcaire grenu.

Sa couleur est un *gris bleuâtre,* passant au *bleu de Prusse* plus ou moins foncé (surtout au sommet des cristaux). — On le trouve *cristallisé en prisme à six faces*, ayant les angles tronqués, ou *en pyramide à six faces aiguës*, ayant

(*) Jahrbücher der berg-und Hüttenkunde.

le sommet fortement tronqué. — Les cristaux sont souvent *groupés en druses* et peu déterminables ; ils sont *petits* ou *très-petits*. La surface est souvent *convexe* et *drusique ;* celle des pyramides est faiblement *striée en longueur*. — Ces cristaux sont *translucides ;* ils sont *très-éclatans*, d'un *éclat vitreux ;* — *demi-durs ;* — *médiocrement pesans*. — Leur cassure paraît *lamelleuse*.

Ce minéral avait été classé sous le nom d'*apatite* dans l'*Oryctographie du Salzbourg*, par M. Schroll. (*Annales* de Moll, t. 1, p. 131.)

Le second minéral décrit par M. Freiesleben, p. 370, se trouve également dans le Salzbourg, auprès de Flachau : il s'y rencontre dans un filon qui traverse une roche de thonschiefer ; il y est mélangé avec du spath calcaire et des pyrites. M. Schroll l'avait indiqué dans son *Oryctographie du Salzbourg*, p. 108, comme un quartz commun.

Sa couleur est un *bleu de smalt* ou un *bleu d'azur clair*. — On le trouve en *masse*, *disséminé* et *cristallisé*. — Les cristaux sont *très-petits*, groupés et peu faciles à déterminer ; leur forme paraît être *une pyramide à six faces doubles*, *à jointure droite*, ayant trois angles tronqués en alternant. Il y a aussi des cristaux rhomboïdaux ; ils sont plus foncés en couleur. — A l'extérieur ils sont *éclatans*, d'un *éclat vitreux*. — La cassure est imparfaitement *lamelleuse*, *brillante*. Ce minéral est *demi-dur*, passant au *dur*.

M. de Moll rapporte, dans le tome quatrième de ses *Annales*, p. 71, une analyse de ce minéral par M. Heim. Ce chimiste a obtenu pour résultat 65 d'alumine et 30 d'oxide de fer. Il a fondu ce minéral au chalumeau, quoiqu'un peu difficilement, en une scorie grise.

Malgré l'étendue de cet Appendice, je ne doute pas

qu'on ne me reproche quelques omissions. Je crois qu'elles ne peuvent être nombreuses ; mais, lorsque l'on s'occupe des minéraux dont les caractères n'ont été déterminés jusqu'ici que très-confusément, il est bien difficile de garder un juste milieu entre l'inconvénient de faire des doubles emplois et celui d'omettre des minéraux intéressans.

TRAITÉ DES ROCHES (*).

On a vu dans l'Introduction (§. 33) ce que M. Werner entend par *roches*; quelles sont les bases d'après lesquelles il les partage en classes et en espèces (§. 48 et suiv.); quels sont les principaux caractères de contexture, de composition, de formation et de gissement que présentent les *roches* (§§. 34, 35 à 47), et enfin quel usage on peut faire de ces caractères pour les décrire. Il est inutile de revenir davantage sur ces généralités.

J'avais d'abord composé ce *Traité des Roches* d'après plusieurs ouvrages allemands; mais ayant demandé à Freyberg différens renseignemens dont j'avais besoin, j'ai appris que les idées géognostiques de M. Werner étaient toujours plus ou moins altérées dans les auteurs que j'avais consultés; mais qu'un de ses élèves, J. F. Daubuisson, s'occupait en ce moment et sous ses yeux, de les réunir et d'en faire un *Traité complet de Géognosie*, qui serait imprimé en français. Je fus tenté dès-lors de supprimer entièrement le *Traité des Roches* de mon ouvrage; mais je reconnus bientôt l'impossibilité de cette

(*) Je dois relever ici une erreur à laquelle j'ai été conduit par plusieurs auteurs allemands. J'ai dit dans l'Introduction (§. 5), que M. Werner partageait l'Oryctognosie en deux parties, l'une qui concernait les minéraux simples, et l'autre qui concernait les *minéraux mélangés* ou les roches.

Cela n'est pas exact: l'Oryctognosie ne comprend que les minéraux simples; quant aux minéraux mélangés, ils font l'objet de la Géognosie, et ce *Traité des Roches* est une partie de cette science.

On a dû voir par la note que j'ai ajoutée à ce paragraphe de l'Introduction, que je soupçonnais cette erreur.

suppression, qui aurait rendu ce *Traité de Minéralogie* tout-à-fait incomplet, et d'autant plus qu'il s'est rencontré, dans le cours de l'*Oryctognosie*, plusieurs occasions de renvoyer au *Traité des Roches* pour les indications de gissement, relatives à chaque espèce. J'avais donc pris le parti de le refondre entiérement, en y faisant les changemens qui m'avaient été indiqués, lorsque le hasard m'ayant mis en correspondance avec l'auteur du *Traité de Géognosie* dont je viens de parler, il s'est offert de m'envoyer un extrait de son ouvrage. C'est donc à l'amitié et à la généreuse complaisance de M. Daubuisson, que je dois d'avoir pu offrir au public un *Traité des Roches* conforme aux principes de M. Werner. Les notes qu'il m'a envoyées, ont été revues par M. Werner lui-même, qui a bien voulu consentir à me donner tous les éclaircissemens dont j'ai eu besoin.

Cependant ces notes n'étaient pas un véritable Traité, mais plutôt un simple canevas de Traité; et j'ai dû, pour les rendre susceptibles d'être publiées, leur donner quelquefois une autre forme, et souvent y ajouter des articles de détail qu'elles ne contenaient pas. J'ai été engagé à faire ces additions par M. Daubuisson lui-même; mais j'ai eu soin de me conformer à l'invitation qu'il m'a faite de ne pas les mêler avec le texte principal, qui est fait entiérement d'après ces notes (*), afin de ne pas m'écarter du but de cet ouvrage, qui est de faire connaître au public les principes minéralogiques de M. Werner.

J'aurais pu étendre beaucoup davantage ces additions; mais j'ai dû me restreindre, afin de ne pas trop augmenter

(*) Ces additions sont toujours placées à la fin de l'article de chaque roche, après le texte principal, qui se termine par un trait.

ce

ce second volume ; et d'ailleurs, tous ces objets seront beaucoup mieux traités et avec les plus grands détails dans le *Traité de Géognosie* de M. Daubuisson. Ce n'est ici qu'un simple précis qui donnera tout au plus une idée de son ouvrage, mais qui ne peut en aucune manière le remplacer.

Je dois commencer par placer ici un nouveau tableau de classification des roches, celui qui a été donné (t. 1, p. 149) d'après M. Reuss, n'étant point entiérement conforme à l'ordre que M. Daubuisson a suivi dans les notes qu'il m'a envoyées.

PREMIÈRE CLASSE.

ROCHES PRIMITIVES (*).

Granit.
Gneiss.
Glimmerschiefer.
Thonschiefer.
Porphyre.
Siénite.
Serpentine.
Calcaire primitif.
Traps primitifs.
  Hornblende commune.
  Hornblendeschiefer.
  Grunstein primitif.

(*) Je n'ai conservé ici que la dénomination que j'emploie habituellement pour chaque roche, soit française, soit allemande, lorsque j'ai cru qu'elle ne devait pas être traduite, par les motifs énoncés t. 1, p. 53. On peut consulter pour chacune, ou le premier tableau, ou l'article qui la concerne.

Grunsteinschiefer.

Quartz.

Topasfels.

Kieselschiefer.

SECONDE CLASSE.

ROCHES DE TRANSITION.

Calcaire de transition.

Grauwacke.

Traps de transition.

Mandelstein de transition.

Trap globuleux.

TROISIÈME CLASSE.

ROCHES STRATIFORMES OU SECONDAIRES.

Grès.

Calcaire secondaire.

Craie.

Gypse.

Sel gemme.

Houille.

Eisenthon.

Traps secondaires.

Basalte.

Wacke.

Tuf basaltique.

Mandelstein secondaire.

Porphirschiefer.

Graustein.

Grunstein secondaire.

QUATRIÈME CLASSE.

ROCHES D'ALLUVION.

Sables.
Argiles.
Tufs.

CINQUIÈME CLASSE.

ROCHES VOLCANIQUES EN GÉNÉRAL.

A. ROCHES VOLCANIQUES.

Laves et autres matières fondues.
Déjections boueuses, cendres, tufs.
Roches rejetées par les volcans.

B. ROCHES PSEUDOVOLCANIQUES.

Jaspe porcelaine.
Argile brûlée.
Scories terreuses (Erdschlacke).
Polierschiefer. (?)

PREMIÈRE CLASSE.

URANFANGLICHE GEBIRGSARTEN. — ROCHES PRIMITIVES.

1. *GRANIT.* — GRANITE.

Parties composantes essentielles.

Le granite est une roche composée essentiellement de grains plus ou moins cristallisés de feldspath, quartz et mica, immédiatement et intimement réunis les uns aux autres; leur proportion et la grosseur des grains varient beaucoup, néanmoins on peut dire que le feldspath est ordinairement la partie dominante, et que c'est le mica qui s'y trouve en moindre quantité: c'est aussi le feldspath qui est le plus souvent en cristaux distincts.

Contexture.

La contexture du granit est *grenue*, et les grains ou cristaux sont d'autant plus gros, que le granit est de formation plus ancienne. Lorsque le feldspath seul est en grains très-gros, le granit prend alors une contexture à la fois grenue et porphyrique.

Parties composantes accidentelles.

Le schorl et plus rarement le grenat entrent quelquefois *accidentellement* dans la composition des granites (*).

(*) Peut-être pourrait-on indiquer quelques autres minéraux comme entrant aussi, quoique très-rarement et en très-petite quantité, dans la composition des véritables granites; mais en général on voit que le granite est, suivant M. Werner, une des roches qui varie le moins dans sa composition; et si d'autres minéralogistes citent des granites différemment composés, cela vient de ce qu'ils ont regardé comme granite toute roche primitive composée de grains cristallins immédiatement réunis, tandis que M. Werner ne donne point au granite cette acception étendue. Le granite est,

GRANITE. Stratification.

Le granite se trouve souvent stratifié ; ses couches sont toujours épaisses : on trouve de pareils granits à Bautzen (*).

---

d'après sa méthode géognostique, un ordre de masses minérales ou de montagnes, qui est caractérisé et distingué des autres par son ancienneté, son gissement, et qui comprend uniquement des pierres composées à texture grenue, nommées depuis long-tems *granites*, mais non pas toutes les pierres composées auxquelles une semblable contexture a fait donner également le nom de *granites*.

Ainsi donc on ne doit point regarder comme granites (dans l'acception de M. Werner) tous ces agrégats cristallins qui se rencontrent assez fréquemment dans les autres roches primitives, et auxquelles on a donné souvent le nom de *granites*. Tels sont les granites de jade et de smaragdite, de pierre ollaire et de schorl, de cyanite et de talc, etc. Une partie des granites décrits dans les *Voyages* de Desaussure sont de cette espèce.

(*) On a souvent mis en question cette *stratification* des granits, et le Mémoire que M. Léopold de Buch a publié dans le *Journal de Physique*, fructidor an 7, a eu pour but principal de la révoquer en doute. Je pense néanmoins qu'on ne pourra se refuser à l'admettre, puisque l'on voit que Desaussure, Dolomieu, Werner, Deluc et autres fameux géologues l'ont constatée par un grand nombre d'observations. On en trouve aussi plusieurs semblables dans la *Minéralogie géographique de la Bohême*, de M. Reuss. Sans doute il y a des granites tels que ceux des plaines du milieu de la France, entre la Loire et la Saône, dans lesquels on n'observe pas de couches distinctes ; mais aussi les granites des Hautes-Alpes offrent, en beaucoup d'endroits, des caractères d'une stratification bien marquée.

GRANITE.

Époque de formation.

Le granite est la plus ancienne de toutes les roches, et l'on peut dire qu'il forme comme la base des montagnes ; cependant on en a trouvé qui recouvrait du gneiss (dans le Riesen-Geburges et ailleurs). On peut distinguer au moins deux formations de granite, dont la seconde diffère de la première par une structure bien moins régulière, et par le mélange fréquent de grenats (*).

Métaux qu'il renferme.

Le granite renferme en général peu de minéraux métalliques : le fer et principalement la mine de fer rouge, l'étain, sont les métaux qui s'y trouvent le plus fréquemment ; cependant il contient en outre quelquefois de la galène, de la blende, des minerais d'argent, de bismuth, de cuivre, de molybdène.

Le granite est une des roches primitives les plus abondantes à la surface de la terre ; elle se trouve principalement dans les grandes chaînes, mais aussi dans les montagnes peu élevées, et jusque dans les plaines ; elle constitue une partie des Alpes et des Pyrénées, des montagnes de la Saxe, de celles de la Silésie, les plaines de cette même contrée vers la Pologne, les grandes chaînes de l'Ural et de l'Altai en Asie, etc.

Le granite a été employé par les anciens dans la construction de plusieurs monumens. Ces fameux obélisques

(*) La formation du granite est une de celles qui ont été les plus isolées de celle des autres roches ; aussi voit-on que le granite n'est point *composé en grand*, et ne renferme presque jamais de *couches subordonnées*. On peut cependant citer les couches de mine d'étain de la Saxe et de la Bohême, et quelques couches de gneiss. (*Min. géogr. de Bohême*, t. 2, p. 301.)

GRANITE.

que l'on admire encore, étaient pour la plupart d'un beau *granite rouge d'Égypte :* cette roche est très-dure et prend un poli très-éclatant.

Certains granites, dans lesquels le feldspath domine et est d'une couleur claire, et dont le quartz est au contraire d'un gris foncé, ont été nommés *granites graphiques*, parce que les grains de quartz semblaient représenter sur le feldspath des caractères d'écriture.

La roche nommée *granite globuleux de Corse* est un assemblage de petites masses ovoïdes de deux à trois pouces de long, composées de pièces séparées, testacées, concentriques, alternativement formées de quartz et de hornblende, et la pâte qui réunit les ovoïdes est une réunion de ces mêmes minéraux. Je place ici cette roche, quoique je ne la regarde pas comme un granite de Werner; mais comme on l'a trouvée hors de place et n'ayant aucun caractère de gissement, je ne sais quel rang on pourrait lui assigner parmi les roches, et j'ai préféré de la placer à la suite du *granite* dont elle porte le nom.

2. GNEISS.

Parties composantes essentielles.

Le gneiss est une roche essentiellement composée de feldspath, quartz et mica immédiatement agrégés, formant comme de petites plaques placées les unes sur les autres, et séparées par des couches minces de paillettes de mica. Le feldspath est encore ici, comme dans le granite, la partie dominante : le mica est un peu plus abondant, et à mesure qu'il augmente, le gneiss se rapproche du schiste micacé (*).

(*) On voit que le gneiss est composé comme le granit,

GNEISS.

Contexture.

La contexture du gneiss est grenue et schisteuse à la fois, suivant que l'on considère, ou l'intérieur d'un feuillet isolément, ou plusieurs feuillets réunis. Le gneiss est très-distinctement stratifié.

Parties composantes accidentelles.

Le schorl et le grenat sont mélangés quelquefois au gneiss comme au granite ; mais le schorl y est infiniment plus rare, et les grenats s'y rencontrent au contraire très-fréquemment : les uns et les autres sont communément en cristaux très-distincts (*) : indépendamment de ces minéraux, qui sont quelquefois mélangés aux gneiss, les couches de cette roche sont souvent entrecoupées par des couches d'autres roches, et principalement de pierre calcaire grenue et de hornblende schisteuse, plus rarement de porphyre : on y trouve aussi des couches de quartz, de galène, de pyrites (**).

Époque de formation.

Le gneiss paraît être la roche la plus ancienne après le granite, puisqu'on le trouve le plus ordinairement placé immédiatement sur cette roche ; mais on distingue néanmoins dans les gneiss trois espèces qui paraissent avoir été formées dans des époques différentes ; 1°. le *gneiss ondulé ;* le feldspath, le quartz et le mica y forment chacun des couches séparées, dont les inflexions donnent à la masse l'aspect *ondulé ;* le feldspath y est rouge : c'est

---

et qu'on pourrait presque dire que ce n'est qu'un granit schisteux. La plupart des *granites veinés* de Desaussure, §. 163, sont des gneiss de Werner.

(*) La hornblende et la rayonnante pourraient aussi, je crois, être regardées comme *parties constituantes accidentelles* des montagnes de gneiss.

(**) La rayonnante, le grenat, la mine de fer magnétique, forment aussi quelquefois des couches dans le gneiss. On en a aussi observé de pierre ollaire. Desaussure, §. 1726.

GNEISS.

de tous les gneiss celui qui se rapproche le plus du granit, et par sa composition, et par son ancienneté; 2°. le *gneiss commun*; il est grossiérement schisteux; les parties sont bien plus mélangées, le mica est ordinairement gris; 3°. le *gneiss à feuillets minces* : sa contexture schisteuse est bien plus marquée et plus fine; il est surchargé de mica et forme le passage au schiste micacé.

Métaux qu'il renferme.

Le gneiss est la roche la plus riche en minerais métalliques; il n'en est presque aucun qui n'y ait été trouvé; quelquefois ils sont en couches, mais le plus souvent en filons. La plupart des mines de la chaîne du Erzgebirge en Saxe, celles de la Bohême, se rencontrent dans des montagnes de gneiss. Le district de Freyberg seul renferme plus de deux cents filons exploités : ils produisent du plomb, de l'argent, de l'étain, du cuivre, du cobalt; les mines d'argent de Konigsberg en Norwège sont aussi dans du gneiss, etc.

Le gneiss est une roche assez commune, mais pas autant que le granite : une partie des montagnes de la Saxe en est composée : on le rencontre souvent dans les Alpes, du côté du Tirol, de la Bavière, en Suisse, mais moins fréquemment dans la partie méridionale de la chaîne, etc.

Le gneiss, en raison de sa contexture schisteuse, est souvent facile à séparer en feuillets ou en tables; ce qui donne lieu de l'employer à différens usages.

---

3. *GLIMMERSCHIEFER.* — SCHISTE MICACÉ.

Parties composantes essentielles.

Le schiste micacé est une roche essentiellement composée de quartz et de mica qui alternent par feuillets; le

SCHISTE MICACÉ.

mica domine ordinairement : il est gris ou quelquefois brun, rarement verdâtre.

Contexture.

La contexture du schiste micacé est essentiellement *schisteuse* ; c'est une des roches dans lesquelles la *stratification* est la plus distincte.

Parties composantes accidentelles.

Le grenat en cristaux ou en grains est très-commun dans le schiste micacé ; cependant il ne paraît pas qu'on doive le regarder comme partie constituante essentielle : on y trouve aussi plusieurs autres minéraux, tels que le feldspath, la cyanite, la grenatite et surtout la tourmaline.

Couches étrangères.

Les montagnes de schiste micacé sont plus composées que celles de gneiss et de granite : on y rencontre assez fréquemment des couches de pierre calcaire grenue, de hornblendeschiefer, plus rarement des couches de rayonnantes, de pyrites, de galène, et quelquefois des couches composées de différens minéraux métalliques, de cuivre, de zinc, d'argent et même d'or (en Silésie, en Hongrie, etc.) : on y a aussi observé des couches de gypse mélangé de mica, auprès de Bellinzona, dans les Alpes de la Suisse italienne : c'est ce qu'on a appelé avec raison *gypse primitif, urgips* ; il a une contexture schisteuse qui peut servir à le faire reconnaître.

Formations.

On distingue trois variétés de schiste micacé, qui paraissent appartenir à trois formations différentes : la première a un tissu plus grossier ; elle contient quelques feldspaths et beaucoup de grenats : le quartz y est moins abondant ; elle est antérieure aux deux autres, et presque contemporaine aux gneiss ; la deuxième est le schiste micacé proprement dit ; enfin la troisième a un tissu beaucoup plus serré ; elle passe au thonschiefer.

Métaux qu'il renferme.

Le schiste micacé renferme beaucoup de minéraux métalliques, soit en couches, comme il a été indiqué ci-dessus, soit en filons : presque tous les métaux s'y rencontrent, et un grand nombre sont exploités. La plupart des mines de Suède et de Norwège, une partie de celles de la Saxe et de la Hongrie sont situées dans des montagnes de schiste micacé. SCHISTE MICACÉ.

Les schistes micacés sont moins communs que les gneiss, quoiqu'ils se trouvent dans les mêmes chaînes de montagnes ; ils leur sont communément adossés, et forment en général des sommités moins hautes qui s'éloignent davantage du centre de la chaîne.

On en trouve beaucoup dans les Alpes : le premier genre de *roche feuilletée* de Desaussure, §. 160, est un schiste micacé.

La contexture schisteuse étant encore plus marquée dans cette roche que dans les gneiss, on la sépare en tables, et on l'emploie aux mêmes usages ; on s'en sert souvent pour couvrir les toits. Lorsque le schiste micacé est pur et sans grenat, il est très-infusible ; ce qui le fait rechercher pour la construction des fourneaux : c'est ce que l'on a nommé *gestellstein*.

On a désigné sous le nom de *murkstein* un schiste micacé, mélangé de grenats : il est employé quelquefois à faire des meules de moulin.

---

4. *THONSCHIEFER.* — SCHISTE ARGILEUX OU THONSCHIEFER.

Le thonschiefer est une roche essentiellement simple, dont la masse est formée du minéral qui porte le nom en Oryctognosie ; il contient néanmoins quelquefois cer- Composition.

THONSCHIEFER. tains minéraux ; mais ce mélange est très-variable, et doit être regardé comme accidentel.

Parties composantes accidentelles. Ces minéraux sont principalement le quartz, le feld-spath, le schorl, la hornblende, la pyrite martiale.

Contexture. Le thonschiefer est essentiellement schisteux ; cependant l'épaisseur des feuillets est très-variable, et leur direction est quelquefois courbe et ondulée.

Couches subordonnées. Les couches de thonschiefer sont entrecoupées par des couches de beaucoup d'autres minéraux : les principaux sont le chloritschiefer, le talkschiefer, le wetzschiefer, le alaunschiefer, le zeichenschiefer, et ces couches sont regardées comme *couches subordonnées* aux montagnes de thonschiefer, tant à cause des rapports entre leur composition, leur structure et celles du thonschiefer, et même des transitions par lesquelles elles s'en rapprochent, que parce qu'elles se rencontrent toujours dans les montagnes de thonschiefer, et qu'elles paraissent appartenir à la même formation.

Couches étrangères. On rencontre aussi dans les thonschiefer des couches de pierre calcaire très-peu grenue, de hornblende, et d'autres de minerais métalliques.

Formation. Les thonschiefer sont placés presque toujours en recouvrement sur les schistes micacés, du moins ceux qui se trouvent dans toutes les montagnes de la Saxe présentent ce gissement ; et c'est d'après un grand nombre d'observations de ce genre, que M. Werner a déterminé l'ordre de formation de cette roche.

On trouve assez fréquemment des substances métalliques dans le thonschiefer, mais moins que dans les deux roches précedentes ; elles y sont le plus souvent en filons : on en a plusieurs exemples en Saxe et en Bohême, dans le pays de Salzbourg, etc. Les mines de Herrengrund, près de Neusohl en Hongrie, s'exploitent dans une montagne de thonschiefer. THONSCHIEFER.

Cette espèce de roche est assez commune : elle forme même en plusieurs endroits des montagnes assez hautes et assez étendues. La partie méridionale de la Haute-Saxe est presque entiérement de thonschiefer, etc.

Les usages du thonschiefer et des roches qui lui sont subordonnées, ont été indiqués dans l'Oryctognosie. (*Voyez* thonschiefer, zeichenschiefer, etc.)

Les minéralogistes français ont désigné le thonschiefer, principalement sous les noms de *schiste argileux*, *ardoise*; en outre, je suis convaincu que la plupart des *pétrosilex feuilletés*, des *cornéennes feuilletées* de nos minéralogistes, seraient, pour M. Werner, de véritables thonschiefer.

J'avais indiqué, t. 1, p. 398, que tous les thonschiefer n'étaient pas primitifs; qu'il y avait aussi des *thonschiefer de transition* et des *thonschiefer secondaires*.

On ne trouve pas ces dénominations dans la nomenclature des roches de M. Werner; mais on verra qu'il y a du thonschiefer en couches subordonnées dans le calcaire de transition, et que le grauwackenschiefer, qui est aussi une roche de transition, a été souvent pris pour un véritable thonschiefer.

PORPHIR. — PORPHYRE.

Porphyres en général.

On entend généralement par *porphyres*, en minéralogie, des roches composées d'une masse principale compacte, dans laquelle sont empâtés des grains ou cristaux isolés d'une autre substance, qui ont été formés en même tems que la masse : cette sorte de structure, nommée avec rai-

PORPHYRE. son *porphyrique*, se rencontre dans un grand nombre de

Porphyres de Werner. roches ; mais M. Werner réserve le nom de *porphyres* à des roches *porphyriques* primitives, qui appartiennent à une formation particulière, assez distinguée des précédentes, et qu'il appelle formation des porphyres.

Composition. Les porphyres, considérés relativement à leur masse principale, sont divisés en cinq espèces :

1°. Porphyre à base de hornstein : les cristaux sont, ou de quartz, ou de feldspath (*).

2°. *Porphyre à base de feldspath* (feldspath porphir) : la pâte est communément rouge ; les grains sont, ou de feldspath, ou de quartz.

3°. *Porphyre à base de siénite* (sienit porphir) : il diffère du précédent, en ce que le feldspath y est mélangé de hornblende. (*Voyez* l'article siénite.)

4°. *Porphyre à base de pechstein* (pechstein porphir) : la pâte est tantôt rouge ou verte, tantôt brune ou même noire (**).

5°. *Porphyre argileux* (thon porphir) : sa base est une argile endurcie, communément rougeâtre, qui souvent passe au hornstein écailleux (pétrosilex) ; il renferme des cristaux de feldspath ou de quartz.

Indépendamment du quartz et du feldspath, on trouve aussi quelquefois de la hornblende, et plus rarement du mica empâté dans les porphyres.

(*) Le hornstein qui sert de pâte, est tantôt conchoïde, tantôt écailleux, de couleur rouge ou verte. Cette sorte de hornstein est un pétrosilex des minéralogistes français, et diffère essentiellement du hornstein réniforme des montagnes calcaires compactes. (*Voyez* t. 1, p. 261.)

(**) On a aussi indiqué quelquefois un *porphyre à base d'obsidienne*, un autre *à base de perlstein*.....

THONSCHIEFER.

Stratification et couches étrangères.

Les montagnes de porphyres ne sont point stratifiées ; elles ne contiennent point de couches étrangères (*).

Métaux qu'il renferme.

Le porphyre est moins riche en métaux que les roches précédentes ; néanmoins il renferme souvent des filons qui sont susceptibles d'exploitation. Les mines de Schemnitz en Hongrie sont dans un porphyre argileux.

Époques de formation.

La formation des porphyres n'est pas très-bien distinguée de celle de plusieurs autres roches qui l'avoisinent ordinairement ; du moins les observations n'ont pas encore déterminé exactement son ancienneté relative. Aussi la siénite, la pierre calcaire primitive, le trap primitif, la serpentine, ont été quelquefois placés indifféremment avant le porphyre par les minéralogistes qui ont pris, d'après M. Werner, l'ancienneté relative des roches pour base de leur classification.

Le porphyre à base de Hornstein paraît provenir d'une formation particulière antérieure à celle des autres porphyres. La formation de ceux-ci est plus récente, principalement celle du thonporphir : celle-ci est beaucoup plus étendue ; elle forme des montagnes et des sommités (Kuppen) isolées et coniques comme le basalte : comme lui ces porphyres se divisent en prismes, en boules, en tables ; ils renferment des couches d'une sorte d'argile endurcie, que l'on nomme *thonstein* (**). Il y a aussi des

---

(*) Quant à la contexture du porphyre, elle est ordinairement compacte ; néanmoins il y a des porphyres schisteux, et à un tel point, qu'on les divise en tables assez minces pour les employer comme ardoises. Dolomieu en a observé en Tirol. Peut-être, au reste, ces roches porphyriques n'appartiennent-elles pas à la *formation des porphyres.*

(**) Cette deuxième formation de porphyre et la suivante ont tant de rapports avec les basaltes ou traps secondaires,

PORPHYRE. roches porphyriques à base d'argile, qui sont d'une formation plus nouvelle ; mais ces roches ne peuvent être rapportées au porphyre primitif : elles contiennent des fragmens de végétaux, et on trouve assez ordinairement des houilles dans leur voisinage. (*Voyez* ci-après, la formation des houilles.)

Les porphyres de la première formation se trouvent dans plusieurs chaînes primitives, dans les Alpes méridionales, dans les Vosges, etc. Ceux de la seconde abondent en Saxe, dans les montagnes au nord de Dresde. Enfin, le porphyre argileux se trouve en Saxe, en Bohême, en Hongrie, etc. (*).

Le porphyre a été employé, comme le granite, dans plusieurs monumens antiques. L'*ophite* ou *serpentin* est un porphyre noir mêlé de feldspath d'un blanc verdâtre.

SIENIT. — SIÉNITE.

Composition. LA siénite est une roche essentiellement composée de grains de feldspath et de hornblende, immédiatement et intimement agrégés; le feldspath est assez ordinairement la partie dominante (**).

---

que je suis bien tenté de croire qu'ils devraient y être renvoyés : (??) leur observation doit éclairer beaucoup sur sa formation basaltique, dont l'origine est encore si problématique pour beaucoup de géologues..... (?) (*Voyez* ci-après, les *traps secondaires.*)

(*) Je n'ai pas voulu citer d'autres localités, sans être bien assuré de l'espèce de porphyre qui s'y rencontre.

(**) Lorsque le feldspath est compacte, la roche prend une structure porphyrique et elle passe au *sienit-porphir.* (*Voyez* ci-dessus.)

Elle

Elle contient aussi accidentellement quelques grains de quartz et de mica, mais en très-petite quantité. SIÉNITE. Parties accidentelles.

La contexture de la siénite est grenue ; rarement elle devient schisteuse (*sienitschiefer*). Contexture.

La siénite n'est pas ordinairement stratifiée : on n'y remarque pas de couches étrangères. Stratification.

Elle renferme quelquefois des filons métallifères. On en a observé auprès d'Altemberg en Saxe. Métaux.

La siénite se trouve ordinairement sur les porphyres ; elle paraît être le dernier précipité de leur formation, à l'égard de laquelle elle est ce que le grunstein est à l'égard de celle du trap (*). Gissement et formation.

On trouve des siénites en Saxe, aux environs de Dresde, de Meissen, dans la Thuringe, en Hongrie, etc. et en général dans presque toutes les chaînes primitives ; dans les Vosges et dans les Alpes. M. Desaussure en a observé au sommet du Mont-Blanc (§§. 1993 et 1994). Il la nomme *granitelle*.

La siénite a été employée, comme le granite et le porphyre, dans beaucoup de monumens antiques.

---

7. *SERPENTIN.* — SERPENTINE.

LA serpentine est une roche essentiellement *simple*, dont la masse est le minéral de ce nom. Si elle est quelquefois composée, ce n'est qu'accidentellement et sans aucun ordre constant. Composition.

(*) La siénite a avec le grunstein beaucoup de rapports de composition, mais elle en diffère essentiellement par son gissement.

SERPENTINE.

Parties accidentelles.

Ces parties composantes accidentelles sont en général des minéraux du genre magnésien, des talcs, des arbestes, de l'amianthe, de la stéatite. On y trouve aussi du mica, des grenats, de la pierre calcaire grenue, du fer magnétique, des pyrites arsenicales, etc.

Stratification.

Les roches de serpentine ne sont point stratifiées et ne contiennent pas de couches étrangères (*).

Métaux qu'elle renferme.

La serpentine contient peu de métaux, et ceux qui s'y rencontrent, méritent peu d'être exploités; néanmoins il y a dans le Cornouailles des filons de stéatite, mélangés de cuivre natif dans une roche de serpentine. On y exploite aussi du fer magnétique.

Formation.

On distingue deux formations différentes de serpentine. La première, qui est la plus ancienne, se trouve dans le voisinage des gneiss et des schistes micacés; elle est mélangée de pierre calcaire grenue; quelquefois même celle-ci prédomine : leur mélange forme une roche de structure indéterminée. La seconde formation de serpentine est beaucoup plus récente et en même tems bien plus considérable : on en observe un vaste dépôt à Zoeblitz en Saxe.

M. de Humbolt a découvert, dans le Haut-Palatinat, une serpentine qui possède la polarité magnétique à un très-haut degré, soit en masse, soit même dans les plus petits fragmens. Il n'a pu y reconnaître aucune trace de fer magnétique.

(*) Il y a en Piémont, dans le val *Sessia grande*, près du col d'Olingue, des couches de fer magnétique dans des couches de serpentine.

Les serpentines de première formation alternent souvent avec des couches de pierre calcaire grenue.

Voyez, pour les usages et les localités, l'article *serpentine* dans l'*Oryctognosie*, t. 1, p. 483. SERPENTINE.

---

8. *UR-KALKSTEIN*. — CALCAIRE PRIMITIF.

CETTE roche est essentiellement simple; sa masse est la pierre calcaire grenue de l'*Oryctognosie*. (*Voy*. t. 1, p. 531.) Elle est d'un blanc tirant sur le gris. Composition.

Néanmoins elle est quelquefois mélangée accidentellement de mica, de quartz, de hornblende, de trémolite, de rayonnante, d'asbeste, de talc, etc. Parties accidentelles.

Elle a une contexture grenue, à grains plus ou moins gros, d'une structure lamelleuse et d'une apparence cristalline. Contexture.

Le calcaire primitif contient en quelques endroits des couches ou des filons de substances métalliques, et principalement de galène, de fer magnétique, de blende, de pyrites. Métaux qu'il renferme.

La formation du calcaire primitif n'est pas très-bien distinguée de celle des roches précédentes. Il paraît qu'il s'en est formé à différentes époques, puisqu'on en trouve des couches parmi les thonschiefer, les serpentines, et même jusque dans les gneiss; mais il est infiniment plus abondant dans les montagnes de formation postérieure, et c'est là seulement qu'il constitue véritablement des roches.

On peut consulter, pour les localités et usages, l'article *pierre calcaire grenue* de l'Oryctognosie. Il faut néanmoins observer que le calcaire de transition est aussi compris dans la pierre calcaire grenue. Les marbres statuaires blancs sont du calcaire primitif; mais la plupart

CALCAIRE PRIMITIF.

des marbres employés en architecture sont du calcaire de transition.

---

9. *URTRAP.* — TRAPS PRIMITIFS.

Origine du mot trap.

TRAPP ou *trap* est un mot suédois qui signifie *escalier*. Ce mot a été employé, il y a cinquante ou soixante ans, par quelques minéralogistes suédois, pour désigner certaines montagnes dont les couches, souvent horizontales, en retraite les unes sur les autres dans les escarpemens, représentaient assez bien la disposition des marches d'un escalier.

Extension qu'il a reçue.

Mais beaucoup de roches très-différentes, et par leur nature, et par leur formation, ont reçu ce même nom de trapp, et l'on peut dire qu'il est peu de mots qui aient donné lieu à tant de confusion parmi les minéralogistes, en raison des nombreuses acceptions sous lesquelles il a été reçu.

La plupart des minéralogistes français, Desaussure, Dolomieu, Faujas de Saint-Fond, ont désigné sous le nom de *trap* une roche primitive, mais non pas toujours la même roche. On croit aussi que le trap des Suédois était une roche primitive ; d'autres cependant le regardent comme un basalte ; il paraît certain que les *traps* qui forment les montagnes de Henneberg et autres dans la Gothie occidentale, sont de vrais basaltes.

D'autres minéralogistes, et surtout les Allemands, n'ont indiqué sous le nom de *traps* que des roches de formation bien postérieure aux primitives, et principalement les basaltes et autres roches qui l'accompagnent ordinairement.

Ces différentes sortes de roches nommées *traps* ont en effet des rapports entre elles, qui ont donné lieu à cette

TRAPS PRIMITIFS.

confusion ; aussi M. Werner a-t-il cru devoir leur conserver à toutes cette dénomination, mais en les séparant en différentes classes, suivant leur ordre de formation et leur ancienneté relative.

Traps de werner.

Les traps (dans l'acception de M. Werner) comprennent donc plusieurs suites de roches, ou plutôt plusieurs formations de roches principalement caractérisées par la hornblende, qui s'y trouve presque pure dans les formations les plus anciennes, qui diminue dans les subséquentes, et dégénère peu à peu en une espèce d'argile endurcie, ferrugineuse et noirâtre.

On distingue trois formations de traps ; 1°. *traps primitifs*, *urtrap* ; 2°. *traps de transition* ou *intermédiaires*, übergangstrap ; 3°. *traps secondaires* ou *stratiformes*, flœtztrap.

Traps primitifs.

Les traps primitifs sont presque entiérement composés de hornblende ; elle y est néanmoins souvent mélangée de feldspath, ou plus rarement de mica et de quelques autres substances, principalement de pyrites ; ce qui les distingue des autres traps.

Les roches qui appartiennent à cette formation, sont, la hornblende commune, la hornblende schisteuse, le grunstein primitif et le grunstein schisteux.

Hornblende commune.

La *hornblende commune* est une roche simple, qui n'est autre chose que le minéral décrit sous ce nom dans l'*Oryctognosie*. Ses grains sont souvent si petits, qu'elle paraît compacte. Elle est quelquefois mélangée de paillettes de mica On la trouve en plusieurs endroits de la Saxe et ailleurs.

Hornblende schisteuse.

La *hornblende schisteuse* (hornblendeschiefer). Cette roche simple est formée entiérement du minéral de ce nom (*voy.* t. 1, p. 428) ; elle est cependant mélangée quelquefois de quartz, de strahlstein, de pyrites. Elle

TRAPS PRIMITIFS.

ne se rencontre pas exclusivement dans les montagnes de trap ; elle forme aussi des couches subordonnées dans les gneiss, les schistes micacés et les schistes argileux. Il y en a, en Saxe, beaucoup d'exemples : on en a observé aussi des montagnes entières en Bohême, auprès de Kuttenberg. Elle passe quelquefois au grunstein.

Grunstein primitif.

Le *grunstein primitif* (*) est un mélange de hornblende et de feldspath : on le subdivise en plusieurs variétés, suivant que sa contexture est plus ou moins grenue ou compacte. 1°. Le grunstein commun, dans lequel la hornblende et le feldspath sont intimement et immédiatement agrégés : sa contexture est grenue ; il ressemble beaucoup à une siénite dans laquelle la hornblende serait la partie dominante. 2°. Le grunstein à grains plus petits, dans lequel sont empâtés des cristaux de feldspath : il a une contexture à la fois grenue et porphyrique (porphirartiger grunstein). 3°. Lorsque les grains de hornblende et de feldspath deviennent très-fins, et que l'on a peine à les distinguer, le grunstein perd la contexture grenue, prend tout-à-fait la contexture porphyrique (grunstein-porphir). 4°. Enfin, lorsque la masse devient entiérement homogène et qu'elle contient toujours des cristaux de feldspath, on a le *porphyre vert* des anciens. La masse principale de cette roche est d'un vert foncé, qui varie entre le vert de poireau, le vert-olive et le vert-pistache : sa cassure est compacte, souvent écailleuse. Les cristaux de feldspath sont d'un vert plus clair, tirant au blanc. On ignore le véritable gissement de ce porphyre.

(*) Ce nom, qui signifie *pierre verte*, a été donné à cette roche, parce que la hornblende qu'elle contient, est communément verte et lui communique sa couleur. (*Voyez* l'Introduction, p. 53.)

Le *grunstein schisteux* (grunstein-schiefer) est une roche composée de feldspath compacte de hornblende et d'un peu de mica, plus rarement de grains de quartz : sa contexture est schisteuse : la hornblende et le feldspath y sont à peu près en quantité égale. Ce feldspath a été pris par quelques minéralogistes pour un hornstein ; ce qui avait fait donner à la roche le nom de *hornschiefer*. TRAPS PRIMITIFS.

On trouve des grunstein en Saxe, auprès de Gersdorf, Siebenlehn et ailleurs ; ils alternent quelquefois avec des thonschiefer.

Le grunstein est souvent traversé par des filons métallifères. Métaux.

M. Werner rapporte aussi au grunstein primitif certaines roches amygdaloïdes, et principalement celles nommées *variolites*. On les a nommées quelquefois *grunstein amygdaloïde*, *mandelsteinartig-grunstein* ou *mandelstein primitif*.

C'est parmi les traps primitifs qui viennent d'être décrits, qu'il faut chercher les *traps* et la plupart des *cornéennes* ou *pierres de corne* des minéralogistes français ; cependant ils ont aussi nommé *trap* le kieselschiefer de Werner, et certains thonschiefer ont reçu le nom de *cornéennes feuilletées*.

---

10. *QUARTZ.* — QUARTZ.

On trouve quelquefois des roches en masses considérables, entièrement composées de quartz. Ces roches sont néanmoins souvent un peu mélangées de mica, ou plus rarement de feldspath, de mine d'étain, de pyrites ; mais ces mélanges sont accidentels, et les roches de quartz doivent être considérées comme simples. Composition.

QUARTZ. Sa contexture est ordinairement compacte, mais quelquefois elle devient schisteuse ; c'est ce que l'on a appelé *quartzschiefer.*

L'ancienneté relative des roches de quartz n'est pas parfaitement déterminée. On a lieu de croire que leur formation n'est pas très-postérieure à celle de ces couches de quartz que l'on rencontre souvent au milieu des thonschiefer, des glimmerschiefer et des gneiss.

On trouve des roches de quartz à Oberschœna, près de Freiberg ; à Winchendorf en Bohême. On trouve du quartz schisteux dans la montagne de Jeschken dans le cercle de Bunzlau en Bohême. Cette roche ne contient point de minerais métalliques, si ce n'est quelques parties disséminées : elles ont été indiquées ci-dessus.

11. *TOPASFELS.* — ROCHE DE TOPASE.

Composition. CETTE roche est composée de quartz, de schorl, de topaze et de lithomarge ; chacune des trois premières substances forme des petites couches ou plaques qui alternent entre elles. Elles renferment quelquefois des cavités dont les parois sont couvertes de druses, de cristaux, de quartz et de topaze.

Contexture. La contexture de cette roche est *schisteuse grenue*, c'est-à-dire qu'elle est composée de plaques ou feuillets, et que chaque feuillet est grenu.

Localités. Cette roche est fort rare ; elle n'a encore été trouvée qu'en Saxe, près de la petite ville d'Awerbach, dans le Voigtland ; elle y forme une montagne qui porte le nom

Gissement. de *Schneckenstein* ; elle repose sur le granit. On n'y rencontre aucuns minerais métalliques.

M. Werner pense que l'on pourrait comprendre dans la même formation une roche de quartz contenant beaucoup de schorl, qui est assez commune en Saxe, ainsi que celle d'où l'on retire les bérils de Sibérie, et qui est composée de quartz, de schorl, de topaze, de béril et de lithomarge.

TOPASE. Formation.

---

12. *KIESELSCHIEFER.* — SCHISTE SILICEUX OU KIESELSCHIEFER.

Le kieselschiefer, qui a été décrit dans l'Oryctognosie, forme quelquefois des masses considérables. D'après l'autorité de plusieurs auteurs allemands, j'ai dit, t. 1, p. 285, que M. Werner l'avait rangé parmi les roches stratiformes. L'on a dû voir que je doutais beaucoup de l'exactitude de cette assertion. Je me suis assuré depuis que M. Werner regardait le kieselschiefer comme une roche primitive (*). Il est vrai qu'il y a, parmi les traps secondaires, des roches (**) qui ont beaucoup de rapports avec le kieselschiefer, et c'est probablement d'après cela qu'on l'aura regardé comme secondaire. Au reste, le kieselschiefer n'étant pas très-commun, on n'a pas encore rassemblé sur cette roche beaucoup d'observations exactes.

Sa contexture est compacte; il est traversé de beaucoup de petites veines de quartz. Il ne contient aucune

---

(*) D'autres minéralogistes le rangent parmi les roches de transition.

(**) Les traps secondaires.

KIESEL-SCHIEFER. substance métallique. (*Voyez*, pour les localités, t. 1, p. 284.)

Plusieurs des *traps* des minéralogistes français se rapportent au kieselschiefer. (*Voyez* ci-dessus, l'article des traps primitifs.)

DEUXIÈME CLASSE.

UBERGANGSGEBIRGSARTEN. — ROCHES DE TRANSITION OU ROCHES INTERMÉDIAIRES. (*Voyez* t. 1, p. 73.) (*).

1. *UBERGANGSKALKSTEIN.* — CALCAIRE DE TRANSITION.

Composition. CETTE roche est simple; sa masse est une pierre calcaire, tantôt grenue, tantôt compacte, suivant qu'elle est plus ou moins ancienne et qu'elle s'approche davantage de la roche calcaire primitive ou de la roche calcaire stratiforme, entre lesquelles elle tient le milieu. Sa cassure est un peu écailleuse; elle est un peu translucide. Ses couleurs sont très-mélangées, souvent rouges ou bien noires, veinées de blanc: les veines sont de petits filons de spath calcaire, aussi anciens que la masse qu'ils traversent.

Elle ne contient pas de substances accidentelles: on a cependant observé quelquefois des coquillages dans ses couches supérieures.

(*) J'ai avancé que les roches de transition ne contenaient point de pétrifications. Cela est vrai de la plus grande partie; mais celles qui sont les plus modernes en renferment quelquefois.

CALCAIRE DE TRANSITION. Gissement.

Le calcaire de transition alterne quelquefois avec des couches d'une espèce de thonschiefer, que l'on a appelé *thonschiefer de transition*, ou plus rarement avec des couches de mandelstein, comme on l'observe dans le Derbyshire. En général, il est assez ordinairement (du moins en Saxe) superposé au thonschiefer. Il atteint rarement une élévation considérable; il est plutôt adossé sur le flanc et au pied des montagnes. Il renferme souvent des grottes souterraines.

Stratification.

Il est ordinairement stratifié, mais ses couches sont très-épaisses.

Métaux.

Il contient quelquefois des filons métalliques de galène, blende, pyrites, etc. (dans le Derbyshire).

Localités.

Dans la chaîne du Erzgebirge en Saxe, on trouve le calcaire de transition à Wildenfels, Kalkgrün, Flanitz; il s'étend ensuite du côté de Planen et jusque dans le pays de Bareith. Il est aussi fort commun au Hartz, principalement auprès de Blanckenbourg. On en trouve en Italie : le beau marbre connu sous le nom de *rosso corallino* est de cette espèce. Enfin, on doit rapporter à la formation de transition ces montagnes calcaires du Derbyshire, entrecoupées par des couches de mandelstein (*toadstone* des Anglais), et renfermant des filons métallifères qui traversent les couches calcaires sans pénétrer celles de mandelstein, fait unique dans son genre, et dont l'explication a jusqu'ici arrêté les plus savans géologues.

Usages.

La vivacité et le mélange des couleurs de cette pierre calcaire l'ont fait souvent employer en architecture.

---

2. *GRAUWACKE* (*). — GRAUWACKE.

Composition.

On distingue deux sortes de roches appartenantes à cette formation, la *grauwacke commune* et le *grauwackenschiefer* ou *grauwacke schisteuse.*

La *grauwacke commune* est un grès composé de grains de quartz, de kieselschiefer, de thonschiefer agglutinés par un ciment argileux de la nature du thonschiefer; les grains sont tantôt petits et très-petits, tantôt de la grosseur d'une noisette.

La *grauwacke schisteuse* est une roche simple, schisteuse, qui a, dans sa composition et sa contexture, de très-grands rapports avec le thonschiefer (**). Elle forme des couches qui alternent avec celles de grauwacke commune.

Les roches de grauwacke sont traversées par des veines de quartz dans différens sens; elles contiennent

(*) Ce mot signifie littéralement *vacke grise*; mais cette dénomination tendrait à faire regarder cette roche comme une espèce de wacke. Il vaut mieux employer en français le mot *grauwacke*. (*Voyez* t. 1, p. 53.)

(**) Elle en diffère essentiellement par son gissement, qui est toujours dans le voisinage de la grauwacke commune, et parce qu'il n'est jamais entrecoupé, comme le thonschiefer, de couches de wetzschiefer, chloritschiefer. On n'y rencontre point des grains de quartz, schorl, feldspath et grenat, et il est au contraire mélangé de beaucoup de paillettes de mica. Il est plus mat que le thonschiefer, et il a rarement ses couleurs bleuâtres et verdâtres; il est plus ordinairement d'un gris sale.

quelquefois des coquillages, des roseaux (*); elles ne contiennent point de couches étrangères. GRAUWACKE.

Elles sont très-distinctement stratifiées. La direction des couches n'est point parallèle à celles des autres roches auxquelles elles sont superposées. Stratification.

La grauwacke recouvre assez ordinairement le calcaire de transition; elle se trouve principalement au pied des montagnes, et les masses qu'elles forment, n'atteignent pas un niveau fort élevé (**). Gissement.

Cette espèce de roche est riche en minerais métalliques : la majeure partie des exploitations de plomb et argent du Hartz, et principalement celles de Clausthal, Zellerfeld, sont dans la grauwacke. Dans la Transilvanie, à Vorespatak, elle contient de riches mines d'or. Celles des bords du Rhin sont également traversées de quelques filons; mais celles de Saxe ne contiennent que de la kohlenblende (***). Métaux.

Le nom de *grauwacke* a été donné à cette roche par les mineurs du Hartz, qui les premiers l'ont remarquée et fait connaître; elle constitue presque toutes leurs montagnes, et on croyait autrefois qu'elle était particu-

---

(*) On peut observer que la grauwacke est la première roche dans laquelle on rencontre des débris de corps organisés; ce qui dénote une formation postérieure à celles de toutes les roches précédentes, comme aussi c'est le premier et le plus ancien des précipités mécaniques.

(**) Je pense que cela n'est point vrai en général, si ce n'est pour les grauwackes du Hartz et de Saxe. (*Voyez* ci-après, ce qui est dit des grauwackes des Alpes.)

(***) On a pu remarquer (t. 2, p. 82) que ce minéral se rencontre aussi en Dauphiné, dans une roche qui a tous les caractères de la grauwacke.

GRAUWACKE. lière à ce pays. Le grauwackenschiefer y porte souvent le nom de thonschiefer, et il arrive souvent qu'on ne l'en distingue pas assez, d'autant plus qu'il s'en trouve dans le voisinage. Le territoire de Goslar en est formé, et les grauwackes ne commencent qu'auprès de Rammelsberg. — Depuis l'on a observé des grauwackes dans le Erzgebirge, à Braunsdorf, Riesberg, Auerbach dans le Voigtland; en Transilvanie, sur les bords du Rhin, dans le Lahnthal et le Westervalde, et ailleurs (*).

3. *UBERGANGSTRAP.* — TRAPS DE TRANSITION.

Composition. LA base principale de toutes les roches qui appartiennent à cette formation, est le grunstein, ce mélange de hornblende et de feldspath, qui constitue aussi beaucoup de traps primitifs, comme on l'a vu ci-dessus (p. 581).

(*) On doit regarder aussi comme de véritables grauwackes ces *poudingues* formés de débris de roches primitives que l'on rencontre dans plusieurs endroits de la chaîne des Alpes, et principalement près de Valorsine, aux environs du Mont-Blanc, où le célèbre Desaussure en a observé des masses énormes en couches *verticales*, de près de douze cents toises d'élévation. Il faut lire dans ses *Voyages* (§. 687 et suiv.) quel parti ce savant géologue a su tirer de ce fait, en apparence peu important, pour prouver la nécessité d'admettre *le relèvement des couches des montagnes.* Il avait également remarqué (§. 594) que dans toutes les montagnes en général, dans les Alpes, les Vosges, les Cevennes, les masses primitives étaient séparées des secondaires par des bancs de grès et de poudingues; observation qui se rapporte très-bien à celles faites en Allemagne sur la grauwacke et les grès.

Mais dans les traps de transition le mélange est bien plus intime ; le grain est beaucoup plus fin, la masse paraît homogène, et ses élémens sont toujours plus ou moins décomposés ; ce qui constitue beaucoup de variétés parmi les traps de transition. On doit distinguer principalement les deux suivantes : TRAPS DE TRANSITION. Variétés.

1°. Roche *amygdaloïde* (*mandelstein*) (*), dont la masse est une hornblende schisteuse décomposée, et semblable à une espèce de wacke ou d'argile ferrugineuse à grains fins ; les cavités sont tantôt vides (alors leurs parois sont recouvertes d'une espèce d'enduit), tantôt pleines ; elles renferment des grains ou boules de quartz et de calcédoine : ces boules sont quelquefois massives, mais le plus souvent creuses, leur intérieur étant tapissé de cristaux de quartz (**). Amygdaloïde.

(*) Les minéralogistes désignent sous le nom de *mandelstein* (pierre à amandes), *amygdaloïde*, en général toute roche composée d'une masse principale compacte, empâtant, non pas des cristaux, comme les porphyres, mais des noyaux ou amandes (communément séparables), ou quelquefois présentant des cavités arrondies, qui semblent être, ou les empreintes de semblables amandes détruites, ou destinées à en recevoir le dépôt. La plupart des roches de cette espèce appartiennent aux traps secondaires ; mais d'autres appartiennent aux traps de transition et quelques-uns aux traps primitifs. (*Voyez* le grunstein schisteux.) On les distingue en les appelant *mandelstein primitif*, *mandelstein de transition et mandelstein secondaire.*

(**) M. Werner rapporte à ce mandelstein le *toadstone* du Derbyshire, dont il a été question ci-dessus. Ses noyaux sont assez ordinairement de spath calcaire.

On verra à l'article des mandelstein secondaires, qu'in-

TRAPS DE TRANSITION.

Trap globuleux. 2°. *Trap globuleux* (*kugeltrap, kugelfels*) ; c'est un grunstein schisteux en partie décomposé, et réduit en une espèce de wacke à grains fins. Il se présente sous la forme de grosses boules à couches concentriques, dont le noyau est plus dur : on pourrait croire qu'il n'est que moins décomposé ; cependant il est probable qu'il n'y a pas là de véritable altération de la forme et consistance primitive, et que dans ces boules, de même que dans les basaltes, les porphyres et même les granits en boules, les couches ont eu, dès leur formation, une dureté ou consistance d'autant moindre, qu'elles étaient plus éloignées du centre.

Stratification. Les traps de transition ne paraissent point stratifiés.

Gissement. Ils forment des montagnes isolées et coniques qui avoisinent assez ordinairement celles de calcaire de transition, et qui en renferment quelquefois des couches.

Métaux. Ils renferment quelques filons de minerais de cuivre, de fer, d'étain, etc.

Localités. On trouve des traps de transition près de Planitz et Zwickau en Saxe, en Bohême, au Hartz, dans le Derbyshire, etc. Le *kugeltrap* se rencontre à Altensulze dans le Voigtland : on y voit aussi un trap pénétré d'une ocre ferrugineuse, dont la couleur, mélangée avec le vert noirâtre de la hornblende, donne au tout une couleur d'un brun de foie : on l'a appelé quelquefois pour cela *leberfels*.

---

dépendamment de leur gissement, ils diffèrent de ceux-ci par une moindre dureté et par la nature des noyaux qu'ils renferment.

TROISIÈME

TROISIÈME CLASSE.

FLŒTZGEBIRGSARTEN. — ROCHES STRATIFORMES (*) OU SECONDAIRES.

1. *SANDSTEIN.* — GRÈS.

Le grès est une roche composée de grains plus ou moins gros de quartz, quelquefois de kieselschiefer, et très-rarement de feldspath (**) : ces grains sont liés et agglutinés par un ciment qui est tantôt argileux ou argilo-ferrugineux, tantôt marneux ou calcaire, ou plus rarement quartzeux ou siliceux. Le ciment est plus ou moins abondant, mais jamais il n'est la partie dominante. Composition.

La grosseur des grains varie beaucoup : il y a des transitions graduelles depuis le grès à gros et très-gros grains, que l'on appelle communément *poudingue*, jusqu'au grès à grains fins, qui paraît compacte et a l'aspect d'une roche simple.

Le grès renferme quelquefois des débris de corps organisés. Stratification.

Le grès est très-distinctement stratifié ; mais il y a des grès dans lesquels on observe encore, outre les fissures de la stratification, d'autres fissures parallèles dans deux

(*) J'ai conservé le nom de *roches stratiformes*, qui correspond à celui de *flœtzgebirgsarten ;* mais j'emploîrai souvent celui de *roches secondaires*, qui est plus généralement reçu.

(**) On trouve aussi des grenats, de la hornblende, des minerais de cuivre, de plomb, de mercure, mélangés accidentellement dans des grès.

GRÈS. sens perpendiculaires entre eux et au plan de la stratification, en sorte que la nature a comme taillé ces grès en parallélipipèdes.

Couches étrangères. Les couches de grès sont quelquefois entrecoupées par des couches de pierre calcaire compacte, de houille, d'oolite, et d'une sorte de schiste qui n'est autre chose qu'un *grès schisteux sandsteinschiefer*, à grains très-fins, mélangé de paillettes de mica ; ce qui lui donne souvent l'apparence d'un schiste micacé, avec lequel il faut bien prendre garde de le confondre.

Formations. Il existe probablement beaucoup de formations de grès ; mais jusqu'ici on n'a remarqué principalement que les trois suivantes : la première comprend ce grès rouge si connu des mineurs sous le nom de *rothes todtes liegendes* (*) ; c'est le grès le plus ancien ; il repose immédiatement sur la grauwacke. On le trouve en Thuringe et dans le Mansfeld ; il est recouvert immédiatement par des couches de *schiste marno-bituminenx*. (*Voyez* t. 1, p. 574.) Le ciment de ce grès est très-ferrugineux : on y a trouvé du bois pétrifié. La seconde comprend ces grès nommés *grès bigarrés* (*bunt sandstein*), parce qu'ils présentent différentes couleurs mélangées par bandes. Cette formation est très-étendue : on en trouve beaucoup en Thuringe et jusque dans le Magdebourg. C'est dans ces grès que se rencontrent les couches de sandsteinschiefer et d'oolite. La troisième comprend des grès

(*) Ce nom signifie proprement *base morte* ou *base stérile rouge*. J'imagine qu'il aura été donné à cette roche, parce qu'elle sert de *base* au schiste marno-bitumineux, qui, comme il a été dit, est exploité pour le minerai de cuivre dont il est imprégné, tandis qu'elle n'en contient pas ou du moins très-rarement ; ce qui l'a fait nommer *stérile*.

communément blanchâtres, à ciment calcaire ou marneux : les montagnes qui en sont formées, présentent beaucoup de ruptures et d'escarpemens. On en trouve beaucoup en Silésie, en Bohême, en Saxe, auprès de Dresde. GRÈS.

Les montagnes de grès sont en général peu riches en métaux ; cependant on y a observé quelques filons, principalement de cobalt. Le grès rouge, qui est recouvert par le schiste marno-bitumineux, est en quelques endroits imprégné de minerais de cuivre, et exploité sous le nom de *kupfersanderz*. (*Voyez* t. 2, p. 192 et 211.) On y rencontre aussi d'autres minerais métalliques, mais disséminés et en très-petite quantité. Métaux.

Le grès est une roche des plus communes, et il est peu de pays où il ne se rencontre. Localités.

On emploie les grès à grains fins à beaucoup d'usages économiques, soit pour bâtir, soit pour paver, soit comme pierre à aiguiser, etc. Il y a des grès qui sont très-tendres au moment où on les retire de la carrière, mais qui durcissent à l'air ; aussi l'on a soin de les tailler aussitôt qu'ils sont exploités. On les a nommés quelquefois *molasses*.

On fait souvent des meules de moulins avec les grès à gros grains quartzeux.

---

2. *FLŒTZKALKSTEIN*. — CALCAIRE STRATIFORME OU SECONDAIRE.

Le calcaire stratiforme ou secondaire est une roche simple, dont la masse est la pierre calcaire compacte Composition.

CALCAIRE SECONDAIRE.

commune décrite dans l'Oryctognosie, t. 1, p. 523. On y rencontre très-rarement des parties accidentelles; quelques cristaux de quartz, des pyrites, etc. (*). Elle renferme souvent des coquillages marins.

Stratification.

Cette roche a une stratification très-marquée.

Couches étrangères.

Ses couches sont quelquefois entrecoupées par des couches de schiste marno-bitumineux, de grès, et par des masses tuberculeuses de hornstein et de pierres à fusil, rangées assez souvent par lits.

Formations.

Parmi les nombreuses formations de calcaire secondaire, on peut remarquer principalement les suivantes : 1°. La plus ancienne est superposée immédiatement sur le grès rouge; c'est dans ses couches inférieures que se trouve le schiste marno-bitumineux (t. 1, p. 574) : on y remarque beaucoup d'empreintes de poissons. Cette formation se rencontre en Allemagne, dans une étendue de plus de cent lieues; dans la Thuringe, le Mansfeld, etc. La seconde comprend des roches calcaires, remarquables par la quantité de coquillages marins qu'elles renferment; aussi on désigne ce calcaire secondaire sous le nom de *calcaire coquillier*. Les différentes couches contiennent des coquillages différens. Ainsi, dans les inférieures, ce sont principalement des ammonites, des bélemnites, gryphites, turbinites; dans les supérieures, ce sont des écrevisses de mer, des têtes de Méduse, des poissons, etc. Cette formation est fort étendue : on l'ob-

---

(*) Étant en 1797 avec le citoyen Dolomieu, dans les Alpes, nous avons trouvé au col du Bonhomme, sur les flancs du Mont-Blanc (Desaussure, §. 751), une roche calcaire compacte, qui nous a paru évidemment secondaire, laquelle renfermait des cristaux de feldspath de la forme *g*, décrite t. 1, p. 363.

serve en Souabe, en Franconie; elle forme la chaîne du Jura en France : on la retrouve en Italie; elle renferme très-souvent des grottes.

CALCAIRE. SECONDAIRE.

On trouve en outre des montagnes de calcaire secondaire, qui paraissent appartenir à des formations particulières : telles sont celles de Vehrau, celles entre Dresde et Meissen en Saxe, et ce calcaire, observé en Suède, qui est d'un brun rougeâtre et entremêlé de couches de schiste alumineux.

Métaux.

Les montagnes de calcaire secondaire sont traversées en plusieurs endroits par des filons métallifères, principalement de galène, de fahlerz, de malachite, etc. Il y en a beaucoup dans la Hesse, à Thalitter, Riechelsdorf, etc.

Localités.

Le schiste marno-bitumineux est exploité pour en extraire le cuivre dont il est pénétré. (*Voy.* t. 1, p. 574.)

Indépendamment des localités citées pour chaque formation en particulier, on peut dire que le calcaire secondaire se rencontre dans presque tous les pays; il forme quelquefois des chaînes considérables.

(*Voyez* les usages de la pierre calcaire compacte commune, t. 1, p. 526.)

---

3. *KREIDE.* — CRAIE.

LES terrains de craie pourraient peut-être être regardés comme subordonnés aux calcaires secondaires. Ils sont uniquement composés de craie, dont les couches sont quelquefois entrecoupées par des lits minces de pierres à fusil en masses tuberculeuses. On y trouve des coquillages marins, dont la matière est siliceuse. On y

CRAIE.

rencontre aussi quelquefois çà et là des pyrites en boules, dont l'intérieur est rayonné. On n'y trouve d'ailleurs aucuns métaux ni aucune autre substance étrangère.

Cette formation est en général bien moins caractérisée que les précédentes ; elle forme des masses assez considérables dans les pays de plaines. On en trouve en France, en Angleterre, dans l'île de Zélande, etc. (*Voyez* t. 1, p. 522.)

---

4. *GYPS.* — GYPSE.

Composition.

Le minéral nommé *gypse* en Oryctognosie, a donné son nom aux grandes masses ou terrains dans lesquels il se rencontre. Ces terrains sont communément composés de couches de gypse, de grès, de pierre puante, de pierre calcaire, de marne (*), d'argile, et plus rarement de sel gemme.

Substances mélangées.

Les couches de gypse contiennent souvent des cristaux de différentes substances, principalement le quartz, l'arragonite, la boracite, des grenats, etc. : ces cristaux sont en général très-bien déterminés. Le gypse est aussi très-souvent mélangé de soufre, quelquefois cristallisé ; il ne renferme que très-peu de pétrifications : il semble que les corps organisés se soient éloignés de la dissolution d'où les gypses se sont précipités. On y a trouvé cependant des ossemens de quadrupèdes.

Formations.

Outre le gypse qui se trouve dans les terrains primitifs, et dont il a été parlé à l'article du schiste micacé, on distingue deux formations de gypse stratiforme. — La

---

(*) Ces couches de marne se partagent quelquefois en prismes comme les basaltes : on en a observé de semblables en Bohême, d'autres à Argenteuil près Paris, et ailleurs.

GYPSE.

première repose immédiatement sur le calcaire secondaire le plus ancien ; elle consiste en gypse lamelleux, sélénite, gypse compacte formant des couches minces, alternant avec des couches de pierre puante, également très-minces : c'est principalement cette formation qui contient le sel gemme, et où l'on trouve des sources salées. On rencontre souvent dans les gypses des cavités, des grottes creusées par les eaux ; ce qui occasionne quelquefois des éboulemens considérables. — La seconde formation de gypse contient différens gypses, mais principalement du gypse fibreux qui alterne avec des couches d'argile endurcie et de grès. Elle repose immédiatement sur le grès bigarré dont il a été parlé ci-dessus : elle est souvent recouverte par le calcaire coquillier.

Métaux.

Les montagnes à gypse ne renferment point de métaux ; cependant, dans le pays de Salzbourg, il y a quelques minerais de cuivre qui accompagnent le gypse (*), plusieurs même sont exploités. On extrait souvent le soufre qui est mêlé avec le gypse. Il y a aussi des gypses imprégnés de sel marin, que l'on en retire en y creusant des cavités, et y laissant séjourner l'eau pour le dissoudre.

Localités.

On trouve du gypse presque partout, plus généralement dans les pays de plaines ou dans le fond des vallées ; mais il est rare qu'il forme des masses d'une grande étendue, du moins si on le compare avec les grès et les roches calcaires. Les gypses des environs de Paris, ceux du canton de Berne, la plupart de ceux qui se trouvent dans les vallées des Alpes, appartiennent à la première

(*) Sont-ils véritablement dans des montagnes de gypse ?

GYPSE. formation, qui est d'ailleurs la plus abondante. La seconde se rencontre à Grafentonna en Thuringe, à Neubourg en Bavière, dans le Derbyshire et ailleurs.

(*Voyez*, pour les usages du gypse, t. 1, p. 608.)

---

5. *STEINSALZ* — SEL GEMME.

Les montagnes qui renferment des couches de sel gemme, devraient être regardées comme une formation particulière de gypse (*); car elles ont les plus grands rapports avec celles de gypse, et renferment souvent des couches de ce minéral, qui alternent avec des couches de sel gemme, avec de l'argile endurcie, de la pierre calcaire, de la pierre puante.

Composition. Indépendamment des couches, qui sont uniquement composées de sel marin, on en trouve aussi de gros blocs ou amas souvent considérables : les couches d'argile en sont aussi mélangées ou imprégnées, et souvent au point qu'on les exploite avantageusement pour en retirer le sel par le lavage. Il s'y rencontre aussi beaucoup de sources salées.

Telle est la constitution des terrains de cette formation : ils ne contiennent aucun minerai métallique, ni aucune autre substance étrangère.

Ils se trouvent ordinairement dans les pays de coteaux, et sont comme adossés aux montagnes qui forment les premiers rangs des grandes chaînes; du moins on les observe ainsi dans les monts Carpathes, tant du côté

(*) Et probablement une des plus anciennes.

de la Pologne (à Wieliczka, Bochnia, etc.), que du côté de la Hongrie et de la Transilvanie. On trouve aussi du sel gemme en Tirol, dans le Salzbourg, près de Cordoue en Espagne, au Pérou, etc. (*Voyez* t. 2, p. 24.) SEL GEMME.

---

6. *STEINKOHLE.* — HOUILLE.

Montagnes à houille.

Il est ici principalement question de ces terrains ou montagnes qui renferment plus particulièrement de la houille, et que l'on appelle pour cette raison *montagnes à houille*, et qui paraissent provenir d'une formation distincte de celle des autres roches secondaires : ce n'est pas qu'on ne trouve de la houille dans d'autres formations, comme il sera dit plus bas ; mais on verra que ces gîtes de houille ont des différences essentielles d'avec ceux des *montagnes à houille*.

Composition.

Ces montagnes ou terrains sont ordinairement formés de couches, 1°. de grès très-friable, contenant quelquefois des paillettes de mica ; 2°. d'une autre sorte de grès (*agglomérat* (*) ou *poudingue*) à très-gros grains, quelquefois de la grosseur de la tête ; 3°. de schieferthon ; 4°. de marne ; 5°. de calcaire ; 6°. d'argile endurcie ; 7°. d'une sorte de porphyre argileux nommé quelquefois *flœtz-porphir* ou *porphyre secondaire* (**) ;

(*) Les Allemands désignent en général, par ce nom d'étymologie latine, tous les grès à gros grains, les poudingues.

(**) Il contient des branches, des racines et même des arbres entiers pétrifiés : on en trouve auprès de Chemnitz en Saxe.

HOUILLE. 8°. de fer argileux, et peut-être de quelque autre substance; 9°. enfin, de couches de houille qui sont plus ou moins épaisses, plus ou moins nombreuses dans la même masse. Souvent elles sont très-abondantes, souvent aussi elles s'y trouvent en très-petite quantité; elles peuvent même ne pas s'y rencontrer sans que la masse perde pour cela les caractères qui la font appartenir à la formation des houilles. La nature des houilles qui forment ces couches, est aussi assez constante; elles paraissent avoir été ici plus élaborées que dans les autres formations : le *grobkohle* s'y trouve exclusivement. On y rencontre aussi le *blätterkohle*, le *schieferkohle*, le *kennelkohle*, le *glanzkohle* et le *pechkohle* (*Voyez* t. 2, p. 44 et suiv.) Ces deux dernières existent aussi dans les autres formations.

Gissement. Ces terrains à houilles occupent en général des pays peu élevés : on les trouve surtout au pied des chaînes de montagnes, et dans les bassins qu'elles présentent et qui communiquent avec les plaines. On peut dire que ces formations de houille n'ont pas été générales, mais plutôt partielles et locales, quoiqu'elles se présentent en beaucoup d'endroits.

Il y en a une qui a des caractères particuliers, et qui mérite d'être distinguée; elle se trouve auprès de Dresde et dans le Cumberland; elle est quelquefois mélangée de minerais métalliques; elle est la plus ancienne (*).

(*) Ne doit-on pas aussi distinguer les houilles qui avoisinent les grès, d'avec celles qui se trouvent dans le calcaire secondaire. Cette dernière est presque uniquement du pechkohle; elle est beaucoup moins abondante, et en général je crois qu'elle est d'une autre formation que la première, et plus récente. (?)

HOUILLE.

Autres formations de houille.

Il existe de la houille dans d'autres terrains que les montagnes à houille ; et c'est ici le lieu d'en parler, afin que l'on puisse comparer ces formations avec celle des montagnes à houille proprement dites.

La plus considérable est celle qui se rencontre dans les traps secondaires. Les houilles qu'elle contient, sont, le *glanzkohle*, le *pechkohle*, le *stangenkohle*, le *braunkohle*. Elle s'y trouve quelquefois en grande quantité, et donne lieu à des exploitations considérables. (*Voyez* l'article des traps secondaires.)

Il existe aussi de la houille dans les terrains d'alluvion. C'est uniquement le braunkohle avec les bois et terres bitumineux.

Localités.

On a déjà vu (t. 2, p. 57) quels sont les principaux pays où se trouvent des mines de houille ; mais il convient d'indiquer ici quelle est l'espèce de formation qui s'y rencontre.

Les houilles de Newcastle, dans le Northumberland ; celles du Lancashire et du Straffordshire ; celles du nord et de l'ouest de la France, dans la Belgique, le pays de Liége, la Normandie ; celles du Creusot près d'Autun, et autres ; celles de la Silésie, etc. appartiennent aux montagnes à houille. Celles au contraire du nord de l'Écosse, du milieu de la France (dans l'Auvergne, le Velay, le Vivarais) ; celles de la Hesse (au Meissner, près de Cassel) ; celles du Mittelgebirge en Bohême, proviennent de la formation des houilles des traps secondaires (*).

(*) Il a déjà été question de l'origine des houilles (t. 2, p. 57) ; j'ai avancé qu'elles étaient dues à une décomposition de végétaux, et *principalement des bois*..... Je crois que cela est vrai pour les houilles des traps; mais quant aux

7. *EISENTHON.* — FER ARGILEUX.

On désigne sous ce nom des terrains qui renferment principalement la mine de fer argileuse commune de l'Oryctognosie.

Composition. Ses couches alternent ordinairement avec des couches d'argile endurcie, de scheferthon, de marne, de brandschiefer, de grès; elles contiennent aussi souvent de la calamine mélangée avec la galène : on y remarque quelquefois des empreintes de plantes et des pétrifications marines.

Époque de formation. Les terrains d'eisenthon ne sont pas très-communs, et on ne les a pas encore assez observés pour pouvoir déterminer exactement leur ancienneté relative. Ils paraissent provenir d'une des formations stratiformes les plus récentes.

Gisement. Ils ne forment pas des masses très-étendues, mais communément des petites collines isolées. On en trouve beaucoup en Pologne; en Silésie, près de Tarnowitz; à Vehrau, dans la Haute-Lusace; en Bavière; en Angleterre, auprès de Kolbrookdale, etc.

---

houilles des montagnes à houille, je pense qu'elles sont plutôt un résidu de plantes et de roseaux, et en général de petits végétaux herbacés.

8. *FLŒTZTRAP.* — TRAPS STRATIFORMES OU SECONDAIRES.

On a vu à l'article des traps primitifs (p. 580), ce qu'il fallait entendre en général par le mot *trap*, et quelle était l'acception que M. Werner donnait à ce mot (*).

Les montagnes de traps secondaires sont composées de plusieurs roches, dont la plupart appartiennent exclusivement à cette formation, mais dont quelques-unes se rencontrent également dans des montagnes d'une autre espèce. Roches qui la composent.

Les roches propres aux montagnes de traps sont, le basalte, la wacke, le tuf basaltique, le mandelstein secondaire, le porphirschiefer, le graustein et le grunstein secondaire.

Celles qui, sans y être exclusivement propres, s'y rencontrent quelquefois, sont, des graviers et sables de différente nature, des grès quartzeux, des argiles, des bois bitumineux, des houilles et quelques autres.

Le basalte, considéré comme masse de montagne, est une roche plus ou moins composée (**), le plus souvent Basaltes.

(*) Dans beaucoup d'auteurs allemands, les traps stratiformes comprennent tous les traps; aussi on les désignait sous le nom général de *trapp-formation*, formation des traps.

(**) Le basalte est quelquefois très-peu mélangé, principalement celui qui a le plus de tendance à se diviser en prismes; souvent même il paraît absolument compacte; mais avec un peu d'attention, il est rare que l'on n'y découvre pas des parties étrangères à la masse.

TRAPS SECONDAIRES. de structure porphyrique, dont la base principale est le basalte décrit dans l'Oryctognosie (t. 1, p. 430). Il contient principalement des grains ou cristaux d'olivine, d'augite, de hornblende basaltique, de fer magnétique, plus rarement de leucite, de feldspath (*), de quartz, etc. On y trouve aussi quelquefois du mica, du strahlstein, de la calcédoine, etc. Il prend quelquefois la structure amygdaloïde : ses cavités sont alors remplies de zéolithe, de stéatite, de spath calcaire, etc. Quelques-unes de ces cavités sont vuides, d'autres contiennent même de l'eau.

Cette roche se présente ordinairement en grandes pièces séparées, le plus souvent prismatiques. Il y a aussi des basaltes en tables, et plus rarement des basaltes en boules qui se séparent en pièces séparées, testacées, concentriques.

Le basalte est de tous les traps secondaires celui qui se rencontre le plus souvent : il forme quelquefois à lui seul des montagnes entières ; aussi tous les traps secondaires sont quelquefois désignés généralement sous le nom de *basaltes*.

Il se rapproche souvent, par des passages, de la wacke, et quelquefois du porphirschiefer ; c'est ce que M. Reuss a nommé *basaltschiefer*.

Wacke. La wacke décrite (t. 1, p. 434) forme quelquefois des couches dans les montagnes de traps secondaires : elle tient comme le milieu entre l'argile et le basalte ; elle ne contient ni olivine ni augite, mais des cristaux de hornblende basaltique, et surtout du mica noir hexagonal, qui la caractérise particuliérement et la distingue du basalte, qui n'en contient que très-rarement.

(*) Le *basaltporphir* de M. Reuss est un basalte mélangé de feldspath.

TRAPS SECONDAIRES. Amygdaloïdes.

Les *amygdaloïdes* ou *mandelstein* des traps secondaires ont pour base une espèce d'argile qui paraît être un grunstein décomposé, et qui est pénétrée quelquefois de parties siliceuses. Cette base ressemble en général beaucoup à la wacke, et souvent y passe entiérement ; quelquefois aussi elle prend une contexture plus compacte et passe au basalte. Les cavités bulleuses de ces mandelstein sont tantôt vuides, tantôt tapissées d'un enduit terreux, tantôt remplies d'une matière qui est le plus souvent de la terre verte, de la zéolite, du spath calcaire. (*Voyez* les mandelstein de transition.)

Tuf basaltique.

Le *tuf basaltique* (*basaltuf*) est le résultat d'une décomposition, ou plutôt d'une destruction de certains basaltes, arrivée lors de la formation de la montagne. Il contient des fragmens de basaltes, des morceaux d'olivine, des débris de végétaux, etc. Toutes ces substances sont agglutinées par un ciment argileux.

Porphirschiefer.

Le *porphirschiefer* (*) est une roche composée de contexture schisteuse et porphyrique. Sa base est le klingstein (t. 1, p. 437). Les grains qui y sont mélangés paraissent être du feldspath ou plus rarement de hornblende. Il se rencontre souvent avec le basalte ; ils ont de grands rapports ensemble, et passent fréquemment de l'un à l'autre ; mais le porphirschiefer paraît devoir son origine à une précipitation plus chimique ; sa composition est plus intime ; il est plus translucide, plus sonore, plus dur, moins mat et moins terreux que le basalte (**).

Grunstein secondaire.

Le grunstein secondaire est, ainsi que le grunstein primitif et de transition, composé de hornblende et de feld-

(*) Littéralement *schiste porphyrique*.

(**) M. Klaproth a trouvé huit centièmes de soude dans le porphirschiefer.

TRAPS SECONDAIRES.

spath ; mais dans celui-ci les grains sont de nature moins cristalline ; ils sont moins intimement unis que dans le primitif. Le grunstein recouvre ordinairement les couches de basaltes ; il paraît être le précipité le plus chimique de la dissolution qui a fourni le basalte.

Graustein.

Le graustein (*) est une roche composée de très-petits grains de feldspath et de hornblende, en quelque sorte fondus les uns dans les autres, en sorte qu'il en résulte une masse presque homogène et d'un gris-cendré ; elle contient de l'olivine, de l'augite ; elle se trouve en Italie. L'aspect de cette pierre et du grunstein secondaire indique une combinaison plus rapprochée et plus *sèche* (si on peut se servir de ce mot), que dans les grunstein primitifs : ceux-ci sont plus onctueux, moins rudes et moins secs au toucher.

Telles sont les roches qui sont propres aux montagnes de traps secondaires. Il n'est pas inutile de remarquer ici de nouveau que la plupart de ces roches, et principalement le porphirschiefer, le grunstein, le graustein, paraissent provenir d'une précipitation chimique, tandis qu'au contraire les masses qui se trouvent dans ces montagnes, sans leur être exclusivement propres, sont toutes évidemment des dépôts ou des précipités mécaniques, et que les wackes et les basaltes semblent tenir le milieu entre ces deux extrêmes.

Ordre de superposition.

Cette observation est intéressante, en ce que c'est à peu près là l'ordre de superposition que suivent ces différentes roches dans les montagnes qu'elles constituent : les sables, les argiles occupent communément la partie inférieure, viennent ensuite les wackes. Les basaltes,

(*) Littéralement *roche grise*.

les

les mandelstein et les porphirschiefer, les grunstein et les graustein occupent toujours les sommités. TRAPS SECONDAIRES.

Cependant il est rare que toutes ces roches se rencontrent à la fois dans une même montagne : le basalte y est en général la plus abondante ; mais quand elles se trouvent ensemble, leur ordre de superposition rentre presque toujours dans celui qui vient d'être tracé : en voici quelques exemples.

Le Meissner, auprès de Cassel dans la Hesse, est une montagne de trap qui repose sur du calcaire coquillier, dont les couches sont assez inclinées à l'horizon, tandis que les couches de trap qui les recouvrent, sont à peu près horizontales. La partie inférieure est une couche très-considérable de houille et de bois bitumineux ; au dessus se trouve une couche mince de wacke, puis du basalte, lequel est recouvert par du grunstein. Exemples.

A Habichtswalde, qui est aussi près de Cassel, on voit une autre montagne de trap très-remarquable. Sur du calcaire secondaire on trouve des couches de sable, d'argile, de wacke, de basalte, qui alternent à trois reprises et toujours dans le même ordre. Sur la troisième couche de basalte se trouve une puissante couche de houille (braunkohle), qui est recouverte par un grès quartzeux traversé par des restes de roseaux et de bois pétrifiés. Enfin, sur ces grès on retrouve encore dans le même ordre des couches d'argile, de wacke, de basalte; dans le sable on trouve des coquillages marins; les couches de basalte sont entremêlées de tuf basaltique, renfermant des fragmens de basalte, d'olivine et des débris de roseaux.

En Saxe, à Pohlberg et Scheibenberg près d'Annaberg on trouve sur le gneiss une couche d'un gros gravier recouvert d'une couche d'argile, dont la partie inférieure

TRAPS SECONDAIRES.

est sèche et sablonneuse, et dont la supérieure, plus grasse, est employée par des potiers. Vient ensuite une couche mince de wacke, puis enfin le basalte; mais ce qui est très-remarquable, c'est que l'on voit la finesse du grain augmenter graduellement du bas en haut, en sorte qu'il y a une transition insensible, depuis l'argile la plus grossière jusqu'au basalte.

En Bohême, dans le Mittelgebirge, on trouve presque constamment le porphirschiefer à la cime des montagnes de trapp; le basalte occupe la partie inférieure. Cependant il y a aussi des basaltes qui, quoique inférieurs aux porphirschiefer, paraissent adossés aux flancs des montagnes.

Pétrifications.

Les débris de corps organisés sont assez communs dans les montagnes de trap; celles d'Italie surtout abondent en pétrifications marines.

On n'y trouve aucuns métaux, à l'exception de quelques veines et grains de fer, quoique ce métal entre comme partie constituante essentielle dans plusieurs des roches qui les composent.

Forme des montagnes de trap.

Les montagnes de traps, et surtout celles de basaltes, ont une disposition particulière qui les caractérise. Elles paraissent isolées l'une de l'autre, et forment rarement des chaînes aussi continues que les montagnes des autres formations. Les montagnes de basalte affectent la forme conique; ce qui les a fait souvent regarder comme volcaniques. Le porphirschiefer présente aussi des sommités pointues, conoïdes, mais moins régulières que celles de basalte, et elles offrent beaucoup plus d'escarpemens.

Gissement.

Il a déjà été dit plus haut quel était l'ordre que suivaient entre elles les différentes roches qui constituent la formation des traps stratiformes. Il s'agit ici de leur position, relativement aux autres roches précédentes. Elles n'en sont jamais recouvertes (*), et elles leur sont au contraire toujours superposées ; mais, du reste, leur gissement varie beaucoup : on trouve souvent des roches de trap sur des grès, sur des houilles, sur des pierres calcaires secondaires, quelquefois même sur des thonschiefer, des gneiss, et même sur des granits. On ne peut pas toujours observer la roche sur laquelle les basaltes sont déposés ; mais il y a des pays où les sommités seulement sont basaltiques ; ce qui donne lieu de croire qu'il a existé autrefois sur toute la surface de ces pays un grand dépôt basaltique, dont ces sommités sont les restes : on en observe de semblables dans le nord de l'Italie, en Bohême, etc.

TRAPS SECONDAIRES.

Dans le voisinage des pays basaltiques on rencontre souvent des roches primitives qui renferment des filons de wacke et de basalte.

Localités.

Les montagnes de trap secondaire sont très-communes dans certains pays, et il y en a d'autres qui n'en contiennent pas du tout. On en trouve en Saxe, en Bohême (**), en Silésie, dans la Hesse, en Écosse et dans les îles qui l'avoisinent ; en Suède, etc.

(*) Il y a néanmoins quelques exceptions. M. Reuss a observé en Bohême, auprès de Leïtmeritz, dans la montagne de Bockau, des couches de basalte alternant avec des couches de pierre calcaire stratiforme : ces cas sont très-rares.

(**) Il paraît que la partie nord-est de la Bohême est toute entière formée de ces roches : la chaîne du Mittelgebirge en est composée : on y rencontre beaucoup de porphirschiefer et une grande quantité de basaltes. Il faut lire la des-

TRAPS SECONDAIRES.

Origine des traps secondaires.

On a déjà dit dans l'Introduction, p. 68, que les montagnes de trap secondaire, et principalement les basaltes, étaient regardés par quelques minéralogistes, comme produits par les feux volcaniques, tandis que M. Werner et presque tous les savans de l'Allemagne sont persuadés qu'ils ont été formés, comme les autres roches, par les eaux qui ont inondé la surface du globe.

Les premiers se fondent sur les raisons suivantes :

1°. On trouve, dans les masses produites par les volcans qui ont brûlé de nos jours, des basaltes prismatiques et d'autres roches qui ressemblent aux roches de trap, et qui néanmoins ne portent aucun caractère de fusion, et que la localité seule et le gissement font reconnaître comme volcaniques.

2°. C'est une erreur de croire que toutes les masses rejetées par les volcans doivent être des matières vitrifiées ; elles y sont au contraire assez rares.

3°. La couleur noire n'est pas non plus essentielle aux produits volcaniques : il y en a de gris, d'autres bruns, et même des blancs.

4°. Beaucoup d'observations ont constaté que le feu

---

cription que M. le docteur Reuss a publiée de cette partie de la Bohême : cet excellent ouvrage, à peine connu en France, est un de ceux où sont réunis le plus de faits dignes de l'attention du géologue. Il est accompagné d'une table des matières, qui donne la plus grande facilité de le consulter. On trouvera peut-être que l'auteur est entré dans trop de détails ; je crois qu'on doit au contraire lui en savoir gré. Ce genre d'ouvrage n'est pas fait pour être lu de suite, mais pour être consulté ; et la Géologie ne fera de grands progrès que lorsqu'on aura publié beaucoup de descriptions minéralogiques semblables.

des volcans est bien inférieur à celui de nos fourneaux ; d'après cela, il n'est pas étonnant que les basaltes puissent être dénaturés par une fusion artificielle, et ce n'est pas une raison pour croire qu'ils n'ont pas éprouvé auparavant l'action des feux volcaniques.

5°. Quand même on supposerait au feu des volcans une grande chaleur, on sait, par les belles expériences faites en Angleterre par M. Hales, comparativement sur le *whinstone* (*) et sur des laves du Vésuve, que l'on peut donner à une masse pierreuse, fondue et refroidie, une contexture et un aspect qui aient les caractères d'un verre ou ceux d'une pierre, suivant que le refroidissement qu'on lui fait éprouver, est rapide ou lent. Ces expériences ayant été répétées sur plusieurs espèces de whinstone, on a obtenu constamment, par un refroidissement lent, une masse pierreuse, compacte, sans éclat, entiérement semblable au whinstone employé, et au contraire une masse vitreuse par un refroidissement rapide. Les mêmes essais faits sur la matière du verre à bouteille, ont donné les mêmes résultats. (*Voyez* les numéros 106 et 108 de la *Bibliothèque britannique.*)

On voit donc que l'absence des scories et des vitrifications n'est pas une raison pour nier l'origine volcanique du basalte; d'ailleurs, il est de fait que les volcans brûlans en ont produit.

6°. Mais sans parler des basaltes qui ont tant de carac-

(*) Le *whinstone* des Anglais est en général une roche de trap secondaire; mais parmi plusieurs échantillons que j'ai vu donner sous ce nom, les unes ressemblaient au basalte; d'autres, au grunstein; d'autres enfin avaient la structure amygda'oïde.

TRAPS SECONDAIRES.

tères volcaniques, on remarque une très-grande analogie entre les mandelstein secondaires et les laves poreuses, entre les argiles des montagnes de trap et les produits des éruptions boueuses, entre le tuf basaltique et les tufs volcaniques ; et presque tous les minéraux qui sont disséminés dans les masses volcaniques, se retrouvent dans les montagnes de trap, etc.

7°. Le gissement des traps secondaires, lesquels sont en recouvrement sur toutes les roches secondaires, tandis que la dureté, la compacité et les autres caractères de plusieurs d'entre eux, tels que le grunstein, le basalte et autres, sont si différens de ceux des roches secondaires auxquelles ils sont superposés ; l'espèce de *sécheresse* au toucher qu'ils présentent et qui est si caractéristique pour les produits volcaniques en général, tous ces rapprochemens ne peuvent permettre de reconnaître que les basaltes aient eu la même origine que toutes les roches secondaires.

8°. On a objecté que, dans les pays basaltiques, on trouve des basaltes sur presque toutes les sommités, et qu'il n'en serait pas ainsi si les basaltes étaient des laves; cela serait vrai si ces laves provenaient d'un dépôt récent ; mais ce dépôt paraît au contraire fort ancien, et a subi beaucoup de changemens. M. Reuss lui-même a observé en Bohême que les sommités basaltiques qui s'y rencontrent, paraissent être les restes d'une vaste couche de basalte détruite. (*Min. géog.* t. 2, p. 59.)

9°. Enfin, la forme conique des montagnes de trap, et surtout de celles de basalte, a la plus parfaite ressemblance avec celles des montagnes volcaniques, et c'est cette ressemblance qui a donné la première idée d'attribuer aux basaltes une origine volcanique.

Les partisans de la formation par la voie humide, ou les

TRAPS SECONDAIRES.

neptunistes, s'appuient de leur côté sur beaucoup d'observations, dont voici les principales :

1°. On trouve, il est vrai, des basaltes parmi les produits des volcans brûlans, mais ils y sont extrêmement rares, et les éruptions modernes n'en ont pas produit.

2°. Quelle que soit l'origine que l'on attribue à la division en prismes, en tables, etc. elle n'est pas particulière aux roches de trap : il y a des gypses, des marnes, des grès qui présentent fréquemment cette structure. Ainsi donc cette division en prismes, assez rare parmi les véritables produits volcaniques, a lieu au contraire dans plusieurs roches stratiformes.

3°. Les basaltes reposent très-souvent immédiatement sur des houilles, comme au Meissner près Cassel : or, si ce basalte était volcanique, il eût nécessairement opéré la combustion de ces couches de houilles.

4°. Les débris de végétaux et d'animaux, qui se trouvent dans quelques roches de trap, n'auraient pu également résister à la chaleur volcanique sans être détruits.

Il en est de même de beaucoup de minéraux très-fusibles qui s'y rencontrent : à la vérité, on en trouve aussi quelques-uns dans les roches volcaniques, mais ces cas sont rares et ne peuvent servir de base à une règle générale.

5°. Les cavités remplies d'eau, telles que les agates enhydres trouvées près de Vicence en Italie, dans des montagnes de trap secondaire, détruisent entiérement toute supposition de l'origine volcanique de ces montagnes (*).

6°. On ne voit dans les roches de trap, ni cette cou-

(*) Les vulcanistes répondent que ces agates, remplies d'eau, ont une origine postérieure due à des infiltrations.

TRAPS SECONDAIRES

leur noire ni ces indices de vitrifications que présentent, au moins dans certaines parties, les produits des volcans brûlans : on n'y a jamais reconnu de véritable cratère. Tous ceux que l'on a cités, étaient des enfoncemens, des gorges remplies d'eau, si fréquentes dans quelques montagnes.

7°. Le mandelstein a sans doute quelque ressemblance avec des laves poreuses, mais on a aussi des mandelstein évidemment non volcaniques. D'ailleurs, les cavités des mandelstein des montagnes de trap renferment des minéraux très-différens, et qui ne peuvent avoir subi l'action du feu sans se dénaturer (*).

8°. Il est vrai que, d'après les expériences de M. Hales, et d'après quelques observations modernes faites sur les volcans brûlans, on sait que des matières pierreuses peuvent reprendre, après la fusion, leur caractère pierreux ; mais lorsque cela a lieu dans les volcans brûlans, on trouve toujours dans le voisinage des matières qui n'ont pas éprouvé cet effet, et qui sont au contraire scorifiées ou vitrifiées ; ce qui dénote l'action du feu.

9°. On a observé dans différens pays, et surtout en Bohême et dans le Vicentin, des couches de basalte qui alternent avec des couches de grès ou de pierre calcaire stratiforme : cette réunion de ces deux roches ne prouve-t-elle pas qu'elles ont eu la même origine ? Les vulcanistes, pour ramener ce fait à leur théorie, sont obligés de recourir à une supposition tout-à-fait forcée, d'après laquelle il y aurait eu alternativement des éruptions volcaniques et des dépôts sousmarins ; au lieu que cette alternative de couches différentes de roches de formation à peu près contemporaines a plus d'un exemple dans les montagnes.

(*) Même observation que dans la note sur l'article 5°.

TRAPS SECONDAIRES.

10°. Il y a beaucoup de pays basaltiques où le basalte ne se trouve que sur les sommités, et l'on voit évidemment par la correspondance des couches, que toutes ces sommités ont fait partie d'une seule et même couche qui a recouvert tout le pays : or, ce n'est pas là la nature des dépôts volcaniques ; ils forment des courans qui prennent une direction déterminée, et on ne connaît de semblables exemples de dépôts aussi vastes, que parmi les roches produites par l'eau, et surtout parmi les roches stratiformes.

11°. Le basalte n'a aucune apparence de fusion : chauffé dans un fourneau, il se fond en verre ; il est vrai que, d'après les expériences de M. Hales, on en obtient aussi une masse pierreuse ; et il faut bien que cela puisse arriver, puisque la nature en produit dans les volcans brûlans ; mais ces cas sont fort rares, et M. Hales a très-bien observé que, dans ses expériences, cela dépendait d'un refroidissement menagé : or, il faudrait donc supposer que cette circonstance s'est rencontrée constamment lors des éruptions volcaniques, que l'on suppose avoir produit les montagnes de trap.

12°. On a voulu attribuer la division prismatique du basalte à l'eau de la mer, qui, dit-on, couvrait alors tout le terrain sur lequel ces *laves* ont coulé : cela est possible ; mais ce refroidissement accéléré aurait dû, suivant les expériences de M. Hales, donner aux laves une apparence vitreuse ; ce qui n'a pas lieu même dans des portions de leur masse.

13°. La forme conique des montagnes basaltiques ne prouve rien : il est vrai que cette forme est celle des montagnes volcaniques, mais c'est en général celle de toutes les montagnes dont les flancs sont couverts de substances terreuses : les matières fondues, les cendres,

TRAPS SECONDAIRES.

donnent cette forme aux volcans, et si les montagnes basaltiques prennent aussi plus particuliérement cette apparence, c'est que leurs débris se décomposent très-facilement et se réduisent très-promptement à l'état terreux, en sorte qu'ils forment naturellement des talus sur les flancs des montagnes.

D'ailleurs, la forme conique des montagnes basaltiques n'est pas celle des volcans brûlans ; les premières sont des cônes isolés les uns des autres, presque égaux en hauteur : au lieu que les montagnes volcaniques sont de grandes élévations conoïdes, dont les pentes et les flancs sont chargés de petites sommités coniques.

On pourrait étendre bien davantage cette suite de motifs sur lesquels l'une et l'autre théorie sont fondées ; mais de plus longs détails seraient ici déplacés (*) : le tems amènera peut-être quelque jour la solution définitive de ce grand problême de géologie. Dolomieu s'en occupait beaucoup ; et sans doute qu'il eût réussi à réunir

(*) On a pu observer que les points de division sont souvent des choses de fait, comme l'existence des scories, des vitrifications, celles des cratères, etc. Je ne prétends pas en discuter la légitimité.

Peut-être que l'un et l'autre parti trouveront que je n'ai pas assez fait valoir leurs motifs, ou que j'en ai oublié d'importans .... Je ne le crois pas. J'ai dû chercher à les réunir tous, au moins les principaux ; mais j'avoue que s'il m'en était échappé, je m'en consolerais facilement si je croyais que cela pût donner lieu aux partisans des deux opinions de publier de nouveaux mémoires pour prendre eux-mêmes leur défense. Il y a long-tems que cette grande querelle est assoupie, et il est probable que l'on a réuni de part et d'autre des observations nouvelles.

les deux partis en un seul si la mort ne fût venue le frapper au milieu de ses travaux. Il n'adoptait aucune des deux opinions ; il était persuadé que l'une et l'autre étaient admissibles suivant les localités, parce qu'ayant vu souvent, dans les produits des volcans brûlans de l'Italie, des roches tout-à-fait semblables aux basaltes et même à d'autres roches primitives, il avait reconnu par une longue expérience, qu'il n'y avait que des caractères de localité qui pussent décider de l'origine des unes et des autres. Il avait observé, d'après ce principe, quelques pays basaltiques, entre autres l'Auvergne et le Vicentin, et il les avait regardés comme volcaniques. Je cite principalement ces deux exemples, parce que je sais que plusieurs célèbres minéralogistes de l'Allemagne sont d'un avis contraire.

QUATRIÈME CLASSE.

AUFGESCHWEMMTE GEBIRGSARTEN.

ROCHES D'ALLUVION (*).

LEUR nom désigne assez la manière dont ils ont été formés et leur nature. Ce ne sont en effet que des atterrissemens ou des masses composées de débris terreux et pierreux des anciennes roches charriées par les eaux, et déposées en couches à peu près horizontales sur la surface de la terre.

On distingue les alluvions en deux espèces : celles qui ont eu lieu sur les montagnes, et celles qui couvrent les plaines.

(*) *Voyez* l'Introduction, pages 33 et 49.

Alluvions des montagnes.

Les alluvions des montagnes peuvent se trouver, ou dans les vallons, ou sur les plateaux.

Les premières ne sont en général que des débris des montagnes environnantes : leur base principale est une masse argileuse ou calcaire, en parties fines peu cohérentes : on y rencontre quelques fragmens de roches, et surtout c'est là que l'on trouve tous les minéraux qui, par leur dureté ou leur ténacité, ont pu échapper aux frottemens et aux chocs réitérés qui ont lieu lorsque les eaux charrient les débris des roches. Tels sont les saphirs, les rubis, les chrysolithes, les hyacinthes et autres pierres précieuses; et de même quelques mines métalliques, telles que la mine d'étain, certaines mines de fer, des paillettes d'or, etc. Tous ces minéraux ont été primitivement mélangés dans quelques roches ; mais il y en a beaucoup dont on ignore le véritable gissement, et la plupart ne proviennent que de ces sortes de dépôts. Il y a des exploitations établies en quelques endroits, pour l'or et l'étain qu'elles contiennent. Comme cette extraction se fait par le lavage, on a nommé ces dépôts d'alluvion *seifengebirgsarten*, de *seifenlaver* (*). Ils sont quelquefois recouverts de couches de tourbe.

Les alluvions qui recouvrent les plateaux, sont des argiles ou terres glaises.

Alluvions des plaines.

Les alluvions ou atterrissemens des plaines consistent en couches ou bancs de galets, de graviers, de sables, d'argiles, de tourbes, de tuf calcaire, quelques espèces

(*) *Seifen* veut dire littéralement *savonner ;* mais on l'a employé pour désigner l'opération du lavage des mines, comme on a désigné par *seifenwerk* le lieu de ces exploitations de mines d'alluvion.

de houilles, de bois, des terres et autres matières bitumineuses.

Ces sortes d'alluvions sont quelquefois distinguées en quatre sortes de terrains différens.

1°. Les *terrains sablonneux*, qui renferment plus particuliérement des galets, des graviers, des sables, avec très-peu d'argile : dans quelques endroits on y trouve des coquillages marins, du succin, quelques paillettes d'or, etc. Ces terrains sont surtout aux bords de la mer et à l'embouchure des fleuves.

2°. Les *terrains limoneux*. Les couches d'argile, de glaise, de terre à potier y dominent : on y trouve de la mine de fer réniforme (eisenniere) et quelques couches de sables, de galets. Ces terrains occupent principalement les plaines basses qui séparent les chaînes de montagnes.

3°. Les *terrains marécageux*. On n'y rencontre presque exclusivement que les produits de végétaux décomposés, certaines houilles, des tourbes, des bois et terres bitumineux, des couches de fer limonneux : les sables et les argiles y sont peu abondans. Le gite ordinaire de ces terrains est dans les endroits les plus creux des plaines et des vallées.

4°. Les *terrains de tufs*. Ce sont des couches d'un dépôt calcaire formé par les eaux sur des végétaux, qui, étant ensuite détruits, donnent à la masse une contexture spongieuse et une grande légéreté, légéreté qui fait rechercher les tufs pour les constructions : on en fait aussi des *pierres a filtrer*. Outre différens débris de plantes qui restent souvent dans les tufs, on y rencontre encore quelques dépouilles d'animaux terrestres, des coquilles fluviatiles, etc. On en trouve des bancs considérables dans les vallées et aux bords de la mer et des fleuves, dans les endroits qui ont été autrefois occupés par les eaux.

Au reste, ces quatre sortes d'alluvions ne sont pas tellement distinctes, qu'elles ne se trouvent réunies quelquefois dans le même lieu. Ces terrains constituent le sol de presque tout le nord de l'Europe, depuis la Hollande jusqu'en Russie, à travers la Prusse, la Poméranie, etc. mais on en trouve aussi dans toutes les plaines des autres pays.

CINQUIÈME CLASSE.

VULKANISCHE GEBIRGSARTEN. — ROCHES VOLCANIQUES.

Le nom que l'on a donné à ces roches désigne assez quels sont les produits des éruptions volcaniques; néanmoins cette classe comprend également les roches qui ont été altérées par les feux souterrains, c'est-à-dire, par les houilles embrasées : elles sont distinguées des autres par le nom de *roches pseudo-volcaniques.*

ROCHES VOLCANIQUES PROPREMENT DITES.

Ce n'est point ici le lieu de rapporter les circonstances qui précèdent et accompagnent les éruptions des volcans, ni de dépeindre leurs terribles effets sur les pays qui les environnent, encore moins de chercher à indiquer les causes qui déterminent ces grands phénomènes : il s'agit uniquement de classer et de décrire les différentes masses qui ont été rejetées du sein de la terre par ces éruptions, et qui ont recouvert souvent des contrées entières. L'étude de ces roches est la base principale de l'histoire des volcans ; et d'ailleurs, on a vu ci-dessus que cette étude était liée essentiellement à celle de plusieurs roches formées par l'eau. (Les traps secondaires.)

M. Werner s'est fait une loi de ne porter de jugement décisif que sur ce qu'il a vu de ses propres yeux, et d'après ce principe il a toujours évité d'entrer dans beaucoup de détails, relativement aux roches volcaniques ; il les partage en trois divisions : 1°. laves et autres matières qui ont été fondues ; 2°. déjections boueuses, cendres, tufs ; 3°. roches rejetées par les volcans.

On ne peut nier que l'on ne puisse absolument comprendre tous les produits volcaniques dans ces trois grandes divisions ; mais on doit observer que la première devant en renfermer la majeure partie, et les plus importants, il est de toute nécessité de la partager en beaucoup de subdivisions ; c'est ce qui n'a pas été fait, si ce n'est très-imparfaitement dans les Traités de minéralogie, où les roches en général sont décrites d'après la méthode de M. Werner.

Le naturaliste des volcans, Dolomieu, dont la mort prématurée a plongé dans le deuil tous les amis des sciences, ayant reconnu que ces méthodes confuses, suivant lesquelles on classait les produits volcaniques, étaient un grand obstacle à l'étude des volcans, s'est occupé d'en donner une nouvelle distribution méthodique (*J. d. Ph.* 1794, p. 102), dans laquelle il a eu pour but principal de rapprocher toutes les substances qui sont les produits des mêmes opérations volcaniques (si on peut employer ce mot), et de séparer au contraire celles qui en apparence semblables sont des produits d'opérations différentes.

En suivant ce principe, deux grandes divisions se présentent parmi les matières rejetées par les volcans : *celles que le feu a modifiées* et *celles que le feu n'a pas modifiées ;* Dolomieu en forme ses deux premières classes.

1. Parmi les *matières minérales modifiées par le feu des volcans*, et c'est le plus grand nombre, les unes, après avoir coulé, ont repris, en refroidissant, leur contexture pierreuse, et souvent au point qu'on n'y reconnaît plus aucune trace de fusion ; d'autres ne s'étant pas trouvées dans les mêmes circonstances, ont conservé des marques de l'action du feu, et se présentent sous la forme de laves poreuses, de scories, de verres, de cendres, etc.

2. Les *matières minérales non modifiées par le feu* sont, ou des fragmens de roches primitives rejetées par les volcans, et que l'on trouve tantôt isolés, tantôt empâtés au milieu des laves ou des matières terreuses qui, pénétrées d'une grande quantité d'eau, ont formé des dépôts connus sous le nom de laves boueuses, de tufs volcaniques, etc.

Ces produits volcaniques qui viennent d'être indiqués, sont les résultats immédiats des éruptions ; mais ces masses éprouvent après leurs dépôts, différens changemens dont l'observation est essentiellement liée à l'étude des volcans.

3. La chaleur qui a opéré la fusion des laves, les entretient quelquefois pendant très-long-tems dans un état de liquidité, au moins à l'intérieur, et s'y conserve même encore long-tems après qu'elles sont devenues entièrement solides. Cette haute température donne lieu à la volatilisation de diverses substances qui se subliment dans les parties supérieures déjà refroidies.

4. Cette même chaleur des laves, ou souvent celle de quelques foyers volcaniques peu actifs qu'elles ont recouverts, occasionne un dégagement continuel de vapeurs sulfureuses, ou plutôt sulfureuses acides qui, pénétrant les

les laves, les dénaturent entiérement, et donnent lieu à beaucoup de produits nouveaux qu'il est important d'observer.

5. Enfin à cette sorte d'altération, qui est souvent assez rapide, s'en joint une autre un peu plus lente, mais plus générale, produite par les eaux pluviales et toutes les autres vicissitudes atmosphériques, d'où il résulte des infiltrations, des décompositions, et enfin une destruction totale des laves, et leur passage à l'état terreux.

Telle est la marche que l'on va suivre dans la description des produits volcaniques (*).

(*) Cette distribution est presque entiérement conforme à celle du citoyen Dolomieu. Il n'y a d'autre différence qu'en ce que j'ai placé les produits de la sublimation après les roches rejetées intactes, et que j'ai supprimé l'appendice relatif aux modifications de forme, devant en traiter à l'article des laves. J'ai supprimé également la classe cinquième, qui comprend les substances non volcaniques qui ont quelque rapport avec les volcans; il s'agit ici uniquement de décrire les roches volcaniques, au lieu que la classification de Dolomieu devait servir de base à une histoire générale des phénomènes volcaniques, qu'il est bien à regretter qu'il n'ait pas complétée. Tout ce qu'il en a publié dans le *Journal de Physique*, 1794, tome 1, pag. 102 et 406, et tome 2, pag. 81, ne va pas au-delà des laves compactes. J'ai puisé les autres détails dans l'extrait que j'ai fait d'un cours de Géologie qu'il fit à l'École des mines en 1797; et l'on peut y avoir d'autant plus de confiance, que mon collègue et ami Louis Cordier m'a communiqué son extrait du même cours, qui est beaucoup plus détaillé et plus exact, l'ayant corrigé et refait entiérement en Égypte, sous les yeux et d'après les avis même du citoyen Dolomieu.

I. *Matières volcaniques modifiées par le feu.*

Cette classe se partage en deux divisions : (a) *matières minérales qui n'ont conservé aucune trace de l'action du feu*, ou *laves compactes en général*, et (b) *matières minérales qui ont été plus ou moins changées dans leur constitution.*

a. *Laves compactes.*

Les laves compactes sont en tout semblables à certaines roches des terrains formés par la voie humide, et il est très-difficile de les en distinguer. Parmi ces laves, les unes ont une apparence homogène, et ressemblent beaucoup aux basaltes ; d'autres sont mélangées de différens minéraux cristallisés, et prennent l'apparence des granits, des porphyres et de plusieurs traps secondaires. Le citoyen Dolomieu partage les laves compactes en quatre genres, suivant la nature de leur base :

Laves compactes argilo-ferrugineuses.

1. *Laves compactes qui ont pour base des roches argilo-ferrugineuses* (*). Ces laves ont communément une couleur noire, plus ou moins foncée, rarement grise ou brune : leur cassure est imparfaitement conchoïde, leur contexture très-compacte ; elles sont plus dures, mais plus cassantes que les traps, assez sonores, très-pesantes ; elles se fondent au chalumeau en une scorie noire ; elles attirent l'aiguille aimantée ; elles donnent par l'expiration l'odeur argileuse : cette lave est une des plus communes dans les pays volcaniques, surtout dans les courans sortis de l'Etna, qui en sont presque entiérement composées.

Il est rare qu'elles soient homogènes ; elles sont au contraire presque toujours mélangées de différens miné-

(*) Le citoyen Dolomieu désigne en général par ce nom, des traps, des roches de hornblende en masse, des kieselschiefer. (*Voyez* son *Mémoire sur les roches composées.*)

taux; ceux que l'on y a observés le plus souvent, sont le feldspath, l'augite, la hornblende, le grenat, la leucite, l'olivine, le mica (*).

Laves compactes pétrosiliceuses.

2. *Laves compactes, qui ont eu pour base le pétrosilex* (**). Leur couleur est très-variable : il y en a de grises, de noires et même de blanches, mais toutes perdent leur couleur lorsqu'on les expose au feu; leur cassure est parfaitement conchoïde; leur grain très-fin et très-serré; elles ressemblent à certains hornstein; elles n'attirent pas l'aiguille aimantée; elles donnent un peu l'odeur argileuse; elles se fondent au chalumeau en un verre blanc.

Ces laves sont beaucoup plus rarement homogènes que les précédentes : on y trouve très-souvent des grains de feldspath, quelquefois de la hornblende, du mica; les leucites y sont très-rares.

On trouve des laves de ce genre dans les îles Ponces, dans les monts Euganéens en Auvergne, etc.

Laves compactes granitiques.

3. *Laves compactes à base de granites* : elles sont ainsi nommées, parce qu'elles ressemblent à de vrais granites, et qu'elles en renferment tous les élémens : le feldspath

(*) On est assez partagé sur l'origine de ces cristaux : les uns croient qu'ils ont cristallisé dans les laves; d'autres, qu'ils faisaient partie d'autres roches que le volcan a désagrégées, et qu'ils ont été projetés dans la lave encore fluide; d'autres enfin, qu'ils faisaient partie des roches même qui ont servi de base à la lave. Le citoyen Dolomieu était de cette dernière opinion.

(**) Nous avons déjà eu plusieurs occasions de citer le *pétrosilex* de Dolomieu; il comprend certains hornstein de Werner, mais non pas tous (*voyez* tome 1, page 261), et en outre les pechstein, le feldspath en masse, et peut-être quelques thonschiefer.

y domine assez souvent ; il est en masses lamelleuses ou en grains, plus rarement en cristaux : on y trouve aussi des cristaux de hornblende, de mica, d'augite.

Ces sortes de laves ont beaucoup de rapports avec celles à bases de pétrosilex : on les trouve presque toujours dans les mêmes volcans, et le passage des unes aux autres se fait par des nuances insensibles. Les volcans éteints d'Auvergne, ceux des bords du Rhin et du Vicentin, les îles de Lipari, les îles Ponces en renferment beaucoup : le volcan éteint de Santafiora en Toscane en est presque entièrement composé.

Laves compactes à base de leucite.

4. *Laves compactes à base de leucite :* ces laves sont assez rares : on n'a même jamais observé de courant qui en fût entièrement composé ; elles se rencontrent auprès du Vésuve et dans les volcans éteints des environs de Rome. On a déjà vu que la leucite se trouvait quelquefois mélangée dans les laves compactes ; mais dans celles-ci, elle est tellement abondante, ses cristaux y sont tellement pressés, que la masse prend peu à peu l'apparence compacte : elle est quelquefois mélangée de cristaux de hornblende, d'augite et de mica.

Laves de formes régulières.

Les laves compactes affectent souvent une configuration régulière : elles sont en prismes, en tables ou en boules ; ce sont principalement celles à base argilo-ferrugineuse, qui présentent ce caractère. On a vu ci-dessus, à l'article des basaltes, qu'ils affectaient aussi très-ordinairement ces formes régulières, et que c'était une des principales causes des discussions qui s'étaient élevées sur son origine (p. 606).

Ces laves compactes argilo-ferrugineuses ont également été nommées *basaltes*.

L'opinion de Dolomieu était que cette division prismatique ou en tables était due à un refroidissement subit des laves ; ce qui était fondé sur ce que, dans les terrains volcaniques de l'Italie, ce n'est presque que sur les rivages de la mer que l'on observe des laves prismatiques.

Quant aux laves globuleuses, elles sont très-communes et se rencontrent dans presque tous les courans de laves : on n'a pu encore donner une explication satisfaisante de leur origine.

Les laves compactes se rencontrent généralement dans le centre des grands courans de laves ; les autres laves, ainsi que les scories, les vitrifications dont il va être question, occupent plus ordinairement la surface.

b. *Matières volcaniques qui ont été plus ou moins changées par le feu des volcans.*

Ce second genre de produits volcaniques a eu les mêmes bases que les laves compactes ; mais ces bases ont éprouvé des modifications différentes, dont il leur est resté des traces dans lesquelles on ne peut méconnaître l'action du feu. La présence et l'action de l'air atmosphérique, le dégagement de quelques fluides élastiques, joint à une disposition plus ou moins grande des matières fondues à passer à l'état de verre ou de scorie, sont les causes principales qui ont déterminé dans ces laves ces sortes de modifications. On pourrait réduire en général ces modifications à trois : le boursouflement, la vitrification et la calcination ; mais comme ces effets n'ont pas eu lieu isolément, et qu'ils ont été au contraire combinés de différentes manières, il en est résulté un plus grand nombre de produits différens qu'il faut décrire séparément. Ces produits volcaniques sont *des laves boursouflées*, des *scories*, des *verres compactes*, des *verres boursouflés*, des *sables* ou *cendres*, des *matières agglutinées* et des *matières calcinées.*

Laves boursouflées.

1. *Laves boursouflées.* Il n'y a communément que les laves voisines de la surface des courans qui soient boursouflées : toutes les laves compactes peuvent prendre ce caractère, mais plus particuliérement celles à base argilo-ferrugineuse ; les cavités de celles-ci sont ordinairement sphériques, au lieu que celles des autres laves boursouflées sont alongées et plus petites ; ce qui dépend d'un commencement de vitrification qui leur donne une contexture un peu fibreuse. Le citoyen Dolomieu les a distinguées sous les noms de *laves boursouflées cellulaires*, et *laves boursouflées fibreuses* : ces dernières sont infiniment plus rares ; il pense que ces boursouflemens ont été produits par le dégagement de fluides élastiques, qui dans les unes ont été contenus par la simple pression, et dans les autres par une sorte de viscosité particulière.

Les laves boursouflées cellulaires sont souvent employées à faire des meules de moulin : l'architecture les emploie aussi dans la construction des voûtes, qui joignent à une grande solidité l'avantage d'être très-légères.

Scories.

Scories. On distingue par ce nom des produits volcaniques qui ont plus ou moins de ressemblance avec les scories des forges : la couleur, la contexture, la forme est à peu près la même ; elles se ressemblent toutes, quelle que soit la matière qui leur ait servi de base : on les a long-tems confondues avec les laves boursouflées ; mais outre que leurs cavités sont infiniment plus nombreuses, et que leur contexture et leurs formes extérieures, souvent bisarres et contournées, les font reconnaître, on peut dire qu'en général elles ne conservent pas, comme celles-ci, le caractère des pierres qui leur ont servi de base ; ce qui paraît tenir à l'action de l'air, et probablement aussi à la présence du soufre.

Au reste, il y a des passages insensibles, des laves

boursouflées aux scories, comme il y en a également des laves compactes aux laves boursouflées.

On distingue les *scories pesantes* et les *scories légères :* celles-ci sont plus légères que l'eau, et la Méditerranée en est quelquefois couverte dans le tems des éruptions, principalement aux environs du Stromboli ; elles constituent la majeure partie des montagnes volcaniques dont les laves avaient une base argilo-ferrugineuse. Les petites sommités coniques qui sont sur les flancs de l'Etna, plusieurs montagnes des Cordillières, en sont entiérement formées ; souvent aussi elles sont lancées par les cratères en petits fragmens arrondis. Ces scories s'altèrent assez facilement par les eaux ; c'est ce qui fait qu'on n'en voit plus sur les anciennes laves.

On doit réunir aux scories une matière volcanique, qui est également un produit de la scorification, quoiqu'elle n'en conserve plus les caractères : il s'agit de la *pouzzolane noire*. **Pouzzolane noire.**

On a nommé en général *pouzzolanes* (du nom de la ville de Pouzzoles) des matières volcaniques terreuses, qui, mélangées avec de la chaux, produisaient un excellent mortier. C'est dans les courans anciens que l'on trouve les bonnes pouzzolanes ; celles des laves modernes donnent un mauvais mortier ; ce qui paraît dépendre d'une modification particulière que ces dépôts volcaniques anciens ont reçue peu à peu des eaux ; mais il ne faut pas que la pouzzolane soit devenue trop terreuse, car alors elle a perdu toutes ses propriétés.

On distingue trois sortes de pouzzolanes : la *pouzzolane noire*, qui est un détritus de scories ; la *pouzzolane blanche*, qui n'est composée que de pierres-ponces, et la *pouzzolane rouge*, qui appartient aux produits de la calcination.

3°. *Verres compactes.* Les vitrifications volcaniques sont **Verres compactes ou laves vitreuses.**

en général assez rares, et surtout les verres compactes. Ils ont tout-à-fait l'aspect d'un verre commun. Ils sont translucides, souvent noirs, quelquefois bleuâtres ou verdâtres, très-rarement blancs ; ils affectent quelquefois la configuration prismatique. Le citoyen Dolomieu en a observé de semblables dans le cratère du Vésuve. Tous ces verres compactes ont eu pour base les roches pétrosiliceuses et le feldspath ; aussi ils en conservent la fusibilité en émail blanc ; ce qui donne un très-bon caractère pour les distinguer des verres artificiels.

C'est ici qu'il faut rapporter l'*obsidienne* d'Islande. (*Voyez* t. 1, p. 288.)

Verres boursouflés ou pierres ponces.

4°. *Verres boursouflés.* Lorsque l'on soumet les verres compactes à l'action du feu de nos fourneaux, il s'en dégage un grande quantité de bulles qui produisent dans la masse une boursouflure considérable. Cette opération est absolument la même que celle de la nature pour produire les verres boursouflés ou *pierres-ponces.* Elles ont la même base que les verres compactes ; seulement cette base a éprouvé un degré de feu beaucoup plus violent : elles sont aux verres compactes ce que les scories sont aux laves compactes.

Leur tissu est composé de fibres brillantes soyeuses ; elles sont âpres au toucher, très-légères et souvent surnageantes. Leur couleur varie : il y en a des blanches, des brunes, des jaunes, des noires ; mais toutes se fondent, au chalumeau, en un émail blanc, caractère qui se rencontre également dans les verres compactes, et qui dénote une base pétrosiliceuse ; elles renferment quelquefois des cristaux, surtout de feldspath. (*Voyez* ce qui a déjà été dit de la pierre-ponce, t. 1, p. 443.)

Verre capillaire.

Le citoyen Dolomieu place à la suite des pierres-ponces un *verre filandreux* ou *capillaire*, de couleur noirâtre, qui a été rejeté en grande quantité dans une éruption du volcan de l'île de Bourbon : on n'en a pas encore observé de semblable dans aucun autre volcan : un léger coup de feu le fond en émail blanc.

Enfin, on doit encore réunir aux pierres-ponces la *pouzzolane blanche*, qui n'est autre chose que le produit de leur détritus et de leur décomposition : c'est l'espèce de pouzzolane la plus estimée. (*Voy.* ci-dessus, p. 631.) Les Italiens désignent ces fragmens de pierres-ponces sous le nom de *lapillo* ou *rapillo*. Les fragmens de scories qui donnent la pouzzolane noire ont aussi quelquefois reçu ce nom. Pouzzolane blanche.

La couche de matières volcaniques qui a recouvert la ville de Pompéia, est entièrement formée de pouzzolane blanche.

5°. *Sables et cendres volcaniques.* Il est facile de concevoir comment des matières boursouflées, lancées avec violence par le dégagement des fluides élastiques, et forcées de sortir par une ouverture étroite, doivent se heurter les unes contre les autres, se briser et se réduire en poudre ; cependant c'est moins à cette trituration qu'à l'extrême boursouflement, qui finit par anéantir l'agrégation, que sont dues les matières terreuses produites par les volcans. On distingue ordinairement les sables et les cendres volcaniques. Sables et cendres volcaniques.

Les *sables* sont composés de grains plus ou moins gros ; ils sont mélangés de beaucoup de cristaux, de feldspath, de pyroxène, de mine de fer magnétique, etc. Ils occupent souvent une immense étendue de terrain. L'Etna a couvert un espace de plus de cinquante lieues de circuit, d'une couche de sable de douze pieds d'épaisseur.

Les *cendres* volcaniques ne sont autre chose que du sable très-fin ; elles sont si légères, que, pendant les éruptions de l'Etna, le vent les transporte quelquefois jusqu'en Egypte. Malte en est souvent recouverte jusqu'à deux ou trois pouces d'épaisseur. Elles sont si fines, qu'elles s'insinuent partout dans les endroits les plus fermés.

Matières agglutinées.

6°. *Matières agglutinées.* Les déjections volcaniques peuvent s'agglutiner par la voie sèche ou par la voie humide. Dans le premier cas, le seul dont il s'agit ici (*), les matières s'agglutinent immédiatement, ou bien sont recouvertes par un torrent de matières liquides qui en remplit les interstices, de manière qu'il en résulte une masse solide après le refroidissement.

Matières calcinées.

7°. *Matières calcinées.* On désigne sous ce nom toutes les masses pierreuses qui ont subi une sorte de calcination de la part des feux volcaniques. Tous les produits des volcans, les laves, les scories, les pierres-ponces déjà solidifiées, éprouvent souvent cet effet, soit par la chaleur qui se maintient dans le centre des courans, soit par les foyers qui se développent en dessous. Les couches des terrains sur lesquels des laves ont coulé, sont aussi souvent calcinées. Les effets de la calcination se manifestent en général par un grain plus rude, une plus grande sécheresse au toucher, quelquefois un peu de brillant. Les laves ferrugineuses prennent une couleur rouge; elles cessent d'être attirables à l'aimant. Les *pouzzolanes rouges* sont un produit de la calcination.

II. *Matières volcaniques non modifiées par le feu.*

Ces matières n'appartiennent aux volcans que parce que ce sont eux qui les ont arrachées du sein de la terre. Leur étude est très-importante, tant pour l'histoire des

(*) Les agglutinations par la voie humide sont les *tufs volcaniques.*

volcans en général et de chaque volcan en particulier, que pour la connaissance de la constitution intérieure du globe.

Ces matières ont en général appartenu à des roches primitives; tantôt elles sont éparses çà et là aux environs des volcans, tantôt elles se trouvent empâtées dans les courans de laves : ce sont ou des fragmens de roches de toute espèce, ou des cristaux groupés ou isolés de toutes les substances qui composent les roches. Roches intactes.

En général, c'est dans le commencement des éruptions que les volcans rejettent ces matières intactes : on voit que leur premier effort a déchiré les flancs de la montagne, mais la suite de l'éruption en produit très-peu.

Le citoyen Dolomieu rapporte ici les produits des éruptions boueuses : ce n'est pas un des phénomènes les moins singuliers des volcans, que ces torrens d'eaux boueuses qui sortent quelquefois de leurs flancs. On a imaginé, pour l'expliquer, que les volcans communiquaient avec la mer; ce qui s'accordait assez bien avec l'idée d'attribuer à la mer tous les phénomènes volcaniques; mais le cit. Dolomieu ne partageait pas cette opinion.

Le produit de ces éruptions est un dépôt terreux que l'on a désigné sous le nom de *tuf volcanique*.

Mais on a donné également ce nom à d'autres dépôts volcaniques qui ont une toute autre origine. On en distingue en général trois espèces : 1°. le tuf provenant des éruptions boueuses; 2°. une sorte de tuf composé de fragmens de scories et de laves pulvérisées, qui ont été agglutinées par les eaux; 3°. les tufs qui se forment journellement dans les terrains volcaniques par le dépôt des matières terreuses que les eaux entraînent. Tufs volcaniques.

La couleur de ces tufs varie beaucoup; quelques-uns sont assez durs pour être employés en construction.

Le *pépérino* des environs de Rome, et le *trass* des bords du Rhin, sont des tufs volcaniques ; ce dernier est employé, par les Hollandais, à faire du ciment.

III. *Matières sublimées.*

La chaleur des volcans volatilise une grande quantité de substances dont il n'est pas toujours facile de déterminer la nature ; il serait surtout bien important de connaître quels sont les fluides élastiques qui s'en dégagent. On croit assez généralement que le gaz hydrogène y est le plus abondant, et on a cherché par-là à appuyer cette opinion, suivant laquelle l eau de la mer serait l'aliment des volcans. En effet, les détonations, les flammes que l'on observe dans les volcans, ne peuvent être attribuées qu'à ce gaz, et il peut également servir à expliquer l'origine de ces torrens de pluies qui succèdent ordinairement aux éruptions.

On sait aussi, d'après des observations faites sur des foyers volcaniques peu actifs, qu'ils dégagent des gaz acides, sulfureux, muriatiques, nitriques, carboniques, etc.

Mais il n'est ici question que des matières minérales solides, qui, après avoir été volatilisées de l'intérieur des laves, se sont condensées et sublimées à leur surface dans les cavités des scories et des laves déjà refroidies.

Soufre. Le soufre est un des produits les plus abondans de cette sublimation ; il se dépose dans les cavités des laves et des scories, souvent au point qu'on peut les exploiter avec beaucoup d'avantage : l'intérieur des cratères en est ordinairement revêtu.

Huile minérale. On voit aussi quelquefois des huiles minérales plus ou moins épaisses suinter dans les fentes des laves.

Sels. Beaucoup de sels viennent aussi se rassembler dans les interstices des scories, surtout à leur surface : on y trouve des muriates d'ammoniaque, de soude, de cuivre, de fer ; des sulfates d'alumine, de soude, de fer, de cuivre ; enfin du carbonate de soude ; ce qui est assez remarquable. On exploite souvent ces substances salines : les habitans des environs de l'Etna ont grand soin de recueillir le muriate d'ammoniaque, qui se trouve en très-grande quantité à la surface des courans de laves aussitôt après leur refroidissement.

Enfin on trouve, parmi ces sublimations, quelques substances métalliques, le fer, le cuivre, l'antimoine, l'arsenic, le cinnabre, etc. On croit que ces sublimations métalliques ont été facilitées par la présence du soufre. Métaux.

Le fer s'y rencontre en lames éclatantes, cristallisées en tables hexagonales : il est connu sous le nom de *fer spéculaire* (*eisenglanz*). On en trouve au Stromboli, à l'Etna, et dans les volcans éteints de l'Auvergne, auprès du Mont-d'Or.

IV. *Matières altérées par les vapeurs sulfureuses acides.*

Le soufre qui est volatilisé par les foyers volcaniques, est souvent déjà passé à l'état d'acide, et l'action de ses vapeurs occasionne différentes altérations dans les laves qu'elles pénètrent ou qui les environnent. Leur effet principal sur ces laves est de les décolorer ; elles deviennent ordinairement d'un blanc jaunâtre ; elles sont aussi beaucoup plus légères, plus sèches et plus faciles à pulvériser. En les analysant, on trouve qu'elles contiennent une proportion de silice beaucoup plus considérable ; ce qui avait fait croire qu'il y avait là une véritable transmutation d'alumine en silice ; mais on a reconnu que cette apparence provenait de ce que la partie Laves altérées.

siliceuse avait résisté à l'action des vapeurs acides, tandis que l'alumine s'étant combiné avec elles, avait formé un sel qui avait été ensuite dissout et entraîné par les eaux.

Les vapeurs sulfureuses acides attaquent aussi souvent des matières pierreuses non volcaniques : elles sont plus abondantes dans les volcans anciens, que dans ceux qui sont encore sujets à des éruptions. La fameuse solfatare de Pouzzoles, auprès de Naples, est un terrain volcanique qui est continuellement traversé par ces sortes de vapeurs.

Sels. Les principaux produits de leur action sur les laves sont, du sulfate d'alumine, des sulfates de chaux, de magnésie et de fer : ces sels, et principalement le sulfate d'alumine, sont exploités très-avantageusement.

On doit observer que ces vapeurs acides étant toujours très-chaudes, donnent lieu à des sublimations (*voyez* ci-dessus), et que les produits de ces différentes causes réunies sont encore souvent modifiés par les eaux qui les entrainent (*).

V. *Matières volcaniques altérées par l'influence de l'atmosphère.*

Toutes les roches sont plus ou moins sujètes à être altérées par l'exposition à l'air et par les eaux ; mais cette décomposition est bien plus prompte dans la plupart des roches volcaniques ; cependant elle est aussi quelquefois fort lente, et c'est à tort que l'on a voulu juger de l'ancienneté des laves par le degré plus ou moins avancé de leur décomposition.

(*) Le citoyen Dolomieu regarde la *pierre d'alun de la Tolfa* comme une masse argileuse, qui, après avoir été altérée par les vapeurs sulfureuses acides, a été ensuite remaniée et rendue compacte par les eaux. (*Voyez* t. 1, p. 381.)

Les laves argilo-ferrugineuses commencent par prendre une couleur rouge ; ce qui provient d'une plus grande oxidation du fer qu'elles contiennent : elles cessent d'être attirables à l'aimant. Les laves pétrosiliceuses deviennent d'un gris sale ; elles prennent un aspect terreux : toutes en général perdent de leur dureté et passent peu à peu à l'état d'une sorte d'argile friable.

Les scories subissent à peu près les mêmes changemens, mais beaucoup plus rapidement.

Les matières terreuses qui proviennent de la destruction de tous ces produits volcaniques, sont entraînées par les eaux, et forment ensuite des dépôts souvent considérables et qui sont très-propres à la culture. Certains *tufs volcaniques* (*voyez* ci-dessus, p. 635) sont dus à de semblables dépôts ; mais les eaux pluviales pénètrent les matières volcaniques long-tems avant d'opérer leur entière destruction, et il en résulte différentes infiltrations qu'il est bien essentiel de remarquer. C'est principalement dans les laves poreuses que l'on observe ces infiltrations ; leurs cavités se tapissent des matières terreuses que l'eau entraîne avec elle, et souvent s'en remplissent entiérement.

On a trop souvent confondu ces produits de l'infiltration, lesquels sont postérieurs à l'existence des laves qui les renferment, avec les minéraux qui s'y sont trouvés mélangés au moment même de l'éruption.

Ces produits de l'infiltration se rencontrent dans tous les volcans : les substances que le citoyen Dolomieu y a remarquées le plus souvent, sont les zéolithes, le spath calcaire, le spath fluor, le spath pesant, le feldspath, la hornblende, la stéatite, le quartz, la calcédoine, l'opale commune, les pyrites, etc.

ROCHES PSEUDO-VOLCANIQUES.

On en distingue quatre espèces principales : le *jaspe porcelaine*, l'*argile brûlée*, les *scories terreuses* et une variété particulière de *polierschiefer*.

Le *jaspe porcelaine* a été décrit dans l'Oryctognosie, t. 1, p. 336; ce n'est autre chose qu'un schieferthon calciné : on a observé en quelques endroits des couches de schieferthon non altérées, faisant suite à des couches de jaspe porcelaine.

L'*argile brûlée* a reçu un degré de feu moins violent que le jaspe porcelaine ; elle approche de la nature de la brique ; elle est également le produit de l'altération d'un schieferthon.

Les *scories terreuses* (erdschlacken) sont des matières poreuses, légères, semblables à des scories ; elles paraissent avoir été fondues ; elles sont le produit des couches d'argile ferrugineuse qui avoisinent les houilles embrasées : en général elles sont moins abondantes que les jaspes porcelaines et les argiles brûlées.

Le polierschiefer de Ménil-Montant, près Paris, décrit dans l'Oryctognosie, n'est pas d'origine pseudo-volcanique ; mais il a beaucoup de rapports avec une substance terreuse que l'on trouve dans les pseudo-volcans : c'est une argile qui paraît ne pas avoir été chauffée beaucoup, et qui a été plutôt desséchée que calcinée.

Les houilles embrasées et les roches pseudo-volcaniques sont assez nombreuses en Bohême : on en trouve aussi auprès de Sarrebruck, de Saint-Étienne en Forez, etc. (*Voyez* t. 1, p. 338.)

FIN.

TABLE
DES NOMS FRANÇAIS.

[Le chifre romain indique le tome, et le chifre arabe la page.]

A.

G.

H.

I.

J.

K.

L.

U.

V.

W.

X.

FIN DE LA TABLE DES NOMS FRANÇAIS.

TABLE

DES NOMS ALLEMANDS (*).

[Le chifre romain indique le tome, et le chifre arabe la page.]

A.

B.

(*) Je dois prévenir que j'ai réuni à la table allemande le petit nombre de noms anglais que j'ai cités dans cet ouvrage, en supprimant ceux qui ne sont que la traduction litérale d'un nom allemand ou français.

La langue allemande se prête beaucoup à la composition des mots, et le nom principal ou qui fait la fonction de substantif est placé à la fin. Le plus souvent je n'ai pas décomposé ces mots; mais j'y ai été forcé quelquefois, comme par exemple les mots qui designent des mines metalliques, tels que *Blau-bleyerz*, etc. Il faut chercher *Bleyerz* (*Blau-*), etc. Au reste, souvent j'ai pris soin de mettre le mot des deux manières.

T.

U.

V.

W.

FIN DE LA TABLE DES NOMS ALLEMANDS.

CORRECTIONS ET ADDITIONS.

T. I, p. 192. A l'article *mélanite*, il faut supprimer l'analyse de Klaproth. Cette analyse est celle du grenat de Bohême, rapportée à la page 196.

T. I, p. 169. Le *grenat vert* de Schwarzenberg en Saxe, dont il est question dans la note, est l'*aplome*. *Voyez* l'Appendice, t. II, p. 503.

T. I, p. 219. *Emeraude.* Le citoyen Lelièvre, membre du Conseil des mines, a découvert en France des émeraudes cristallisées, qui surpassent en volume toutes celles connues jusqu'ici : plusieurs ont jusqu'à un pied et plus de hauteur, sur un demi-pied d'épaisseur. Elles sont d'un vert blanchâtre, translucides, plus rarement opaques ; la surface est quelquefois d'un blanc jaunâtre sale. Ces émeraudes se rencontrent dans un filon composé principalement de quartz, qui traverse une montagne de granit, située auprès de Barat, commune de Bessines, à quelques lieues au nord de Limoges. On exploitait, dans ce filon, une carrière pour l'entretien de la route de cette ville à Paris.

T. I, p. 239. *Eisenkiesel.* D'après des échantillons de cette substance, que j'ai reçus de Saxe, je me suis assuré que ce n'était point des pseudo-cristaux, mais de vrais cristaux. C'est la forme du quartz, dans laquelle trois faces du pointement alternativement ont disparu ; ce qui a déjà été observé. En un mot, cette espèce me paraît devoir rentrer dans l'espèce quartz, de même que l'on y a réuni les quartz rouges opaques, connus sous le nom d'*hyacinthes de Compostelle.*

T. I, p. 367. *Feldspath compacte.* D'après les auteurs allemands, je n'ai rapporté à cette sous-espèce que le feldspath bleu de Stirie, et peut-être un autre de Sibérie. Wiedenmann et Estner y réunissent encore un feldspath de Siebenlehn en Saxe ; mais je me suis assuré que cette sous-espèce est infiniment plus commune, et que M. Werner y rapportait un très-grand nombre des pétrosilex de Dolomieu. (*Voyez* t. 1, p. 61.) Il faudrait, d'après cela, faire quelques changemens à la description du feldspath compacte, principalement dans les variétés de couleur, qui sont assez nombreuses, et dans celles de cassure, qui est plus ordinairement écailleuse et presque jamais lamelleuse. On peut dire aussi qu'il est toujours fusible au chalumeau, sans addition, en émail blanc.

T. II, p. 134. Le *tiegererz*, ou du moins le minéral que j'ai vu donner sous ce nom, n'est point un mélange de spath pesant et d'argent noir, mais du quartz renfermant des noyaux de hornblende.

T. II, p. 340. *Kornish zinnerz.* C'est à tort que j'ai traduit ce mot par *mine d'étain grenue ;* il faut mettre *mine d'étain du Cornouailles ;* j'ai été induit en erreur par la ressemblance du mot *kornish* avec celui de *kœrnig* ou *kœrnicht*, qui veut dire *grenu.* Au reste, ce nom de localité étant fort sujet à équivoque, j'aimerais mieux indiquer cette espèce par le nom de *mine d'étain concrétionnée.*

T. II, p. 392. *Argent antimonial.* Il faut ajouter l'analyse suivante de l'argent antimonial d'Andréasberg, par Vauquelin. — Argent, 78. Antimoine, 22.

T. II,

T. II, p. 513. La réunion de la *koupholite* à la prehnite vient d'être confirmée de nouveau par une analyse de Vauquelin. Il a trouvé, dans la koupholite, 48 de silice, 24 d'alumine, 23 de chaux, 4 d'oxide de fer, résultat qui est très-analogue à ceux des analyses de la prehnite, rapportées t. 1, p. 297. Le citoyen Haüy a aussi observé que la koupholite devenait électrique par la chaleur, comme la prehnite.

T. II, p. 567, ligne 12 : au lieu de *quartz*, lisez *feldspath*.

TANTALE. M. Ekeberg, chimiste suédois, vient de découvrir un nouveau métal (*), auquel il a donné le nom de *tantale*. Il l'a reconnu dans deux minéraux différens, l'un dans lequel il est combiné avec le fer et le manganèse, et l'autre dans lequel il est uni à l'yttria. (*Voyez* t. 2, p. 513.) Il a appelé le premier *tantalite*, et le second *yttrotantalite*.

Le *tantalite* a été trouvé en Finlande, dans la paroisse de Kimito ; il était disséminé dans une roche composée de quartz blanc mêlé de mica avec quelques veines de feldspath rouge. — Sa couleur varie du *bleu grisâtre* au *gris noirâtre*. — Il se trouve *cristallisé ;* les cristaux sont de la grosseur d'une noisette, assez mal déterminés, mais paraissant affecter la forme octaèdre. — La surface est *lisse*, un peu chatoyante. — Il est *éclatant*, d'un *éclat métallique*. — La cassure est *compacte*. — La raclure est

(*) Le nombre des métaux connus est à présent de vingt-trois ; savoir : les vingt dont on a formé des genres dans l'Oryctognosie, le chrome (t. 2, p. 321), le columbium (t. 2, p. 550) et le tantale.

d'un *gris noirâtre* tirant au *brun.* — Il est *très-dur.* — Il n'est point magnétique. — Sa pesanteur spécifique est de 7,953. — Ce minéral était connu depuis long-tems, et regardé comme une mine d'étain. (*Zinngraupen*, *voyez* t. 2, p. 339.)

L'*yttrotantalite* a été trouvé au même endroit : il y est accompagné de gadolinite. Il se rencontre communément dans le voisinage de grands filons de mica, qui traversent la roche ; il est toujours mélangé de feldspath. — Il forme de petites masses réniformes de la grosseur d'une noisette. — Sa cassure est *grenue*, d'un *gris foncé*, ayant l'éclat métallique. — Il est peu *dur.* — Il se laisse un peu racler avec le couteau, et donne une poussière grise. — Il n'est pas magnétique. — Sa pesanteur spécifique est de 5,130. — (*Voyez* le *J. des M.* n°. 70.)

FIN.

TRAITÉ

ÉLÉMENTAIRE

DE MINÉRALOGIE.

TOME II.

AVIS AU RELIEUR.

Les additions que l'on a faites à ce second volume l'ayant augmenté beaucoup au-delà de ce qu'on l'avait cru d'abord, il est impossible d'y réunir les tableaux comme on l'avait annoncé à la tête du premier volume; ils doivent être reliés séparément.

www.ingramcontent.com/pod-product-compliance
Lightning Source LLC
LaVergne TN
LVHW010115230826
846091LV00001BA/50

* 9 7 8 2 3 2 9 4 5 3 6 0 6 *